全国技工院校计算机类专业教材

（中/高级技能层级）

计算机应用基础

（第二版）

人力资源社会保障部教材办公室　组织编写

简　介

本书主要内容包括计算机基础知识、Windows 7 操作系统的使用、Word 2010 的使用、Excel 2010 的使用、PowerPoint 2010 的使用、网络应用基础、多媒体处理软件的使用和计算机安全与维护等。

本书由王秀娟任主编，秦翠萍任副主编，徐千力、赵茂媛、杨芳宇、尹威、李帛霖、周海波、郑宇、于海燕、胡彩霞、曹桂兰、李宝柱参加编写；王刚审稿。

图书在版编目（CIP）数据

计算机应用基础 / 人力资源社会保障部教材办公室组织编写 . -- 2 版 . -- 北京：中国劳动社会保障出版社，2019

全国技工院校计算机类专业教材. 中/高级技能层级

ISBN 978-7-5167-4016-3

Ⅰ. ①计…　Ⅱ. ①人…　Ⅲ. ①电子计算机 – 技工学校 – 教材　Ⅳ. ①TP3

中国版本图书馆 CIP 数据核字（2019）第 136714 号

中国劳动社会保障出版社出版发行

（北京市惠新东街 1 号　邮政编码：100029）

*

北京宏伟双华印刷有限公司印刷装订　　新华书店经销

787 毫米 ×1092 毫米　16 开本　20.5 印张　388 千字

2019 年 9 月第 2 版　　2022 年 6 月第11次印刷

定价：49.00 元

读者服务部电话：（010）64929211/84209101/64921644

营销中心电话：（010）64962347

出版社网址：http://www.class.com.cn

http://jg.class.com.cn

前　言

为了更好地满足技工院校计算机类专业的教学要求，适应计算机行业的发展现状，全面提升教学质量，人力资源社会保障部教材办公室组织全国有关学校的一线教师和行业、企业专家，充分调研企业用人需求和学校教学情况，吸收借鉴各地技工院校教学改革的成功经验，根据人力资源社会保障部颁发的《技工院校计算机类通用专业课教学大纲（2015）》《技工院校计算机应用与维修专业教学计划和教学大纲（2015）》《技工院校计算机网络应用专业教学计划和教学大纲（2015）》对相关教材进行了修订。本次修订的教材包括:《电工与电子技术基础（第三版）》《键盘操作与五笔字型（第二版）》《计算机应用基础（第二版）》《常用办公软件（第三版）》《计算机组装与维护（第二版）》《Dreamweaver 网页设计与制作（第二版）》《Photoshop 平面设计与制作（第二版）》《Flash 动画设计与制作（第二版）》《计算机网络基础与应用（第二版）》《Internet 基础与应用（第三版）》《常用工具软件（第三版）》《微型计算机外围设备（第四版）》《制图与机械常识（第三版）》等。

本次教材修订工作的重点主要有以下几个方面:

第一，坚持以能力为本位，突出职业教育特色。

根据计算机类专业毕业生所从事职业的实际需要，合理确定学生应具备的知识结构与能力结构，对教材内容的深度、难度做了调整。同时，进一步加强实践性应用环节，突出职业教育特色，以满足社会对技能型人才的需要。

第二，兼顾技术发展与教学条件，突出计算机综合应用能力培养。

针对计算机软、硬件更新迅速的特点，在教学内容选取上，既注重体现新软件、新知识，又兼顾技工院校教学实际条件。在教学内容组织上，不仅仅局限于某一计算机软件版本的具体功能，而是更注重计算机使用能力的拓展，使学生能够触类旁通，提升计算机使用的综合能力，为后续专业课程的学习打下良好的基础。

第三，创新教材编写模式，注重实践能力培养。

根据技工院校学生认知规律，创新教材编写模式，以完成具体工作过程为主线组织教材内容，将理论知识的讲解与具体的任务载体有机结合，激发学生学习兴趣，提高学生实践能力。

第四，丰富教材表现形式，提高教材可读性。

在表现形式上，通过丰富的操作图片和软件截图详尽地指导任务操作步骤和软件使用方法，使教材内容更加直观、形象。结合计算机类专业教材的特点，多数教材采用四色印刷，图文并茂，增强了教材内容的表现效果，提高了教材的可读性。

第五，开发多种教学资源，提供优质教学服务。

在教学服务方面，为方便教师教学和学生学习，配套提供了制作素材、电子课件、教案示例等教学资源，可通过中国技工教育网（http://jg.class.com.cn）下载使用。除此之外，在部分教材中还借助二维码技术，针对教材中的重点、难点内容，开发制作了操作演示微视频，可使用移动设备扫描书中二维码在线观看。

本次教材的改版工作得到了河北、黑龙江、江苏、河南、广东、重庆等省（直辖市）人力资源社会保障厅（局）及有关学校的大力支持，在此我们表示诚挚的谢意。

人力资源社会保障部教材办公室

2019 年 1 月

目 录

CONTENTS

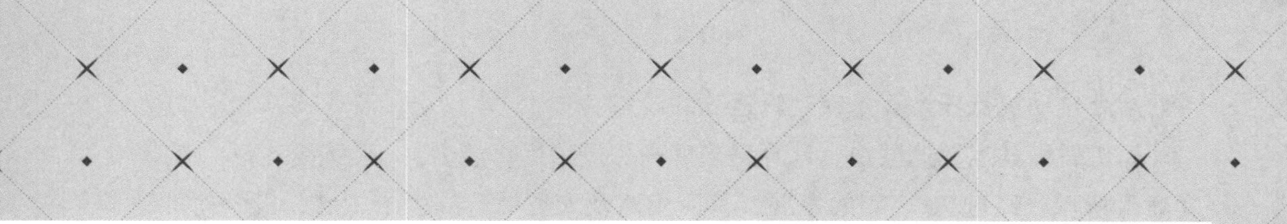

项目一 计算机基础知识

任务 1　初识计算机——计算机的发展及应用

学习目标

知识目标：1. 了解计算机在生产生活中的应用
　　　　　2. 了解计算机的主要类型及应用领域
　　　　　3. 了解计算机的发展历史和趋势
技能目标：1. 能正确操作鼠标
　　　　　2. 能正确完成计算机的启动和关闭等操作

任务描述

计算机是 20 世纪最伟大的发明之一，由计算机技术和通信技术相结合而形成的信息技术是现代信息社会最重要的技术支柱，对人类的生产方式、生活方式及思维方式都产生了极其深远的影响。本任务首先了解计算机的基本知识，然后练习启动和关闭计算机，并在教师指导下浏览、运行或观看计算机中的内容，了解计算机的操作界面，从而对计算机有一个初步的认识。

相关知识

一、计算机在生产生活中的应用

计算机（Computer）也称电子计算机，俗称电脑，是一种利用数字电子技术，根据一系列指令自动执行任意算术或逻辑运算的设备。

计算机凭借其运算速度快、计算精确度高、逻辑运算能力强、存储容量大、自动化程度高等特点，经过 70 多年的发展，其应用遍及人类社会的各个领域，极大地推动了人类社会的进步与发展。

1. 计算机在生活中的应用

工作上，人们用计算机编写文档、处理数据、查询资料；生活中，人们用计算机浏览信息、观看视频、收听音乐、远距离通信。随着信息技术的发展，计算机已成为人们生活中不可或缺的重要工具。

2. 计算机在生产和科研中的应用

（1）科学计算

科学计算是计算机最早的应用领域，在现代科学技术工作中，利用计算机可以完成大量人工无法完成的各种科学计算问题。例如，工程设计、地震预测、气象预报、火箭发射等都需要由计算机承担庞大而复杂的计算工作。

（2）信息处理

信息处理是当前计算机的重要应用领域，也是日常生活中接触最多的领域。小到文件的编辑整理、资料保存，大到公司的经营管理、银行的交易管理，在办公自动化、企事业单位计算机辅助管理与决策、会计电算化等各个领域，计算机都是必不可少的核心工具之一。

（3）自动化生产

在机械、冶金、石油、化工、电力等众多生产部门，已广泛采用计算机进行实时的自动化控制，有效提高了控制的效率、时效性和准确性，大幅改善了劳动条件，提高了产量及合格率。计算机还广泛应用于计算机辅助设计（CAD）、计算机辅助工程（CAE）、计算机辅助制造（CAM）等诸多生产领域。

（4）多媒体创作

凭借强大的多媒体处理能力，计算机已在图形图像处理、音乐编辑、动画制作、影视特效等众多领域广泛应用。精美华丽的海报、动听的电子音乐、精彩的动画、逼真的电影特效，无一不是借助计算机实现的。

二、计算机的主要类型

1. 个人计算机

个人计算机（Personal Computer，简称 PC）是日常生产生活中接触最多的一类计算机，也被称为微型计算机、微机等。本书所提及的计算机指的就是个人计算机。

需要注意的是，由于 Windows 操作系统在个人计算机市场上的垄断性地位，在与苹果公司生产的运行 macOS 操作系统的 Mac 系列个人计算机一同提及时，有时也会习惯性地用 PC 一词专指运行 Windows 操作系统的个人计算机。

台式机是个人计算机最为传统的类型，也是使用最多的类型，其特征是由分离的主机、显示器、键盘、鼠标等组成，如图 1—1—1 所示。

随着各类硬件设备体积不断缩小，近年来出现了将主机机箱内的各个硬件和显示器合并到一起的一体机（见图 1—1—2），由于其取消了单独的主机机箱，一体机较台式机大大减小了占用空间。

笔记本电脑（见图 1—1—3）的主要特点是便携。笔记本电脑通常较为小巧、轻薄，带有独立电池，可脱离有线电源使用，因此可以随意移动使用位置，方便用户随身携带。随着技术的发展，笔记本电脑的性能越来越强大，在相当多的领域已可取代台式机，成为用户的首选。

● 图 1—1—1　台式机

● 图 1—1—2　一体机

● 图 1—1—3　笔记本电脑

平板电脑以触摸屏为主要输入设备，可脱离鼠标、键盘等外接设备使用，因此更为简洁、小巧，其代表性产品是苹果公司的 iPad 系列（见图 1—1—4）。

此外，还有一种将笔记本电脑和平板电脑融合起来的二合一笔记本（见图 1—1—5），其代表性产品是微软公司的 Surface 系列，其主体是触摸屏的平板电脑，外接键盘后即可变为笔记本电脑形态，因其运行的是 Windows 操作系统，故在功能和使用体验上与普通笔记本电脑基本一致。

随着宽带技术和云技术的发展，在一些企业办公中，逐渐开始应用一类被称为瘦客户机的设备。这类设备在形态上与台式机相似，最大的区别是应用了虚拟化桌面系统，即由服务器为每位用户分配资源后，所有数据的处理、存储全部在服务器上完成，操作系统也在服务器上运行，而本地机仅作为网络连接和输入输出设备。这种模式在数据安全性、管理便捷性和维护成本等方面均具有一定的优势。瘦客户机主机如图 1—1—6 所示。

● 图 1—1—4　平板电脑

● 图 1—1—5　二合一笔记本

● 图 1—1—6　瘦客户机主机

2. 商用及科研领域的计算机

商用及科研领域应用的计算机与个人计算机相比，具有更为强大的运算能力，因此在硬件组成和外观形态等方面都有较大不同。

在天气预测、气候研究、天体物理模拟、密码分析等领域应用的超级计算机，运算速度可达每秒万亿次甚至亿亿次的数量级。组成超级计算机的硬件数量庞大，其形态也不再是单一的设备，而是布置在机房内的若干机柜。目前运算速度最快的超级计算机有美国的“顶点”、我国的“神威 · 太湖之光”（见图 1—1—7）和“天河 -2”等。

大型计算机也具有强大的运算能力，与超级计算机擅长数值计算（如科学计算）不同的是，大型计算机擅长非数值计算（如数据处理），因此大型计算机主要用于商业领域，如银行系统海量交易数据的处理等。

随着信息技术的发展，网络正在逐步改变着人们的生产生活方式，成为人们生活中重要的组成部分。网络为人们提供服务的技术手段离不开服务器的支撑。与个人计算机相比，服务器通常要为众多的用户提供服务，因此服务器应具有较强的计算能力，较好的稳定性，在硬件组成与操作系统应用上都优于个人计算机。在实际应用中，各类服务器及相关设备往往在机房中集中放置管理，置于服务器机柜中（见图 1—1—8）。

● 图 1—1—7　“神威 · 太湖之光”超级计算机

● 图 1—1—8　服务器机柜

3. 其他形态的计算机

广义上讲，生产生活中用到的很多设备都属于计算机的范畴，如生产中常用到的单片机，其全称就是“单片微型计算机”。而在生活中，用于阅读的电纸书，用于收看影视节目的智能电视、智能机顶盒，用于娱乐的游戏机等，实际上都可以看作是有专门用途的计算机。与人们生活已密不可分的智能手机，也可以看作一种计算机。从操作系统来看，智能手机与平板电脑也并无区别，主流产品运行的都是 iOS 或 Android 操作系统。

三、计算机的发展历史和趋势

从 1946 年世界上最早的计算机之一 ENIAC 在美国宾夕法尼亚大学诞生算起，之后的二三十年里，计算机在技术上先后经历了电子管计算机、晶体管计算机、集成电路计算机三个时代。到 20 世纪 70 年代，随着电子技术的发展，大规模集成电路和超大规模集成电路的应用得以普及，计算机也进入了第四代，即发展至今的大规模和超大规模集成电路计算机阶段。

计算机发展至今，虽然在性能上与半个世纪前相比有了天差地别的重大飞跃，但在基本原理上并没有重大突破。对于下一代计算机，科学家们正在计算机的基本工作原理方面进行研究，如利用量子技术实现的量子计算机等。而在应用方面，一个重要的研究领域是人工智能技术，即实现使计算机能够模拟人的某些思维过程和智能行为（如学习、推理、思考、规划等）。

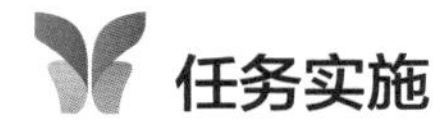

任务实施

步骤一　开启电源

找到连接计算机电源线的插排，按下插排按钮，向计算机供电，如图 1—1—9 所示。

小提示　要根据用电安全要求使用插排，注意电源线插头与插排之间连接是否正常。

步骤二　开启显示器和主机

打开插排后，按下显示器电源按钮，开启显示器，如图 1—1—10 所示。

开启显示器电源后，按下主机箱上的电源按钮启动计算机，如图 1—1—11 所示。

步骤三　使用鼠标操作，初步体验计算机的使用

鼠标和键盘是计算机最基本的输入设备。除了通过键盘输入指令和信息外，用鼠标点击屏幕中的相关按钮和链接是计算机应用中最为常用的操作。

手握鼠标时不要太紧，就像把手放在自己的膝盖上一样，使鼠标的后半部分恰好在手掌下。食指和中指分别轻放在左右按键上，拇指和无名指轻夹鼠标两侧，如图 1—1—12 所示。

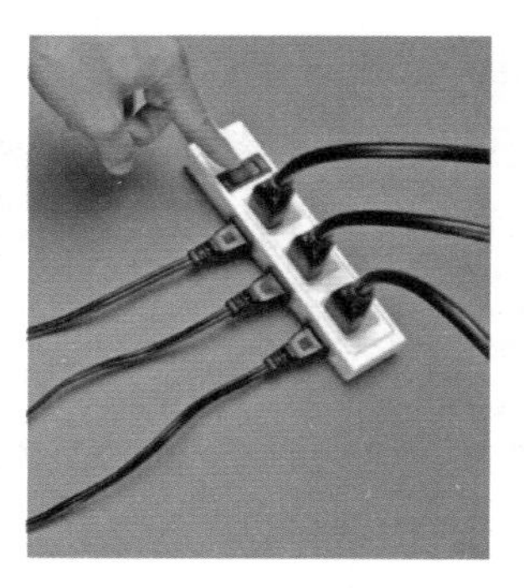

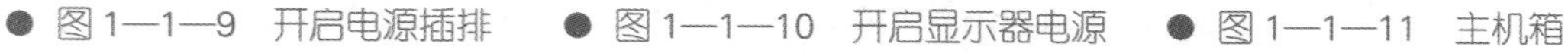

● 图 1—1—9　开启电源插排　● 图 1—1—10　开启显示器电源　● 图 1—1—11　主机箱

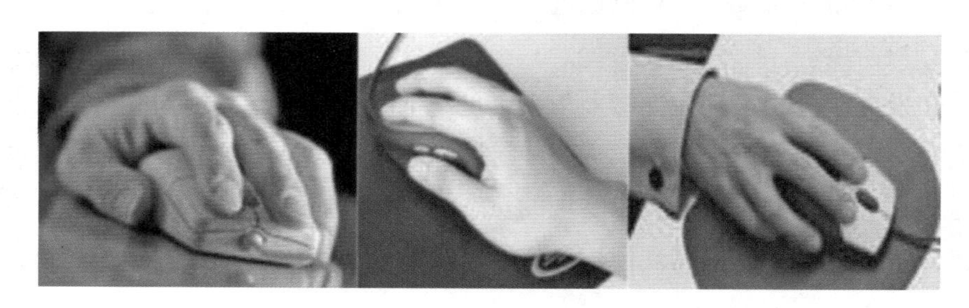

● 图 1—1—12　鼠标的握姿

鼠标上有左键和右键两个操作区域，大部分鼠标中间还有滚轮。通常用右手来操作鼠标，手掌轻轻放在鼠标上，食指放在左键上，中指放在右键上。按一下鼠标的左键称为“单击”，快速按两下鼠标左键称为“双击”。按住鼠标一个键不放，将选定的对象拖到目的地后释放称为“拖放”。另外，单击鼠标右键有时也简称为“右击”。鼠标在屏幕上以光标（也称指针）的形式出现，不同的光标样式表达不同的含义，在系统默认状态下，光标的含义如图 1—1—13 所示。

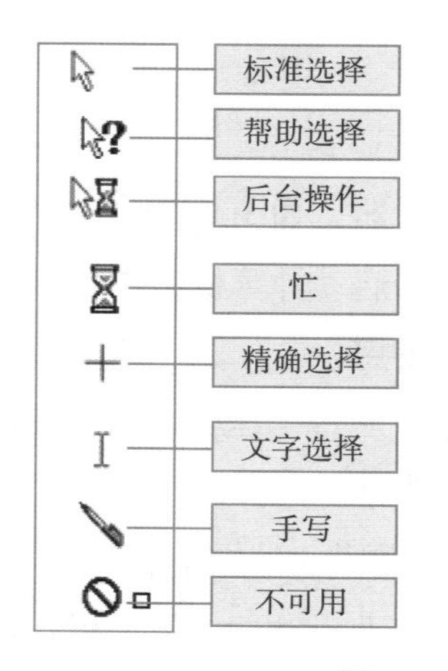

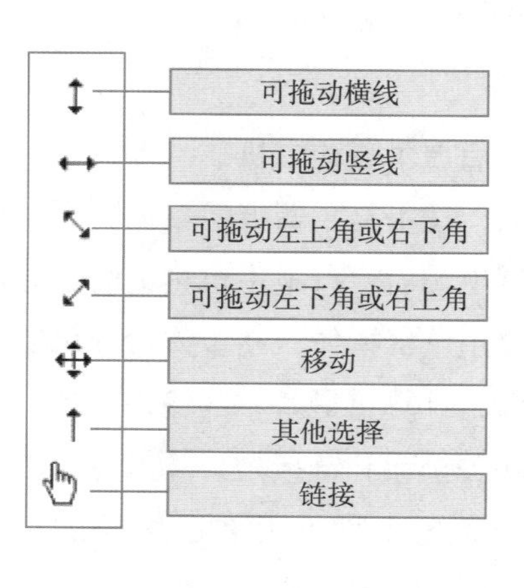

● 图 1—1—13　光标的含义

（1）标准选择光标（也称指向光标）：移动它可以指向任一个操作对象。

（2）文字选择光标（也称插入光标）：出现该光标时才能输入文字。

（3）精确选择光标（也称十字光标）：出现该光标时才能绘制各种图形。

（4）后台操作光标（也称等待光标）：出现该光标说明系统正在运行程序。

在教师指导下操作，按教师指定的路径打开文件夹，运行教师指定的程序或欣赏教师指定的视频或音频文件等，熟悉鼠标的操作，了解计算机的操作界面。

步骤四　关闭计算机

用鼠标左键单击任务栏左侧的“开始”图标，再单击“关机”按钮即可退出 Windows 7，如图 1—1—14 所示。

“关机”按钮右侧还有一个扩展按钮，单击该按钮后弹出扩展菜单，其中包含“切换用户”“注销”“锁定”“重新启动”和“睡眠”五个选项，如图 1—1—15 所示。其具体含义如下：

切换用户——在不退出当前帐户的情况下，重新以其他用户帐户登录，此时原帐户中打开的程序仍正常运行。

注销——退出当前帐户，重新以其他用户帐户登录，此时原帐户中运行的程序均将退出。

锁定——在不退出当前帐户的情况下将操作界面锁定，需正确输入密码后才能进入桌面。

重新启动——退出 Window 7 操作系统，并重新运行计算机。

睡眠——将当前运行的程序和状态保存在硬盘中后关闭计算机，重新打开时，系统将直接恢复到睡眠前的状态。

● 图 1—1—14　关闭计算机

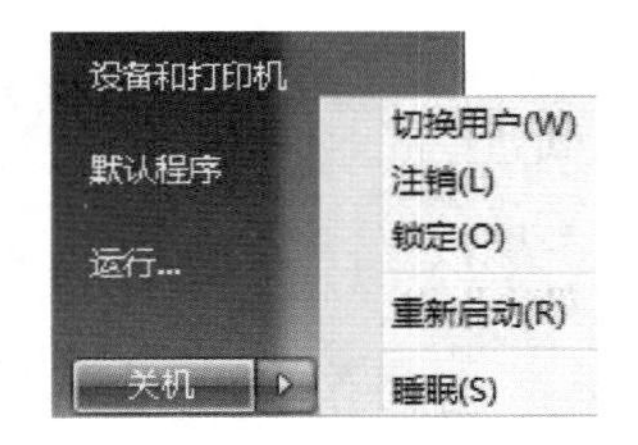

● 图 1—1—15　扩展按钮功能

任务 2　认识计算机硬件——计算机的组成

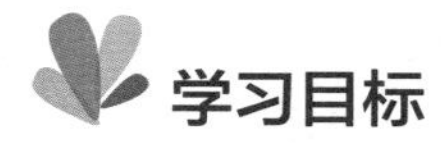

学习目标

知识目标：1. 了解计算机硬件系统的组成
　　　　　2. 了解计算机软件系统的组成
　　　　　3. 了解计算机中的信息表示方法
技能目标：能初步辨识机箱内的硬件设备

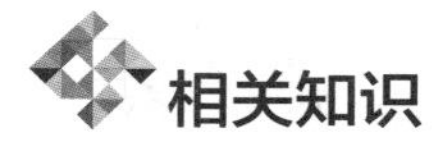

任务描述

计算机功能强大，其背后是一整套精密、复杂的软件和硬件的支撑。众多的应用软件将用户的需求转化为计算机指令，而功能各异的众多硬件设备则根据这些指令运行，最终实现用户的需求。本任务的内容是了解计算机系统的构成，并以台式计算机为例，结合实物进行观察，初步认识计算机的内部结构。

相关知识

一、计算机系统的组成

一个完整的计算机系统包括硬件系统和软件系统，如图 1—2—1 所示。

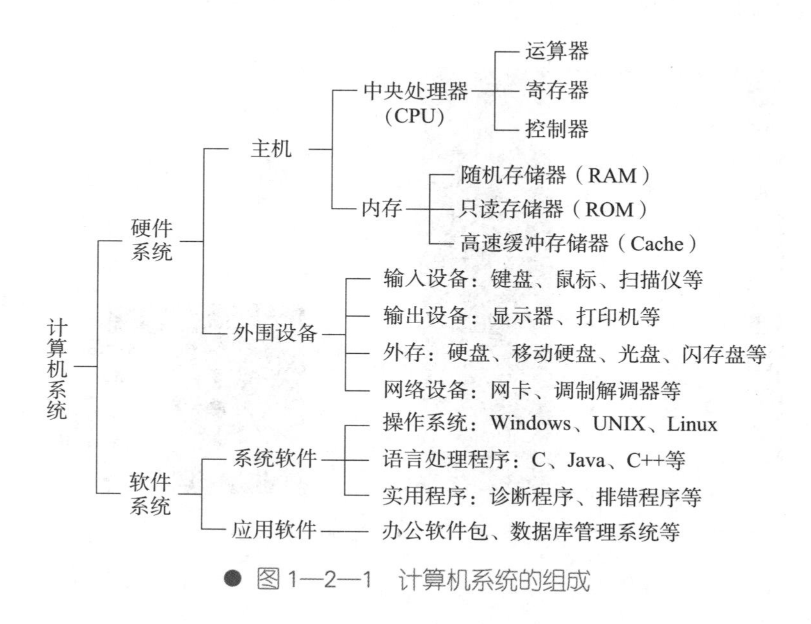

图 1—2—1　计算机系统的组成

1. 硬件系统

硬件系统是指构成计算机的物理设备，它是计算机软件运行的基础。从计算机的外观看，它由主机、显示器、键盘和鼠标等几个部分组成。从计算机的功能看，它包括运算器、控制器、存储器、输入设备和输出设备五大功能部件。这五大功能部件相互配合，协同工作。其中，运算器和控制器集成在一片或几片大规模或超大规模集成电路中，称为中央处理器（CPU）。硬件系统采用总线结构，各个部件之间通过总线相连构成一个统一的整体，如图 1—2—2 所示。

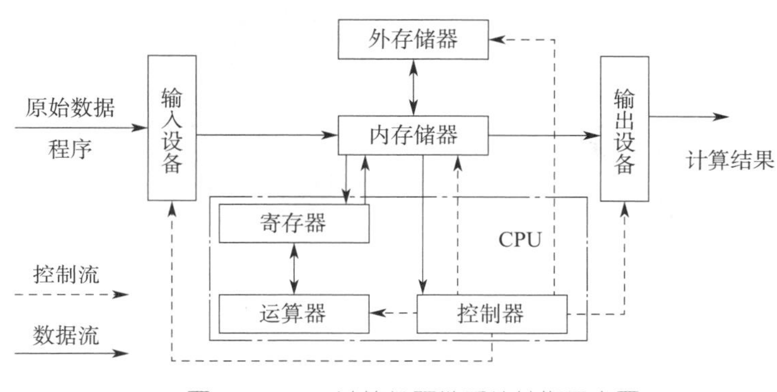

● 图 1—2—2　计算机硬件系统结构示意图

2. 软件系统

所谓软件是指一系列按照特定顺序组织的计算机数据和指令的集合。计算机的各项功能都需要借助软件来实现。计算机的软件系统包括系统软件和应用软件两大类。

系统软件中最为重要的是操作系统，即系统软件的核心，它负责管理计算机系统的硬件、软件及数据资源，控制程序运行，是用户与计算机系统进行交流的界面，并为其他应用软件提供支持。

应用软件是为了满足用户不同领域、不同问题的应用需求而开发的软件，如文档编辑软件用于编写文档，视频播放器软件用于播放视频，图形图像处理软件用于加工处理各类图形图像等。

二、硬件设备

1. 中央处理器

中央处理器（Central Processing Unit，CPU）是计算机的核心部件，是整个计算机系统的指挥中心，其主要功能是执行系统的指令，进行逻辑运算、传输和控制输入 / 输出（I/O）操作指令等。它主要由控制器和运算器组成，又称微处理器芯片。其外观如图 1—2—3 所示。

2. 主板

主板（Mainboard）也称主机板、系统板或母板。它是计算机内最大的一块集成电路板，用于安装、连接其他硬件设备，是最主要的部件之一。主板的外观如图 1—2--4 所示。

● 图 1—2—3　中央处理器

● 图 1—2—4　主板

3. 存储设备

内存储器简称内存（Memory），是计算机中最重要的部件之一，计算机中所有程序的运行都是在内存中进行的，其性能对计算机的影响非常大。内存的特点是既可以读取数据，也可以写入数据，但当机器电源关闭时，存于其中的数据就会丢失。内存的外观如图 1—2—5 所示。

硬盘（Hard Disk）既可以读出数据又可以写入数据，并且在断电后其中所保存的信息也不会丢失，是计算机中最主要的存储设备。操作系统、应用程序、数据等都存储在硬盘中。它只能与内存交换信息，不能被计算机系统中的其他部件直接访问。硬盘的外观如图 1—2—6 所示。

● 图 1—2—5　内存

● 图 1—2—6　硬盘

传统的硬盘内部由一个或多个铝制（或玻璃制）的碟片组成，碟片外覆盖有铁磁性材料，利用磁性记录数据，称为机械硬盘。近年来，读写速度更快、功耗更低、更为轻便的固态硬盘（Solid State Drive）越来越普及。固态硬盘用固态电子存储芯片阵列制成，由控制单元和存储单元组成。固态硬盘在接口的规范和定义、功能及使用方法上与机械硬盘完全相同，在产品外形和尺寸上也与机械硬盘完全一致。固态硬盘的外观如图1—2—7所示。

除了安装在计算机机箱内的硬盘，常用的存储设备还有U盘和移动硬盘。U盘全称USB闪存盘（USB Flash Disk），是一种USB接口的微型高容量移动存储产品。U盘具有体积小、便于携带、存储容量大、价格便宜、性能可靠等优点，其外观如图1—2—8所示。一般使用的U盘虽然小巧，但容量通常都不大，而移动硬盘则兼顾了硬盘存储容量大和U盘携带方便的特点，移动硬盘也通过USB接口与计算机进行连接，其外观如图1—2—9所示。

● 图1—2—7 固态硬盘

● 图1—2—8 U盘

● 图1—2—9 移动硬盘

4. 输入设备

输入设备是指将外界信息（数据、程序、命令及各种信号）送入计算机的设备。计算机常用的输入设备有键盘、鼠标、触控板、手写板、麦克风、扫描仪等。键盘是最为常用的输入设备，如图1—2—10所示。

5. 输出设备

所谓输出设备是指将计算机处理和计算后所得到的结果以人们便于识别的形式（如字符、数值和图表等）记录、显示或打印出来的设备。常用的输出设备有扬声器、显示器和打印机等，显示器是最为常用的输出设备，如图1—2—11所示。

● 图1—2—10 键盘

● 图1—2—11 显示器

三、计算机存储容量的表示

1. 存储容量

计算机中所有的数据都是以二进制（逢二进一，数字仅由 0 和 1 两个数码组成）来表示的，一个二进制代码称为一位，记为 bit。位是计算机中表示信息的最小单位。

在对二进制数据进行存储时，以八位二进制代码为一个单元存放在一起，称为一个字节，记为 Byte。字节是计算机中存储信息的最小单位。

一条指令或一个数据信息称为一个字。字是计算机进行信息交换、处理、存储的基本单元。

CPU 中每个字所包含的二进制代码的位数称为字长。字长是衡量计算机性能的一个重要指标。

计算机中内存、硬盘等存储设备存储数据的能力用其容量来衡量，主要指其所能存储信息的字节数。常用的容量单位有字节（B）、千字节（KB）、兆字节（MB）、吉字节（GB）、太字节（TB）等，其换算关系如下：

1 KB=1 024 B

1 MB=1 024 KB=1 024 × 1 024 B

1 GB=1 024 MB=1 024 × 1 024 × 1 024 B

1 TB=1 024 GB=1 024 × 1 024 × 1 024 × 1 024 B

其中，K、M、G、T 的中文名称分别为千、兆、吉、太。需要注意的是，由于二进制的特点，各单位之间不是整 1 000 倍的关系，而是 1 024 倍。

2. 二进制及其换算

（1）二进制转换为十进制

将二进制数转换为十进制数时，只需将每一位数字分别乘以 2*n*，然后求和即可，其中 *n* 为该数字所在的位数（小数点左侧一位为 0，向左依次递增，向右依次递减）。例如，将二进制数 11001.101 转换为十进制数的方法如下：$1 \times 2^4 + 1 \times 2^3 + 0 \times 2^2 + 0 \times 2^1 + 1 \times 2^0 + 1 \times 2^{-1} + 0 \times 2^{-2} + 1 \times 2^{-3} = 25.625$。

（2）十进制转换为二进制

将十进制数转换为二进制数时，整数部分采用“除 2 取余法”（反复除以 2，得到一系列余数），而小数部分则采用“乘 2 取整法”（将小数部分反复乘以 2，得到一系列整数部分个位数）。如将十进制数 302.3125 转换为二进制数，首先将 302 采用“除 2 取余法”转换为二进制数 100101110，再将 0.3125 采用“乘 2 取整法”转换为二进制数 0.0101，两项合并，则十进制数 302.3125 转换为二级制数的结果是 100101110.0101。具体计算过程如图 1—2—12 所示。

302/2 = 151	余0	
151/2 = 75	余1	
75/2 = 37	余1	
37/2 = 18	余1	将余数自下而上连接起来
18/2 = 9	余0	
9/2 = 4	余1	
4/2 = 2	余0	
2/2 = 1	余0	
1/2 = 0	余1	

0.3125×2=0.625	个位为0	
0.625×2=1.25	个位为1	将整数部分（个位）自上而下连接起来
0.25×2=0.6	个位为0	
0.5×2=1.0	个位为1	

● 图 1—2—12　十进制数转换为二进制数

（3）使用 Windows 自带的计算器进行计算

使用 Windows 自带的计算器可以方便地进行十进制数和二进制数的转换。在桌面上单击“开始”按钮→“所有程序”→“附件”→“计算器”，打开“计算器”操作界面，如图 1—2—13 所示。

单击计算器中的“查看”菜单，选择“程序员”选项，如图 1—2—14 所示，计算器变换为如图 1—2—15 所示界面。

● 图 1—2—13　计算器

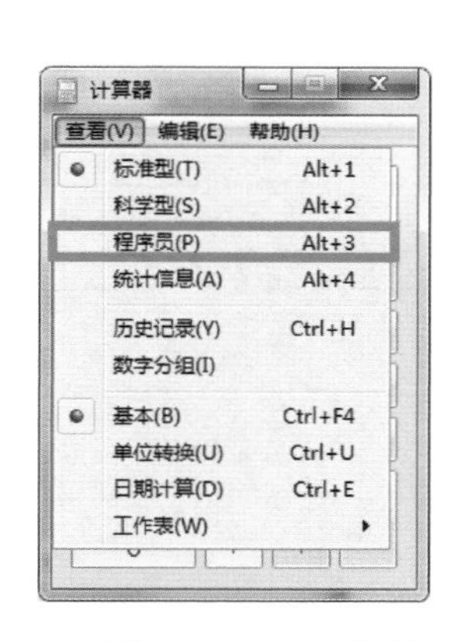

● 图 1—2—14　选择“程序员”选项

● 图 1—2—15　“程序员”功能计算器

在计算器键位区输入数字，如单击按钮“3”“0”“2”，在计算器显示屏上即可显示数字“302”，如图 1—2—16 所示。

单击计算器功能区中的“二进制”单选按钮，即可将数字转换为二进制数。如图 1—2—17 所示，显示结果为 100101110。

● 图 1—2—16　计算器上数字输入“302”

● 图 1—2—17　转换为二进制数

任务实施

在教师指导下打开主机机箱，观察机箱内安装的各硬件，对照资料，尝试通过外观识别其类型，分别编号后，在表 1—2—1 中记录下来。

表 1—2—1　　　　计算机硬件的识别

标号	名称	外观特征

任务 3　输入文字——计算机键盘的操作

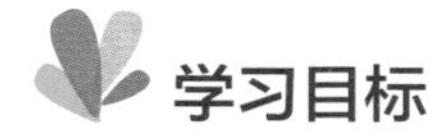

学习目标

知识目标：了解键盘各键位的功能

技能目标：1. 能按照正确指法熟练操作键盘

2. 能熟练使用搜狗拼音输入法输入汉字

3. 能灵活运用搜狗拼音输入法的各种快速输入技巧

4. 能使用金山打字通软件进行打字练习

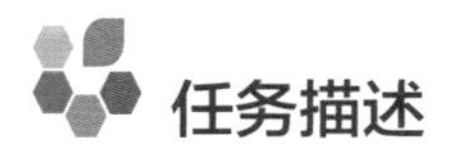

任务描述

本任务的主要内容是练习键盘的使用，并熟练掌握汉字的输入，为后续使用计算机打下基础。

相关知识

一、键盘的布局

键盘是计算机中最基本的输入设备，最常见的键盘布局如图 1—3—1 所示。按照功能不同，可以将键盘分为 4 个键区，分别是主键盘区、编辑键区、功能键区和数字键区。

图 1—3—1　键盘的布局

1. 主键盘区

主键盘区又称标准打字区，由 26 个英文字母键、0 ~ 9 十个数字键、“`、~、!、@”等符号键、空格键和若干控制功能键组成。

其中，各控制功能键的功能如下。

←：退格键，用于删除当前光标处的前一字符。

Tab：制表定位键，在文本编辑软件中按此键可使光标右移至下一制表位。

Esc：退出键，用于与退出相关的操作。

Caps Lock：大写锁定键，用于切换大小写状态，按下该键使键盘上的 Caps Lock 指示灯点亮时，所输入的字母均为大写，再按下该键使指示灯熄灭，则所输入的字母均为小写。一般处于大写状态时，中文输入法无效。

Shift：上档键，按住 Shift 键的同时按下标有两排符号的按键，即可输入上档符号。例如，在英文状态下按 Shift+2 组合键，即可输入符号“@”。

Ctrl 和 Alt：控制键和更改键（替换键），一般与其他按键或鼠标配合使用，实现相应的控制功能，如 Ctrl+C 组合键用于复制、Ctrl+V 组合键用于粘贴、Alt+Tab 组合键用于切换活动窗口等。

Enter：回车键，用于确认输入的执行命令，以及在文档编辑时进行换行等。

2. 编辑键区

该键区的键通常用于相关的编辑功能，在不同的软件中，其功能各不相同，其中较为通用的功能如下。

Print Screen：截屏键，按下该键可截取当前屏幕的全部内容并保存到剪贴板中，转到需要使用该图的软件中粘贴即可。按下 Alt+Print Screen 组合键可截取当前活动窗口。

Scroll Lock：滚动锁定键，目前应用较少，在个别软件中可实现特定的锁定效果。其状态由相应的指示灯显示。

Pause/break：暂停 / 中断键，在部分软件中用于暂停或中断正在执行的指令。

Insert：插入键，在 Word 等文字编辑软件中用于切换文本输入模式。在“插入”模式下，将在光标处插入新输入的字符，而在“覆盖”（或称“改写”）模式下，则用新输入的字符覆盖掉光标后原有的字符。

Delete：删除键，用于与删除相关的操作，如在 Windows 资源管理器中删除文件、在 Word 中删除字符等。

Home 和 End：光标定位键，在 Word 等文字编辑软件中用于定位光标，如定位到行、段落或文章的开头或结尾。

PageUp 和 PageDown：翻页键，在阅读文档或浏览网页时用于向上（前）或向下（后）翻页。

↑↓←→：方向键，用于向箭头所指方向移动光标。

3. 功能键区

该区有 F1 ~ F12 共 12 个功能键。在不同的软件中，用于完成不同的命令，其中部分功能键较为典型的用途如下。

F1：用于调出帮助信息。

F2：在资源管理器中用于对文件或文件夹重命名。

F3：用于与搜索相关的操作。

F4：Alt+F4 组合键用于快速关闭当前窗口。

F5：在资源管理器和浏览器中用于刷新当前显示内容。

F8：在启动计算机时，用于调出启动菜单。

F11：在资源管理器和浏览器中用于切换至全屏显示状态。

F12：在 Office 系列软件中作为“另存为”命令的快捷键。

4. 数字键区

数字键区又称为小键盘区，按下 Num Lock 键使相应指示灯点亮后，可用于快速输入数字。再次按下 Num Lock 键使相应指示灯熄灭后，可根据键盘上的标记，代替编辑键区的相应按键使用。

二、键盘的使用

1. 键盘操作姿势

使用键盘时，一定要端正坐姿（见图 1—3—2）。如果坐姿不正确，不但会影响打字速度，还容易导致疲劳、出错。正确的坐姿应做到：

（1）身子要坐正，双脚平放在地上。

（2）肩部放松，上臂自然下垂。

（3）手腕要放松，轻轻抬起，不要靠在桌子上或键盘上。

（4）身体与键盘的距离以两手刚好放在基本键上为准。

2. 键盘指法

熟练掌握正确的指法，可以大大提高文字的录入速度。打字时，两手大拇指均放在空格键上。左手食指放于 F 键上，右手食指放于 J 键上；左手中指、无名指、小指依次放于 D、S、A 三个键上，右手中指、无名指、小指依次放于 K、L、; 三个键上，这八个键称为基本键。在键盘上，F 和 J 两键上均有凸起标记，便于用户盲打时迅速找到键位。打字时，除大拇指外，其余八个手指按照图 1—3—3 所示操作，每个手指负责一个区域的按键。敲击完成后，手指应回到基本键上等待下次操作。

敲击键盘时应注意以下操作要领：

（1）手腕要平直，手臂要保持静止，全部动作仅限于手指部分。

（2）手指弯曲，轻放于字键中央，拇指轻放于空格键上。

（3）输入时手抬起，只有击键手指才可伸出击键，敲击完键后立即缩回。

（4）按照相同节拍，轻轻地、有弹性地击键，不可用力过猛。

● 图 1—3—2　键盘操作姿势

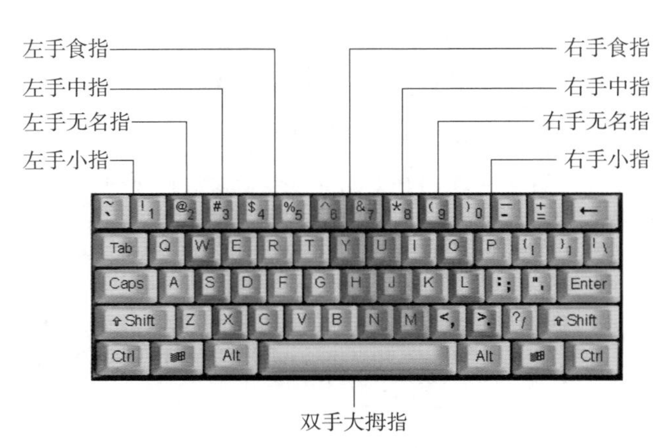

● 图 1—3—3　键盘指法

三、搜狗拼音输入法的使用

计算机键盘上只有英文字母、数字和其他一些符号以及特殊按键，因此汉字不能像英文单词一样直接输入，而是需要通过编码，将汉字和键盘上按键的组合对应起来，从而实现汉字的录入，这就需要用到专门的文字输入工具——中文输入法。

在众多中文输入法中，拼音输入法使用简单，无须专门学习，只要掌握汉语拼音就可以输入汉字，因此得到了广泛的应用。下面以常用的搜狗拼音输入法为例介绍其常用的使用技巧。

1. 搜狗拼音输入法的状态条

搜狗拼音输入法的状态条如图 1—3—4 所示，默认状态下包含自定义状态栏、中 / 英文、中 / 英文标点、表情、语音、输入方式、帐户、皮肤、工具箱 9 个按钮，从左到右依次对应图中 9 个图标。

（1）自定义状态栏

单击 S 按钮，出现如图 1—3—5 所示的状态栏，可设置状态条上需要显示的项目。

● 图 1—3—4　搜狗拼音输入法的状态条

● 图 1—3—5　自定义状态栏

（2）中 / 英文

单击该按钮可进行中 / 英文输入的切换。

（3）中 / 英文标点

单击该按钮可进行中 / 英文标点符号的切换。

（4）表情

单击该按钮可打开“图片表情”对话框，如图 1—3—6 所示，除默认表情可选择外，还可单击“添加表情”按钮，从互联网上选择个人需要的表情组。

（5）语音

单击该按钮弹出“语音输入”对话框，如图 1—3—7 所示。单击黄色麦克风按钮或按 F2 键，使用麦克风说出要输入的内容，软件即可将其转换为文字并显示出来。

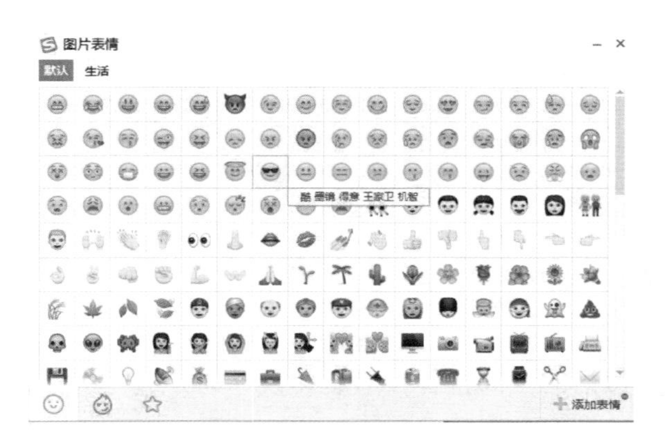

图 1—3—6　“图片表情”对话框

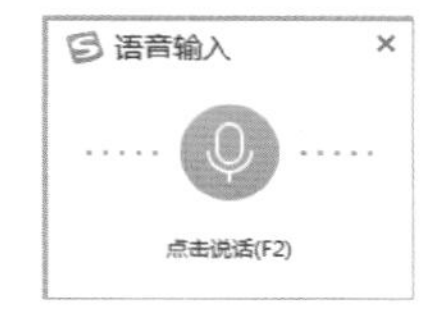

图 1—3—7　“语音输入”对话框

（6）输入方式

单击该按钮可弹出“输入方式”对话框，如图 1—3—8 所示，用户根据需要选择一种输入方式即可。

（7）帐户

单击该按钮可弹出如图 1—3—9 所示的界面，用于显示个人帐户信息和各项统计信息。若未登录搜狗帐号，单击该按钮后将弹出登录对话框。

图 1—3—8　“输入方式”对话框

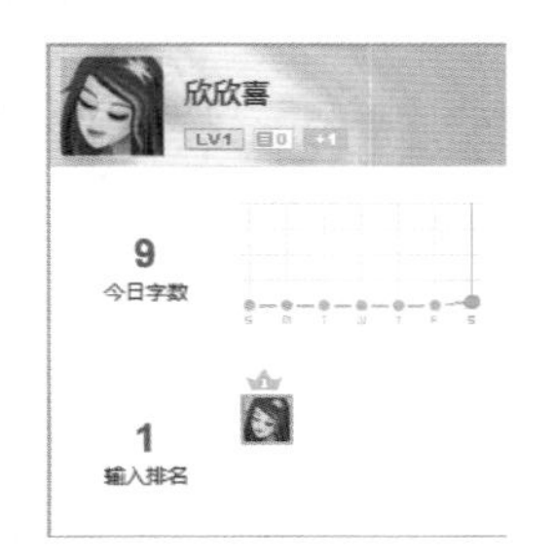

图 1—3—9　“帐户”对话框

（8）皮肤

单击该按钮可弹出如图 1—3—10 所示的“皮肤盒子”对话框，用户可根据喜好选择输入法状态条的外观样式。

（9）工具箱

单击该按钮可弹出如图 1—3—11 所示的“搜狗工具箱”对话框，用户可根据自己的需要来选择工具。

● 图 1—3—10 “皮肤盒子”对话框

● 图 1—3—11 “搜狗工具箱”对话框

2. 搜狗拼音输入法的使用方法

（1）全拼输入

全拼输入就是输入汉字、词、短语的全部拼音，然后在候选词中进行选择，如图 1—3—12 和图 1—3—13 所示。若该页候选词中没有所需要的汉字，可以按键盘上的“，”和“.”键向前或向后查找。

● 图 1—3—12 单字输入

● 图 1—3—13 词句输入

（2）简拼输入

为提高输入效率，搜狗拼音输入法支持简拼输入，用户只需输入组成词句的每个字的首字母或声母，输入法即可给出符合要求的候选词句，如图 1—3—14 所示。简拼也可以和全拼混合使用，效果如图 1—3—15、图 1—3—16 所示。

● 图 1—3—14 简拼输入

● 图 1—3—15 简拼和全拼混合输入 1

（3）中英文混合输入

搜狗拼音输入法支持中英文混合输入，效果如图 1—3—17 所示。另外，在中文输入状态下，可以通过按 Shift 键在中文输入和英文输入之间进行切换，用鼠标单击状态栏上面的“中”字图标也可以进行切换。

● 图 1—3—16 简拼和全拼混合输入 2 ● 图 1—3—17 中英文混合输入

（4）手写输入

在录入汉字时，如果遇到不知道读音的字，可使用搜狗拼音输入法中的手写输入功能。单击输入法状态条中的“输入方式”按钮，弹出如图 1—3—8 所示的“输入方式”对话框，单击“手写输入”按钮，弹出“手写输入”对话框，可选择“单字手写”或“长句手写”，在输入框中拖动鼠标左键直接书写即可，“手写输入”的效果如图 1—3—18 所示。

● 图 1—3—18 “手写输入”对话框

（5）其他输入技巧

1）拆字辅助

一些不常用的汉字在候选词中排位较为靠后，选择起来比较麻烦。此时可使用拆字辅助功能对候选词进行筛选。如想要输入“娴”字，输入拼音“xian”后按下 Tab 键，再输入“娴”的两部分“女”“闲”的首字母 nx，系统即可将“娴”字筛选出来。

2）笔画筛选

搜狗拼音输入法还支持用笔画来快速定位选字。其使用方法是，输入拼音后按下 Tab 键，然后按照笔顺输入笔画的相应代码（横 h、竖 s、撇 p、捺 n、折 z、点 d）。例如，输入“贻”字时，输入拼音“yi”后，按下 Tab 键，依次输入其笔画代码 szp……，在候选词框中即可见到该字被筛选出来。输入笔画时需要注意笔顺正确，例如竖心旁的笔顺是点点竖，而不是竖点点。

3）笔画输入

遇到不知道读音的汉字时，可使用搜狗拼音输入法的笔画输入模式，按照该字的笔画进行输入，其使用方法是，先输入 u，然后依次输入该字的笔画。例如，要输入“画”字可输入“uhszhshzs”。

4）模糊音

对于部分方言使用者，普通话中的部分声母或韵母容易混淆，如不易分清 s 和 sh、an 和 ang 等，为方便使用，搜狗拼音输入法提供了模糊音功能，启用模糊音后，不再区分容易混淆的声母或韵母。例如，输入“si”时，会将“十”列入候选框；输入“shi”时，会将“四”列入候选框。

搜狗拼音输入法支持的模糊音有：

声母——s↔sh，c↔ch，z↔zh，l↔n，f↔h，r↔l

韵母——an↔ang，en↔eng，in↔ing，ian↔iang，uan↔uang

5）快速输入特殊字母或符号

搜狗拼音输入法支持通过常用特殊字母或符号的读音或名称缩写直接进行输入。如输入“pai”，在候选词中可显示 π；输入“aerfa”，在候选词中可显示希腊字母 α；输入“wjx”，在候选词中可显示☆和★（五角星）；输入“sjt、xjt、zjt、yjt”，在候选词中可显示↑（上箭头）、↓（下箭头）、←（左箭头）和→（右箭头）；输入“sjx”，在候选词中可显示△和▲（三角形）等。

除上述几点外，搜狗拼音输入法还有很多其他的输入技巧，如输入“rq”“sj”或“xq”可在候选框中显示系统当前的日期、时间或星期，输入“v+ 数字”可得到汉字大写、罗马数字等各种形式的数字等，通过阅读软件的帮助文档，进一步了解使用技巧，可以有效提高输入效率。

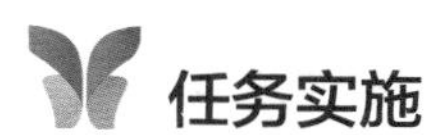

任务实施

步骤一　启动“金山打字通”软件

在桌面上双击“金山打字通”快捷方式图标，或者单击桌面上的“开始”按钮，依次单击“所有程序”→“金山打字通”→“金山打字通”，打开“金山打字通 2016”软件，其首页界面如图 1—3—19 所示。

步骤二　键盘基本操作练习

1. 打字常识学习

在“金山打字通”首页界面中，单击“新手入门”按钮，打开如图 1—3—20 所示界面，单击“打字常识”按钮，打开如图 1—3—21 所示界面，逐个单击“下一页”按钮，了解键盘操作中的键盘组成、打字姿势、基准键位、手指分工等知识。然后进入“过关测试”界面，如图 1—3—22 所示，完成对所学知识的考核。

● 图 1—3—19 “金山打字通”首页界面

● 图 1—3—20 “新手入门”界面

● 图 1—3—21 “打字常识”界面

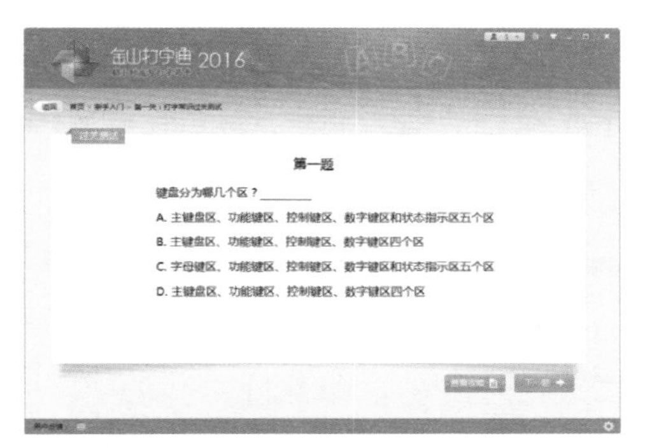

● 图 1—3—22 “过关测试”界面

2. 键位操作练习

在“金山打字通”首页界面中，单击“字母键位”按钮进入“字母键位”练习界面，如图 1—3—23 所示，根据键位颜色提示，按指法要求敲击键位。完成此项练习后可以单击如图 1—3—20 所示的“数字键位”“符号键位”“键位纠错”按钮进行操作练习。反复练习后，应逐渐达到“盲打”的程度，即不需要看键盘就可以快速找到键位。

步骤三 英文打字练习

1. 单词练习

键位练习结束后进入图 1—3—24 所示界面，单击“单词练习”按钮打开图 1—3—25 所示界面，按照正确指法完成单词练习。

2. 语句练习

单词练习结束后，在图 1—3—24 所示界面中单击“语句练习”按钮，打开如图 1—3—26 所示的界面，按照正确指法完成语句练习。

● 图 1—3—23　字母键位练习界面

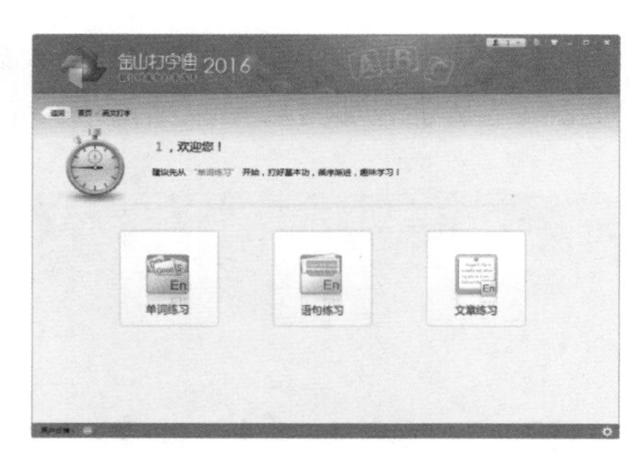

● 图 1—3—24　“英文打字”界面

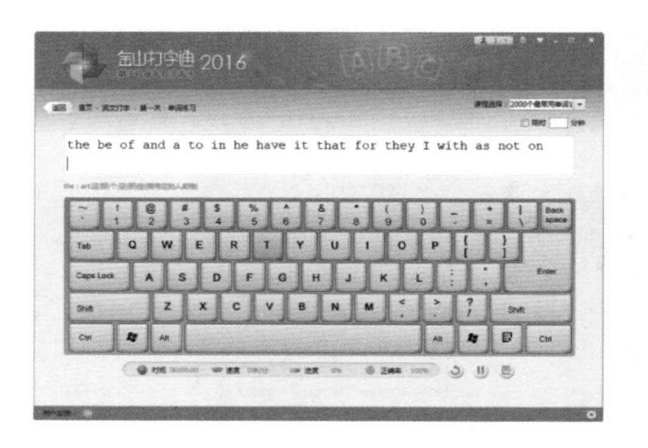

● 图 1—3—25　“单词练习”界面

● 图 1—3—26　“语句练习”界面

3. 文章练习

在图 1—3—24 所示界面中单击“文章练习”按钮，进入图 1—3—27 所示界面，按照要求完成文章练习。

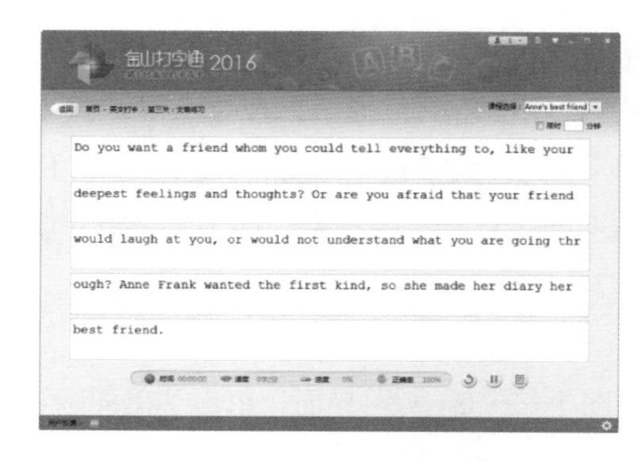

● 图 1—3—27　“文章练习”界面

步骤四　中文打字练习

对于中文打字练习，金山打字通提供了“拼音打字”和“五笔打字”两种练习功能，这里选择“拼音打字”。进入“拼音打字”，按照“拼音输入法”选项的提示切换到常用的中文输入法（如搜狗拼音输入法）后，可依次进行音节练习、词组练习和文章练习，其界面与英文打字相似。在练习中，注意熟练运用输入法的各种输入技巧，提高打字速度。

项目二
Windows 7 操作系统的使用

任务 1　对操作系统进行个性化设置——Windows 7 操作系统的认识

学习目标

知识目标：了解 Windows 7 操作系统的桌面组成及各部分功能

技能目标：能对 Windows 7 操作系统进行个性化设置

任务描述

Windows 7 是由微软（Microsoft）公司开发的操作系统，自 2009 年发布至今已有十年，且后续版本 Windows 8、Windows 10 也已先后发布多年，但由于 Windows 7 功能强大、界面友好、使用方便，出于使用习惯和软件兼容性等原因，仍有大量用户还在使用。尤其在一些较为老旧的非触摸屏设备上，Windows 7 更有着广泛的应用。在操作系统整体市场上，Windows 7 仍占据将近一半的市场份额。

Windows 7 操作系统有多个不同的版本，包括仅具有基本功能的 Windows 7 Home Basic（家庭普通版）和功能最为全面的 Windows 7 Ultimate（旗舰版）等。

本任务的主要内容是熟悉 Windows 7 操作系统的桌面组成及各部分功能，并对计算机名、系统外观、“开始”菜单和任务栏、输入法等进行个性化设置。

相关知识

一、Windows 7 的桌面

启动 Windows 7 进入系统后，屏幕上出现的整个区域称为桌面。它是用户使用计算机进行各种操作、运行各类程序软件以及完成各项任务的工作平台，如图 2—1—1 所示。

图 2—1—1 Windows 7 的桌面

Windows 7 的桌面主要包含以下元素。

1. 桌面图标

桌面的大部分区域主要用于摆放图标，包括“计算机”“回收站”“网络”等系统功能图标、各种软件自动生成或用户手动创建的快捷方式图标（其左下角有标志 ），以及用户直接保存在桌面的文件图标。

需要注意的是，桌面实际上是系统盘中的一个特殊文件夹，因此一般不应将文件保存在桌面上，一方面过多的文件占用系统盘空间，可能导致系统变慢，另一方面一旦系统出现故障，在修复和重装系统过程中，这些文件有可能损坏或丢失。

2. “开始”按钮

桌面左下角带有微软公司标志的圆形图标称为“开始”按钮，单击该按钮可调出“开始”菜单，如图 2—1—2 所示。

“开始”菜单是 Windows 7 操作系统的中央控制区域。菜单左侧为常用软件列表，一些使用较为频繁或新安装的软件会展示在这里，便于用户使用，同时用户还可将自己

常用的软件锁定在列表中，被锁定的软件将始终显示在列表的上部。单击列表下面的“所有程序”，可展开计算机中安装的所有软件的列表。在菜单左下角的搜索框内，还可以直接输入程序或文件的全部或部分名称，快速检索出文件或程序的快捷方式，与在列表中逐一查找相比更为方便。在菜单右侧是各项系统常用功能的快捷方式，如“计算机”“控制面板”“设备和打印机”等。

● 图 2—1—2 “开始”按钮和“开始”菜单

3. 任务栏

任务栏位于桌面最下方，所有打开的文件夹、文件、程序等都将在这里以标签形式出现，单击标签即可切换到相应的窗口。为节省空间，多个同类标签（如多个文件夹）可以折叠的形式显示在一起。鼠标移至标签上时，还可显示该窗口的缩略图，如图 2—1—3 所示。右键单击任务栏中的标签，在弹出的快捷菜单（见图 2—1—4）中列有“关闭所有窗口”等常用操作选项，以及最近使用文件的列表等。其中选择“将此程序锁定到任务栏”选项后，则无论该程序是否打开，都将在任务栏中显示，未打开时显示为图标，便于用户进行快捷操作。

● 图 2—1—3 任务栏中的窗口缩略图

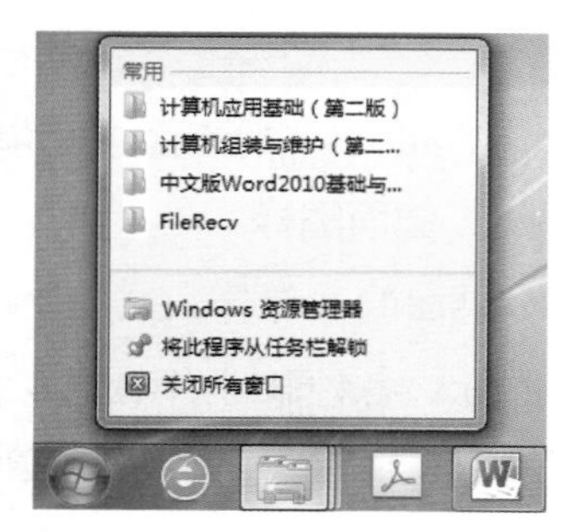

● 图 2—1—4 快捷菜单

4. 状态栏

状态栏在任务栏的右侧，主要用于显示语言工具栏、软件状态图标、系统时间等。为避免状态栏中的软件图标过多，用户可以对每个在状态栏中出现的软件自行指定其显示方式，包括仅在有通知时显示、始终显示和始终不显示，对于不显示的图标，可单击小三角按钮 ▲ 在展开的列表中查看。

5. “显示桌面”按钮

桌面右下角的长方形按钮称为“显示桌面”按钮，将鼠标移至该按钮上，可预览桌面内容，且当前已打开的窗口将以透明的轮廓线显示其位置（见图 2—1—5），单击该按钮可将当前打开的全部窗口最小化，直接显示桌面内容。

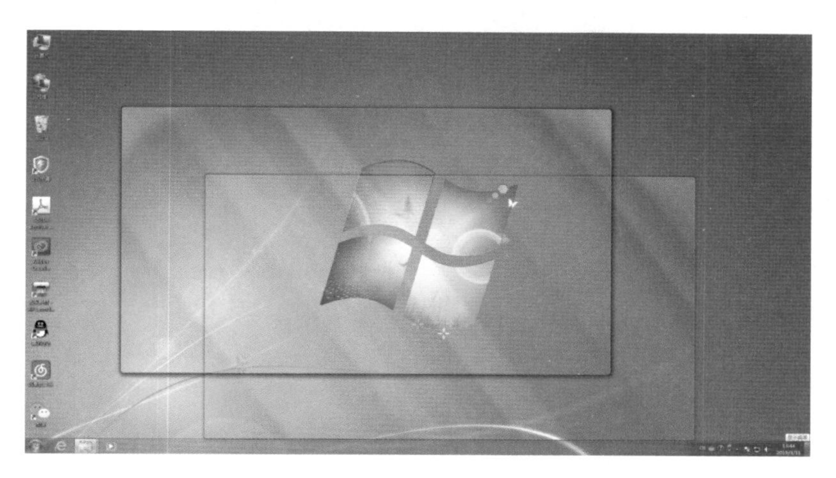

● 图 2—1—5 将鼠标移至“显示桌面”按钮上的效果

二、Windows 7 的主题

Windows 7 提供了多种配色、窗口和图标样式的选择，称为主题，以满足不同用户的个性化需求。一般默认的是名为“Windows 7”的 Aero 主题，窗口带有半透明效果，较为美观，但占用系统资源相对较多。想要节省资源，用户可选择不带特效的“Windows 7 Basic”主题，或仿早期版本的“Windows 经典”主题等。各种主题还支持用户自行进行混搭设计。

任务实施

小提示 扫描“任务实施”右侧的二维码可观看操作演示视频。

步骤一 启动 Windows 7

1. 打开显示器等外围设备的电源，按下主机箱上的开机按钮，启动计算机。

2. 自检完成后会自动引导并进入 Windows 7 操作系统登录界面，如图 2—1—6 所示。输入登录密码即可进入桌面。

● 图 2—1—6　Windows 7 操作系统登录界面

如果有多个用户，可以选择某一个用户进行登录，输入相应的密码后进入 Windows 7 操作系统界面。

步骤二　更改计算机名

如安装系统时未进行修改，系统默认的计算机名可能并不符合用户需要，特别是在局域网中可能不易识别。因此在初次使用时，可先按照需要对计算机名进行修改。

其操作方法是：打开“开始”菜单，鼠标右击“计算机”选项，打开属性窗口，选择“更改设置”选项，在弹出的“系统属性”对话框中单击“更改”按钮，如图 2—1—7 所示，弹出“计算机名 / 域更改”对话框，如图 2—1—8 所示，单击“计算机名”下的文本框，将旧名称更改为新的计算机名，单击“确定”按钮，弹出重新启动计算机对话框，如图 2—1—9 所示，单击“确定”按钮，弹出“是否重新启动计算机”提示，这里选择取消选项，等操作全部结束后再重启。

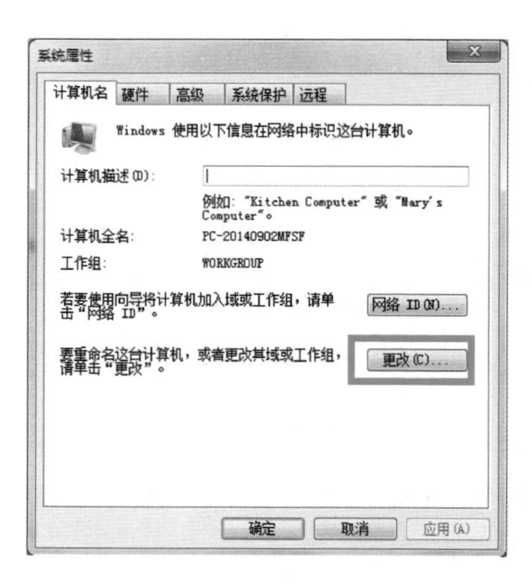

● 图 2—1—7　“系统属性”对话框

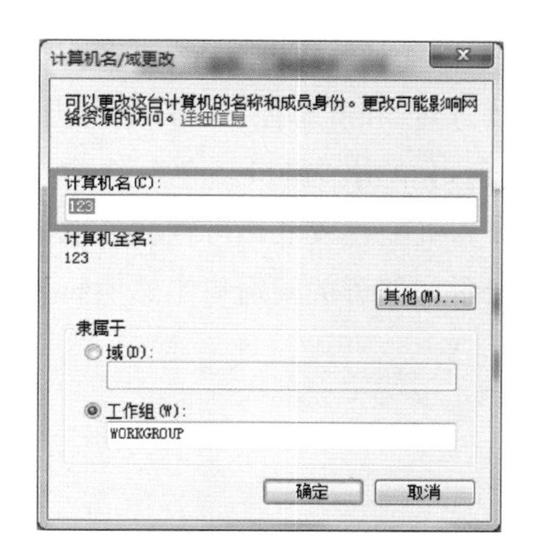

● 图 2—1—8　“计算机名 / 域更改”对话框

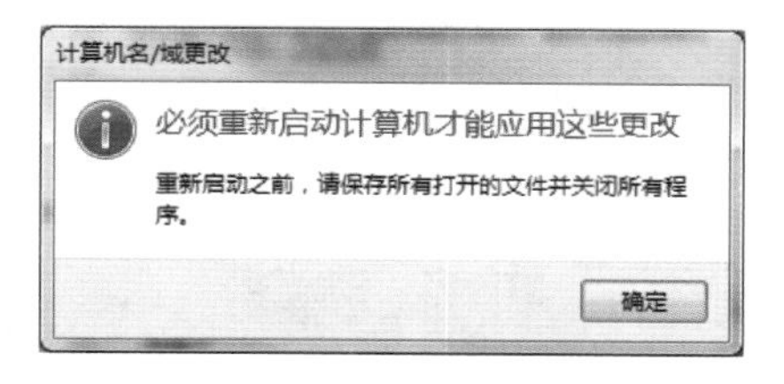

● 图 2—1—9　重新启动计算机对话框

步骤三　更改外观设置

1. 更改桌面主题

单击“开始”按钮，选择“控制面板”选项，如图 2—1—10 所示，在弹出的“控制面板”窗口中选择“外观和个性化”选项，再选择“个性化”，打开“个性化”设置窗口，单击自己满意的主题即可。如所用计算机配置较低导致运行缓慢，可选择占用资源较少的“Windows 经典”主题，如图 2—1—11 所示。

● 图 2—1—10　“控制面板”选项

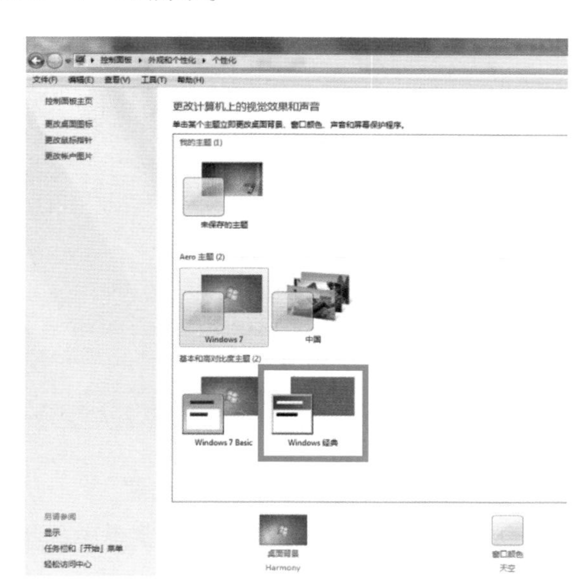

● 图 2—1—11　“Windows 经典”主题设置

小提示　右键单击桌面，在弹出的快捷菜单中，选择“个性化”选项，可以快速打开“个性化”设置窗口。

2. 进行自定义设置

在主题列表的下方，可对桌面背景、窗口颜色、声音和屏幕保护程序进行自定义，根据个人喜好进行选择。例如，要调整窗口的配色可单击“窗口颜色”选项，如图2—1—12所示，在弹出窗口中进行设置。如所用计算机配置较低，可在此处取消默认勾选的“启动透明效果”复选框，如图2—1—13所示，即可关闭窗口半透明特效，缓解系统资源被过多占用的情况。

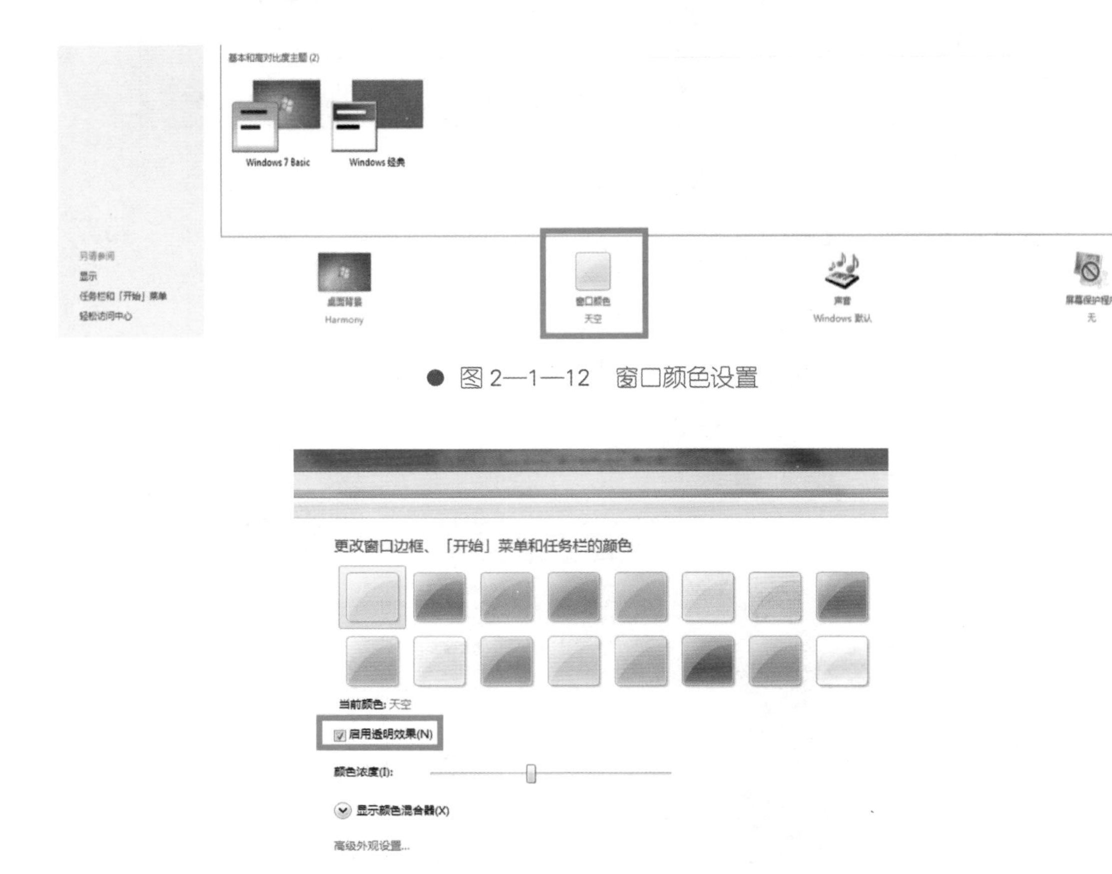

● 图2—1—12　窗口颜色设置

● 图2—1—13　“启动透明效果”复选框

步骤四　设置“开始”菜单和任务栏

右键单击任务栏，在弹出的快捷菜单中选择“属性”选项，弹出“任务栏和「开始」菜单属性”对话框，如图2—1—14所示，在其中可对“开始”菜单和任务栏进行个性化设置。

例如，为节省屏幕空间，可将任务栏上的图标改小，其操作方法是：在“任务栏”选项卡中，勾选“使用小图标”复选框。

又如，可单击“「开始」菜单”选项卡，选择“自定义”按钮，在列表框中勾选

"最近使用的项目"复选框，如图 2—1—15 所示，则可在"开始"菜单中显示"最近使用的项目"菜单，从中可快速打开最近使用过的文档。

小提示 设置完成后，需单击"应用"或"确定"按钮才能生效。两个按钮的区别是，单击"确定"按钮后将同时关闭该设置的对话框，而单击"应用"按钮却不会关闭对话框。

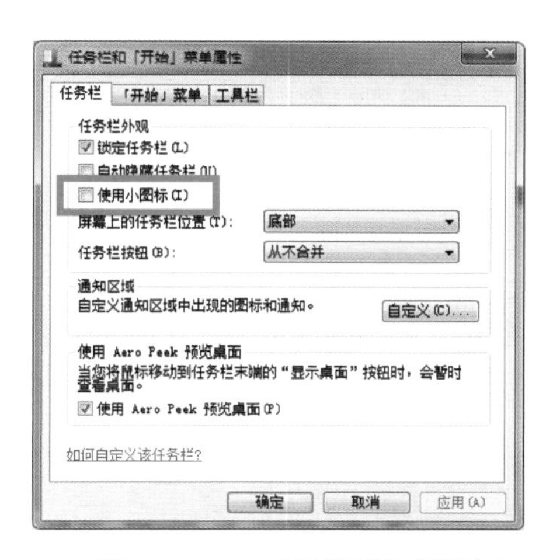

● 图 2—1—14 "任务栏和「开始」菜单属性"对话框

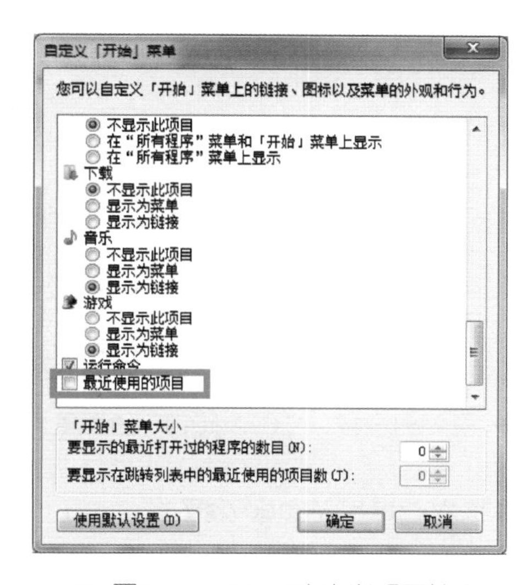

● 图 2—1—15 "自定义「开始」菜单"对话框

步骤五 更改输入法的默认设置

若 Windows 7 操作系统中安装了多种输入法，可选择一种作为默认输入法，更改默认输入法的方法是：单击"开始"菜单中的"控制面板"选项，单击"时钟、语言和区域"选项，选择"区域和语言"，如图 2—1—16 所示，弹出"区域和语言"对话框，如图 2—1—17 所示，选择"键盘和语言"选项卡，单击"更改键盘"按钮，弹出"文本

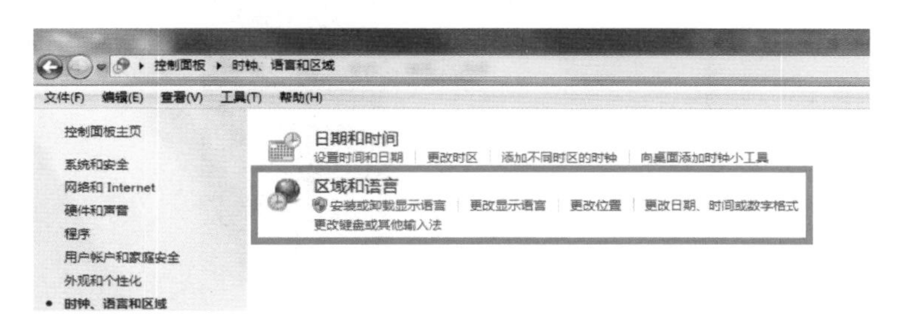

● 图 2—1—16 "区域和语言"选项

服务和输入语言”对话框，如图 2—1—18 所示，在“默认输入语言”下拉列表框中选择需要设为默认的输入法，单击“确定”按钮关闭对话框。

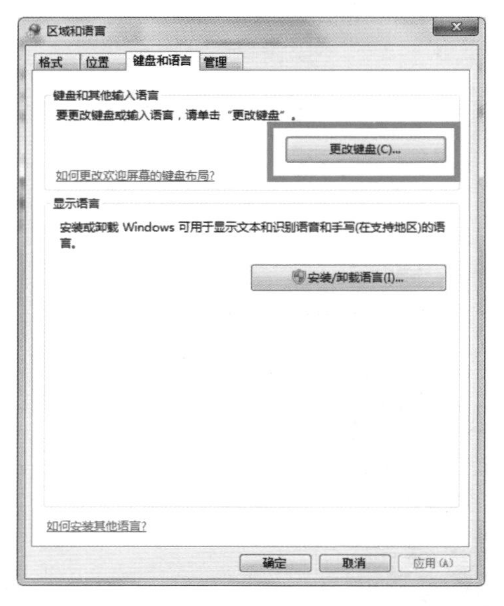

● 图 2—1—17 “区域和语言”对话框

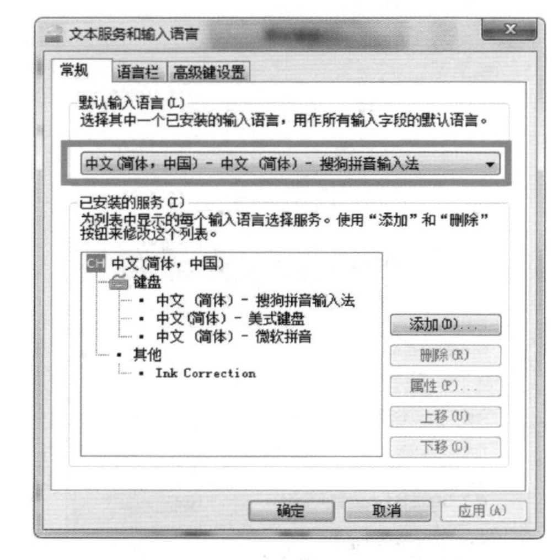

● 图 2—1—18 “文本服务和输入语言”对话框

步骤六　退出 Windows 7

单击“开始”按钮，再单击“关机”按钮（见图 2—1—19）即可关机。待计算机完全关闭后断开电源。

● 图 2—1—19 “关机”按钮

任务 2　使用资源管理器——文件与文件夹的管理

学习目标

知识目标：1. 了解文件、文件夹、库等相关概念

2. 掌握资源管理器的功能

技能目标：1. 能在资源管理器中熟练完成文件和文件夹的查看、复制、剪切、粘贴、删除等基本操作

2. 能正确使用资源管理器的库功能，完成库的查看、创建、管理等基本操作

任务描述

资源管理器是 Windows 7 操作系统中最常用的工具，所有文件和文件夹的访问、管理都是通过资源管理器完成的。本任务首先了解文件、文件夹的相关概念，并通过以下操作熟悉资源管理器的使用：创建一个名为“图片资料”的文件夹，将教材配套资源中素材文件夹内的图片文件或教师指定的图片文件复制到该文件夹中，然后创建一个“资料库”，将文件夹纳入其中。

相关知识

一、文件和文件夹的基本概念

文件是指记录在存储介质（如硬盘、光盘、U 盘）上的一组相关信息的集合，它是 Windows 中最基本的存储单位。任何程序和数据都是以文件形式存在的。

在计算机中，用来协助人们管理一组相关文件的集合称为文件夹。文件夹是一个存储文件的实体，通过文件夹可以把不同的文件或文件夹分层、分组归类。

文件的名称通常由主文件名和扩展名组成，中间用“.”隔开。按照 Windows 操作系统的命名规定，主文件名可以是英文字符、汉字、数字以及一些特殊符号，允许使用空格、加号（+）、逗号（,）、分号（;）、左方括号（[）、右方括号（]）和等号（=）等，但不能含有\ / : * ? “ < > |字符。扩展名用于区分文件的类型，常见的文件类型和扩展名的对应关系见表 2—2—1。

表 2—2—1　　　　　　　　　　文件类型和扩展名的对应关系

文件类型	扩展名	文件类型	扩展名	文件类型	扩展名
压缩文件	rar	可执行文件	exe	Word 文档文件	docx
批处理文件	bat	文本文件	txt	Excel 表格文件	xlsx
备份文件	bak	帮助文件	hlp	图像文件	jpg
临时文件	tmp	位图文件	bmp	声音文件	wav

二、资源管理器

资源管理器是查看、管理、使用文件和文件夹最主要的工具，在 Windows 7 中打开任意文件夹，都将进入资源管理器的界面。双击桌面上的“计算机”快捷方式图标，或单击“开始”菜单中的“计算机”选项即可打开资源管理器界面，如图 2—2—1 所示。

● 图 2—2—1　资源管理器界面

资源管理器的上部显示当前文件夹所在路径、搜索框、前进和后退按钮等。左侧显示常用的文件夹路径，下部显示当前所选定项目的状态信息，中间大部分区域是资源管理器的主体，用于显示文件和文件夹列表。

1. 文件或文件夹的操作

在资源管理器中，对文件或文件夹的操作主要有选定、打开、删除、重命名等。

（1）选定

要选定单个文件或文件夹，直接单击其图标即可，也可使用键盘的方向键进行选择。

要选定多个连续的文件或文件夹，可单击所要选定的第一个文件或文件夹，然后按住 Shift 键，再单击最后一个文件或文件夹。如使用键盘操作，则将光标移动到所要选定的第一个文件或文件夹上，然后按住 Shift 键，用方向键移动光标到最后一个文件或文件夹上。

要选定多个不连续的文件或文件夹，可单击所要选定的第一个文件或文件夹，然后按住 Ctrl 键，再依次单击其他的文件或文件夹即可。

（2）打开

要打开某个文件或文件夹，直接双击其图标即可；如使用键盘操作，可在选中该图标后按回车键。

（3）删除

要删除文件或文件夹，可将其选中后按 Delete 键，并在对话框中单击“确认”按钮进行确认。

小提示 进行删除操作时，直接按 Delete 键或在右键快捷菜单中选择“删除”，文件将进入回收站，如想找回，可到回收站中将其恢复。在这种删除方式下，文件或文件夹并没有被真正从系统中删去，仍然占用系统资源。如需彻底删除，可在按 Delete 键或在右键快捷菜单中选择“删除”的同时按住 Shift 键。两种删除方式的确认对话框中提示语是不同的，前者提示文件将进入回收站，后者提示文件将永久性删除，操作时要注意查看。

（4）重命名

选中某个文件或文件夹后，再次单击，或按键盘上的 F2 键，文件或文件夹名处即可变为可修改状态，输入新名称后按回车键即可重命名文件或文件夹。

（5）使用右键快捷菜单

右键快捷菜单是 Windows 7 操作系统中一个常用的功能，用户可从中执行所需要的各项操作。在资源管理器中空白处单击右键，可在快捷菜单中对当前窗口进行显示方式修改、排序、属性设置等操作。在文件或文件夹上单击右键，可在快捷菜单中对其进行以指定打开方式打开、复制、粘贴、删除等各项操作。一些常用的软件也会在右键快捷菜单中添加常用命令（如 WinRAR 的压缩和解压缩命令），方便用户使用。

2. Windows 7 资源管理器的特色功能

（1）收藏夹

用户可将访问较为频繁的文件夹加入收藏夹中，以简化操作步骤，其方法是按住鼠标左键，将文件夹拖放到“收藏夹”栏目中。在“收藏夹”中默认显示“下载”“桌面”“最近访问的位置”三个路径，如图 2—2—2 所示，其中“最近访问的位置”列出了最近访问过的文件和文件夹位置，非常实用。

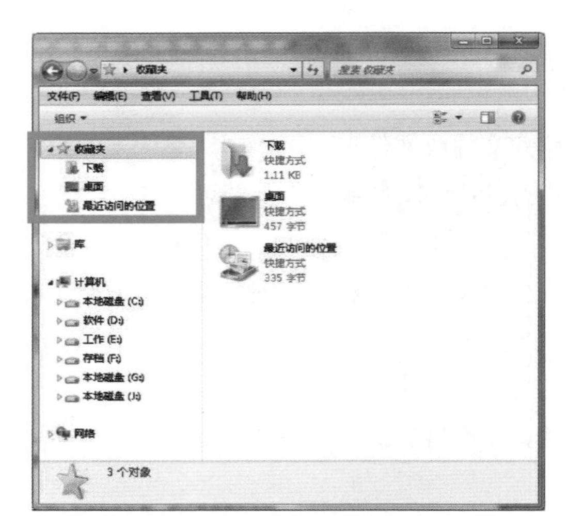

● 图 2—2—2　资源管理器中的“收藏夹”

（2）搜索框

Windows 7 系统资源管理器中的搜索框在菜单栏的右侧，如图 2—2—3 所示，可以灵活调节宽窄。它能快速搜索 Windows 中的文档、图片、程序、帮助信息等。Windows 7 的搜索是动态的，在搜索框中输入第一个字起，搜索工作就已经开始，大大提高了搜索效率。

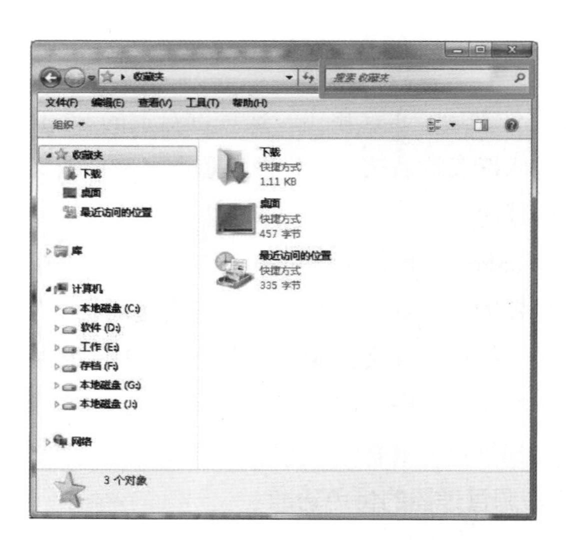

● 图 2—2—3　资源管理器中的“搜索框”

（3）地址栏

与之前的 Windows 操作系统版本相比，Windows 7 资源管理器的地址栏中为每一级目录都提供了下拉菜单小箭头按钮，单击这些小箭头按钮可以快速查看和选择指定目录中的其他文件夹，非常便捷，如图 2—2—4 所示。

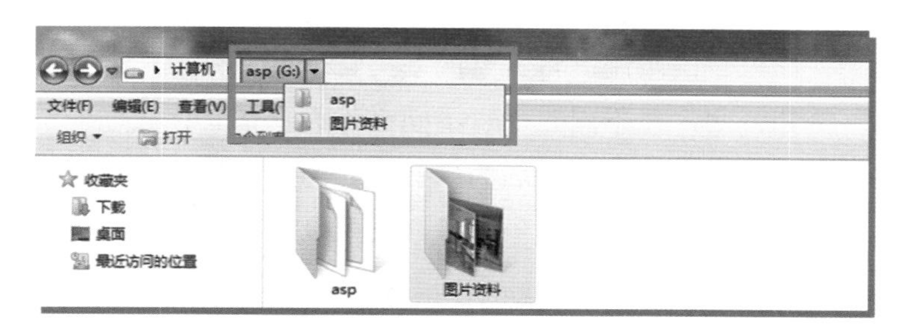

● 图 2—2—4 地址栏的目录下拉菜单

如果想要查看或复制当前的文件路径，只要在地址栏空白处单击鼠标左键，即可使地址栏以文本方式显示路径，如图 2—2—5 所示。

● 图 2—2—5 地址栏的两种显示方式

（4）预览窗格

Windows 7 资源管理器的预览窗格可以使用户在不打开文件的情况下直接预览文件内容，如图 2—2—6 所示，此功能仅支持部分格式的文件。

● 图 2—2—6 在预览窗格直接预览文件内容

（5）库

库是 Windows 7 操作系统中提供的一个文件管理功能，利用库功能，用户可以打破磁盘和文件夹存储位置的限制，将具有同一类特征的文件或文件夹归类到一起，便于管理和使用。例如，用户在不同磁盘、不同文件夹下都有存放歌曲的文件夹，逐一查看较为烦琐，这时就可以建立一个名为“音乐”的库，将不同位置与音乐相关的文件夹都纳入其中，这样只要打开“音乐”库，就可以直接查看所有与音乐相关的文件夹了。

在库中除了按文件夹分组显示文件，也可以打破文件夹的限制，按照其他属性排列所有文件，如按修改时间、标记、类型等，可在库页面右侧的“排列方式”下拉菜单中选择，如图 2—2—7 所示。

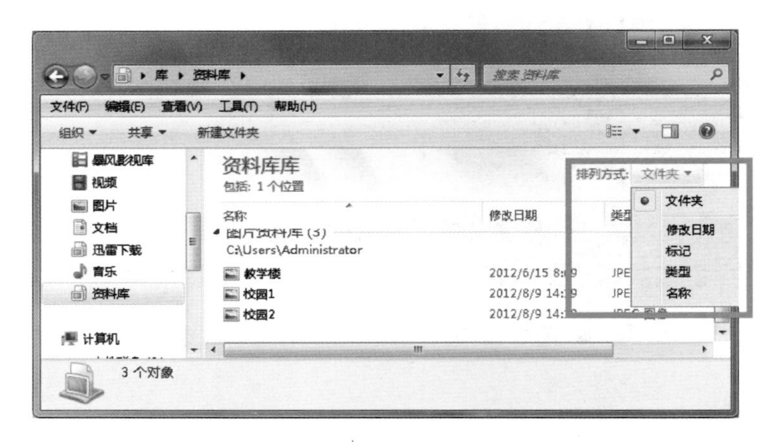

● 图 2—2—7 “排列方式”下拉菜单

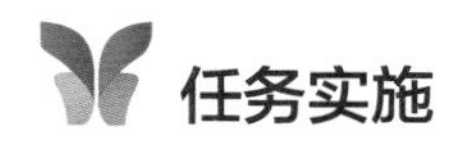

任务实施

步骤一 创建“图片资料”文件夹

在桌面双击“计算机”图标，打开资源管理器窗口，然后双击目标磁盘图标（此处为 G 盘）将其打开。

选择“文件”菜单下的“新建”选项，然后在级联菜单中选择“文件夹”选项，如图 2—2—8 所示。此时窗口中出现“新建文件夹”图标，并且名称框呈现蓝色的可编辑状态，输入文件名“图片资料”，如图 2—2—9 所示，按回车键确认即可完成文件夹的创建。

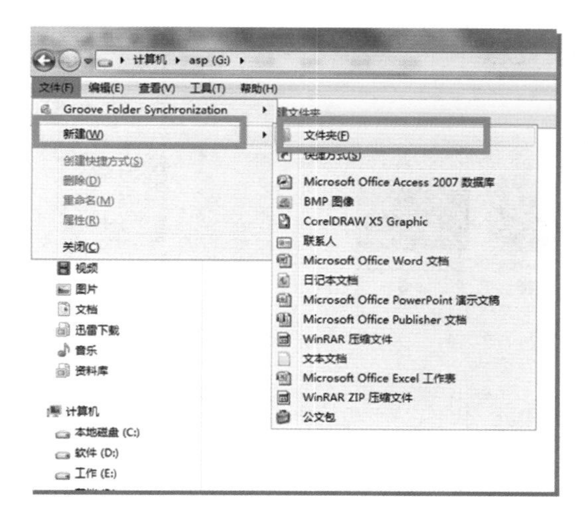

● 图 2—2—8　新建文件夹

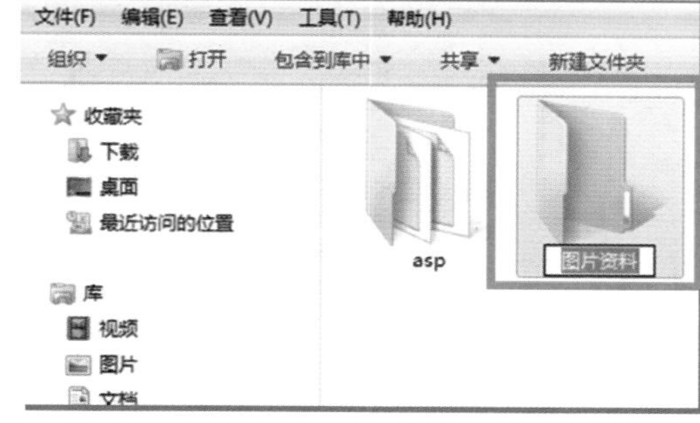

● 图 2—2—9　修改新建文件夹的名称

小提示　也可以在资源管理器空白处单击鼠标右键，在弹出的快捷菜单中选择“新建”选项，然后在级联菜单中选择“文件夹”来创建文件夹，如图 2—2—10 所示。

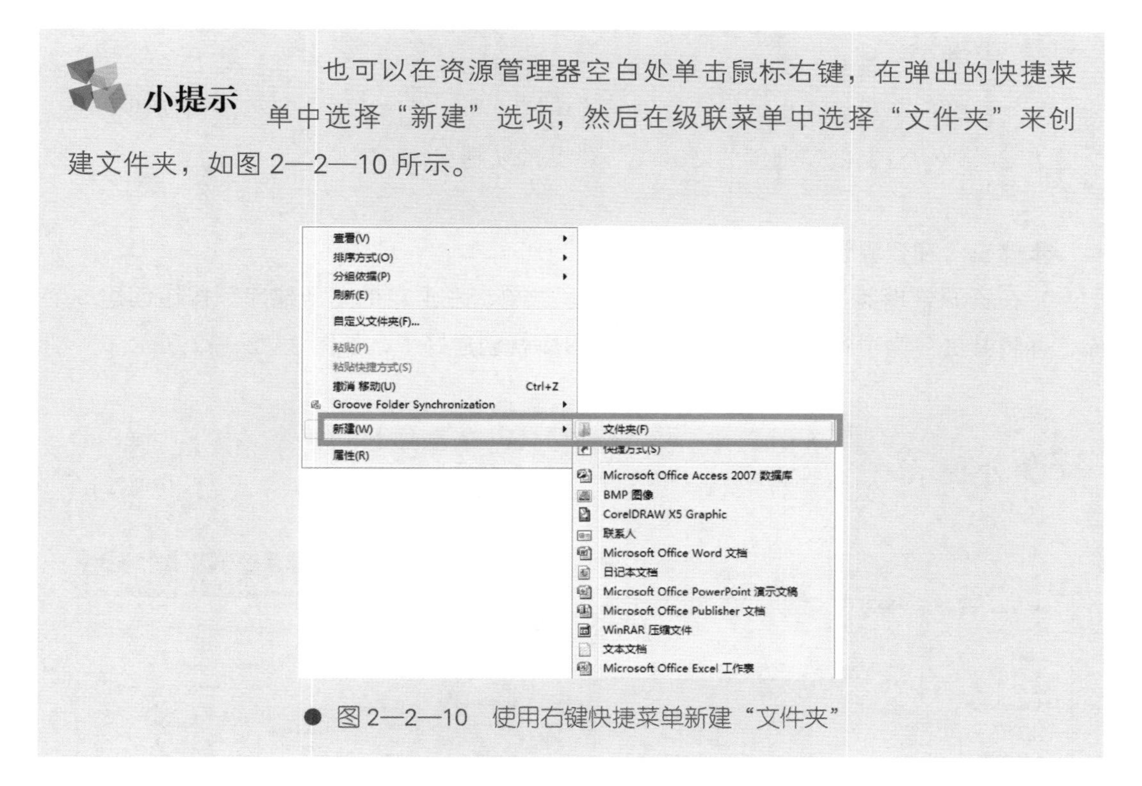

● 图 2—2—10　使用右键快捷菜单新建“文件夹”

步骤二　将文件复制到文件夹

在素材文件夹中，选中准备复制的图片，再选择“编辑”菜单中的“复制”命令，如图 2—2—11 所示，打开“图片资料”文件夹，选择“编辑”菜单中的“粘贴”命令，即可将图片复制到“图片资料”文件夹中。

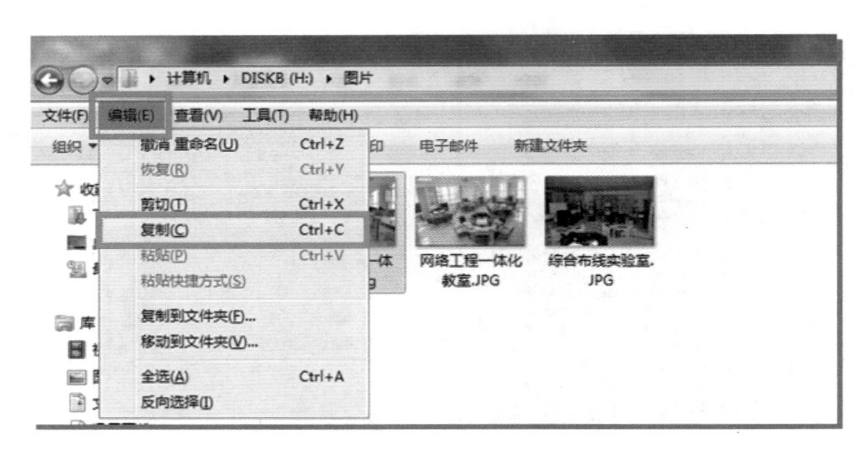

● 图 2—2—11 “复制”选项

小提示 剪切文件和文件夹的方法与复制类似，由选择“复制”改为选择“剪切”，即可实现剪切功能。

用鼠标配合功能键也可以实现复制等功能，实际操作中更为高效。剪切的快捷键为 Ctrl+X，复制的快捷键为 Ctrl+C，粘贴的快捷键为 Ctrl+V。

步骤三　在资源管理器中创建“资料库”

1. 在资源管理器左侧导航栏中选择“库”，单击左上角的“新建库”按钮创建一个库，并将其更名为“资料库”，一个新的空白库就创建好了，如图 2—2—12 所示。

小提示 在图 2—2—13 所示库列表中的空白处单击鼠标右键，在弹出的快捷菜单中选择“新建”，再选择级联菜单中的“库”也可以创建库。

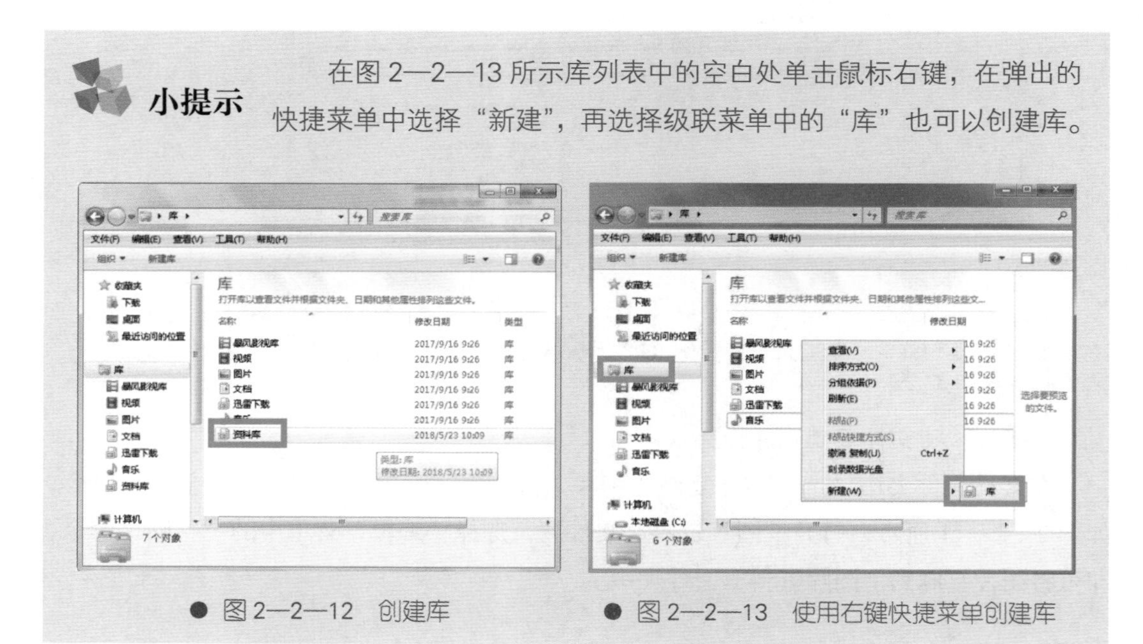

● 图 2—2—12　创建库　　● 图 2—2—13　使用右键快捷菜单创建库

2. 鼠标右键单击“资料库”图标，在弹出的快捷菜单中选择“属性”选项，弹出“资料库属性”对话框，在“库位置”窗口下单击“包含文件夹”按钮，如图 2—2—14 所示，找到刚刚创建的“图片资料”文件夹并选中，单击“包含文件夹”按钮，如图 2—2—15 所示，即可将“图片资料”文件夹加入到“资料库”中。

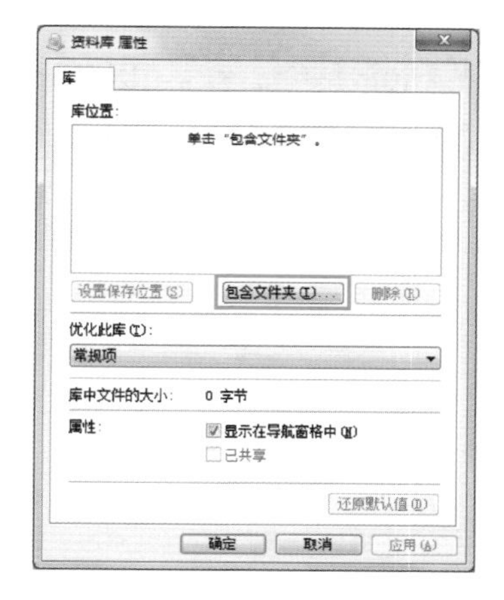

● 图 2—2—14 “资料库属性”对话框

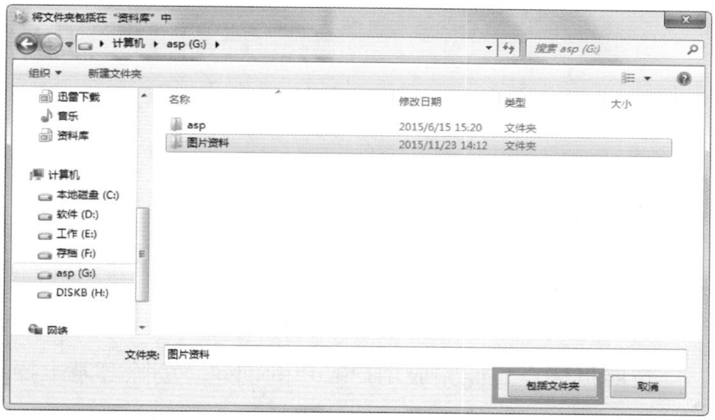

● 图 2—2—15 “包含文件夹”按钮

步骤四　以不同显示方式查看库中的文件

将计算机中更多的文件夹纳入到“资料库”中。在“排列方式”下拉菜单中选择不同的排列方式，体会库与文件夹功能上的不同。

选择工具栏右侧图片图标后的三角形按钮，在弹出的下拉菜单中选择不同的图标尺寸，观察对比显示效果，如图 2—2—16 所示。

● 图 2—2—16 “超大图标”选项显示效果

小提示 在预览图片的时候，选择“超大图标”或者“大图标”视图模式可以方便地查看图片的大尺寸缩略图。

任务3　管理用户帐户与软硬件——计算机系统的管理

学习目标

知识目标：1. 了解用户帐户的含义

2. 了解驱动程序的作用

技能目标：1. 能完成用户帐户的创建、删除等基本操作

2. 能完成应用程序的安装和卸载

3. 能完成打印机等常用外部硬件设备的安装与删除

任务描述

为使计算机能够正常工作，操作系统除了要对文件、文件夹等数据资源进行管理，还需要对计算机访问权限、应用程序和硬件设备进行管理，这些操作主要通过控制面板中的相关功能实现。本任务主要内容是通过以下操作练习，熟悉用户帐户、应用程序和常用外部硬件设备的管理。

1. 创建和删除一个名为“123”的标准帐户，启用来宾帐户。
2. 安装网易有道词典软件，然后将其卸载。
3. 添加一台打印机设备，然后将其删除。

相关知识

一、Windows 7 操作系统的用户帐户

Windows 7 操作系统通过用户帐户来识别不同的使用者，从而实现在同一台计算机上为不同的使用者保存各自的个性化设置和计算机访问权限等信息。

Windows 7 有三种类型的帐户，每种类型为用户提供不同级别的计算机控制权限。

管理员帐户可以对计算机进行最高级别的控制，具有最高权限。Windows 7 安装完成后会默认建立一个名为 Administrator 的管理员帐户，在实际使用中，用户也可以根据需要自行建立其他管理员帐户。

标准帐户适用于一般使用者。对于多人共用的计算机，一般可将管理员以外的其他使用者设为标准帐户，限制部分高级权限，以避免计算机中某些重要设置未经管理员许可而遭到变更。

来宾帐户（即 Guest 帐户）主要提供给需要临时使用计算机的用户，不需要输入密码即可登录系统，该帐户的权限比标准用户更低，无法对系统进行任何配置。

小提示 操作系统安装完成后，Administrator 常常是没有设置密码的，计算机病毒通常利用这一漏洞控制计算机的最高管理权限进行破坏性操作，因此应注意及时检查，为该帐户设置密码。

二、应用程序管理

应用程序是指为了完成某项或某几项特定任务而被开发运行于操作系统之上的计算机程序。

通过 Windows 7 的控制面板可完成程序的卸载或更改工作。在控制面板中单击“程序”，选择“程序和功能”下的“卸载程序”选项，如图 2—3—1 所示，可以打开如图 2—3—2 所示的“卸载或更改程序”窗口。

通过“卸载或更改程序”，除了卸载程序外，还可以对程序进行更改或者修复，这主要取决于软件卸载程序的功能，有些软件的卸载程序中带有修复、更改的选项，如 Adobe Acrobat 等大型软件都可以在此进行修复等操作。

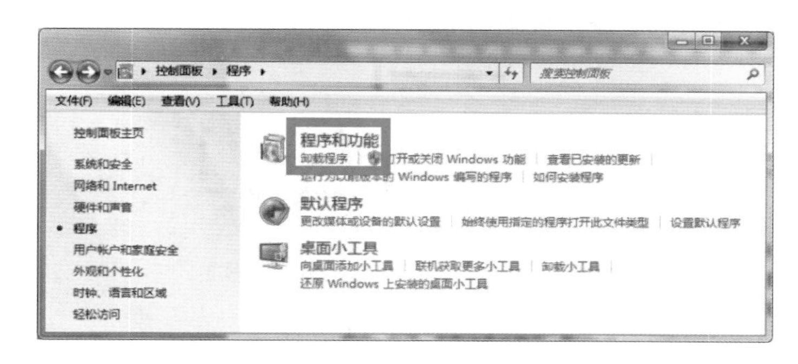

● 图 2—3—1 “程序”窗口

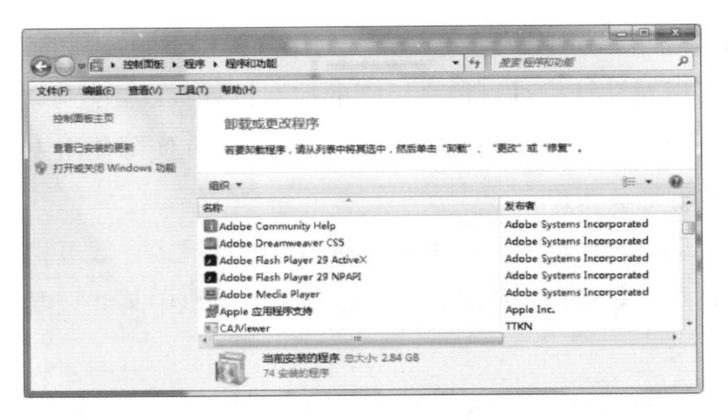

● 图 2—3—2 “卸载或更改程序”窗口

三、硬件设备管理和驱动程序

驱动程序是一种可以使操作系统和硬件设备通信的特殊程序，相当于硬件的接口，操作系统只有通过这个接口才能控制硬件设备的工作。如果某设备的驱动程序未能正确安装，便不能正常工作。因此，驱动程序在系统中的地位十分重要，一般当操作系统安装完毕后，首要工作便是安装硬件设备的驱动程序。

Windows 7 操作系统中自带较多常用硬件设备的驱动程序，一些常用设备安装后无须再单独安装驱动即可直接使用。而对于系统未自带驱动程序的产品，则需要根据产品说明自行安装驱动程序。

一些常用硬件设备的管理在“控制面板”中的“硬件与声音”中进行。

任务实施

一、创建和删除用户帐户、启用 Guest 帐户

步骤一 选择用户帐户

单击“开始”菜单中的“控制面板”，弹出“调整计算机的设置”窗口，在其中单击选择“用户帐户和家庭安全”选项，如图 2—3—3 所示。

● 图 2—3—3 控制面板

步骤二 创建帐户

在弹出的“选择希望更改的帐户”窗口中，单击“创建一个新帐户”选项，如图2—3—4 所示。

图 2—3—4 “选择希望更改的帐户”窗口

步骤三 为帐户命名

在弹出的“命名帐户并选择帐户类型”窗口中，添加名称为“123”的帐户，如图2—3—5 所示，其他设置保持默认，单击“创建帐户”按钮完成创建，效果如图 2—3—6所示。

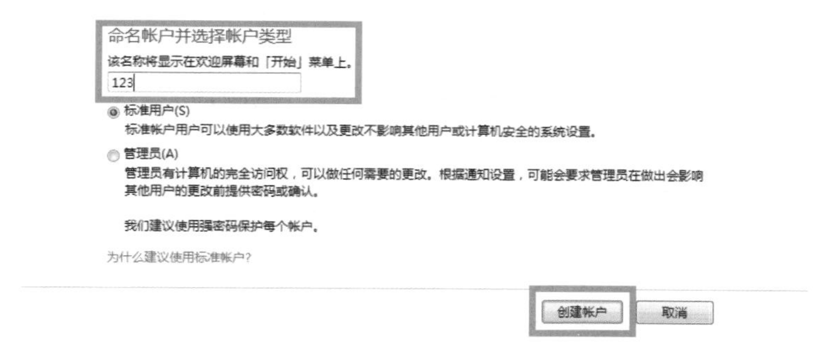

图 2—3—5 “命名帐户并选择帐户类型”窗口

步骤四 删除帐户

单击新建的“123”用户帐户，在弹出的“更改 123 的帐户”窗口中单击“删除帐户”选项，如图 2—3—7 所示，在弹出的“是否保留 123 的文件”对话框中，单击“删除文件”按钮，如图 2—3—8 所示，再在弹出的窗口中单击“删除帐户”按钮，如图2—3—9 所示。

步骤五 启用来宾帐户

默认情况下，来宾帐户是被禁用的，其启用方法如下：

● 图 2—3—6　用户帐户创建效果　　● 图 2—3—7　"删除帐户"选项

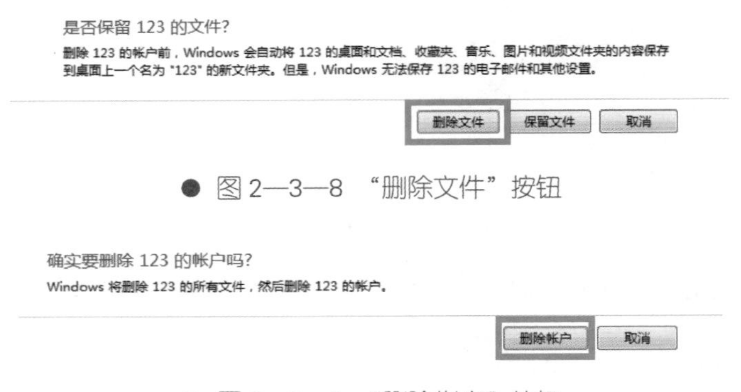

● 图 2—3—8　"删除文件"按钮

● 图 2—3—9　"删除帐户"按钮

1. 在"开始"菜单中单击"控制面板"，打开"控制面板"窗口，如图 2—3—10 所示。

2. 在"控制面板"窗口右上方的搜索框中输入关键词"guest"，即可出现如图 2—3—11 所示的搜索结果。

● 图 2—3—10　控制面板窗口　　● 图 2—3—11　搜索"guest"创建来宾帐户

3. 单击搜索结果中的“启用或禁用来宾帐户”链接，在下一个窗口中单击“Guest”帐户。

4. 系统提示询问用户是否启用来宾帐户，单击“启用”按钮，如图 2—3—12 所示。操作完成后关闭所打开的“控制面板”窗口即可。

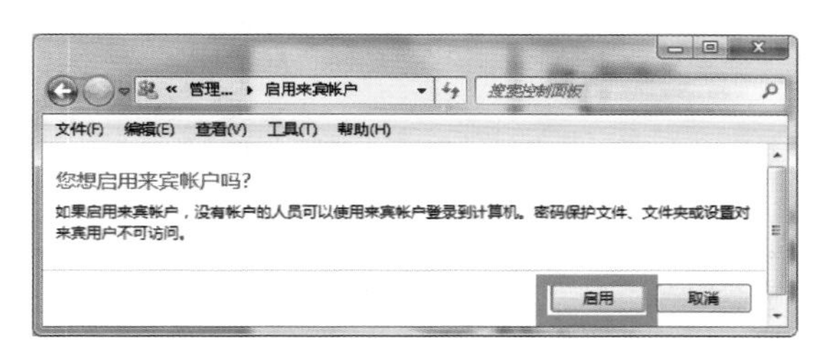

● 图 2—3—12 启用来宾帐户

二、网易有道词典软件的安装与卸载

步骤一 运行安装程序

找到已从网上下载或教师准备好的安装程序，如图 2—3—13 所示，双击图标运行安装程序，如图 2—3—14 所示。

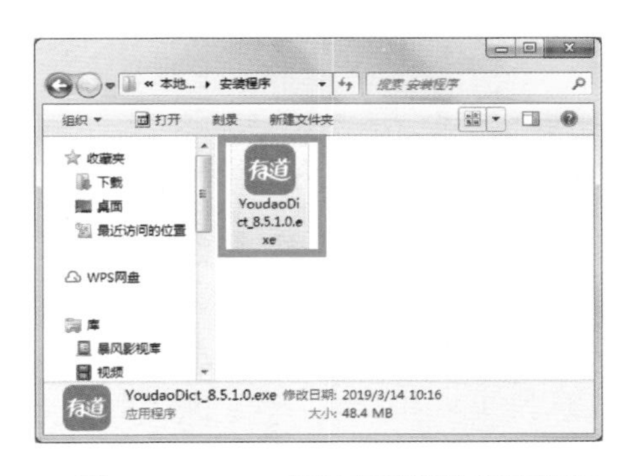

● 图 2—3—13 网易有道词典安装程序

● 图 2—3—14 运行安装程序

步骤二 设置安装路径等参数

在安装界面中选择安装路径和参数，直接单击“快速安装”可按默认参数、默认路径完成安装。如需更改安装位置，可单击右下角的“自定义安装”按钮，在展开的菜单中单击“安装位置”栏后的箭头图标，选择安装路径，然后再单击“快速安装”开始软件的安装，如图 2—3—15 所示。在下面的复选框中还可以根据需要选择是否创建快捷方式、是否开机启动等。用户协议默认为勾选，单击其后面的蓝色文字链接可查看协议的详细内容。

软件安装过程中将采用进度条的形式显示安装进度，并在页面中显示软件的功能介绍，如图 2—3—16 所示。

● 图 2—3—15 选择安装路径

● 图 2—3—16 安装进度显示

步骤三 完成安装

安装完成后显示如图 2—3—17 所示的界面，单击“查词去”按钮即可运行该软件进行查词。如需直接退出，可单击右上角的关闭按钮。

● 图 2—3—17 安装完成

小提示 不同软件的安装界面各不相同，但基本安装过程大同小异，只需按照提示操作即可。一些软件出于商业目的，有时会在安装过程中捆绑一些非必要的软件或广告链接，这些选项还常常以默认勾选的形式出现，在安装过程中应注意阅读提示文字内容，对不需要的选项应取消勾选。

步骤四 卸载网易有道词典

在“开始”菜单中选择“控制面板”，在“控制面板”窗口中单击“程序”下的“卸载程序”选项，如图 2—3—18 所示，进入“卸载或更改程序”窗口，在其中找到

“网易有道词典”图标，单击“卸载 / 更改”按钮，如图 2—3—19 所示。在对话框中确认卸载后，弹出如图 2—3—20 所示的卸载向导，按照提示一步步操作即可完成软件的卸载。

● 图 2—3—18 “控制面板”窗口中的“卸载程序”选项

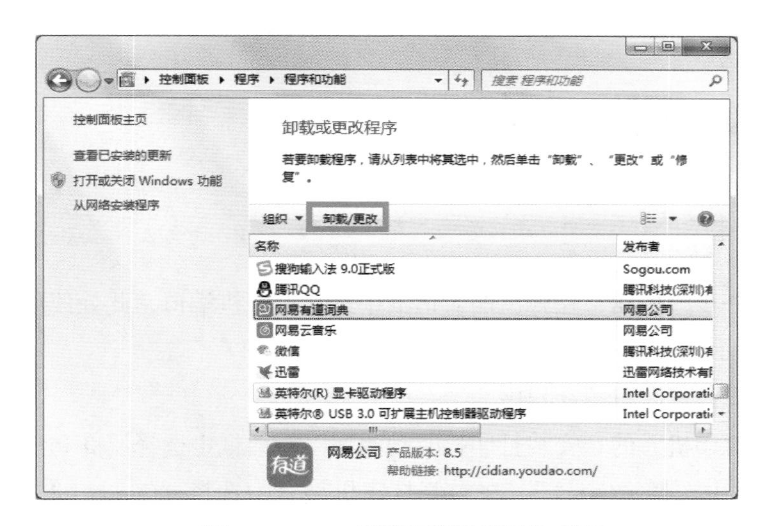

● 图 2—3—19 “卸载或更改程序”窗口

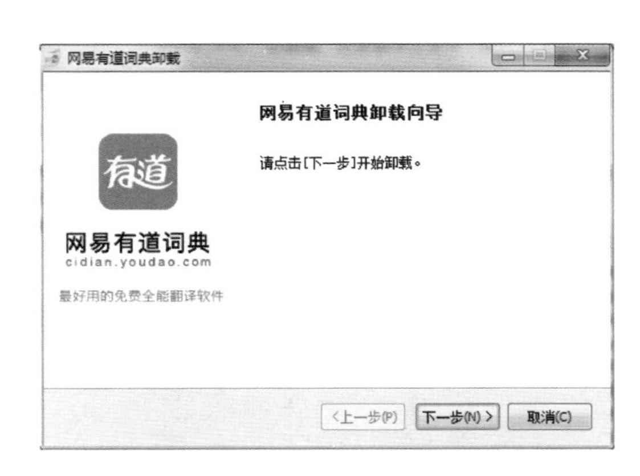

● 图 2—3—20 卸载向导

三、添加和删除打印机设备

步骤一　选择打印机

单击“开始”菜单下的“设备和打印机”选项，进入如图 2—3—21 所示的窗口，单击“添加打印机”按钮。在弹出的对话框中选择“添加本地打印机”选项，如图 2—3—22 所示。

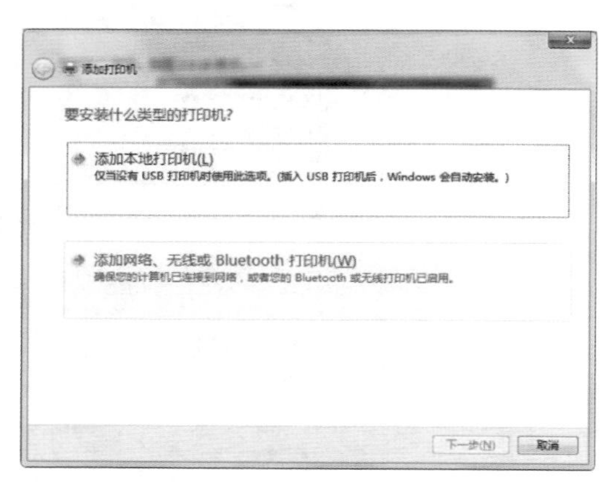

● 图 2—3—21 “设备和打印机”窗口

● 图 2—3—22 “添加打印机”对话框

单击“下一步”按钮，在弹出的对话框中选择打印机端口，此处使用默认设置，如图 2—3—23 所示。

步骤二　安装打印机驱动程序

在“添加打印机”的“安装打印机驱动程序”对话框中选择厂商和型号。此例中在“厂商”列表框中选择“Canon”，在右侧打印机型号中选择“Canon Inkjet MX300 series FAX”型号，再单击“下一步”按钮，如图 2—3—24 所示。

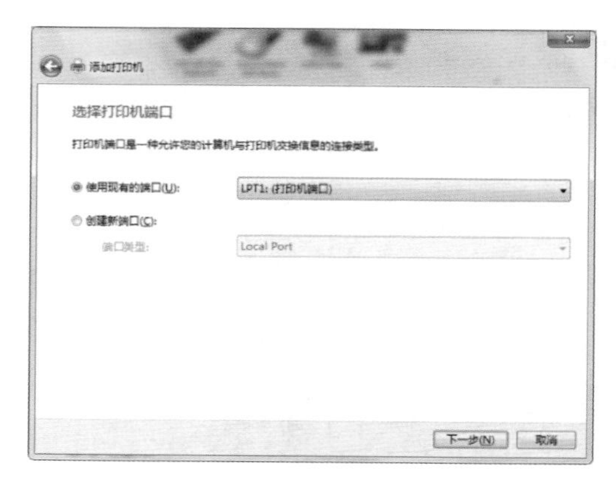

● 图 2—3—23 “选择打印机端口”窗口

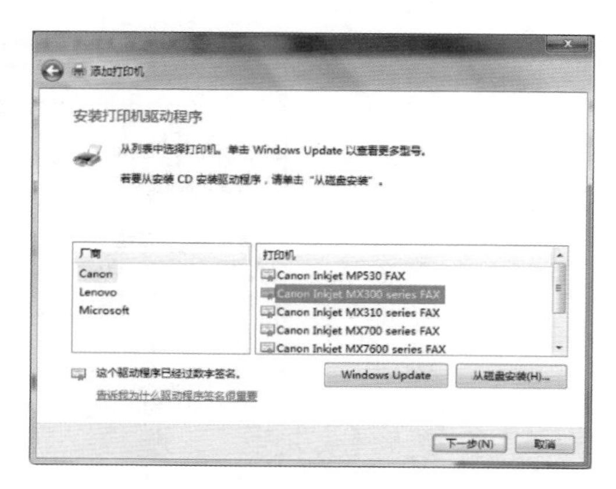

● 图 2—3—24 安装打印机驱动程序

小提示 如在列表中找不到所用打印机的类型，或希望安装厂商提供的驱动程序，可单击“从磁盘安装”按钮，在硬盘或光盘中找到安装程序进行安装。

步骤三 设置打印机名称及共享

在“添加打印机”的“键入打印机名称”对话框中设置打印机的名称，此处保持默认设置，单击“下一步”按钮，如图 2—3—25 所示。

在“添加打印机”的“打印机共享”对话框中，如不需要共享，则选中“不共享这台打印机”单选框，然后单击“下一步”按钮，如图 2—3—26 所示。

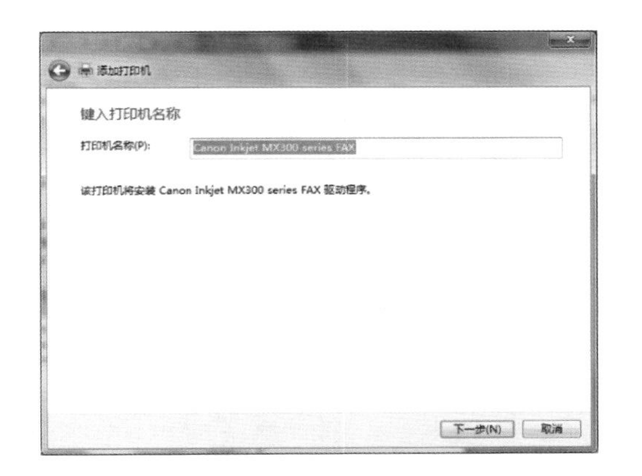

● 图 2—3—25 设置打印机名称

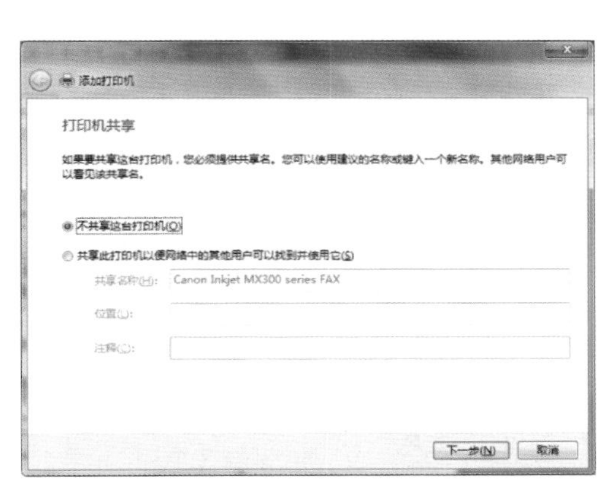

● 图 2—3—26 设置打印机共享

在“添加打印机”对话框中，勾选“设置为默认打印机”复选框，单击“完成”按钮，如图 2—3—27 所示。此时，控制面板的“设备和打印机”中已添加了新安装的打印机图标，如图 2—3—28 所示。

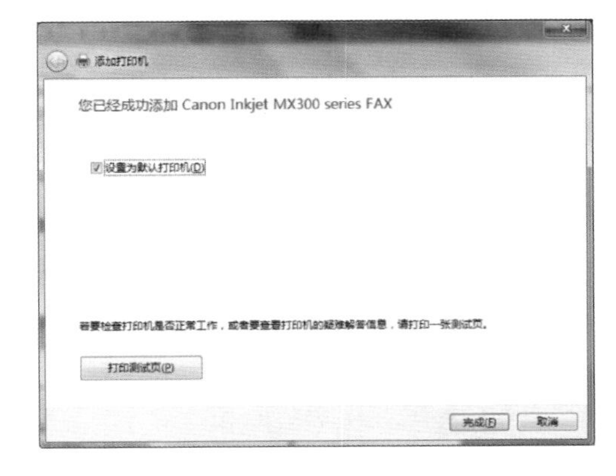

● 图 2—3—27 设置为默认打印机

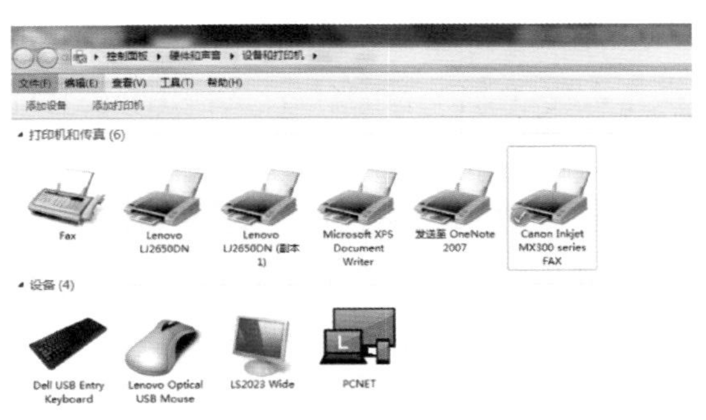

● 图 2—3—28 “设备和打印机”窗口

步骤四　删除打印机

在“设备和打印机”窗口选择要删除的打印机（此例中为“Canon Inkjet MX300 series FAX”型号），再在工具栏中选择“删除设备”选项，如图 2—3—29 所示，在弹出的“删除设备”对话框中单击“是”按钮即可，如图 2—3—30 所示。

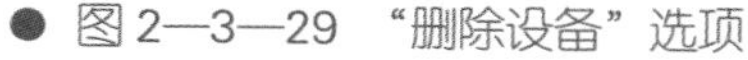
● 图 2—3—29　“删除设备”选项

● 图 2—3—30　确认删除

任务 4　体验 Windows10 操作系统——Windows 10 操作系统的初步认识

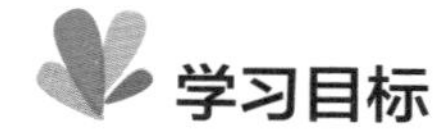

学习目标

知识目标：了解 Windows 10 操作系统的主要功能及特点

技能目标：能在 Windows 10 操作系统中完成项目二任务 1 ~ 任务 3 中的各项操作

任务描述

Windows 10 是微软公司于 2015 年发布的最新版 Windows 操作系统。虽然 Windows 7 操作系统目前仍有相当广泛的应用，但伴随平板电脑、触摸屏笔记本等各类新设备的发展，在微软公司的推动下，Windows 10 的普及率逐渐提升，正在逐步替代 Windows 7 成为最主流的 Windows 操作系统版本。本任务主要了解 Windows 10 操作系统的功能及特点，并参照项目二任务 1 ~ 任务 3 的操作内容，在 Windows 10 操作系统中实现，体会两种操作系统的异同。

相关知识

一、Windows 10 操作系统简介

按照微软公司的规划，Windows 10 是 Windows 操作系统的最后一个独立版本，从 Windows 10 开始，操作系统的功能升级将全部通过 Windows 更新程序进行推送，而不再以新版 Windows 发布的方式进行。

与以往 Windows 操作系统各版本类似，Windows 10 也包括若干不同的发行版本，如仅具备基本功能、面向家庭用户的 Windows 10 Home（家庭版）和功能全面的 Windows 10 Pro（专业版）等。

与 Windows XP、Windows 7 等多年来广为流行的版本相比，Windows 10 无论在界面风格、菜单设置、操作逻辑等方面，都有了较大幅度的变化，在应用范围上，也从台式机、笔记本电脑等传统设备扩展到了平板电脑等新兴的计算机设备中。

二、Windows 10 的主要特点

1. 安全性提升

Windows 10 操作系统内置了较以往功能更为强大的 Windows 安全中心（见图 2—4—1），对计算机提供全面、持续和实时的保护，以抵御电子邮件、应用、云和网页上病毒、恶意软件和间谍软件的威胁。同时，Windows 10 操作系统配合新的硬件设备，提供更为丰富的安全功能，如借助摄像头实现的面部识别解锁、借助 GPS 等定位技术实现的遗失设备位置查找等。

2. Metro 风格界面

Windows 10 操作系统延续了微软公司从 Windows Phone 7 移动操作系统、Windows 8 操作系统开始引入的 Metro 风格界面，以扁平化的设计为主要特征，与以往的版本相比有较大的区别。Windows 10 的“开始”菜单如图 2—4—2 所示，可见其与 Windows 7 相比，在图标样式和界面配色等方面都有很大差别，最大的区别是在传统的“开始”菜单内容右侧引入了“磁贴”功能。所谓“磁贴”，即图中所示大小不同的正方形、长方形大按钮，因按住鼠标左键拖动或单击时，有类似磁铁吸附的动画效果而得名。用户可将常用的软件或功能分类以磁贴的形式放在这里，方便访问。磁贴不仅是一个静态的图标，它还支持软件通过磁贴动态显示信息，如新闻类软件可在磁贴上实时显示最新的新闻图片，通信类软件可在磁贴上显示新消息提醒等。Windows 10 操作系统本身已预置了日历、邮件、天气、图片、游戏、音乐等新功能。

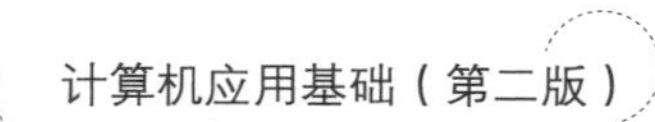

● 图 2—4—1　Windows 安全中心

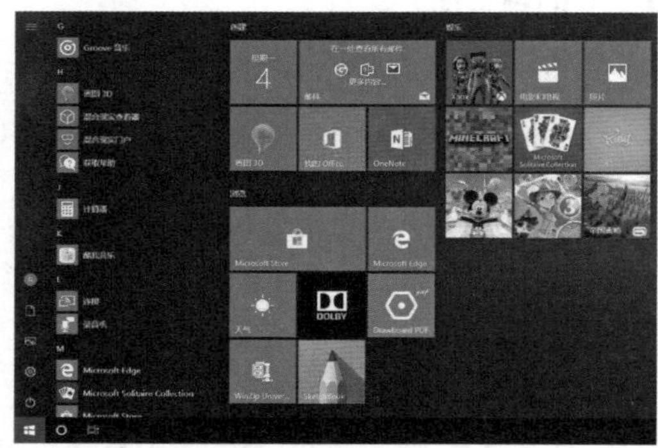

● 图 2—4—2　Windows 10 的“开始”菜单

在功能设置方面，Windows 10 将大量原“控制面板”中的控制功能转移到了新的“设置”功能中，其界面如图 2—4—3 所示。其中各设置选项的排布逻辑、操作界面也都采用了全新的设计，如图 2—4—4 所示为“系统”设置界面。

● 图 2—4—3　“Windows 设置”窗口

3. 操作中心

与 Android 和 iOS 移动操作系统的设计理念相似，Windows 10 中引入了“操作中心”功能，单击状态栏中如图 2—4—5 所示的图标，即可打开操作中心。操作中心显示在整个屏幕的右侧，上方显示系统及应用软件推送的通知消息，下方为常用功能的控制按钮，如图 2—4—6 所示。

利用操作中心中的控制按钮，用户可以方便地完成网络设置、投影方式设置等常用操作，避免了逐级菜单点选或记忆快捷键的麻烦。而各项通知消息的集中展示与传统的状态栏弹窗相比，也给用户提供了更好的使用体验。

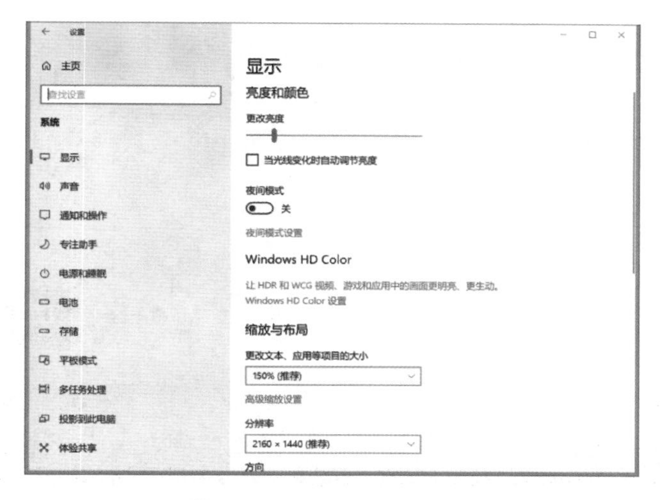

● 图 2—4—4　“系统”设置界面

● 图 2—4—5　“操作中心”图标

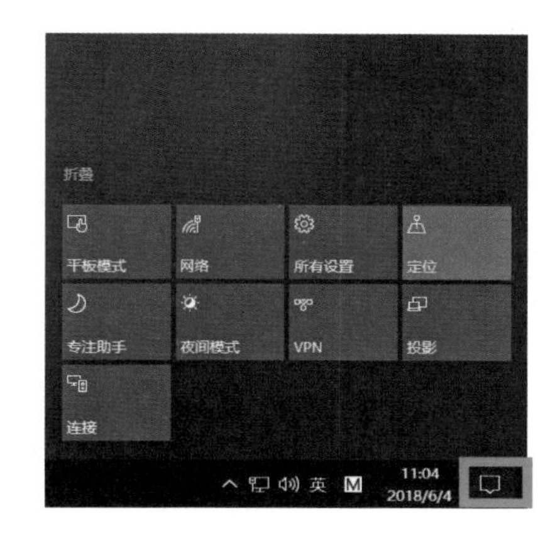

● 图 2—4—6　操作中心的各项控制按钮

4. 触屏支持

随着技术的发展，触摸屏得到了越来越广泛的应用，除手机外，平板电脑、二合一笔记本中触摸屏也都是最基本的输入设备，部分传统形态的笔记本中也采用了触摸屏。与 Windows 7 相比，微软公司引入了跨平台的理念，在 Windows 10 中加强了对不同类型设备中触摸屏的支持。在操作中心中切换为平板模式后，系统操作界面将调整为更适合触摸操作的样式。如“开始”菜单变为铺满整个桌面的“开始”屏幕（见图 2—4—7）；资源管理器中图标、列表间距加大，并增加复选框以代替需借助键盘 Shift 或 Ctrl 键实现的多选功能等（见图 2—4—8）。

使用触摸操作时，手指单击图标相当于单击鼠标左键，手指双击图标相当于双击鼠标左键，手指长按图标相当于单击鼠标右键。

● 图 2—4—7 “开始”屏幕

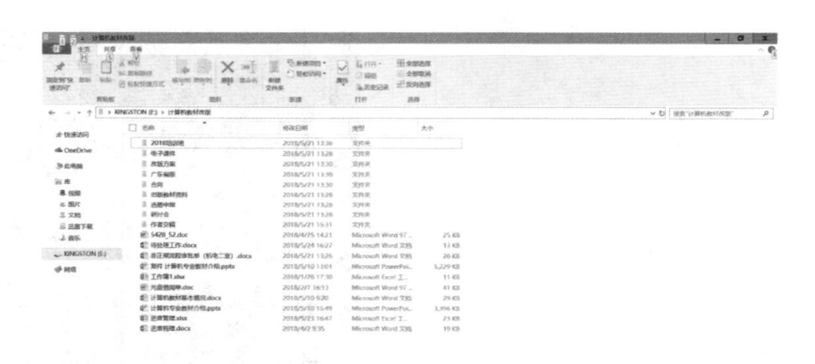

传统模式

● 图 2—4—8 两种模式下资源管理器的样式对比

5. 搜索功能和语音助手

Windows 10 提供了较以往更为强大的搜索功能，并且集成了 Cortana 语音助手功能，如图 2—4—9 所示。Windows 10 的搜索功能提供了更高的自由度和更大的搜索范围，如直接输入拼音即可检索到该读音汉字的结果，搜索结果除了系统中已有内容，还包括从互联网上搜索到的结果。

而利用 Cortana 语音助手，用户可实现计算机功能的语音控制、文字的语音输入等。

6. 自动更新

Windows 7 及更早的 Windows XP 等版本的操作系统也支持系统联网自动更新，但主要以安全补丁为主，而 Windows 10 则提供了更多功能方面的更新。Windows 10 的更新包括功能更新和质量更新。功能更新通常每年发布两次，包括新功能以及潜在问题的修复程序和安全更新；质量更新更频繁，主要包含小修复程序和安全更新。

Windows 10 的自动更新策略较为积极，通常都会及时、自动地从服务器获取并安装最新的更新信息，用户也可手动进行更新的检查，其方法是单击“开始”按钮，依次选择“设置”→“更新和安全”→“Windows 更新”，然后选择“检查更新”命令，如图 2—4—10 所示。

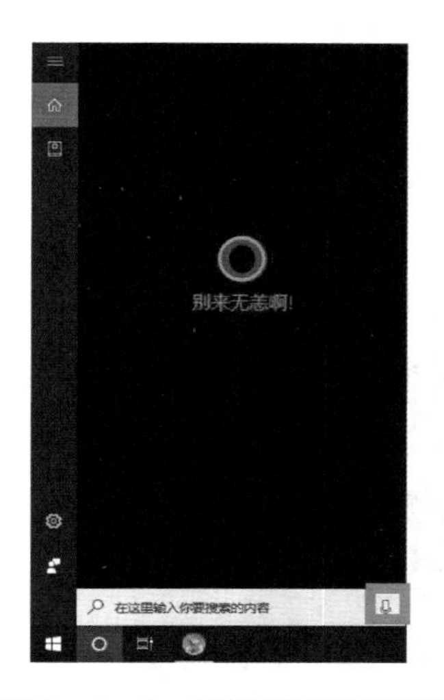

● 图 2—4—9　搜索和语音助手功能

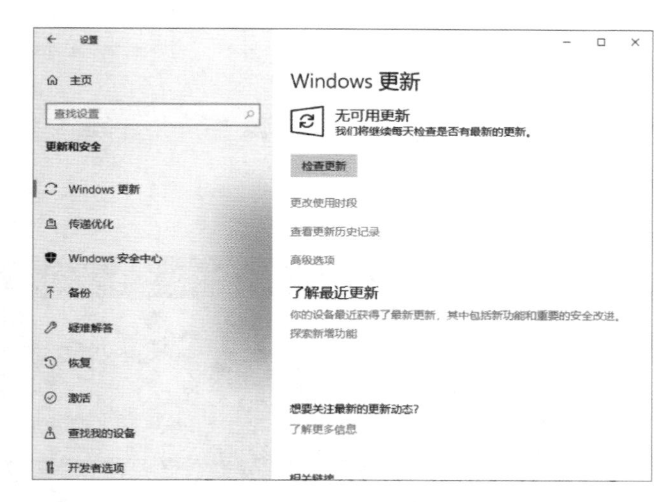

● 图 2—4—10　系统更新界面

小提示　Windows 10 默认自动下载并安装更新程序，而更新程序的部分安装操作将在计算机下次重启时自动执行，这样难免会出现影响用户正常使用的情况，如在急需开机办公的时候打开计算机，系统却需要占用较长时间完成更新等。在“Windows 更新”设置中，可通过“更改使用时段”“重新启动选项”“高级选项”等对自动更新的执行时间进行设置，避免上述问题。

7. 应用商店

从 Windows 8 开始，基于跨平台支持计算机、手机等多种设备的“大一统”理念，微软公司引入了在 Metro 界面下运行的 UMP（Universal Windows Platform，Windows 通用平台）应用。UMP 应用不同于传统的 exe 格式的软件，它并不为某一种终端而设计，而是可以在所有 Windows 10 设备上运行。与手机中的 Android 和 iOS 系统类似，Windows 10 提供了“应用商店”功能（见图 2—4—11），用户可以在其中查找、安装各类 UMP 应用。UMP 应用与传统的 exe 格式的软件相比，可以给用户提供更好的触摸屏使用体验，更适合在平板电脑或笔记本电脑的平板模式下使用。图 2—4—12 所示为 UMP 版本与传统版本两种爱奇艺客户端的界面对比。

● 图 2—4—11 应用商店

● 图 2—4—12　两种爱奇艺客户端的界面对比

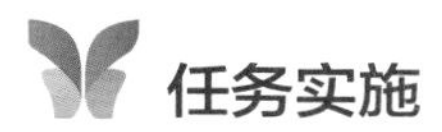

任务实施

虽然在操作界面上有较大变化，但 Windows 10 的基本操作逻辑仍然延续了以往 Windows 各版本的设计思想，因此其操作仍是大同小异。对照任务 1 ~ 任务 3 的任务实施内容，在 Windows 10 中进行操作，对比两种操作系统在操作方法和菜单路径等方面的不同。

这里将任务中所涉及的 Windows 10 与 Windows 7 相比差异较大的设置操作列举如下，可在操作练习中作为参考。

1. 更改计算机名

单击“开始”按钮，单击左侧的“设置”图标，依次选择“系统”→“关于”，然后单击右侧“设备规格”下的“重命名这台电脑”按钮即可修改计算机名，如图 2—4—13 所示。

2. 桌面外观、“开始”菜单及任务栏的设置

桌面外观、“开始”菜单及任务栏等设置全部位于“设置”下的“个性化”区域，如图 2—4—14 所示。

3. 输入法设置

添加输入法的操作方法为：进入“开始”菜单，依次单击“设置”→“时间和语言”→“语言”（见图 2—4—15），单击展开“中文（中华人民共和国）”选项（如没有，可单击“添加语言”添加），单击“选项”按钮，在“键盘”组中即可添加或删除输入法。

如需修改默认输入法，可在图 2—4—15 所示界面中，单击“拼写、键入和键盘设置”，在下一级菜单中找到“高级键盘设置”，即可修改默认输入法。

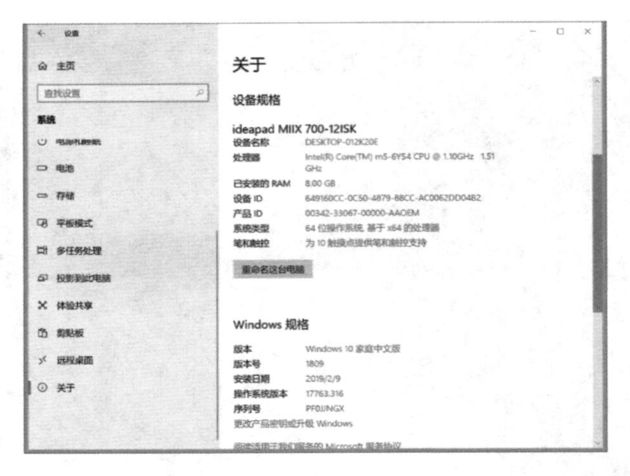

● 图 2—4—13　修改计算机名

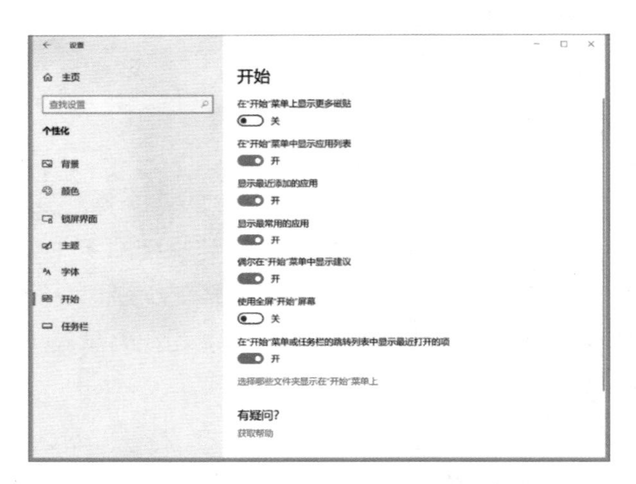

● 图 2—4—14　“个性化”设置

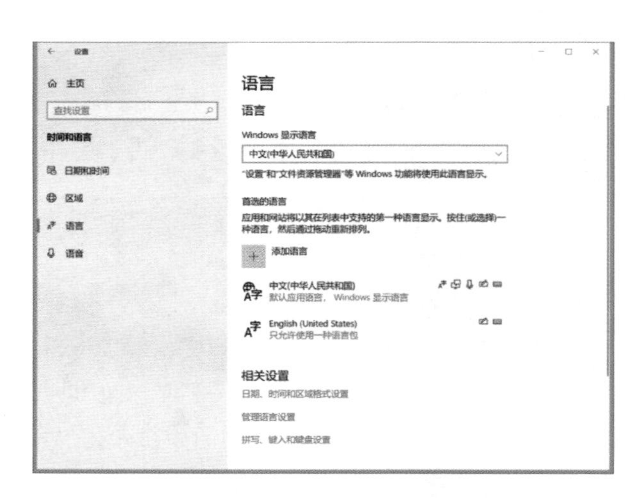

● 图 2—4—15　“语言”设置

小提示　如所需要的设置菜单不易找到，可直接利用关键词在窗口左侧的搜索栏中进行搜索，更为便捷。

4. 帐户设置

Windows 10 的帐户设置位于“设置”下的“帐户”区域，Windows 10 的帐户设计较以往版本最大的不同是支持基于互联网的 Microsoft 帐户，注册并使用 Microsoft 帐户登录计算机，可以获得更多微软公司提供的基于互联网的服务。Windows 10 同样支持传统的本地帐户模式，在“帐户”界面中可以进行切换和详细设置。

5. 软件和硬件管理

在“设置”下的“应用”和“设备”两项中可对计算机中的软件和硬件设备进行管理。

6. 控制面板

Windows 10 将以往版本中由“控制面板”管理的功能大部分迁移到了“设置”中，但为了照顾用户的使用习惯，以及支持部分暂未迁移的设置选项，同时保留了“控制面板”。在任务栏的搜索框中直接搜索关键词“控制面板”即可在搜索结果中找到入口。Windows 10 中的“控制面板”如图 2—4—16 所示。由图可见，其结构与 Windows 7 中的“控制面板”基本相同。

● 图 2—4—16　控制面板

项目三 Word 2010 的使用

任务 1　制作“牙膏的妙用”——Word 2010 的基本操作

学习目标

知识目标：了解 Word 2010 的界面组成及其功能

技能目标：1. 能完成 Word 2010 的新建、保存、关闭、退出等文件操作

2. 能完成文档中文本的录入、选择、插入特殊符号等操作

3. 能对文字字体、字号、颜色、缩进方式等进行设置

任务描述

本任务在熟悉 Word 2010 基本操作界面的基础上，完成以下案例的制作：

“生活小窍门”栏目组要制作一期名为“牙膏的妙用”的宣传页，介绍除了刷牙以外，牙膏在生活中其他方面的使用技巧，要求题目采用醒目的红色字体，内容采用柔和的蓝色字体，每一项生活使用技巧的标题都使用“特殊符号”进行标记，效果如图 3—1—1 所示。

相关知识

启动 Word 2010 后，默认新建一个名为“文档 1”的文档窗口，如图 3—1—2 所示，由选项卡、标题栏、功能区、快速访问工具栏、文档编辑区、状态栏和滚动条等部分组成。

牙膏的妙用

如果你对牙膏的认识还停留在只能用来刷牙的观点上，那你实在是太落伍了。牙膏还有很多让我们意想不到的用途，快来看看吧，也许有一天能用得上哦！

★去锈：电熨斗用久了，其底部会积一层糊锈。可在电熨斗断电冷却的情况下，在底部抹上少许牙膏，用干净软布轻轻擦拭，即可将糊锈除去。

★擦镜片：手电筒的反光镜日久会发黑、变黄，将牙膏涂在上面，3~5 分钟后，用细纱布沾少许牙膏轻擦，就可使其光亮如新。衣橱镜上有了污迹，可用绒布抹点牙膏擦拭，污迹即可被擦净。手表蒙面上有毛道，浑浊不清，用少许牙膏涂于手表的蒙面，用软布反复擦拭，即可将其细小的划纹除去。

★清除茶渍：搪瓷茶杯中留下的茶垢和咖啡渍，可在杯内壁涂上牙膏后反复擦洗，一会儿就可以光亮如初。

★去水垢、污垢：水龙头下方容易留下水锈和水垢，涂上牙膏进行擦洗，很快就能清理干净。用牙膏擦拭不锈钢器皿的表面，就能使其光亮如新。银器久置不用，表面会出现一层黑色的氧化层，只要用牙膏进行擦拭，即可变得银白光亮。

★其他日常家用：用牙膏贴画，既牢靠又不损坏墙壁。如要取下，只要用水湿润张贴部位，就可以很容易地取下来。

● 图 3—1—1　“牙膏的妙用”宣传页效果

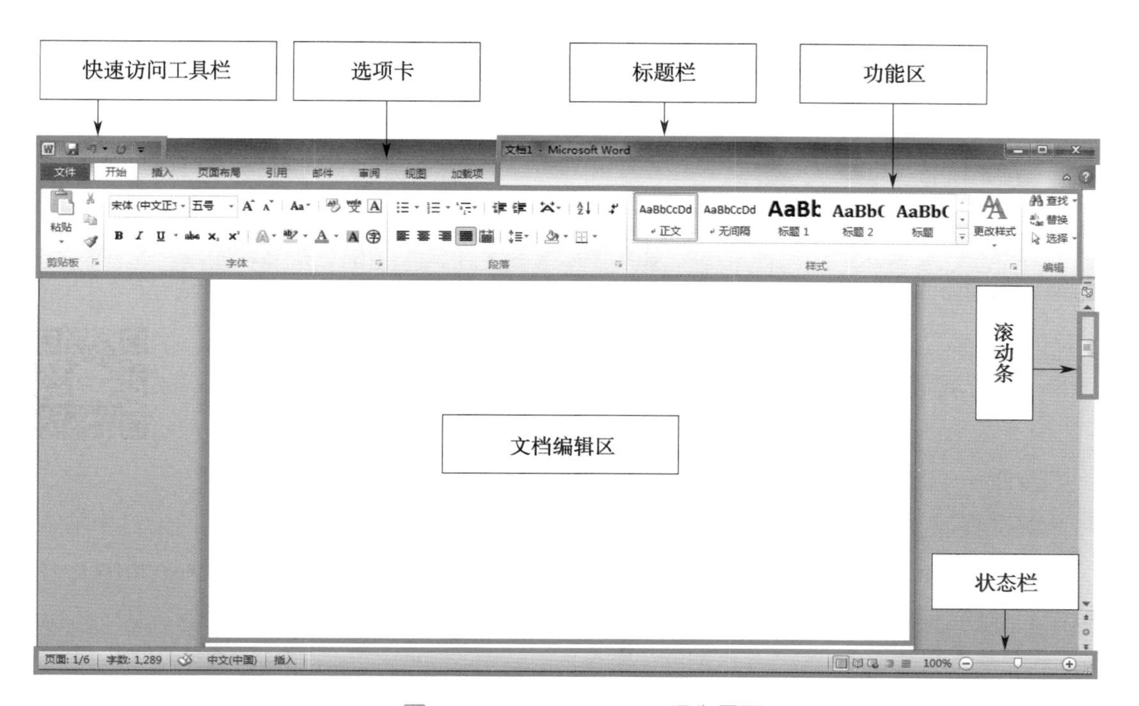

● 图 3—1—2　Word 2010 操作界面

一、选项卡和功能区

Word 2010 的各项命令均以选项卡的形式呈现，单击任意一个选项卡，即可在下方的功能区中显示执行各种不同功能的命令，这些命令分组排布，便于用户选用。例如，单击“页面布局”选项卡，可对文档中的主题、页面属性、背景、段落格式、排列方式等进行设置；使用频率较高的剪贴板、字体、段落、样式等命令组，均集中在“开始”选项卡中；文件的打开、保存、打印等操作都放置在“文件”选项卡中。

二、快速访问工具栏

通过快速访问工具栏，用户可以实现保存、撤销、恢复、打印预览和快速打印等常用功能。

三、标题栏

标题栏显示当前打开文档的名称，在右侧还提供了最小化、最大化（还原）和关闭三个按钮，可以快速执行相应功能。

四、文档编辑区

文档编辑区是用户工作的主要区域，用来实现文档的显示和编辑。在“视图”选项卡中勾选“标尺”复选框后，可在区域上方和左侧显示水平标尺和垂直标尺，帮助用户定位。

五、状态栏

状态栏用于显示页码、字数、视图方式、插入或改写状态、显示比例和缩放等实时的辅助信息。

步骤一　启动 Word 2010

双击桌面上的 Word 2010 快捷方式图标，或者单击“开始”按钮，在搜索栏中输入关键词“Word”，在搜索结果中单击“Microsoft Word 2010”，即可打开 Word 2010 操作界面，并同时新建一个名为“文档 1”的文档。

小提示　如果想要再新建一篇文档，可单击“文件”选项卡，单击“新建”命令，在可用模板中选择所需模板，如仅需空白页面则单击“空白文档”，再单击右侧的“创建”按钮即可。

步骤二　录入文字信息

在文档编辑区中有一个闪烁的光标，用于定位，用户输入的文字将出现在光标所在位置。按照图 3—1—1 所示内容输入海报的文字内容。此时只需录入文字，暂不录入★等特殊符号。

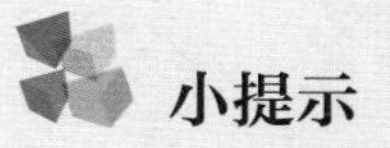

小提示　在录入文字信息中，一段文字录入结束后，可按回车键换行，再录入下一段文字信息。

步骤三　编辑文字信息

1. 标题设置

选择标题文字“牙膏的妙用”，在“开始”选项卡中将其格式设置为“字体：黑体，字号：三号，字形：加粗，颜色：红色，对齐方式：居中”，效果如图 3—1—3 所示。

● 图 3—1—3　标题设置效果

小提示　在 Word 2010 中选择文字的方法有三种。

（1）鼠标拖动：将光标定位在要选择文字的前面（或后面），拖动鼠标至文字的后面（或前面），松开鼠标即可。

（2）鼠标双击：在所要选择的词中双击鼠标，软件将自动识别并选中该词。

（3）鼠标三击：在所要选择文字中连续单击鼠标三次，软件将选中整段文字。

2. 正文设置

选择除标题外的其余文字，在“开始”选项卡中将其格式设置为“字体：仿宋，字号：四号，颜色：蓝色”，设置段落首行缩进 2 字符，并将“去锈：”“擦镜片：”“清除茶渍：”“去水垢、污垢：”“其他日常家用：”这些文字设置为加粗，效果如图 3—1—4 所示。

如果你对牙膏的认识还停留在只能用来刷牙的观点上，那你实在是太落伍了。牙膏还有很多让我们意想不到的用途，快来看看吧，也许有一天能用得上哦！

去锈：电熨斗用久了，其底部会积一层糊锈。可在电熨斗断电冷却的情况下，在底部抹上少许牙膏，用干净软布轻轻擦拭，即可将糊锈除去。

擦镜片：手电筒的反光镜日久会发黑、变黄，将牙膏涂在上面，3~5 分钟后，用细纱布沾少许牙膏轻擦，就可使其光亮如新。衣橱镜上有了污迹，可用绒布抹点牙膏擦拭，污迹即可被擦净。手表蒙面上有毛道，浑浊不清，用少许牙膏涂于手表的蒙面，用软布反复擦拭，即可将其细小的划纹除去。

清除茶渍：搪瓷茶杯中留下的茶垢和咖啡渍，可在杯内壁涂上牙膏后反复擦洗，一会儿就可以光亮如初。

去水垢、污垢：水龙头下方容易留下水锈和水垢，涂上牙膏进行擦洗，很快就能清理干净。用牙膏擦拭不锈钢器皿的表面，就能使其光亮如新。银器久置不用，表面会出现一层黑色的氧化层，只要用牙膏进行擦拭，即可变得银白光亮。

其他日常家用：用牙膏贴画，既牢靠又不损坏墙壁。如要取下，只要用水湿润张贴部位，就可以很容易地取下来。

● 图 3—1—4　正文文字设置效果

3. 插入特殊符号

将光标定位在正文第二段段首，选择“插入”选项卡，单击“符号”按钮，在显示的列表中单击“其他符号”，如图 3—1—5 所示。打开“符号”对话框，如图 3—1—6 所示。选择“★”符号，单击“插入”按钮，然后单击“关闭”按钮，完成符号的插入。用同样的方法，在其余段落前插入“★”符号，效果如图 3—1—7 所示。

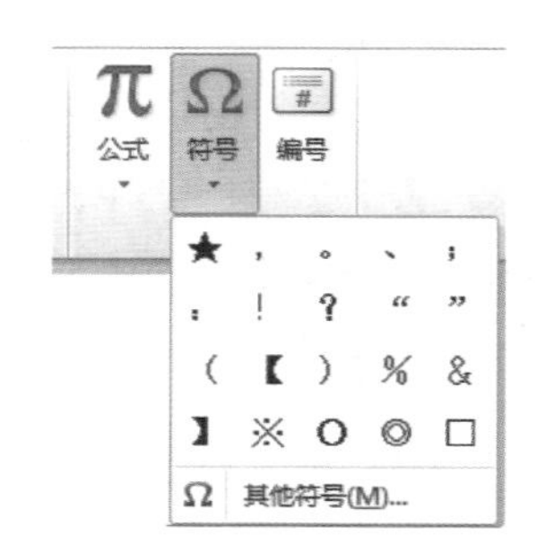

● 图 3—1—5　符号按钮

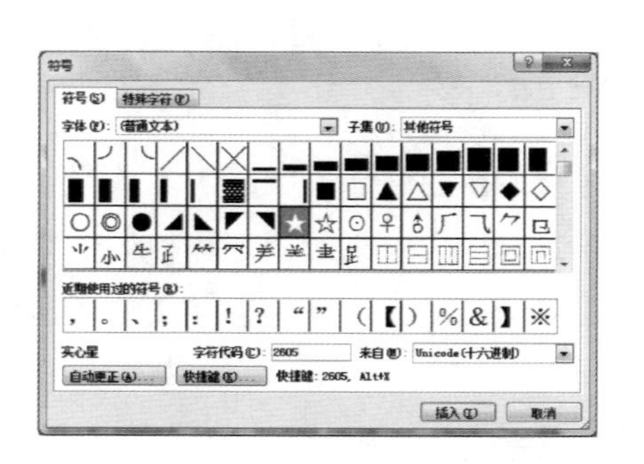

● 图 3—1—6　“符号”对话框

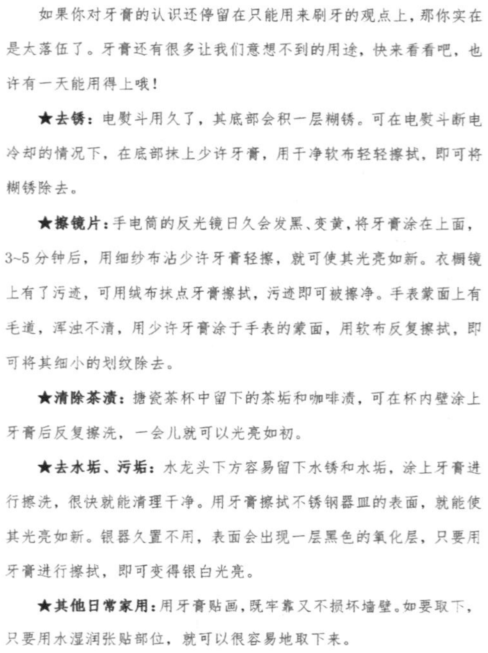

如果你对牙膏的认识还停留在只能用来刷牙的观点上，那你实在是太落伍了。牙膏还有很多让我们意想不到的用途，快来看看吧，也许有一天能用得上哦！

★去锈：电熨斗用久了，其底部会积一层糊锈。可在电熨斗断电冷却的情况下，在底部抹上少许牙膏，用干净软布轻轻擦拭，即可将糊锈除去。

★擦镜片：手电筒的反光镜日久会发黑、变黄，将牙膏涂在上面，3~5 分钟后，用细纱布沾少许牙膏轻擦，就可使其光亮如新。衣橱镜上有了污迹，可用绒布抹点牙膏擦拭，污迹即可被擦净。手表蒙面上有毛道，浑浊不清，用少许牙膏涂于手表的蒙面，用软布反复擦拭，即可将其细小的划纹除去。

★清除茶渍：搪瓷茶杯中留下的茶垢和咖啡渍，可在杯内壁涂上牙膏后反复擦洗，一会儿就可以光亮如初。

★去水垢、污垢：水龙头下方容易留下水锈和水垢，涂上牙膏进行擦洗，很快就能清理干净。用牙膏擦拭不锈钢器皿的表面，就能使其光亮如新。银器久置不用，表面会出现一层黑色的氧化层，只要用牙膏进行擦拭，即可变得银白光亮。

★其他日常家用：用牙膏贴画，既牢靠又不损坏墙壁。如要取下，只要用水湿润张贴部位，就可以很容易地取下来。

● 图3—1—7　插入★后的效果

小提示　在 Word 文档中如果需要录入相同的内容时，可以用复制命令快速完成。选中要复制的文字，按住 Ctrl 键的同时用鼠标将其拖放到目标位置即可复制选中的文字；也可以选中要复制的文字后按 Ctrl+C 键复制，然后将光标定位到目标位置后，按 Ctrl+V 键粘贴。

步骤四　保存文档

文字录入和编辑结束后，单击“文件”选项卡，选择“保存”命令，或按 Ctrl+S 键，打开“另存为”对话框，在对话框中设置文档保存位置、文件名和保存类型，如图 3—1—8 所示，然后单击“保存”按钮。

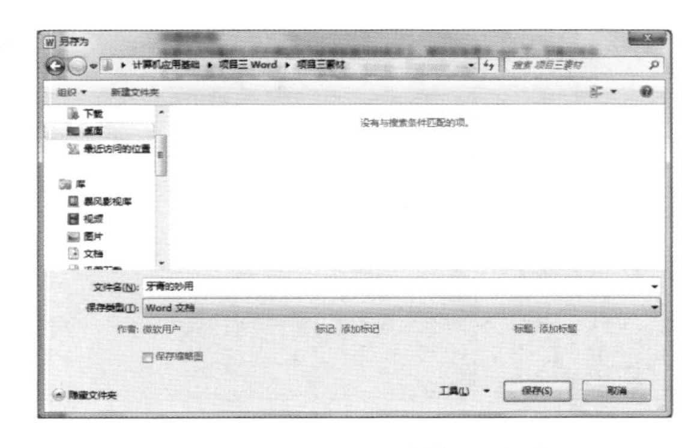

● 图3—1—8　“另存为”对话框

小提示 Word 2007 及其后的各个版本默认使用扩展名为“docx”的格式保存文档，而 Word 2007 之前各版本使用扩展名为“doc”的格式保存文档。因文件格式的变化，早期版本的 Word 软件无法打开扩展名为“docx”的文档，如需兼顾旧版软件使用，可在保存文件时在“保存类型”下拉列表中选择“Word97-2003 文档（*.doc）”，将文件保存为旧版格式。但在旧版格式下，部分新的显示效果或功能可能无法正常使用。在后面的项目中学习的 Excel 和 PowerPoint 软件也有类似问题，使用时应加以注意。

步骤五　关闭文档并退出

文档编辑并保存完成后，如果不再进行其他操作，即可选择“文件”选项卡，单击“关闭”命令，或按 Ctrl+F4 键将当前文档关闭。

Word 2010 程序使用完成后，可对整个程序进行关闭，选择“文件”选项卡，单击“退出”命令，或按 Alt+F4 键，也可直接单击窗口右上角的关闭按钮。

小提示 在执行关闭或退出命令时，如果打开的文档没有保存，会出现如图 3—1—9 所示的提示信息，这时可根据实际情况进行选择，单击“保存”将会保存当前修改的内容，单击“不保存”则不会对修改内容进行保存。

当程序关闭后，如果想再次打开，可在文件所在文件夹中双击该文件，或在 Word 软件处于打开状态时，单击“文件”选项卡，再单击“打开”命令（快捷键为 Ctrl+O）弹出“打开”对话框，如图 3—1—10 所示。选择要打开的文件位置及文件名，再单击“打开”按钮即可。

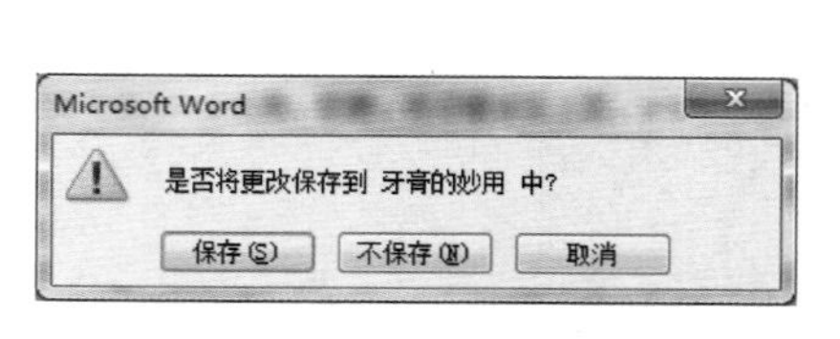

● 图 3—1—9　确认保存对话框

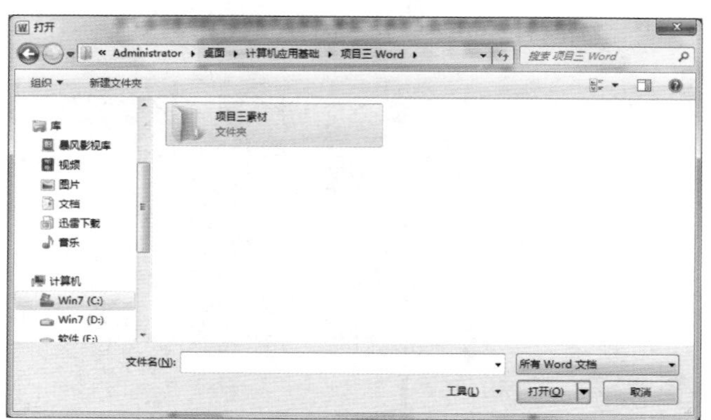

● 图 3—1—10　“打开”对话框

巩固练习

1. 打开“洗水果的妙招”素材文件。

2. 为文档添加标题“洗水果的妙招”，其格式设置为“字体：隶书，字号：二号，颜色：蓝色，对齐方式：居中，字形：加粗”。

3. 将正文文字设置为“字体：华文新魏，字号：小三号，颜色：紫色，对齐方式：首行缩进 2 字符”，将文字“用盐洗苹果”“用盐洗桃子”“淀粉洗葡萄”“清洗草莓”“用盐洗梨”加粗。

4. 在文字“用盐洗苹果”“用盐洗桃子”“淀粉洗葡萄”“清洗草莓”“用盐洗梨”前加上特殊符号“※”。

5. 操作完成后保存文件。

任务 2　制作“环保建议书”——字符格式设置、查找替换与字数统计

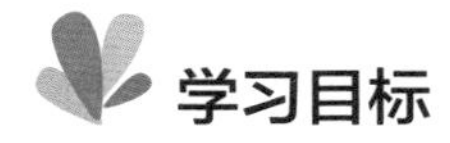

学习目标

知识目标：1. 了解 Word 2010 中字符格式的设置方法
　　　　　2. 了解查找和替换功能的作用和用法
　　　　　3. 了解字数统计功能的作用和用法

技能目标：1. 能对文档中的字符格式进行设置
　　　　　2. 能使用查找和替换功能对文档进行快速修改
　　　　　3. 能统计文档字数

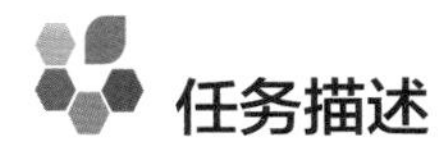

任务描述

本任务主要学习文本编辑的相关操作，并完成以下案例的制作：

某校学生社团为了发动广大市民参与到保护环境的活动中来，决定制作一篇用于宣传的“环保建议书”，要求通过字符格式的设置突出重点文字，在文档的末尾添加日期，并在完成后核对字数，确认最终文稿不超过 600 字，效果如图 3—2—1 所示。

环保建议书

尊敬的广大市民：

新的世纪，我们渴望干净的地球，渴望健康的地球，渴望环保的家园，渴望绿色、健康、卫生的社区遍地开花……爷爷、奶奶、叔叔、阿姨，让我们立即行动起来！为了保护地球的绿色，为了子孙后代，消灭污染，保护发展环境。在此，我们发出建议：

使用无磷洗涤剂。含磷洗涤剂使用时会使大量的磷进入城市水体，引起水质下降，水体变黑变臭。我们可以选购“无磷”洗涤剂，减少污染。

请随手关紧水龙头，提倡一水多用。一个关不紧的水龙头一个月可以流掉1~6吨水。随手关紧水龙头，乃是举手之劳，而一水多用更是节约用水的具体表现。

请将再生资源分类回收。注意及时回收废塑料制品。

请少用一次性制品。一次性制品给我们带来了方便，但也浪费了大量保贵资源。“一次性”物品，我们实在消费不起了！

请选用环保建材装修居室。很多人在住进新装修的房子后，会感到头痛、恶心等，这都是装修过程中所造成的污染引起的。（如使用了含苯等有害物质超标的材料）因此，在此提醒您，在装修时尽量使用环保材料。

拒用野生动物制品。如不穿珍稀动物皮毛服装，尽量穿天然织物；拒食野生动物；在野外旅游，不偷猎野生动物等等。

提倡选购绿色食品。

我们相信，总有那么一天，绿色环保将会在我们的每一个角落闪烁醉人的星光。

某学生社团

二〇一九年三月二十六日

● 图 3—2—1 “环保建议书”宣传页效果

相关知识

一、字符格式设置

在文档排版中，为了使文字美观、醒目，常常需要对文字设置字符格式。字符格式的设置包含字体、字号、加粗、倾斜、下划线、删除线、下标、上标、更改大小写、清除格式、拼音指南、字符边框、以不同颜色突出显示文本、字体颜色、带圈字符等。

设置字符格式可以通过“开始”选项卡下“字体”组中的工具直接设置，如图3—2—2 所示，也可以在“字体”对话框中进行设置。

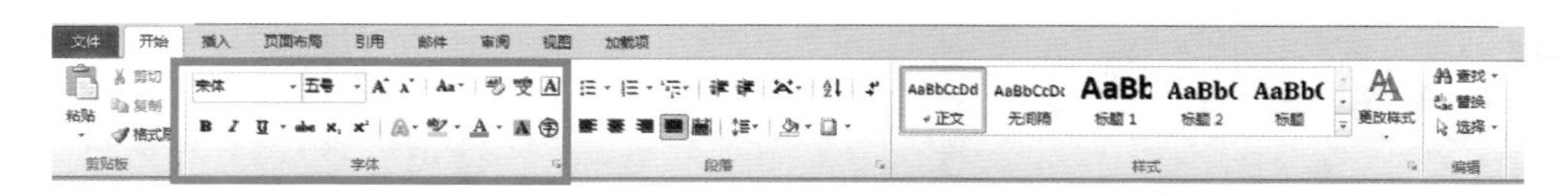

● 图 3—2—2 “开始”选项卡下“字体”组

在“开始”选项卡下单击“字体”组右下角的按钮，即可打开“字体”对话框，其内容说明如下。

1. “字体”选项卡

通过“字体”选项卡可以设置字体、字形、字号、字体颜色、着重号、下划线线型和下划线颜色等，如图 3—2—3 所示。

2.“高级”选项卡

在“高级”选项卡下可以设置文字的缩放、间距、位置等，如图 3—2—4 所示。

● 图 3—2—3 “字体”选项卡

● 图 3—2—4 “高级”选项卡

二、查找与替换

“查找”功能可以方便快捷地在冗长复杂的文档中找到特定的字词或短语，使用“替换”功能可以快速、批量更正错误的字词或短语。

1. 查找

将光标置于待搜索范围的起始位置，如需从文档开头开始搜索，可使用 Ctrl+Home 键快速定位光标至文档开头。单击功能区的“开始”选项卡，单击“编辑”组中的“查找”按钮，将打开或跳转到窗口左侧的导航栏（见图 3—2—5）。在搜索框中输入搜索关键词后，在文档中该关键词将高亮显示，同时单击导航栏搜索框下的三个图标，可分别查看每个搜索结果在文档中的层次位置、所在页面和所在段落。

2. 替换

将光标置于待搜索范围的起始位置。单击“替换”按钮将打开“查找和替换”对话框，如图 3—2—6 所示。在“查找内容”文本框中输入要查找的内容，在“替换为”文本框中输入要替换的内容，如有必要，单击“更多”按钮，可以指定“区分大小写”“区分前缀”“区分后缀”等选项，减小搜索范围，如图 3—2—7 所示。

单击“查找下一处”按钮，文档中会突出显示与所搜索字词、短语匹配的第一个结果，单击“替换”按钮将对该结果进行替换；单击“全部替换”按钮，将替换所有匹配出的字词或短语；单击“查找下一处”按钮，则不进行替换该结果，而是跳转到下一个

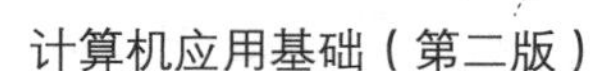

● 图 3—2—5　导航栏

● 图 3—2—6　“查找和替换”对话框

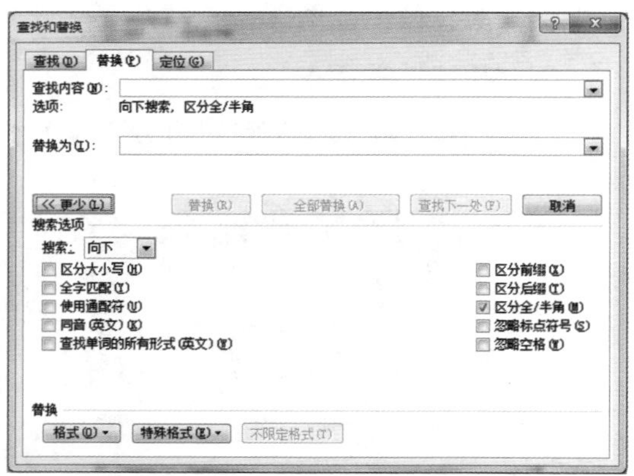

● 图 3—2—7　展开更多搜索选项

匹配的字词或短语处。

搜索完成后弹出如图 3—2—8 所示的提示对话框，根据实际需要选择“是”或“否”按钮。

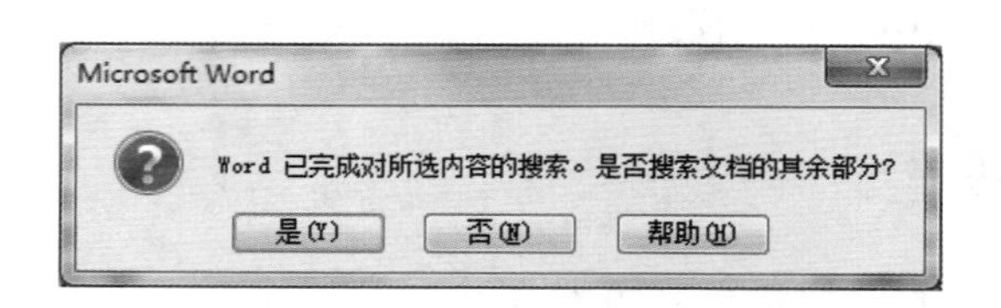

● 图 3—2—8　搜索结束的提示对话框

三、字数统计

字数统计功能用于统计当前 Word 文档中的字数，统计结果包括字数、字符数（不记空格）、字数（记空格）三种类型。

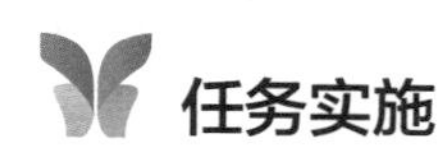

任务实施

步骤一　启动 Word 2010 并打开文本素材

启动 Word 2010，打开本任务配套资源中的文本素材。

步骤二　设置标题及正文格式

1. 标题设置

选择标题文字“环保倡议书”，在“开始”选项卡下“字体”组中将其格式设置为“字体：楷体，字号：一号，颜色：蓝色，字形：加粗，对齐方式：居中”，效果如图 3—2—9 所示。

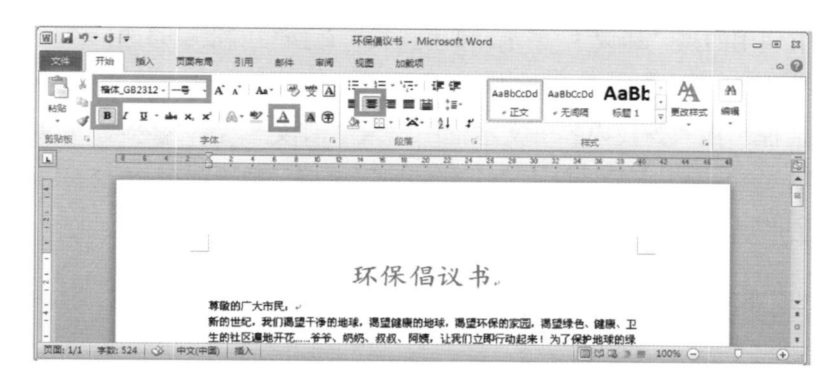

● 图 3—2—9 标题设置效果

2. 正文设置

选中除标题和落款以外的文字，将其格式设置为“字体：仿宋，字号：小四号，首行缩进：2 字符”，将文章落款“某学生社团”的格式设置为“字体：黑体，字号：四号，对齐方式：右对齐”，效果如图 3—2—10 所示。

步骤三 突出显示关键字

按住 Ctrl 键依次选中“使用无磷洗涤剂。”“请随手关紧水龙头，提倡一水多用。”“请将再生资源分类回收。”“请少用一次性制品。”“请选用环保建材装修居室。”“拒用野生动物制品。”“提倡选购绿色食品。”这几句话，单击“开始”选项卡下“字体”组中的 **B** 按钮，使文字加粗显示，效果如图 3—2—11 所示。

环保倡议书

尊敬的广大市民：

新的世纪，我们渴望干净的地球，渴望健康的地球，渴望环保的家园，渴望绿色、健康、卫生的社区遍地开花……爷爷、奶奶、叔叔、阿姨，让我们立即行动起来！为了保护地球的绿色，为了子孙后代，消灭污染，保护发展环境。在此，我们发出倡议：

使用无磷洗涤剂。含磷洗涤剂使用时会使大量的磷进入城市水体，引起水质下降，水体变黑变臭。我们可以选购“无磷”洗涤剂，减少污染。

请随手关紧水龙头，提倡一水多用。一个关不紧的水龙头一个月可以流掉1~6吨水。随手关紧水龙头，乃是举手之劳，而一水多用更是节约用水的具体表现。

请将再生资源分类回收。注意及时回收废塑料制品。

请少用一次性制品。一次性制品给我们带来了方便，但也浪费了大量保贵资源。“一次性”物品，我们实在消费不起了！

请选用环保建材装修居室。很多人在住进新装修的房子后，会感到头痛、恶心等，这都是装修过程中所造成的污染引起的。（如使用了含苯等有害物质超标的材料）因此，在此提醒您，在装修时尽量使用环保材料。

拒用野生动物制品。如不穿珍稀动物皮毛服装，尽量穿天然织物；拒食野生动物；在野外旅游，不偷猎野生动物等等。

提倡选购绿色食品。

我们相信，总有那么一天，绿色环保将会在我们的每一个角落闪烁醉人的星光。

某学生社团

● 图 3—2—10 正文设置效果

环保倡议书

尊敬的广大市民：

新的世纪，我们渴望干净的地球，渴望健康的地球，渴望环保的家园，渴望绿色、健康、卫生的社区遍地开花……爷爷、奶奶、叔叔、阿姨，让我们立即行动起来！为了保护地球的绿色，为了子孙后代，消灭污染，保护发展环境。在此，我们发出倡议：

使用无磷洗涤剂。含磷洗涤剂使用时会使大量的磷进入城市水体，引起水质下降，水体变黑变臭。我们可以选购“无磷”洗涤剂，减少污染。

请随手关紧水龙头，提倡一水多用。一个关不紧的水龙头一个月可以流掉1~6吨水。随手关紧水龙头，乃是举手之劳，而一水多用更是节约用水的具体表现。

请将再生资源分类回收。注意及时回收废塑料制品。

请少用一次性制品。一次性制品给我们带来了方便，但也浪费了大量保贵资源。“一次性”物品，我们实在消费不起了！

请选用环保建材装修居室。很多人在住进新装修的房子后，会感到头痛、恶心等，这都是装修过程中所造成的污染引起的。（如使用了含苯等有害物质超标的材料）因此，在此提醒您，在装修时尽量使用环保材料。

拒用野生动物制品。如不穿珍稀动物皮毛服装，尽量穿天然织物；拒食野生动物；在野外旅游，不偷猎野生动物等等。

提倡选购绿色食品。

我们相信，总有那么一天，绿色环保将会在我们的每一个角落闪烁醉人的星光。

某学生社团

● 图 3—2—11 突出显示关键字的效果

步骤四 查找和替换

对照图 3—2—1 所示效果可以发现，文本素材中使用的是“倡议”一词，而作品效

果和任务要求使用的是“建议”一词，可用查找、替换功能批量修改。

将光标置于文章开始位置，在“开始”选项卡中单击“替换”按钮，打开“查找和替换”对话框，在“查找内容”文本框中输入“倡议”，在“替换为”文本框中输入“建议”，如图 3—2—12 所示，单击“全部替换”按钮，弹出如图 3—2—13 所示的提示对话框，单击“确认”按钮完成替换，效果如图 3—2—14 所示。

● 图 3—2—12 “查找和替换”对话框设置

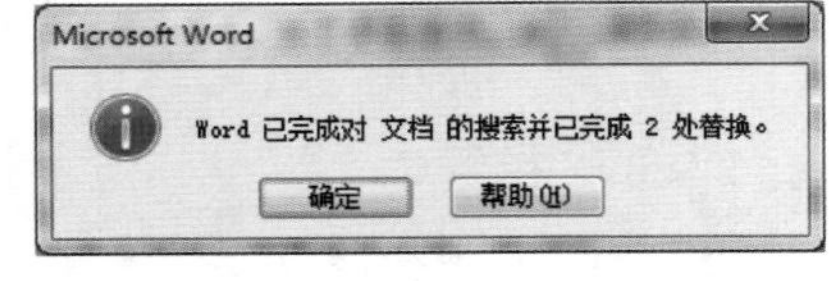

● 图 3—2—13 替换提示对话框

环保建议书

尊敬的广大市民：

新的世纪，我们渴望干净的地球，渴望健康的地球，渴望环保的家园，渴望绿色、健康、卫生的社区遍地开花……爷爷、奶奶、叔叔、阿姨，让我们立即行动起来！为了保护地球的绿色，为了子孙后代，消灭污染，保护发展环境。在此，我们发出建议：

使用无磷洗涤剂。含磷洗涤剂使用时会使大量的磷进入城市水体，引起水质下降，水体变黑变臭。我们可以选购“无磷”洗涤剂，减少污染。

请随手关紧水龙头，提倡一水多用。一个关不紧的水龙头一个月可以流掉1~6 吨水。随手关紧水龙头，乃是举手之劳，而一水多用更是节约用水的具体表现。

请将再生资源分类回收。注意及时回收废塑料制品。

请少用一次性制品。一次性制品给我们带来了方便，但也浪费了大量保贵资源。“一次性”物品，我们实在消费不起了！

请选用环保建材装修居室。很多人在住进新装修的房子后，会感到头痛、恶心等，这都是装修过程中所造成的污染引起的。（如使用了含苯等有害物质超标的材料）因此，在此提醒您，在装修时尽量使用环保材料。

拒用野生动物制品。如不穿珍稀动物皮毛服装，尽量穿天然织物；拒食野生动物；在野外旅游，不偷猎野生动物等等。

提倡选购绿色食品。

我们相信，总有那么一天，绿色环保将会在我们的每一个角落闪烁醉人的星光。

某学生社团

● 图 3—2—14 替换后的效果

步骤五　添加日期和字数统计

1. 添加日期

将光标放在文章落款处，在“插入”选项卡中单击“日期和时间”按钮，弹出“日期和时间”对话框，如图 3—2—15 所示，对照任务要求选择相应格式，单击“确定”按钮，设置为右对齐。

2. 字数统计

将光标置于文档中任意位置，在“审阅”选项卡中单击“字数统计”按钮，弹出“字数统计”对话框，如图 3—2—16 所示。由统计信息可见，文档字数符合要求。

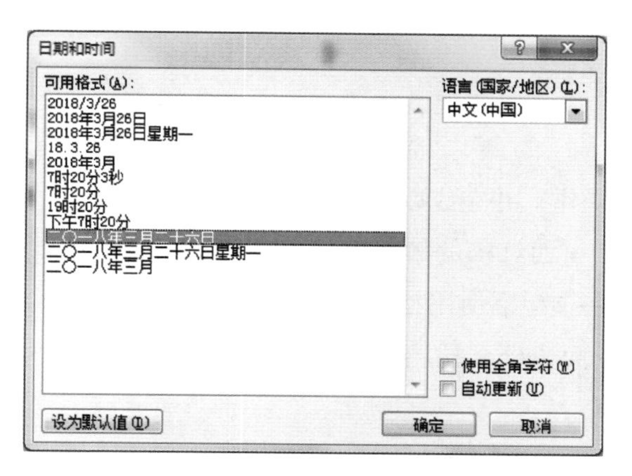

● 图 3—2—15 “日期和时间”对话框

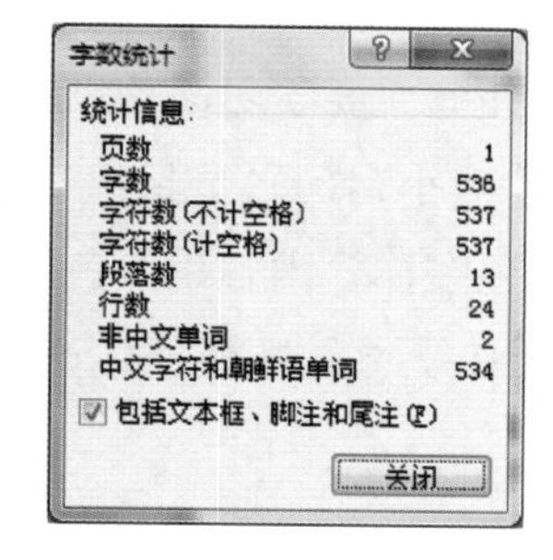

● 图 3—2—16 “字数统计”对话框

步骤六　保存文档并退出

将文件命名为“环保建议书”，保存并关闭 Word 2010 程序。

巩固练习

1. 打开“生活小窍门”素材文件。

2. 为文档添加标题“生活小窍门”，将其格式设置为“字体：楷体，字号：二号，颜色：红色，对齐方式：居中，字形：加粗，加双下划线”。

3. 将正文文字设置为“字体：仿宋，字号：小三号，颜色：蓝色，首行缩进：2 字符”。

4. 在文档的末尾添加当天的日期。

5. 统计本篇文档的字数。

6. 将“窍门”替换为“技巧”。

7. 操作完成后保存文件。

任务 3　制作“西红柿的妙用窍门”——段落修饰、项目符号 / 编号与边框底纹设置

学习目标

知识目标：了解 Word 2010 中段落格式的分类和设置方法

技能目标：1. 能设置段落的缩进和对齐方式

　　　　　2. 能对段落进行项目符号、编号、底纹、边框的设置

任务描述

本任务主要学习段落设置的有关操作，并完成以下案例的制作：

“生活小窍门”节目组要制作一份“西红柿的妙用窍门”宣传页，要求题目采用醒目的红色字体，内容用黑色字体，每一项生活使用技巧都用特殊符号进行标记，每项妙用都用编号或项目符号标记，使用页面边框和段落边框修饰页面，效果如图 3—3—1 所示。

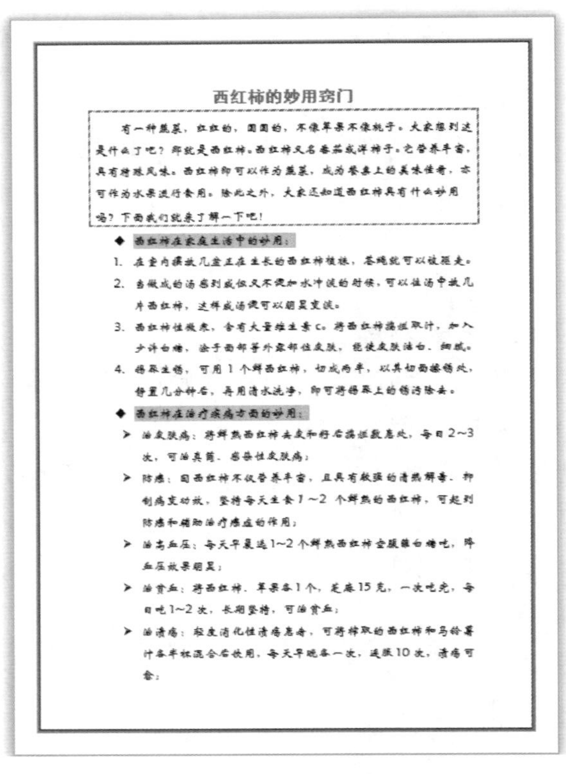

西红柿的妙用窍门

有一种蔬菜，红红的，圆圆的，不像苹果不像桃子。大家想到这是什么了吧？那就是西红柿。西红柿又名番茄或洋柿子。它营养丰富，具有特殊风味。西红柿即可以作为蔬菜，成为餐桌上的美味佳肴，亦可作为水果进行食用。除此之外，大家还知道西红柿具有什么妙用吗？下面我们就来了解一下吧！

◆ 西红柿在家庭生活中的妙用：

1. 在室内摆放几盆正在生长的西红柿植株，苍蝇就可以被驱走。
2. 当做成的汤感到咸但又不便加水冲淡的时候，可以往汤中放几片西红柿，这样咸汤便可以明显变淡。
3. 西红柿性微寒，含有大量维生素c。将西红柿捣烂取汁，加入少许白糖，涂于面部等外露部位皮肤，能使皮肤洁白、细腻。
4. 锅碗生锈，可用 1 个鲜西红柿，切成两半，以其切面擦锈处，静置几分钟后，再用清水洗净，即可将锅碗上的锈污除去。

◆ 西红柿在治疗疾病方面的妙用：

➢ 治皮肤病：将鲜熟西红柿去皮和籽后捣烂敷患处，每日2~3次，可治真菌、感染性皮肤病；

➢ 防癌：因西红柿不仅营养丰富，且具有较强的清热解毒、抑制病变功效，坚持每天生食1 ~2 个鲜熟的西红柿，可起到防癌和辅助治疗癌症的作用；

➢ 治高血压：每天早晨选1~2 个鲜熟西红柿空腹蘸白糖吃，降血压效果明显；

➢ 治贫血：将西红柿、苹果各1个，芝麻15克，一次吃完，每日吃1~2次，长期坚持，可治贫血；

➢ 治溃疡：轻度消化性溃疡患者，可将榨取的西红柿和马铃薯汁各半杯混合后饮用，每天早晚各一次，连服10次，溃疡可愈；

● 图 3—3—1 “西红柿的妙用窍门”宣传页效果

相关知识

Word 中的段落格式可以分为两类，一类是结构性格式，会影响文本整体结构的属性，如对齐、缩进、制表位等；另一类是装饰性格式，会影响文本外观的属性，如底纹、边框、编号与项目符号等。

一、结构性格式

1. 缩进

缩进包括段落首行缩进、段落整体缩进和悬挂缩进（即除首行外，其他行全部缩进）。

选中段落或将光标置于段首，通过“开始”选项卡下“段落”组中的“减少缩进量”与“增加缩进量”进行设置，可以快速实现段落的整体缩进，如图 3—3—2 和图 3—3—3 所示。

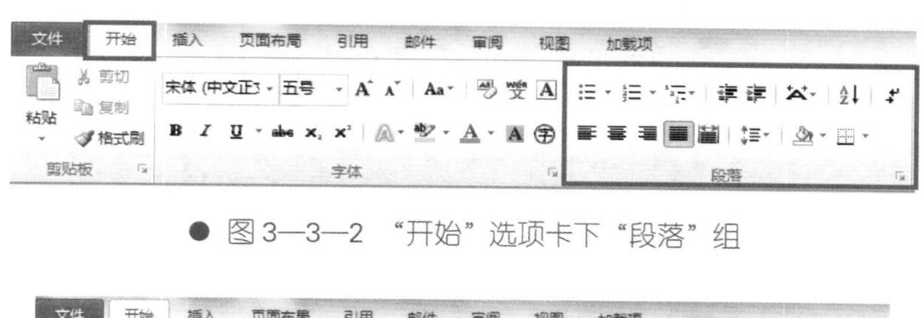

● 图 3—3—2　“开始”选项卡下“段落”组

● 图 3—3—3　“减少缩进量”与“增加缩进量”按钮

选中段落或将光标置于段首，使用鼠标拖动水平标尺上的控件可进行缩进设置。如界面中未显示标尺，可在“视图”选项卡下“显示”组中，勾选“标尺”复选框打开标尺，如图 3—3—4 所示。通过拖动标尺上的小三角即可进行缩进设置，如图 3—3—5 所示。拖动上方小三角可设置首行缩进量，拖动下方小三角可设置段落整体缩进量，两者配合可实现悬挂缩进。

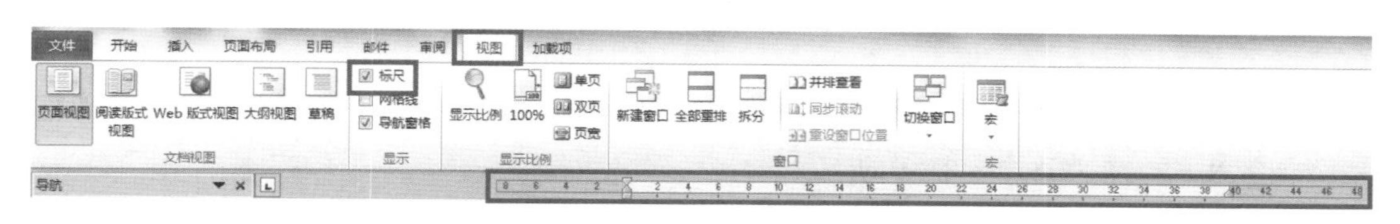

● 图 3—3—4　勾选“标尺”复选框

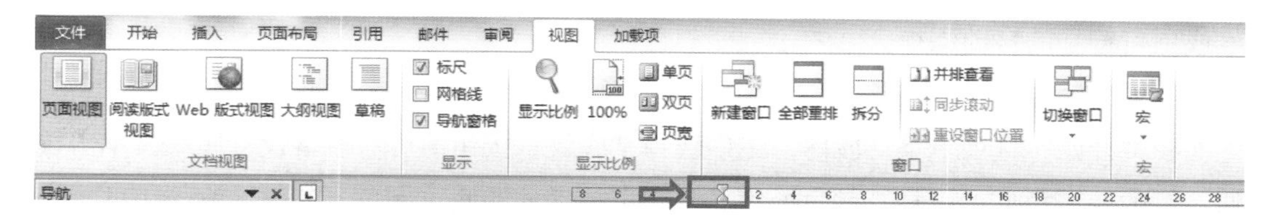

● 图 3—3—5　标尺的控制按钮

2. 对齐

Word 2010 中提供了五种对齐方式，分别是“左对齐”“居中”“右对齐”“两端对齐”和“分散对齐”。

在“开始”选项卡下“段落”组中，直接单击相应按钮即可进行对齐设置，如图 3—3—6 所示。此外，也可使用快捷键进行设置：左对齐——Ctrl+L、右对齐——Ctrl+R、居中——Ctrl+E、两端对齐——Ctrl+J、分散对齐——Ctrl+Shift+J。

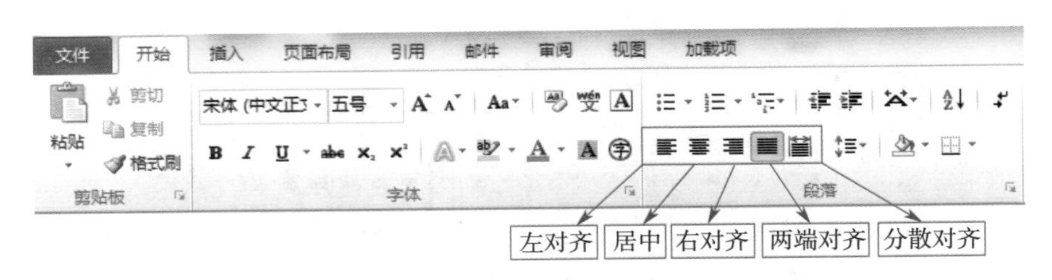

● 图 3—3—6 “段落”组中的对齐按钮

二、装饰性格式

1. 编号或项目符号

选择需要添加编号或项目符号的段落后，单击“开始”选项卡下“段落”组中的“编号”或“项目符号”按钮，如图 3—3—7 所示，即可为段落添加默认的编号或项目符号。

● 图 3—3—7 “编号”和“项目符号”按钮

单击按钮右侧的倒三角形打开下拉菜单，可根据需要选择编号或项目符号的其他样式，如图 3—3—8 和图 3—3—9 所示。

插入编号或项目符号后，在其后输入内容，每输入完一项内容后，按回车键转入下一项内容的输入，所有内容输入完成后，在最后的空行中再按一次回车键，即可结束编号或项目符号的自动添加。

2. 底纹

在“开始”选项卡下“段落”组中选择“底纹”按钮即可对段落设置底纹，单击按钮右侧的倒三角形可以打开颜色面板，从中选择需要的底纹颜色，如图 3—3—10 所示，页面效果如图 3—3—11 所示。

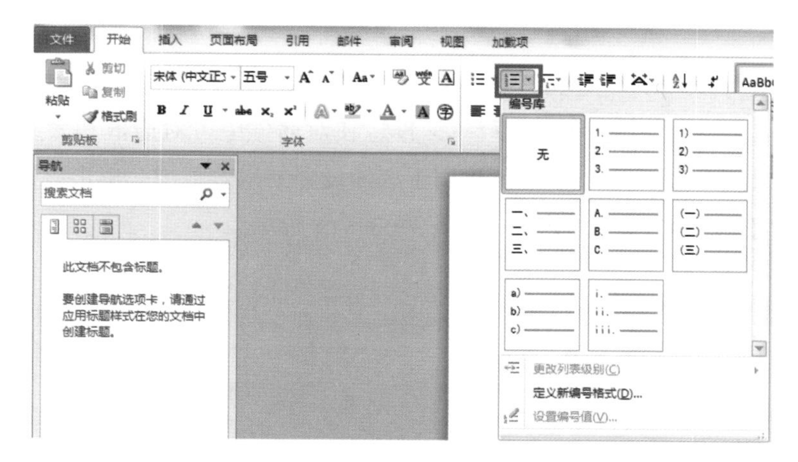

● 图 3—3—8　“编号”下拉列表项目

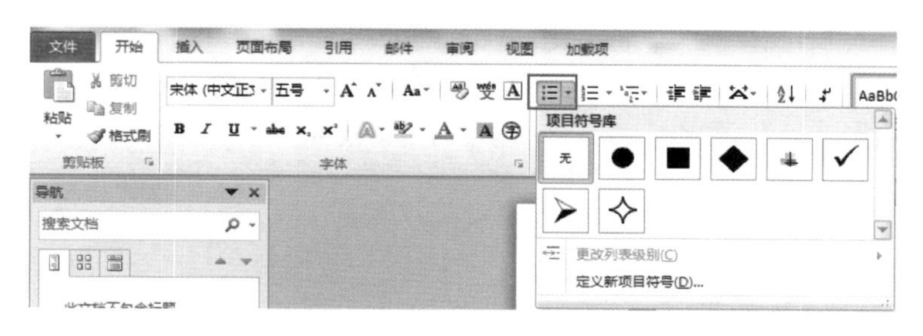

● 图 3—3—9　“项目符号”下拉列表项目

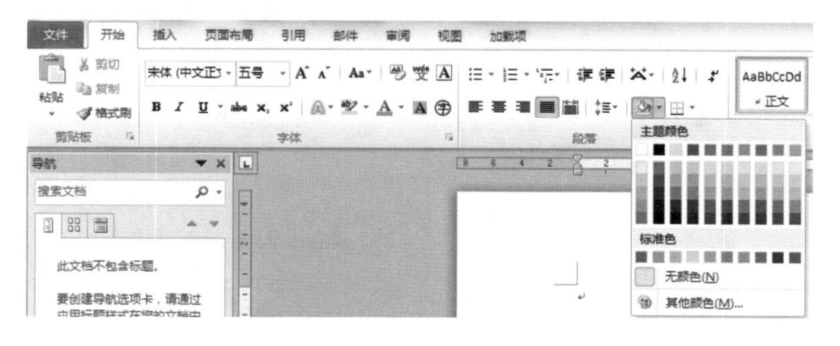

● 图 3—3—10　“底纹”下拉列表项目

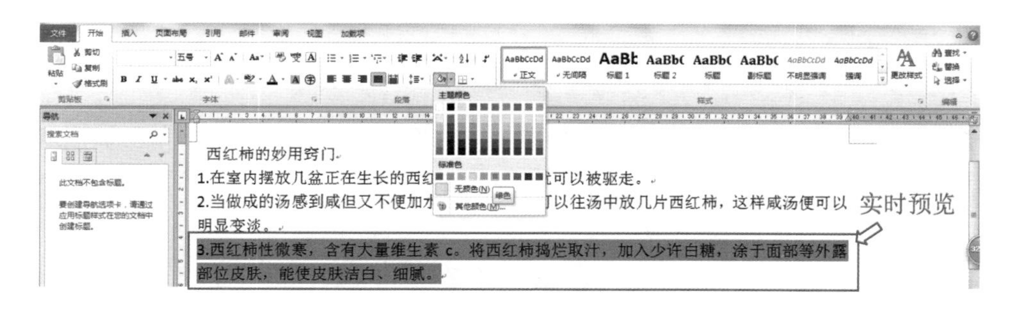

● 图 3—3—11　“底纹”效果

3. 边框

单击“段落”组中的“边框”下拉菜单，选择最后一项“边框和底纹”命令，如图3—3—12所示，打开“边框和底纹”对话框，在对话框中可对边框和底纹的各个参数进行设置。右侧的“应用于”下拉菜单用于选择设置的生效范围，单击“选项”按钮可以调整边框与段落文本之间的距离，如图3—3—13所示。

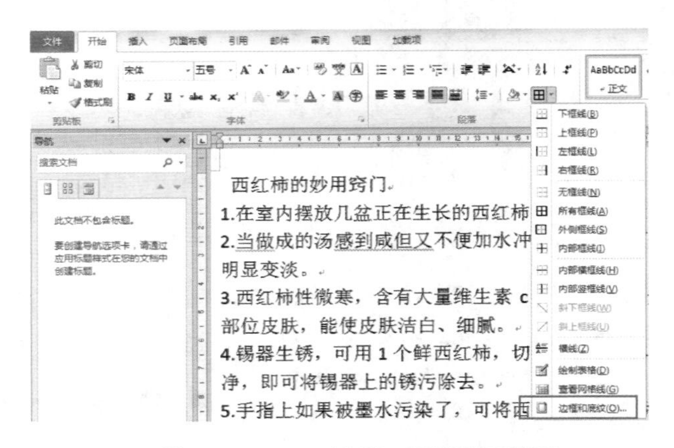

● 图3—3—12 “边框”下拉列表项目

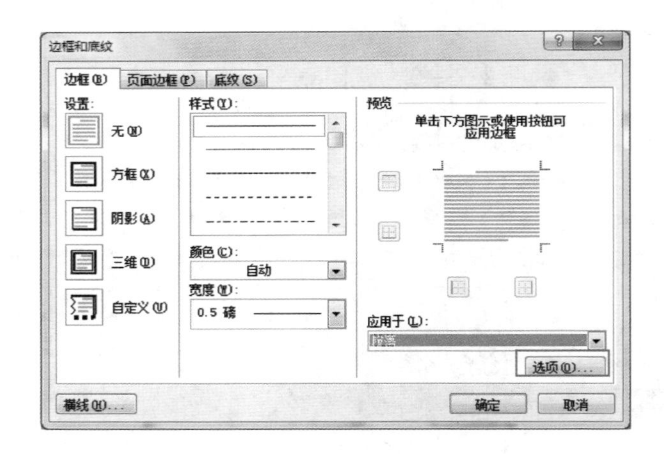

● 图3—3—13 “边框和底纹”对话框

三、“段落”对话框

除了使用功能区的各个按钮进行快速设置，用户还可以使用“段落”对话框进行更多段落参数设置。单击“段落”组右下角的箭头图标即可打开“段落”对话框，如图3—3—14所示。

在“缩进和间距”选项卡中，可对缩进和间距的相关属性进行设置，如图3—3—15所示。

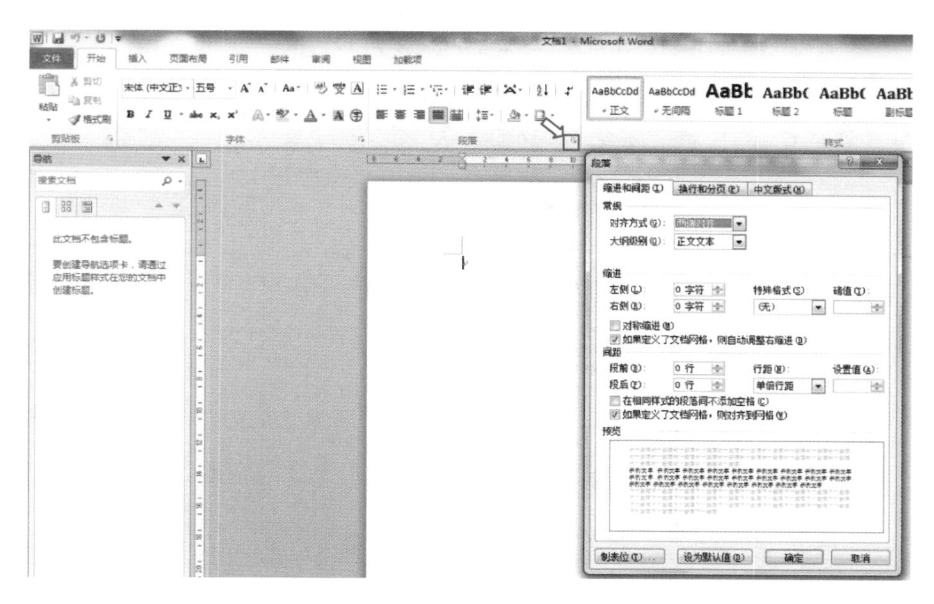

● 图 3—3—14　打开“段落”对话框

“换行和分页”选项卡（见图 3—3—16）中几个选项的含义如下：

孤行控制——防止段落的一行被单独放在一页中。

与下段同页——强制使一个段落与下一个段落同时出现。

段中不分页——防止一个段落被分到两页中。

段前分页——强制在段落前自动分页。

取消断字——不在指定段落内断字。

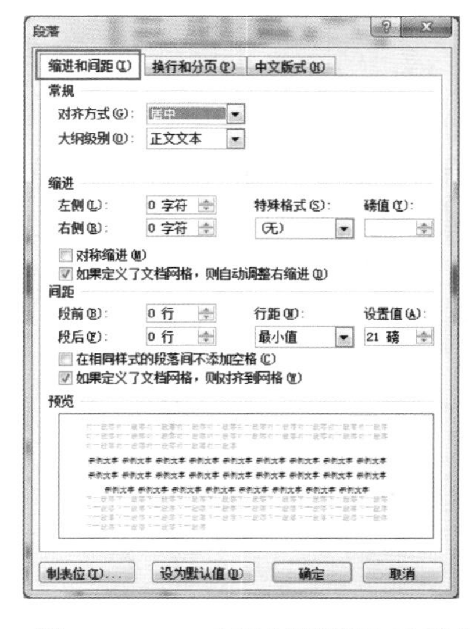

● 图 3—3—15　“缩进和间距”选项卡

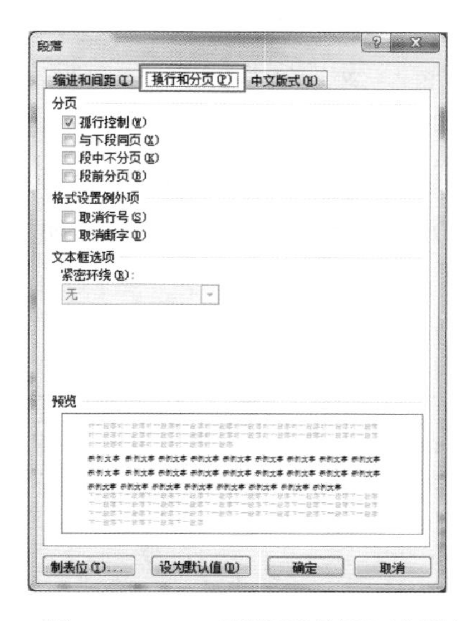

● 图 3—3—16　“换行和分页”选项卡

在“中文版式”选项卡中可对中文特有的格式进行设置，如西文单词的处理、同一行内文本的对齐方式等，如图 3—3—17 所示。

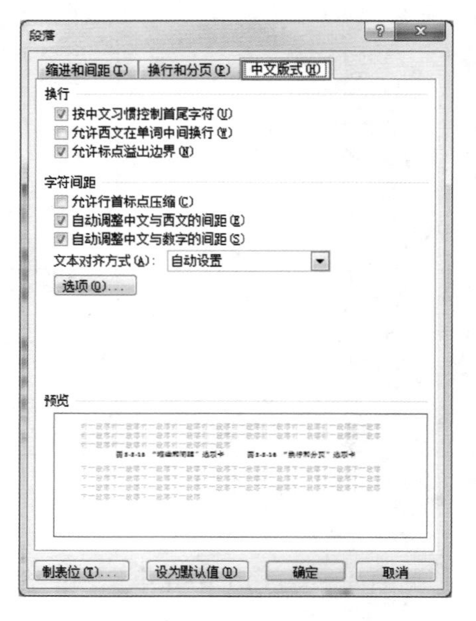

● 图 3—3—17 “中文版式”选项卡

任务实施

步骤一　启动 Word 2010 并打开文本素材

启动 Word 2010，打开本任务配套资源中的文本素材。

步骤二　编辑文字信息

1. 标题设置

选择标题文字“西红柿的妙用窍门”，在“开始”选项卡中将其格式设置为“字体：黑体，字号：小二号，字形：加粗，颜色：深红色，对齐方式：居中”，效果如图 3—3—18 所示。

● 图 3—3—18 标题设置效果

2. 正文设置

选择除标题外的其余文字，在“开始”选项卡中将其格式设置为“字体：华文新魏，字号：四号，颜色：黑色，首行缩进：2 字符，行距：固定值 25 磅”，段落设置如图 3—3—19 所示，效果如图 3—3—20 所示。

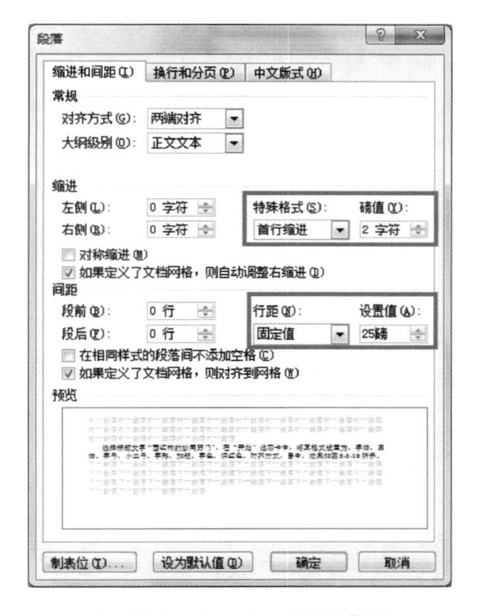

● 图 3—3—19　段落设置

有一种蔬菜，红红的，圆圆的，不像苹果不像桃子。大家想到这是什么了吧？那就是西红柿。西红柿又名番茄或洋柿子。它营养丰富，具有特殊风味。西红柿即可以作为蔬菜，成为餐桌上的美味佳肴，亦可作为水果进行食用。除此之外，大家还知道西红柿具有什么妙用吗？下面我们就来了解一下吧！

西红柿在家庭生活中的妙用：

在室内摆放几盆正在生长的西红柿植株，苍蝇就可以被驱走。

当做成的汤感到咸但又不便加水冲淡的时候，可以往汤中放几片西红柿，这样咸汤便可以明显变淡。

西红柿性微寒，含有大量维生素 C。将西红柿捣烂取汁，加入少许白糖，涂于面部等外露部位皮肤，能使皮肤洁白、细腻。

锡器生锈，可用 1 个鲜西红柿，切成两半，以其切面擦锈处，静置几分钟后，再用清水洗净，即可将锡器上的锈污除去。

手指上如果被墨水污染了，可将西红柿汁挤在污染处，用力搓几下，再用清水冲干净，手上的墨水迹即可去除。

西红柿在治疗疾病方面的妙用：

治皮肤病：将鲜熟西红柿去皮和籽后捣烂敷患处，每日 2～3 次，可治真菌、感染性皮肤病；

防癌：因西红柿不仅营养丰富，且具有较强的清热解毒、抑制病变功效，坚持每天生食 1～2 个鲜熟的西红柿，可起到防癌和辅助治疗癌症的作用；

治高血压：每天早晨选 1～2 个鲜熟西红柿空腹蘸白糖吃，降血压效果明显；

治贫血：将西红柿、苹果各 1 个，芝麻 15 克，一次吃完，每日吃 1～2 次，长期坚持，可治贫血；

治溃疡：轻度消化性溃疡患者，可将榨取的西红柿和马铃薯汁各半杯混合后饮用，每天早晚各一次，连服 10 次，溃疡可愈；

● 图 3—3—20　正文文字设置效果

步骤三　项目符号和编号设置

1. 选中文字“西红柿在家庭生活中的妙用:”和“西红柿在治疗疾病方面的妙用:”，在文字前面加入项目符号，设置如图 3—3—21 所示，效果如图 3—3—22 所示。

● 图 3—3—21　项目符号设置

◆ 西红柿在家庭生活中的妙用：

在室内摆放几盆正在生长的西红柿植株，苍蝇就可以被驱走。

当做成的汤感到咸但又不便加水冲淡的时候，可以往汤中放几片西红柿，这样咸汤便可以明显变淡。

西红柿性微寒，含有大量维生素 C。将西红柿捣烂取汁，加入少许白糖，涂于面部等外露部位皮肤，能使皮肤洁白、细腻。

锡器生锈，可用 1 个鲜西红柿，切成两半，以其切面擦锈处，静置几分钟后，再用清水洗净，即可将锡器上的锈污除去。

◆ 西红柿在治疗疾病方面的妙用：

● 图 3—3—22　设置项目符号后的效果

2. 选择文字“西红柿在家庭生活中的妙用：”和“西红柿在治疗疾病方面的妙用：”中间的所有段落，在其文字前加入编号，设置如图 3—3—23 所示，效果如图 3—3—24 所示。

3. 选择文字“西红柿在治疗疾病方面的妙用：”后面的所有段落文字，在文字前加入项目符号，效果如图 3—3—25 所示。

● 图 3—3—23　编号设置

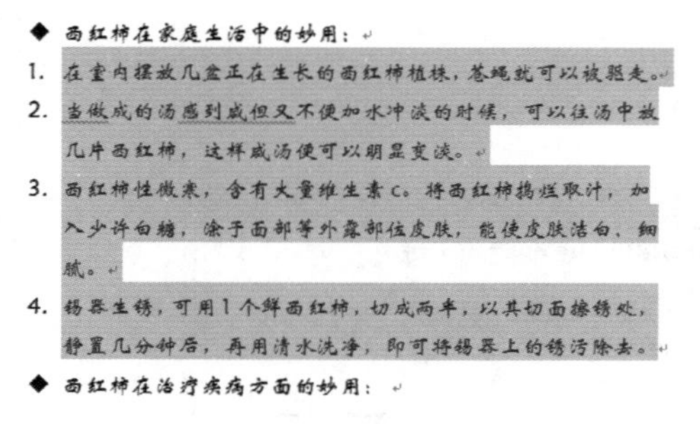

● 图 3—3—24　设置编号后的效果

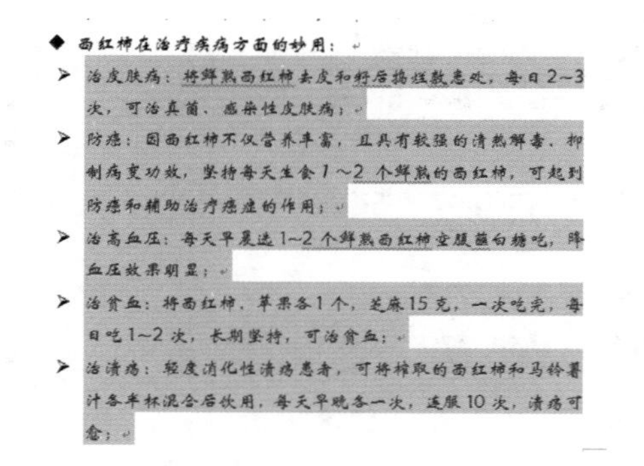

● 图 3—3—25　加入项目符号后的效果

步骤四　边框和底纹设置

1. 底纹设置

选择文字“西红柿在家庭生活中的妙用：”和“西红柿在治疗疾病方面的妙用：”，添加底纹颜色“橙色”，设置如图 3—3—26 所示，效果如图 3—3—27 所示。

2. 边框设置

选择第一段文字，添加段落边框，设置如图 3—3—28 所示，效果如图 3—3—29 所示；设置页面边框，如图 3—3—30 所示，效果如图 3—3—1 所示。

步骤五　保存文档并退出

将文件命名为“西红柿的妙用窍门”，保存并关闭 Word 2010 程序。

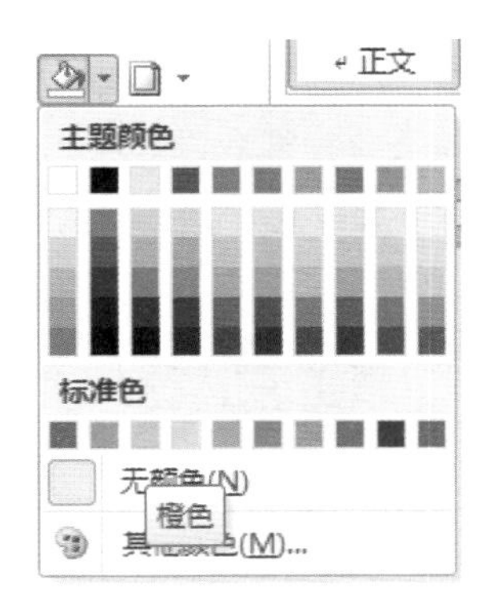

● 图 3—3—26　底纹设置

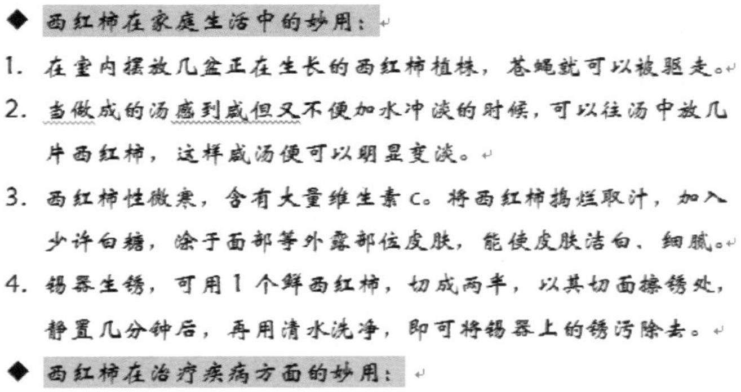

◆ 西红柿在家庭生活中的妙用：

1. 在室内摆放几盆正在生长的西红柿植株，苍蝇就可以被驱走。
2. 当做成的汤感到咸但又不便加水冲淡的时候，可以往汤中放几片西红柿，这样咸汤便可以明显变淡。
3. 西红柿性微寒，含有大量维生素 C。将西红柿捣烂取汁，加入少许白糖，涂于面部等外露部位皮肤，能使皮肤洁白、细腻。
4. 锈器生锈，可用 1 个鲜西红柿，切成两半，以其切面擦锈处，静置几分钟后，再用清水洗净，即可将锈器上的锈污除去。

◆ 西红柿在治疗疾病方面的妙用：

● 图 3—3—27　添加底纹后的效果

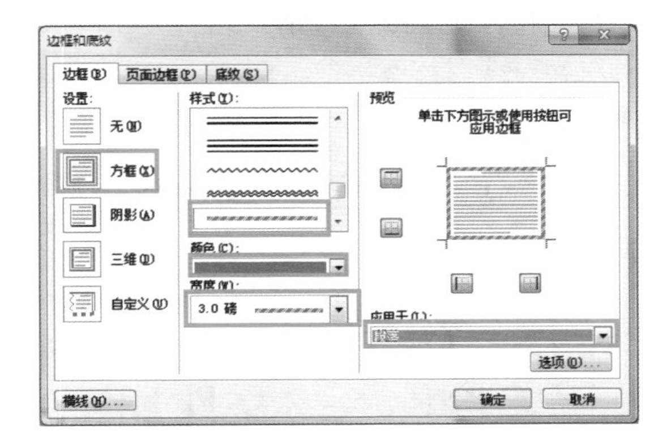

● 图 3—3—28　段落边框设置

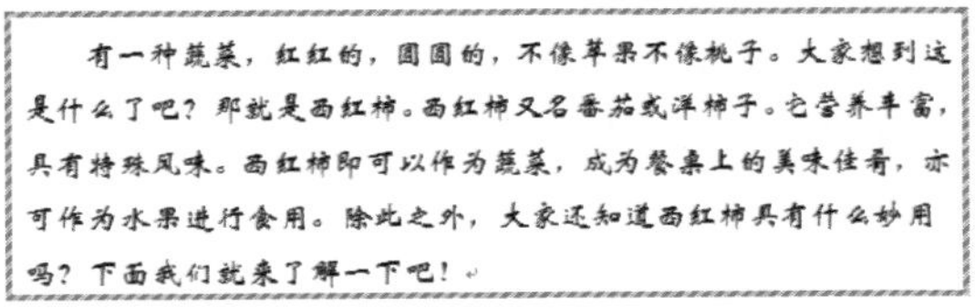

有一种蔬菜，红红的，圆圆的，不像苹果不像桃子。大家想到这是什么了吧？那就是西红柿。西红柿又名番茄或洋柿子。它营养丰富，具有特殊风味。西红柿即可以作为蔬菜，成为餐桌上的美味佳肴，亦可作为水果进行食用。除此之外，大家还知道西红柿具有什么妙用吗？下面我们就来了解一下吧！

● 图 3—3—29　段落边框效果

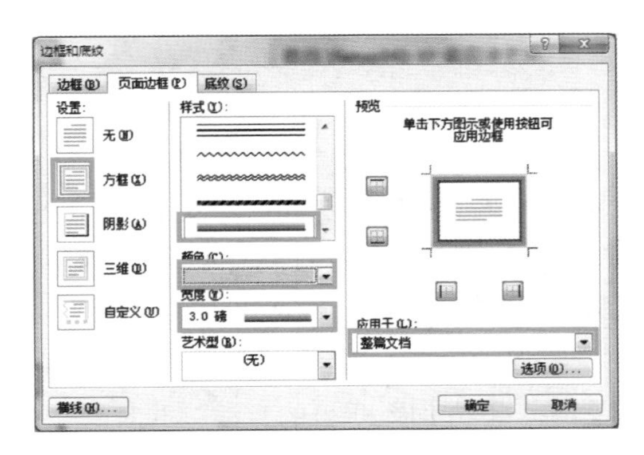

● 图 3—3—30　页面边框设置

巩固练习

1. 打开“生活小窍门”素材文件。

2. 为文档添加标题“生活小窍门”，将其格式设置为“字体：方正姚体，字号：二号，颜色：深蓝色，对齐方式：居中，字形：加粗”。

3. 将正文文字设置为“字体：华文行楷，字号：四号，颜色：黑色，对齐方式：首行缩进 2 字符，段落行距：1.5 倍行距”。

4. 将除第一段文字外的其他文字前加入项目符号■。

5. 将第一段文字设置段前和段后间距，段前 0.5 行，段后 0.5 行。

6. 将第一段加入边框和底纹，设置为“边框样式：，边框颜色：深蓝色，线宽：1.5，底纹颜色：浅蓝色”。

7. 将整个页面加入边框，设置为“边框样式：，线框：20 磅”。

8. 操作完成后保存文件。

任务 4　制作“文物保护布告”——文件加密与公式编辑器

学习目标

知识目标：1. 了解公式编辑器的作用和用法

2. 了解 Word 2010 文档的加密方法

技能目标：1. 能使用公式编辑器输入公式

2. 能对 Word 文档进行加密设置

任务描述

在编辑文档时，有时会遇到需要输入公式的情况，直接输入公式较为不便，可使用公式编辑器来完成。对于一些需要保密的文件，Word 2010 提供了加密功能以保证其安全。本任务将在学习这两项功能的基础上，完成以下案例的制作：

× × 市为了加强对文物保护工作，现需要制作一个布告，为了醒目，需要将文章的标题做成渐变的文字效果，下方加入醒目的直线，并且给文档添加密码，效果如图 3—4—1 所示。

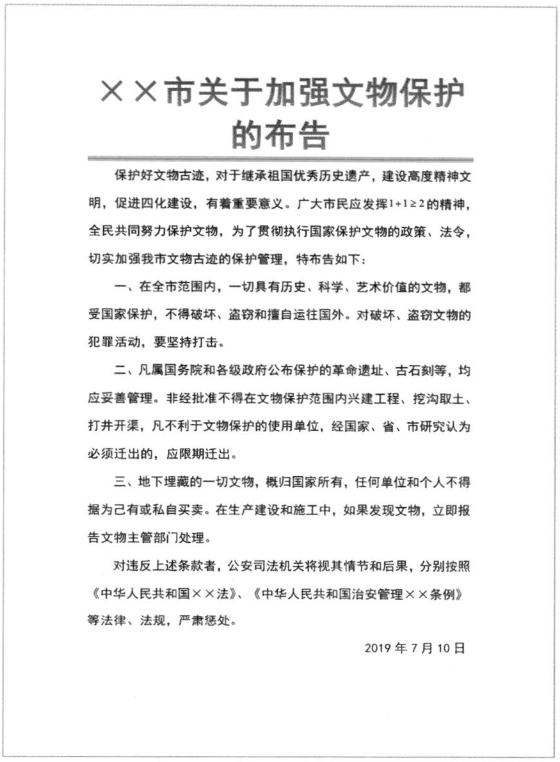

××市关于加强文物保护的布告

保护好文物古迹，对于继承祖国优秀历史遗产，建设高度精神文明，促进四化建设，有着重要意义。广大市民应发挥$1+1\geq 2$的精神，全民共同努力保护文物，为了贯彻执行国家保护文物的政策、法令，切实加强我市文物古迹的保护管理，特布告如下：

一、在全市范围内，一切具有历史、科学、艺术价值的文物，都受国家保护，不得破坏、盗窃和擅自运往国外。对破坏、盗窃文物的犯罪活动，要坚持打击。

二、凡属国务院和各级政府公布保护的革命遗址、古石刻等，均应妥善管理。非经批准不得在文物保护范围内兴建工程、挖沟取土、打井开渠，凡不利于文物保护的使用单位，经国家、省、市研究认为必须迁出的，应限期迁出。

三、地下埋藏的一切文物，概归国家所有，任何单位和个人不得据为己有或私自买卖。在生产建设和施工中，如果发现文物，立即报告文物主管部门处理。

对违反上述条款者，公安司法机关将视其情节和后果，分别按照《中华人民共和国××法》、《中华人民共和国治安管理××条例》等法律、法规，严肃惩处。

2019 年 7 月 10 日

● 图 3—4—1　“文物保护布告”效果

相关知识

一、公式编辑器

公式编辑器是一种工具软件，与常见的文字处理软件和演示程序配合使用，能够在各种文档中加入复杂的数学公式和符号，可用在编辑试卷、书籍等方面。

插入公式编辑器的方法是，单击“插入”选项卡下“符号”组中的“公式”按钮 π，如图 3—4—2 所示。此时在文档中出现公式编辑框，并提示用户“在此处键入公式。”，如图 3—4—3 所示。

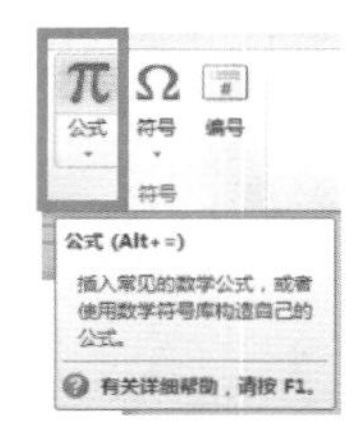

● 图 3—4—2　“公式”按钮

在此处键入公式。

● 图 3—4—3　公式编辑框

单击公式编辑框即可直接输入内容，在“公式工具”的“设计”选项卡（见图3—4—4）下，可以选择各种常用的公式符号，以及各类常用的函数公式模板。

● 图3—4—4 “设计”选项卡

此外，单击图3—4—2中“公式”按钮中的下拉按钮，还可在下拉列表中直接选择常用的公式并插入到当前文档中。

二、密码保护

有时为了Word文档内容的私密性，保护Word文件不被他人打开或者修改，需要为文档设置密码。

在“文件”选项卡中选择“信息”命令，单击右侧的“保护文档”按钮，在弹出的下拉菜单里选择“用密码进行加密”命令，如图3—4—5所示。此时会弹出密码输入框，在此输入要设置的密码信息，如图3—4—6所示。单击“确定”按钮后，此时会提示用户再次输入密码进行确认，当文档关闭后重新打开Word文档时，就会提示输入密码，如图3—4—7所示，输入正确的密码才能打开Word文档，否则将无法打开文档。

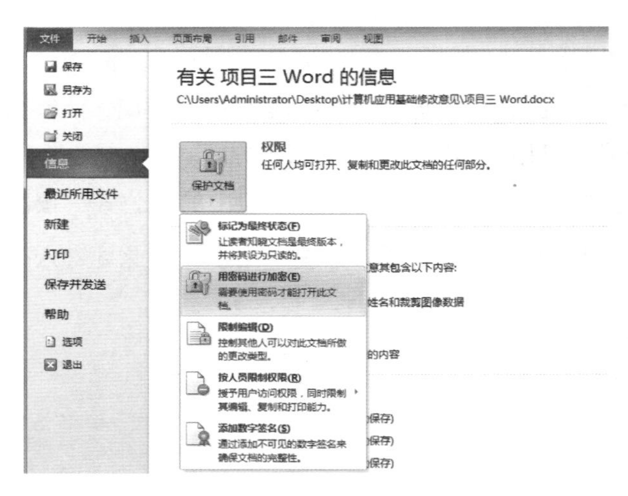

● 图3—4—5 “用密码进行加密”命令

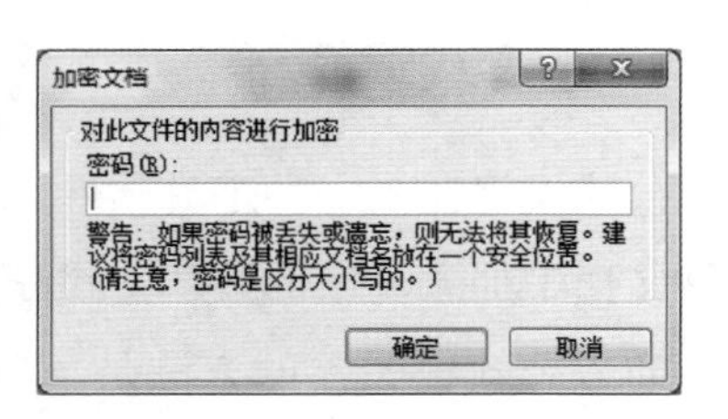

● 图3—4—6 “加密文档”对话框

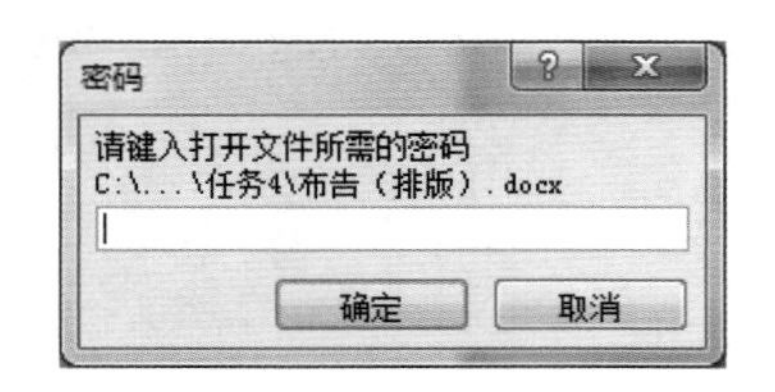

● 图3—4—7 “密码”对话框

任务实施

步骤一 启动 Word 2010 并打开文本素材

启动 Word 2010，打开本任务配套资源中的文本素材。

步骤二 设置标题及正文格式

1. 标题设置

在文档编辑区选择标题文字“× × 市关于加强文物保护的布告”，在“字体”对话框中将其格式设置为“字号：小初，字体：黑体，字形：加粗，对齐方式：居中”，如图 3—4—8 所示，单击“字体”对话框中的“文字效果”按钮，打开“设置文本效果格式”对话框，如图 3—4—9 所示，添加“红日西斜”渐变效果。

● 图 3—4—8 “字体”对话框

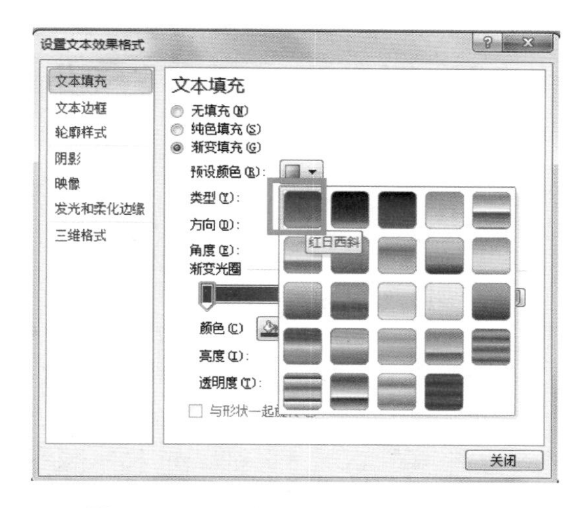

● 图 3—4—9 “设置文本效果格式”对话框

2. 正文设置

选中除标题以外的其他文字，利用“字体”对话框将正文设置为“字体：黑体，字号：四号”，效果如图 3—4—10 所示。

步骤三 修饰段落

1. 将日期文字设置为右对齐，如图 3—4—11 所示。

2. 选中正文，在“开始”选项卡中单击“段落”组右下角的箭头按钮，打开“段落”对话框。

3. 在“缩进和间距”选项卡中，单击“特殊格式”下拉列表，选择“首行缩进”，

设置为缩进 2 字符。

4. 在“段落”对话框中，将正文行距设置为 1.5 倍，如图 3—4—12 所示。单击“确定”按钮完成设置，效果如图 3—4—13 所示。

××市关于加强文物保护的布告

保护好文物古迹，对于继承祖国优秀历史遗产，建设高度精神文明，促进四化建设，有着重要意义。广大市民应发挥　　的精神，全民共同努力保护文物，为了贯彻执行国家保护文物的政策、法令，切实加强我市文物古迹的保护管理，特布告如下：

一、在全市范围内，一切具有历史、科学、艺术价值的文物，都受国家保护，不得破坏、盗窃和擅自运往国外。对破坏、盗窃文物的犯罪活动，要坚持打击。

● 图 3—4—10　文字渐变及正文文字设置效果

二、凡属国务院和各级政府公布保护的革命遗址、古石刻等，均应妥善管理。非经批准不得在文物保护范围内兴建工程、挖沟取土、打井开渠，凡不利于文物保护的使用单位，经国家、省、市研究认为必须迁出的，应限期迁出。

三、地下埋藏的一切文物，概归国家所有，任何单位和个人不得据为己有或私自买卖。在生产建设和施工中，如果发现文物，立即报告文物主管部门处理。

对违反上述条款者，公安司法机关将视其情节和后果，分别按照《中华人民共和国××法》、《中华人民共和国治安管理处××条例》等法律、法规，严肃惩处。

2019 年 7 月 10 日

● 图 3—4—11　落款右对齐效果

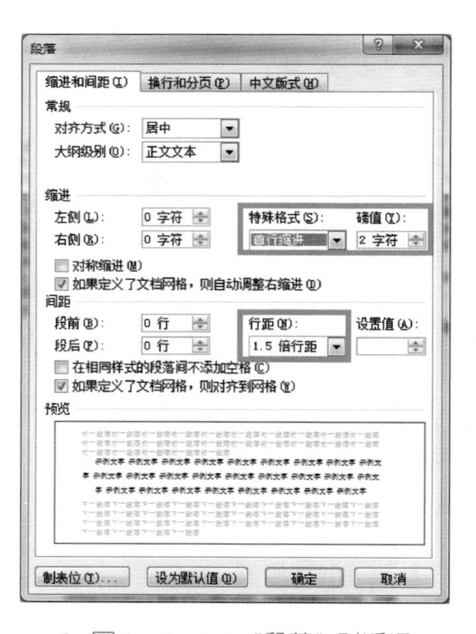

● 图 3—4—12　“段落”对话框

××市关于加强文物保护的布告

保护好文物古迹，对于继承祖国优秀历史遗产，建设高度精神文明，促进四化建设，有着重要意义。广大市民应发挥　　的精神，全民共同努力保护文物，为了贯彻执行国家保护文物的政策、法令，切实加强我市文物古迹的保护管理，特布告如下：

一、在全市范围内，一切具有历史、科学、艺术价值的文物，都受国家保护，不得破坏、盗窃和擅自运往国外。对破坏、盗窃文物的犯罪活动，要坚持打击。

二、凡属国务院和各级政府公布保护的革命遗址、古石刻等，均应妥善管理。非经批准不得在文物保护范围内兴建工程、挖沟取土、打井开渠，凡不利于文物保护的使用单位，经国家、省、市研究认为必须迁出的，应限期迁出。

三、地下埋藏的一切文物，概归国家所有，任何单位和个人不得据为己有或私自买卖。在生产建设和施工中，如果发现文物，立即报告文物主管部门处理。

对违反上述条款者，公安司法机关将视其情节和后果，分别按照《中华人民共和国××法》、《中华人民共和国治安管理处××条例》等法律、法规，严肃惩处。

2019 年 7 月 10 日

● 图 3—4—13　修饰段落后的效果

步骤四　输入公式

将光标定位到需要输入公式的位置。单击“插入”选项卡下“符号”组中的“公式”按钮，在公式编辑框中输入“1+1”。在“公式工具”下“设计”选项卡“符号”组中单击大于等于号，如图 3—4—14 所示，将其插入到公式中，然后输入最后一个数字“2”，效果如图 3—4—15 所示。

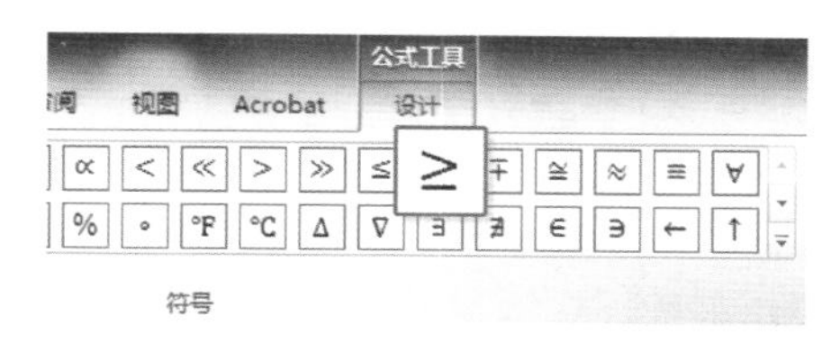

● 图 3—4—14　选择大于等于号

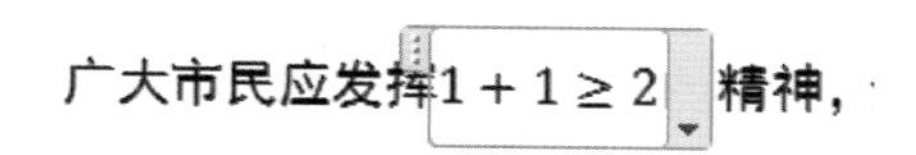

● 图 3—4—15　公式输入效果

步骤五　设置边框

选中标题，在“页面布局”选项卡中单击“页面边框”按钮，弹出“边框和底纹”对话框，单击“边框”选项卡，设置段落的下框线，各项参数如图 3—4—16 所示，单击“确定”按钮，效果如图 3—4—17 所示。

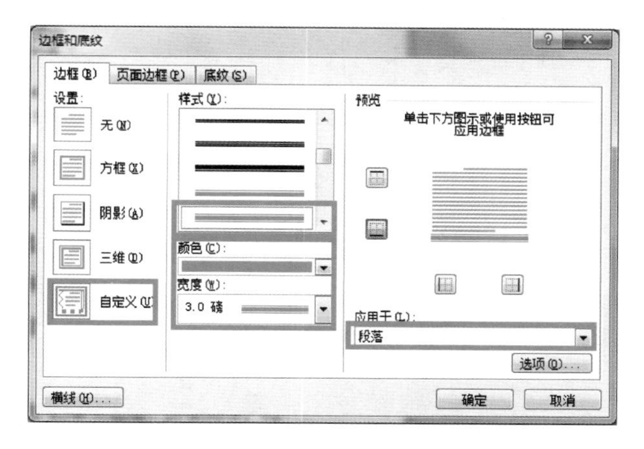

● 图 3—4—16　“边框和底纹”对话框

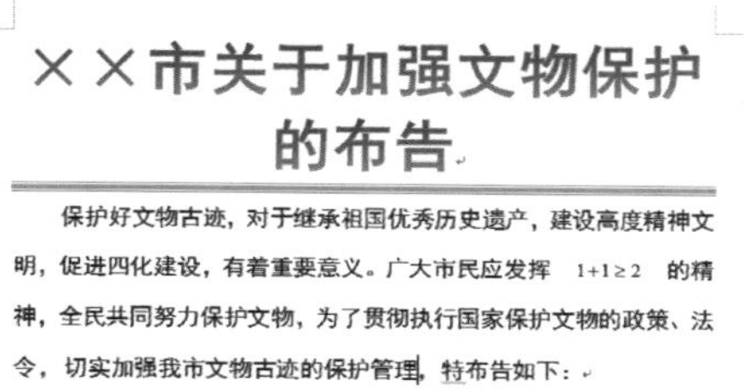

××市关于加强文物保护的布告

保护好文物古迹，对于继承祖国优秀历史遗产，建设高度精神文明，促进四化建设，有着重要意义。广大市民应发挥 1+1≥2 的精神，全民共同努力保护文物，为了贯彻执行国家保护文物的政策、法令，切实加强我市文物古迹的保护管理，特布告如下：

● 图 3—4—17　下边框设置效果

步骤六　设置密码

在“文件”选项卡中选择“信息”命令，单击右侧的“保护文档”按钮，在弹出的下拉菜单里选择“用密码进行加密”，打开“加密文档”对话框，如图 3—4—18 所示。在“密码”文本框中输入密码“123”，再次输入密码确认无误后单击“确定”按钮完成密码设置。当此文档关闭后，重新打开时需要输入密码“123”方能打开。

步骤七　保存文档并退出

将文件命名为“文物保护布告”，保存并关闭 Word 2010 程序。

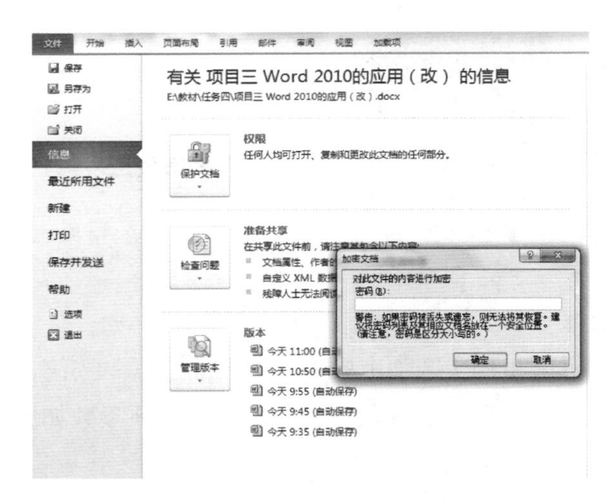

● 图 3—4—18 用密码进行加密设置

巩固练习

1. 打开“荷塘月色”素材文件。

2. 将文档标题的字体设置为“字体：仿宋，字号：二号，颜色：蓝色，对齐方式：居中，字形：加粗，加着重号”。

3. 将正文文字设置为“字体：仿宋，字号：小三号，颜色：蓝色，首行缩进：2 字符”。

4. 将文章第一自然段所有文字设为字符间距加宽 3 磅，字符缩放比例 110%，分散对齐，1.5 倍行距。

5. 在文档的末尾添加公式 $y=x_1+x_2$。

6. 为文档设置打开密码“123”，保存后再修改文档的密码为“456”。

任务 5 制作“车间宣传报道”——中文版式与分栏

学习目标

知识目标：了解 Word 2010 文档中文版式的种类

技能目标：1. 能设置分栏

2. 能设置首字下沉

3. 能使用拼音指南、带圈字符等中文版式功能

任务描述

本任务在学习版式设置相关内容的基础上，完成以下案例的制作：

某公司为了提升企业形象，决定制作一期企业内部宣传报道，要求报道的内容分栏显示，文章的第一个字有下沉效果，在期号数字外添加一个圆圈，车间的名称分两行显示，效果如图 3—5—1 所示。

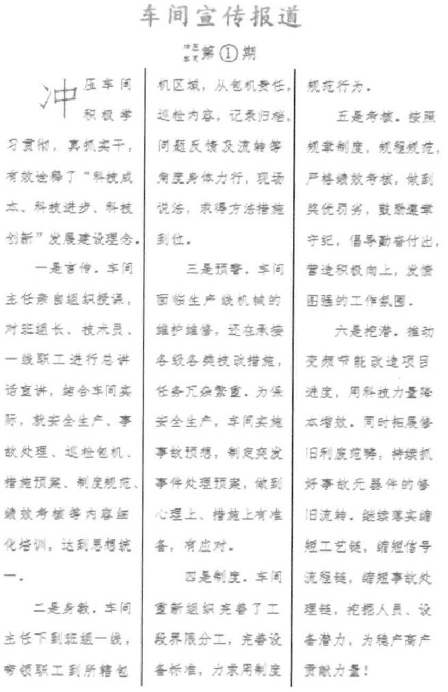

车间宣传报道

冲压车间第①期

冲压车间积极学习贯彻，真抓实干，有效诠释了“科技成本、科技进步、科技创新”发展建设理念。

一是宣传。车间主任亲自组织授课，对班组长、技术员、一线职工进行总讲话宣讲，结合车间实际，就安全生产、事故处理、巡检包机、措施预案、制度规范、绩效考核等内容细化培训，达到思想统一。

二是身教。车间主任下到班组一线，带领职工到所辖包机区域，从包机责任，巡检内容，记录归档，问题反馈及流转等角度身体力行，现场说法，求得方法措施到位。

三是预警。车间面临生产线机械的维护维修，还在承接各级各类技改措施，任务冗杂繁重。为保安全生产，车间实施事故预想，制定突发事件处理预案，做到心理上、措施上有准备，有应对。

四是制度。车间重新组织完善了工段界限分工，完善设备标准，力求用制度规范行为。

五是考核。按照规章制度，规程规范，严格绩效考核，做到奖优罚劣，鼓励遵章守纪，倡导勤奋付出，营造积极向上，发愤图强的工作氛围。

六是挖潜。推动变频节能改造项目进度，用科技力量降本增效。同时拓展修旧利废范畴，持续抓好事故元器件的修旧流转。继续落实缩短工艺链，缩短信号流程链，缩短事故处理链，挖掘人员、设备潜力，为稳产高产贡献力量！

● 图 3—5—1 “车间宣传报道”效果

相关知识

一、分栏设置

在 Word 2010 中，当设置的纸张较大时，每一行的内容太长，不便于阅读，这时可以利用分栏功能将内容分成几列显示，分栏时可以对整页进行操作，也可以只对文档中的一部分内容进行操作。设置多栏版式时，标尺会显示每栏宽度和它们之间的距离，拖动标尺可以调整分栏宽度和它们之间的间距。

在“页面布局”选项卡中单击“分栏”按钮，在下拉列表中选择“更多分栏”命令，如图 3—5—2 所示，可打开如图 3—5—3 所示的“分栏”对话框。

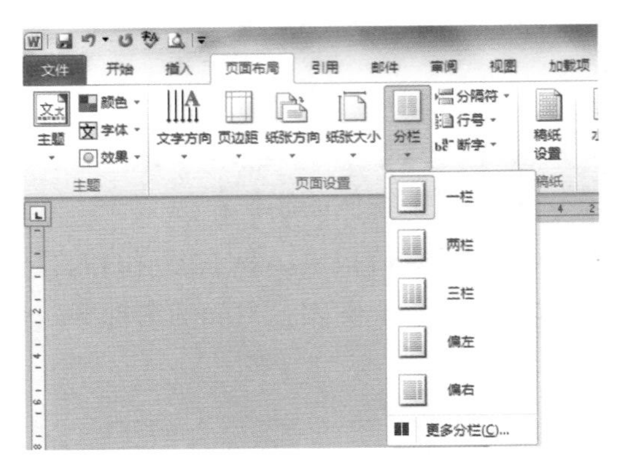

● 图 3—5—2　分栏的设置

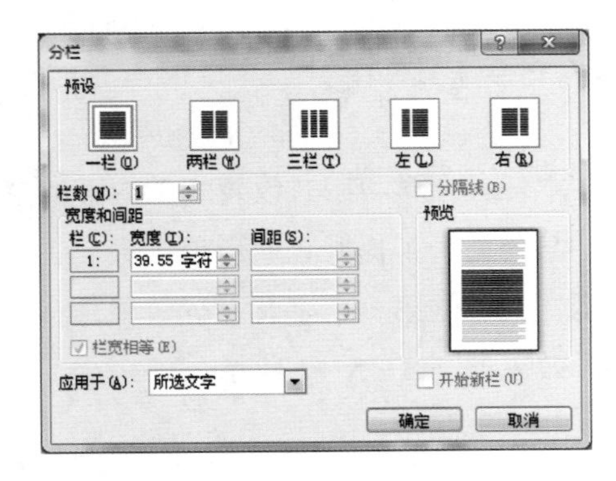

● 图 3—5—3　“分栏”对话框

二、首字下沉

首字下沉是指将文档中段落的第一个文字放大，并进行下沉或悬挂设置，以凸显段落或整篇文档的位置。在“插入”选项卡下“文本”组中单击“首字下沉”按钮，如图 3—5—4 所示，打开如图 3—5—5 所示的“首字下沉”对话框。如果需要设置下沉文字的字体或下沉行数等选项，可以在“首字下沉”对话框中设置字体或下沉行数。

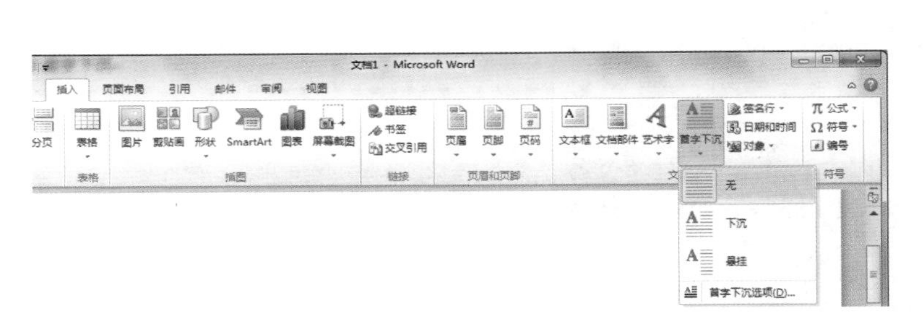

● 图 3—5—4　首字下沉设置

● 图 3—5—5　“首字下沉”对话框

三、拼音指南

在 Word 文档中，用户可以借助“拼音指南”功能为汉字添加汉语拼音。选中需要添加汉语拼音的汉字，在“开始”选项卡下“字体”组中单击“拼音指南”按钮，如图 3—5—6 所示，打开如图 3—5—7 所示的“拼音指南”对话框，在其中确认所选汉字的读音正确后单击“确定”按钮完成添加。

● 图 3—5—6 “拼音指南”按钮

● 图 3—5—7 “拼音指南”对话框

四、带圈字符

带圈字符用于为所选字符添加圈号或取消所选字符的圈号。在编辑文档时，想突出显示字符或用加圈字符（一般是数字）作为编号，可以使用“带圈字符”功能来进行设置。选中要添加圈号的文字（一次只能选择一个），在“开始”选项卡下“字体”组中单击“带圈字符”按钮，如图 3—5—8 所示，打开如图 3—5—9 所示的“带圈字符”对话框。选中样式和圈号后单击“确定”按钮完成添加。

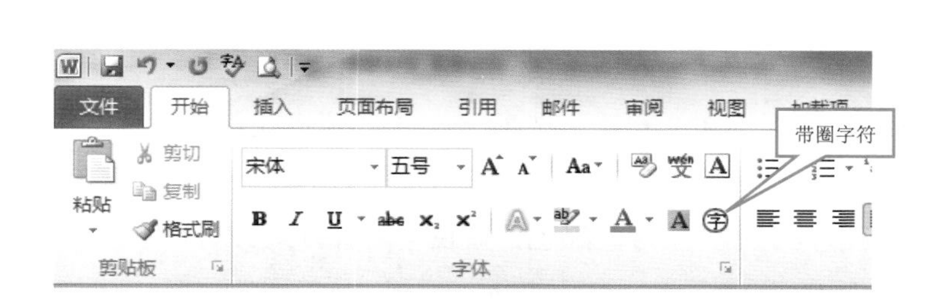

● 图 3—5—8 “带圈字符”按钮

● 图 3—5—9 “带圈字符”对话框

五、合并字符

合并字符用于将多个字合并为一个字符显示，用于一些特殊的版式设计。在选择合并字符时，最多只能选择六个字符；也可以不事先选择字符，然后在窗口中输入要合并的字符内容。

选中要合并的字符，在“开始”选项卡下“段落”组中单击“中文版式”按钮，在下拉列表中选择“合并字符”，如图 3—5—10 所示，打开如图 3—5—11 所示的“合并字符”对话框，设置完成后，单击“确定”按钮完成添加。

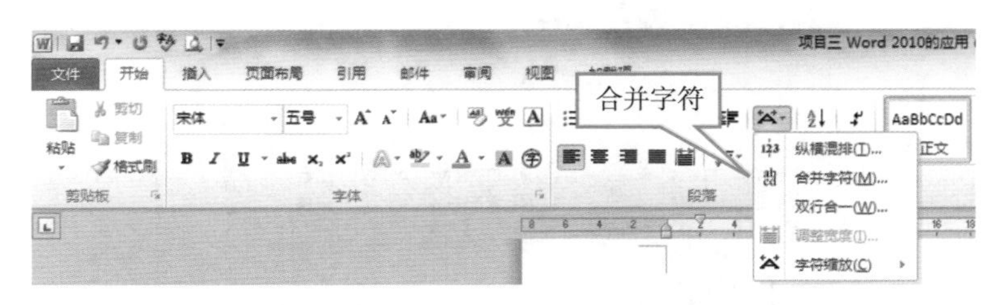

● 图 3—5—10 “中文版式”下拉列表中的“合并字符”

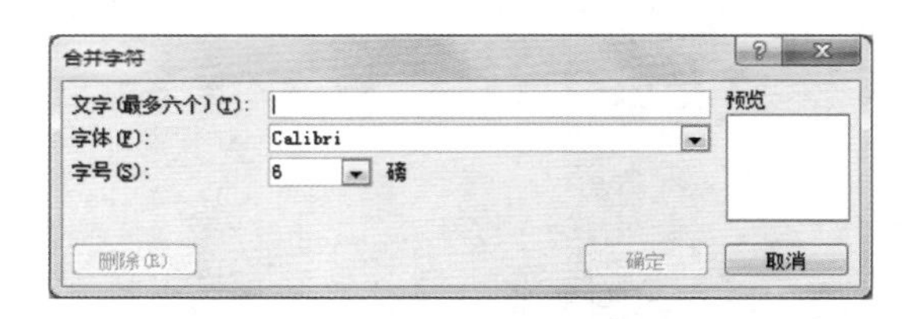

● 图 3—5—11 “合并字符”对话框

任务实施

步骤一　启动 Word 2010 并打开文本素材

启动 Word 2010，打开本任务配套资源中的文本素材。

步骤二　设置标题及正文格式

1. 标题设置

选择标题文字“车间宣传报道”，在“开始”选项卡中，将其格式设置为“字体：楷体，字号：一号，字形：加粗，文字效果：碧海青天渐变，对齐方式：居中”，将副标题的格式设置为“字体：仿宋，字号：三号，颜色：蓝色，对齐方式：居中”。

2. 正文设置

选中除标题以外的正文，将其格式设置为“字体：仿宋，字号：四号，颜色：蓝色，首行缩进：2 字符”，效果如图 3—5—12 所示。

步骤三 修饰版式

1. 将光标定位在第一自然段，在“插入”选项卡下“文本”组中选择“首字下沉”按钮，下沉的行数设为 2 行。

2. 选中副标题中的文字“冲压车间”，在“开始”选项卡下“段落”组中单击“中文版式”按钮，在下拉菜单中选择“合并字符”。

3. 选中副标题中的数字“1”，在“开始”选项卡下“字体”组中单击“带圈字符”按钮，打开“带圈字符”对话框，选择样式和圈号后，单击“确定”按钮。

4. 选中除标题以外的所有正文，在“页面布局”选项卡下“页面设置”组中单击“分栏”按钮，在下拉列表中选择“更多分栏”，设置为三栏并加分割线，效果如图 3—5—13 所示。

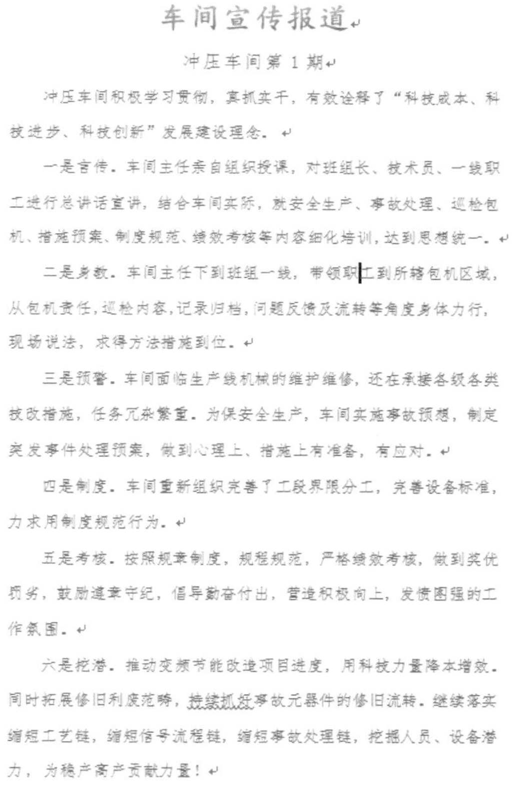

车间宣传报道

冲压车间第 1 期

冲压车间积极学习贯彻，真抓实干，有效诠释了“科技成本、科技进步、科技创新”发展建设理念。

一是宣传。车间主任亲自组织授课，对班组长、技术员、一线职工进行总讲话宣讲，结合车间实际，就安全生产、事故处理、巡检包机、措施预案、制度规范、绩效考核等内容细化培训，达到思想统一。

二是身教。车间主任下到班组一线，带领职工到所辖包机区域，从包机责任，巡检内容，记录归档，问题反馈及流转等角度身体力行，现场说法，求得方法措施到位。

三是预警。车间面临生产线机械的维护维修，还在承接各级各类技改措施，任务冗杂繁重。为保安全生产，车间实施事故预想，制定突发事件处理预案，做到心理上、措施上有准备，有应对。

四是制度。车间重新组织完善了工段界限分工，完善设备标准，力求用制度规范行为。

五是考核。按照规章制度，规程规范，严格绩效考核，做到奖优罚劣，鼓励遵章守纪，倡导勤奋付出，营造积极向上，发愤图强的工作氛围。

六是挖潜。推动变频节能改造项目进度，用科技力量降本增效。同时拓展修旧利废范畴，持续抓好事故元器件的修旧流转。继续落实缩短工艺链，缩短信号流程链，缩短事故处理链，挖掘人员、设备潜力，为稳产高产贡献力量！

● 图 3—5—12 文字格式设置效果

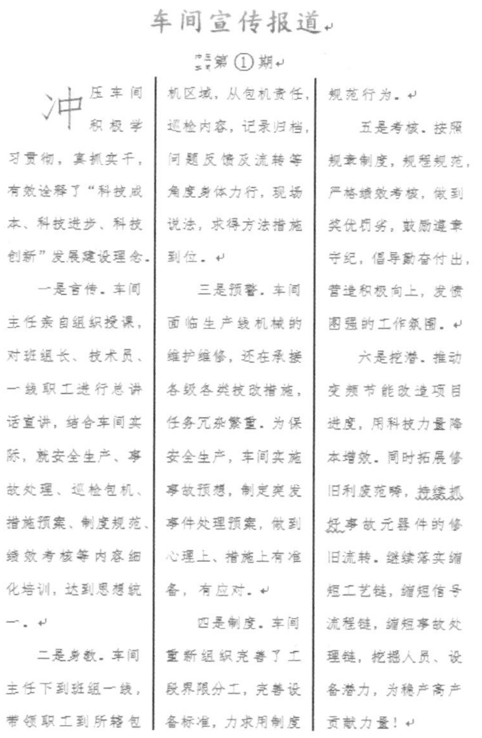

车间宣传报道

冲压车间第①期

冲压车间积极学习贯彻，真抓实干，有效诠释了“科技成本、科技进步、科技创新”发展建设理念。

一是宣传。车间主任亲自组织授课，对班组长、技术员、一线职工进行总讲话宣讲，结合车间实际，就安全生产、事故处理、巡检包机、措施预案、制度规范、绩效考核等内容细化培训，达到思想统一。

二是身教。车间主任下到班组一线，带领职工到所辖包机区域，从包机责任，巡检内容，记录归档，问题反馈及流转等角度身体力行，现场说法，求得方法措施到位。

三是预警。车间面临生产线机械的维护维修，还在承接各级各类技改措施，任务冗杂繁重。为保安全生产，车间实施事故预想，制定突发事件处理预案，做到心理上、措施上有准备，有应对。

四是制度。车间重新组织完善了工段界限分工，完善设备标准，力求用制度规范行为。

五是考核。按照规章制度，规程规范，严格绩效考核，做到奖优罚劣，鼓励遵章守纪，倡导勤奋付出，营造积极向上，发愤图强的工作氛围。

六是挖潜。推动变频节能改造项目进度，用科技力量降本增效。同时拓展修旧利废范畴，持续抓好事故元器件的修旧流转。继续落实缩短工艺链，缩短信号流程链，缩短事故处理链，挖掘人员、设备潜力，为稳产高产贡献力量！

● 图 3—5—13 分栏设置效果

步骤四 保存文档并退出

将文件命名为“车间宣传报道”，保存并关闭 Word 2010 程序。

巩固练习

1. 打开“冬雪”素材文件。

2. 将文章的标题设置为“字体：楷体，字号：二号，颜色：红色，对齐方式：居中，字形：加粗，添加拼音”。

3. 将正文文字设置为“字体：仿宋，字号：小三号，颜色：蓝色，首行缩进：2字符”。

4. 为文章第一自然段设置首字下沉，下沉行数为3行，下沉后的字体设置为“字体：楷体，字号：一号，颜色：红色”。

5. 为第二自然段设置分栏，要求设置为两栏偏左型，加分割线。

6. 将第四自然段“上海”两个字添加带圈符号，增大圈号，样式为“□”。

7. 将第五自然段“一早醒来”合并字符。

8. 将第五自然段设置段落边框，要求线形为双实线，颜色为红色，宽度为1.5磅。

任务6　制作“工资调整表”——表格的创建与编辑

学习目标

知识目标：了解Word 2010文档中的表格功能

技能目标：1. 能在Word文档中创建表格

2. 能对表格进行插入、删除、移动、合并或拆分单元格等基本操作

任务描述

表格是各类文档中常用的一种表现形式。本任务在学习Word 2010中表格基本编辑操作的基础上，完成以下案例的制作：

某公司要对员工进行考核，根据考核的结果调整下一年的工资，现需制作一个表格，体现员工的基本信息、前五年的考核结果、本季度的考核结果及调整后的月薪，效果如图3—6—1所示。

工资调整表

姓　　名		部　　门		职　　位	
性　　别		出生年月		入职日期	
毕业学校		专　　业		学　　历	
服务年资	年　　　月		现支月薪		
前×年考核	第一年				
	第二年				
	第三年				
	第四年				
	第五年				
本　年　考　核					
分　　数			等　　级		
拟　调　整					
职　　位		调　整　额		调整后月薪	
核　　定					
职位			月薪		
审　核　意　见					

● 图 3—6—1 “工资调整表”效果

相关知识

表格由若干行和列构成，行与列的交叉点形成单元格，在单元格中可以录入文本、数字，插入图片等。在学习、工作中表格应用非常广泛，它能将数据清晰而直观地组织起来，方便用户比较、分析和运算。

一、插入表格

插入表格有三种方法，分别是：

1. 在“插入”选项卡中单击“表格”按钮，拖动鼠标选中所需行和列的数量，释放鼠标即可在页面中插入相应的表格，如图 3—6—2 所示。

2. 在“插入”选项卡中单击“表格”按钮，选择“插入表格”命令，打开“插入表格”对话框，如图 3—6—3 所示。分别设置表格行数和列数，并根据需要选择“固定列宽”“根据内容调整表格”或“根据窗口调整表格”选项，完成后单击“确定”按钮。

3. 在“插入”选项卡中单击“表格”按钮，选择“绘制表格”命令，此时鼠标光标变成铅笔形状，拖动鼠标左键绘制表格边框、行和列。绘制完成后，按 ESC 键或者在“表格工具”的“设计”选项卡中单击“绘制表格”按钮取消表格的绘制状态。

● 图 3—6—2　插入表格

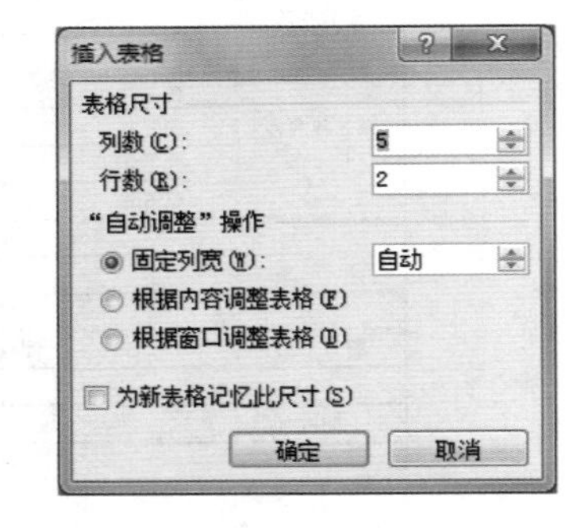

● 图 3—6—3　“插入表格”对话框

二、表格的编辑

1. 插入行或列

在已有表格中插入行或列有以下两种方法。

（1）右键单击要插入整行或整列处相邻的任意单元格，在快捷菜单中指向“插入”命令，并在级联菜单中选择“在左侧插入列”“在右侧插入列”“在上方插入行”或“在下方插入行”命令即可，如图 3—6—4 所示。

● 图 3—6—4　插入行或列设置

（2）单击要插入整行或整列处相邻的任意单元格，单击“表格工具”的“布局”选项卡，在“行和列”组中单击“在上方插入”“在下方插入”“在左侧插入”或“在右侧插入”按钮即可，如图 3—6—5 所示。

2. 删除行或列

删除已有表格中的某行或某列有以下两种方法。

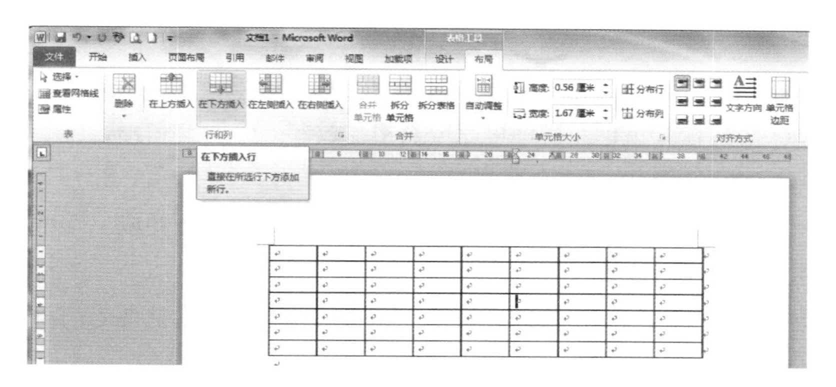

● 图3—6—5 从“布局”选项卡中插入行或列

（1）右键单击被选中的整行或整列，在快捷菜单中选择“删除单元格”命令，在弹出的“删除单元格”对话框中选择“删除整行”或“删除整列”，单击“确定”按钮，如图 3—6—6 所示。

（2）在表格中单击需要删除的整行或整列中的任意一个单元格，单击“布局”选项卡，在“行和列”组中单击“删除”按钮，在菜单中选择“删除行”或“删除列”命令，如图 3—6—7 所示。

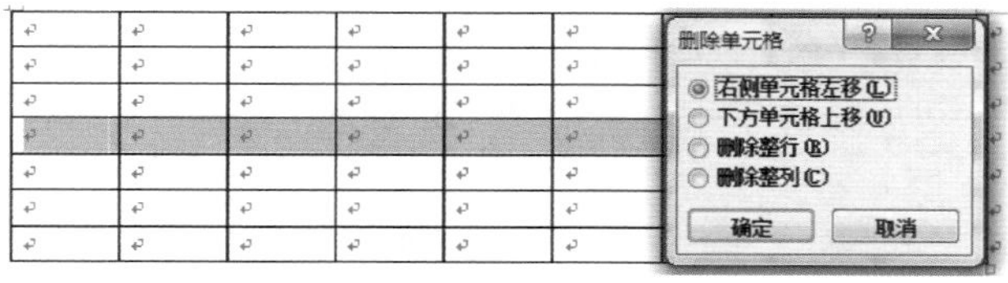

删除单元格
右侧单元格左移(L)
下方单元格上移(U)
删除整行(R)
删除整列(C)
确定
取消

● 图3—6—6 “删除单元格”对话框

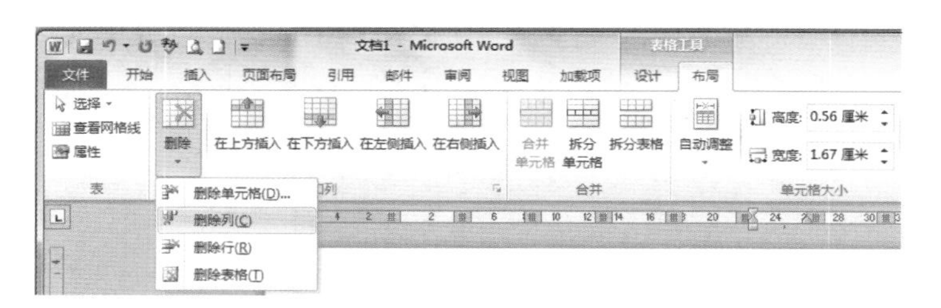

● 图3—6—7 从“布局”选项卡中删除行或列

3. 表格的移动和缩放

（1）表格的移动

将鼠标光标指向表格的左上角，出现 ⊕ 图标时，按住鼠标左键拖动，到达目标位置后松开鼠标即可移动表格。

（2）表格的缩放

将鼠标光标指向表格右下角（小方块处），出现图标时，按住鼠标左键拖动，当表格达到合适大小时松开鼠标左键即可完成表格缩放。

4. 合并单元格

在 Word 2010 中，可以将表格中两个或两个以上的单元格合并成一个单元格，以便使制作出的表格符合用户要求。

选择表格中需要合并的两个或两个以上的单元格，右键单击被选中的单元格，在快捷菜单中单击“合并单元格”命令即可，如图 3—6—8 所示。

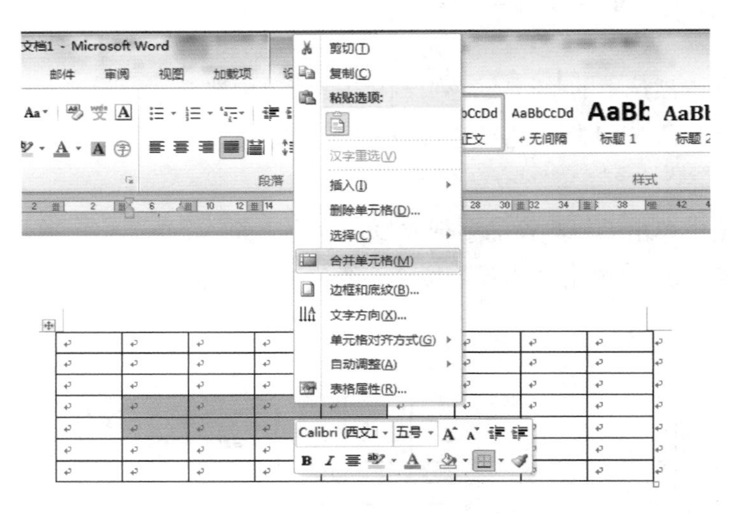

● 图 3—6—8　合并单元格设置

5. 拆分单元格

右键单击需要拆分的单元格，在弹出的快捷菜单中选择“拆分单元格”命令，打开“拆分单元格”对话框，如图 3—6—9 所示，分别设置需要拆分的“列数”和“行数”，单击“确定”按钮完成拆分。

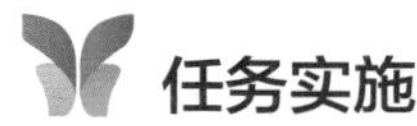

任务实施

步骤一　启动 Word 2010 并绘制表格

启动 Word 2010，将光标定位到文档中要插入表格的位置，在“插入”选项卡中单击“表格”按钮，在下拉列表中选择“插入表格”命令，在弹出的对话框中输入列数 6、行数 17，如图 3—6—10 所示，效果如图 3—6—11 所示。

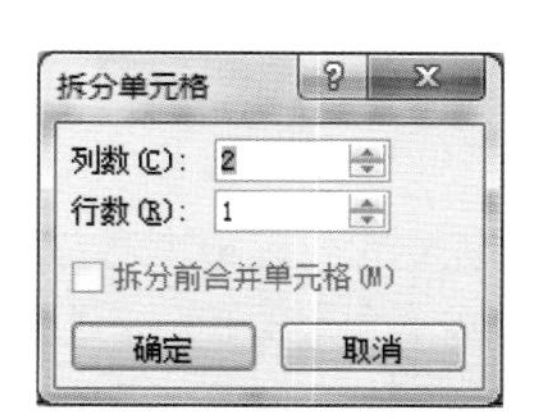

● 图 3—6—9　“拆分单元格”对话框

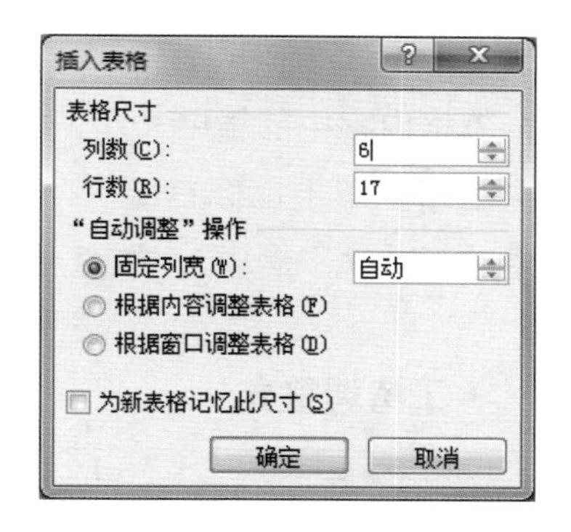

● 图 3—6—10　“插入表格”对话框

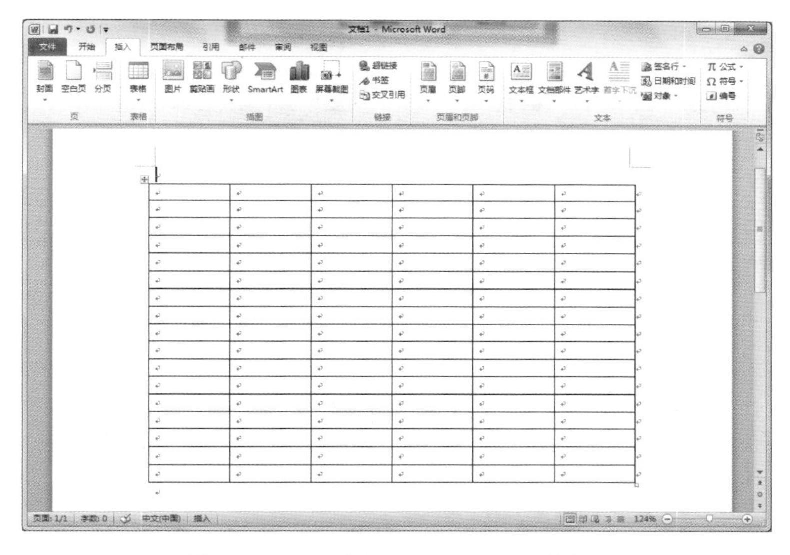

● 图 3—6—11　插入 6 列、17 行表格的效果

步骤二　合并单元格

选择表格中需要合并的两个或两个以上的单元格，右键单击被选中的单元格，选择“合并单元格”命令，合并后调整行高，效果如图 3—6—12 所示。

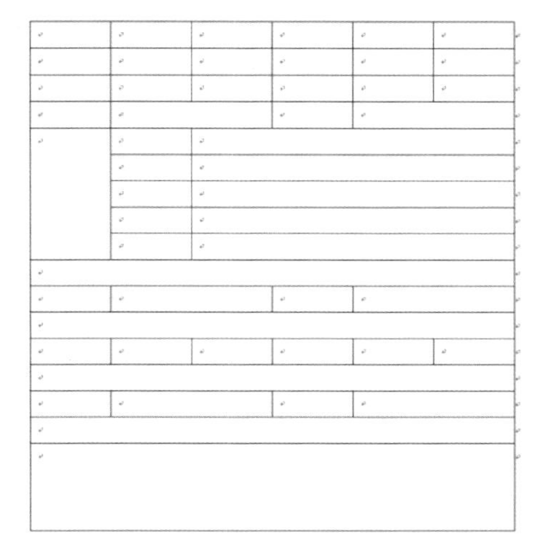

● 图 3—6—12　合并单元格效果

步骤三　录入表格内容并设置格式

在单元格中录入表格内容，选中整个表格，将文字格式设置为“字体：宋体，字号：五号”，在表格上方录入表格标题文字“工资调整表”，将文字格式设置为“字体：黑体，字号：二号，字形：加粗，段落格式：居中，加下划线”，效果

如图 3—6—13 所示。

步骤四　表格内容中部居中

选中整个表格，单击鼠标右键，在弹出的快捷菜单中选择“单元格对齐方式”，在下一级菜单中选择“水平居中”，如图 3—6—14 所示，效果如图 3—6—15 所示。

工资调整表

姓　名		部　门		职　位	
性　别		出生年月		入职日期	
毕业学校		专　业		学　历	
服务年资	年　月		现支月薪		
前×年考核	第一年				
	第二年				
	第三年				
	第四年				
	第五年				
本　年　考　核					
分数			等级		
按　调　整					
职位		调整额		调整后月薪	
核　定					
职位			月薪		
审　核　意　见					

● 图 3—6—13　输入文字效果

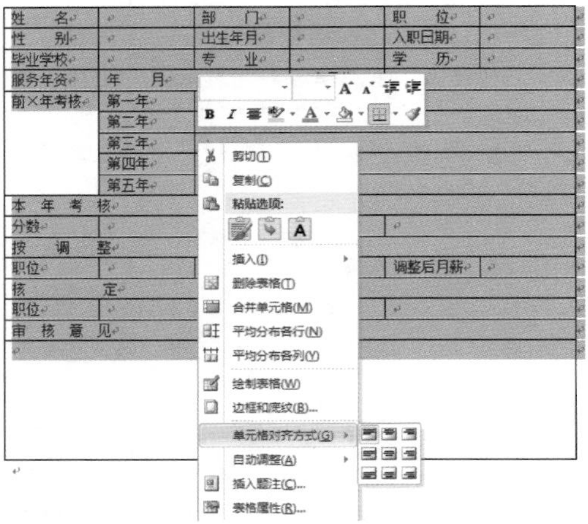

● 图 3—6—14　中部居中设置

工资调整表

姓　名		部　门		职　位	
性　别		出生年月		入职日期	
毕业学校		专　业		学　历	
服务年资	年　月		现支月薪		
前×年考核	第一年				
	第二年				
	第三年				
	第四年				
	第五年				
本　年　考　核					
分数			等级		
按　调　整					
职位		调整额		调整后月薪	
核　定					
职位			月薪		
审　核　意　见					

● 图 3—6—15　中部居中效果

步骤五　保存文档并退出

将文件命名为“工资调整表”，保存并关闭 Word 2010 程序。

巩固练习

按图 3—6—16 所示内容和以下设计要求制作“员工信息登记表”：

1. 将表格标题设置为“字体：楷体，字号：二号，颜色：红色，对齐方式：居中，字形：加粗，添加拼音”。

2. 将表内文字设置为“字体：仿宋，字号：五号，颜色：蓝色”。

3. 单元格对齐方式设为中部居中，注意排版美观合理。

员工信息登记表

姓　名		性　别		出生年月	年　月	1寸近照
曾用名		体　重		身　高	cm	
民　族		籍　贯		婚姻状况		
政治面貌		宗教信仰		血　型		
身份证号						
户口类型	1) 本市城镇 4) 本市农村	2) 非本市城镇（省内） 5) 非本市农村（省内）		3) 外省城镇 6) 外省农村		类型编号：
户口所在地	省（自治区）		市		区	街道
家庭地址						
家庭电话				手机		
个人专长/业余爱好				健康状况		
学习经历	学（院）校名称	级别专业		学历	就读起止时间	
工作经历	工作单位	职务及岗位			工作起止时间	
家庭状况	称谓	姓名	职位	工作单位名称		
承　诺　书						
我保证以上内容的真实性，并愿意接受单位或其委托的合法机构对以上所有信息的必要调查确认。						
签名：__________　年　月　日						

● 图 3—6—16 “员工信息登记表”效果

任务 7　制作“课程表”——表格修饰

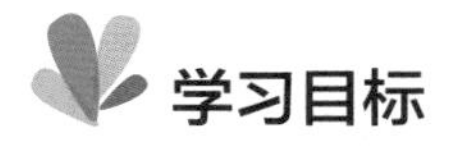

学习目标

知识目标：1. 了解斜线表头的绘制方法

2. 了解表格的修饰方法

技能目标：1. 能绘制斜线表头

2. 能对表格进行边框及底纹等样式设置

任务描述

Word 除了支持表格的基本编辑功能，还能对表格的样式进行美化修饰，从而提高文档的美感。本任务在学习表格基本修饰功能的基础上，完成以下案例的制作：

“学习小窍门”节目组为了提升学生的学习积极性，要制作关于“课程表”的专题节目，现需制作一个课程表样例在节目中展示，要求标题用醒目的颜色和字体，采用斜线表头，表格内容符合实际课程安排，使用表格样式、边框及底纹等设置美化表格，效果如图 3—7—1 所示。

课 程 表

星期 课程 节次	星期一	星期二	星期三	星期四	星期五
第 1-2 节					
第 3-4 节					
第 5-6 节					
第 7-8 节					

● 图 3—7—1 “课程表”效果

相关知识

一、绘制斜线表头

在制作表格时，常会遇到图 3—7—1 中左上角单元格这样需要在表格中绘制斜线的情况。

1. 绘制一根斜线的表头

将光标定位在表格第一个单元格中，单击“表格工具”选项中的“设计”选项卡，单击“边框”右侧下拉列表，在显示的列表中单击“斜下框线”。在单元格内输入表头的文字，通过空格键和回车键调整文字的位置。

2. 绘制两根、多根斜线的表头

单击“插入”选项卡中的“形状”按钮，在显示的列表中单击“直线”，绘制斜线。如果绘画的斜线颜色与表格不一致，可调整斜线的颜色，其方法是选择画好的斜线，在“格式”选项卡下“形状轮廓”中选择需要的颜色。在单元格内输入表头文字，通过空格键和回车键调整文字的位置。

二、设置边框和底纹

Word 中对表格的修饰，除字体格式外，主要通过对边框和底纹的设置来实现。其中，对边框主要是设置边框线的线型、线宽及颜色；对底纹主要是为表格设置底纹的样式颜色。

选中要编辑的单元格或整个表格，在“表格工具”的“设计”选项卡中，可在“表格样式”组中直接选择若干预设的表格样式。如需自行设计，也可在“表格样式”组中单击“边框”或“底纹”按钮进行设置。单击“底纹”按钮可选择不同的底纹颜色。单击“边框”按钮可弹出如图 3—7—2 所示的“边框和底纹”对话框，再进行详细设置；此外也可单击“边框”按钮右侧的倒三角形下拉菜单，在其中快速选择线条类型。

● 图 3—7—2　“边框和底纹”对话框

在“样式”列表中可选择边框样式（如双横线、点线等样式）；在“颜色”下拉菜单中可选择边框使用的颜色；在“宽度”下拉菜单中可选择边框的宽度尺寸。在“预览”区域，通过单击某个方向的边框按钮也可以方便地设置是否显示该边框。在左侧的“设置”区中可直接选择边框的类型，其选项具体含义如下：

无——被选中的单元格或整个表格不显示边框。

方框——只显示被选中的单元格或整个表格的四周边框。

全部——显示被选中的单元格或整个表格的所有边框。

虚框——被选中单元格或整个表格四周为粗边框，内部为细边框。

自定义——用户根据实际需要自定义设置边框的显示状态。

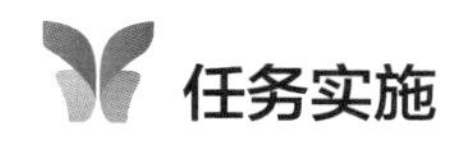

任务实施

步骤一　启动 Word 2010

启动 Word 2010 并输入文字“课程表”。

步骤二　设置标题格式

选择标题文字“课程表”，在“开始”选项卡中将其格式设置为“字体：黑体，字号：三号，字形：加粗，颜色：红色，对齐方式：居中，下划线：双下划线”，如图3—7—3所示。

● 图3—7—3　标题格式设置

步骤三　插入表格

将光标定位在第二段段首，在“插入”选项卡中单击“表格”按钮，在显示的列表中单击“插入表格”。打开“插入表格”对话框，将其设置为6列、5行，单击“确定”按钮，如图3—7—4所示。

步骤四　绘制斜线表头

在左上角单元格内利用“直线”形状绘制两根斜线，然后录入文字“星期”“节次”“课程”，通过空格键和回车键调整其位置。选择文字，将其格式设置为“字体：黑体，字号：小五，字形：加粗，颜色：黑色”，如图3—7—5所示。

● 图3—7—4　“插入表格”对话框

课 程 表

星期 节次 课程	星期一	星期二	星期三	星期四	星期五
第1-2节					
第3-4节					
第5-6节					
第7-8节					

● 图3—7—5　为两根斜线表头添加文字

步骤五　设置表格样式

1. 选择表格，在“设计”选项卡下“表格样式”组中单击“中等深浅网格3-强调文字颜色6”，如图3—7—6所示。

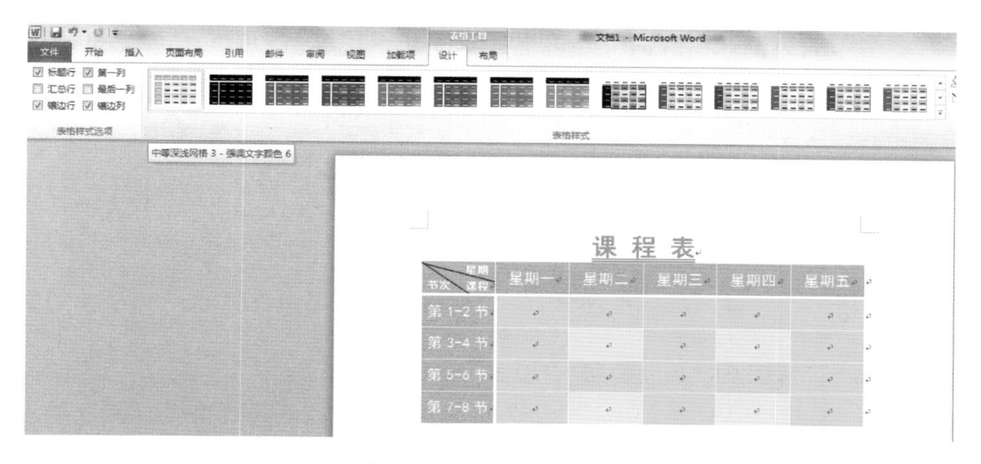

● 图 3—7—6　添加表格样式

2. 单击“设计”选项卡，在“绘图边框”中将其格式设置为“笔样式：双实线，笔画粗细：0.5 磅”，如图 3—7—7 所示，绘制后的效果如图 3—7—8 所示。

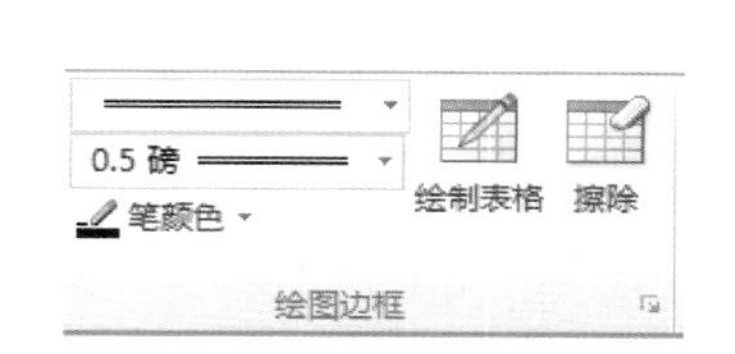

● 图 3—7—7　“绘图边框”组

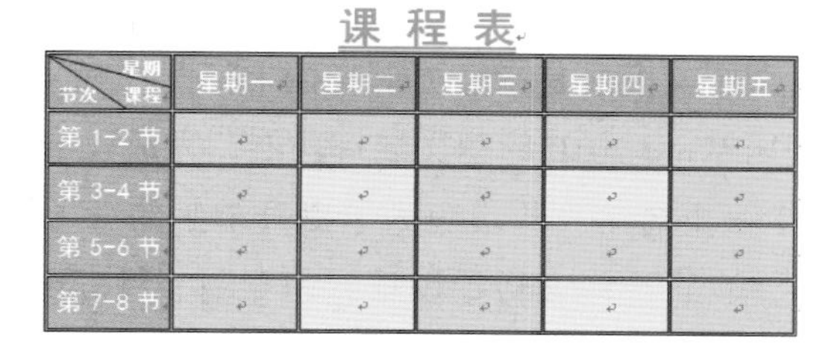

课 程 表

星期 课程 节次	星期一	星期二	星期三	星期四	星期五
第 1-2 节					
第 3-4 节					
第 5-6 节					
第 7-8 节					

● 图 3—7—8　边框设置效果

步骤六　保存文档并退出

将文件命名为“课程表”，保存并关闭 Word 2010 程序。

巩固练习

制作如图 3—7—9 所示成绩单表格。要求：

1. 为表格添加标题“成绩单”，格式为“字体：仿宋，字号：二号，颜色：紫色，对齐方式：居中，字形：加粗”。

2. 将表格内文字设置为“字体：仿宋，字号：三号，颜色：黄色，对齐方式：表格中部居中，字形：加粗”。

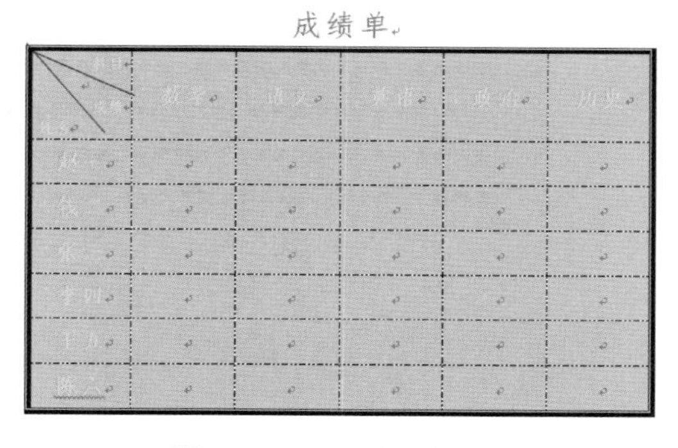

● 图 3—7—9　“成绩单”效果

3. 为表格添加边框，格式为“外边框：双实线、3 磅，内边框：虚线、0.5 磅，底纹：紫色”。

任务 8　制作“古诗译文板报”——图文混排

学习目标

知识目标：了解图文插入及排版方法

技能目标：1. 能完成插入艺术字、文本框等操作

2. 能完成插入图片、形状等操作

3. 能完成图片环绕、叠放次序等设置

任务描述

所谓图文混排是指在一篇文档中将图片和文字的位置按照设计的需要灵活布局。本任务利用 Word 2010 的图文混排功能，完成以下案例的制作：

“学习小窍门”节目组为了提升学生的学习积极性，激发学生的创作能力，要制作一期关于“古诗译文板报设计”的专题节目，现需制作一个样例在节目中展示，要求标题用具有立体效果的艺术字，正文内容既要有图片，又要有文字，同时还要应用文本框、图片环绕、叠放次序等进行美化，效果如图 3—8—1 所示。

● 图 3—8—1　“古诗译文板报”设计效果

相关知识

一、图文混排工具

Word 2010 提供了文本框、艺术字、图片、形状等多种工具，为实现图文混排提供了极大便利。

1. 文本框

单击“插入”选项卡，在“文本框”下拉列表中单击一种预设的文本框样式，即可插入一个文本框，如图 3—8—2 所示。此外，也可以单击“绘制文本框”命令，在文档中拖动“十字”光标直接绘制文本框。在文本框中，可直接进行文字、图片等的编辑。文本框独立于文档主体内容，可自由移动其位置，设置格式、边框和背景样式等，为用户灵活设计版式提供帮助。

2. 艺术字

艺术字可设置与“字体”不同样式和格式的文字。单击“插入”选项卡，在“艺术字”下拉列表中单击选择一种预设的艺术字样式（见图 3—8—3），将在文档中插入一个带有艺术字的文本框，在其中将“请在此放置您的文字”文字删除，输入所需文字即可。

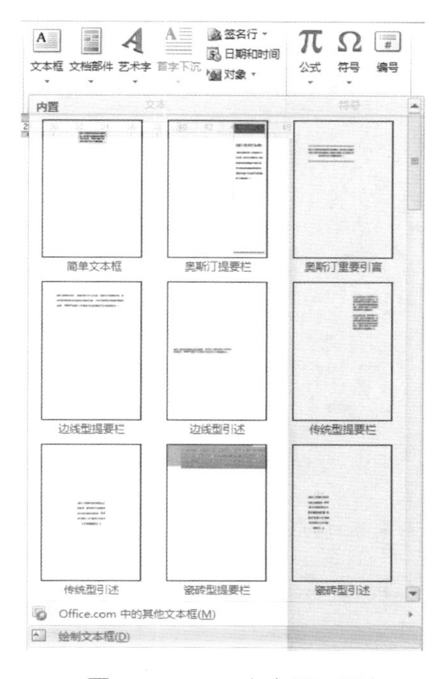

● 图 3—8—2 “文本框”列表

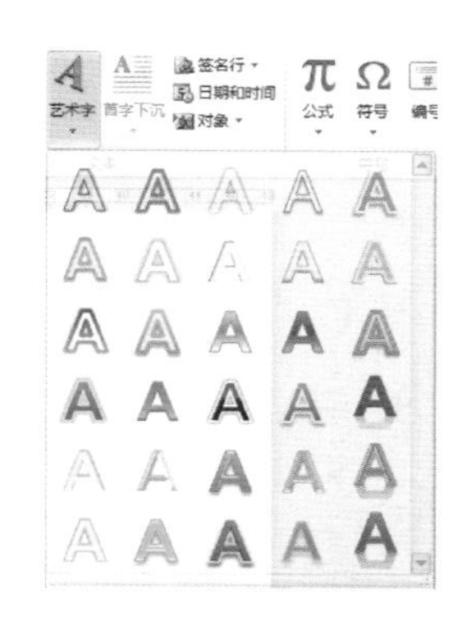

● 图 3—8—3 “艺术字”列表

3. 图片

Word 2010 支持在文档中插入图片。在“插入”选项卡中单击“图片”按钮，打开“插入图片”对话框，选择图片所在位置，选择“图片”文件，单击“插入”按钮，即可插入图片，单击插入的图片，在如图 3—8—4 所示“格式”选项卡中可对图片样式进行进一步设置。

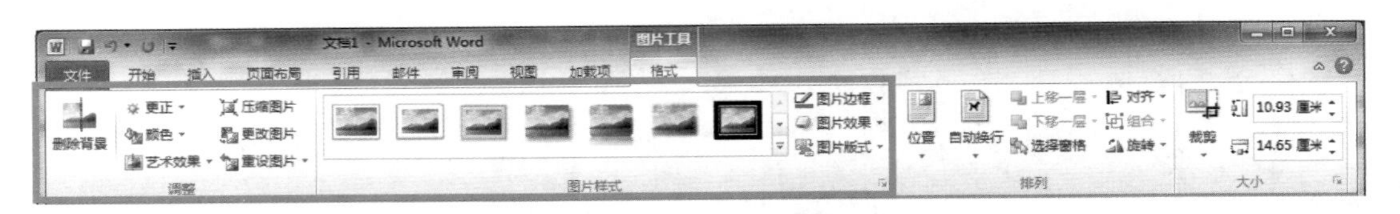

● 图 3—8—4 图片格式设置

4. 形状

Word 2010 中预置了若干不同样式的形状，常用于在文档中制作流程图、添加注解框以及绘制简单图形等。

插入形状的方法是：单击“插入”选项卡，在“形状”下拉列表中单击所需绘制的图形，如图 3—8—5 所示。

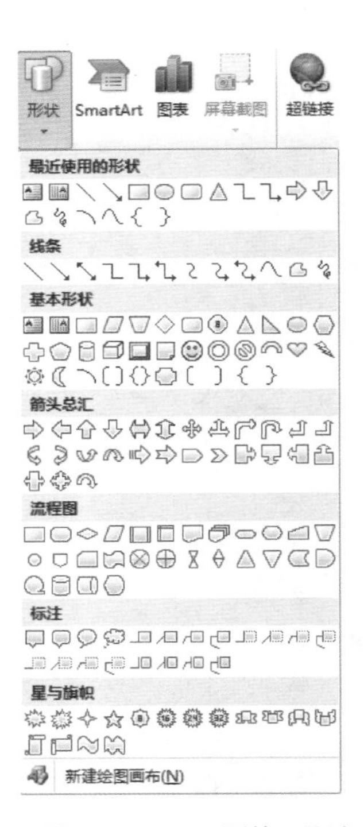

● 图 3—8—5 “形状”列表

二、图文混排方式

文本框、艺术字、图片、形状等在文档中的排布方式，可以在单击选中该元素后，在功能区相关工具的“格式”选项卡下，选择“排列”组下“位置”和“自动换行”菜单中的相关选项进行设置。

小提示 也可在相应元素上单击鼠标右键，在快捷菜单中选择“自动换行”命令，在展开的级联菜单中选择需要的类型。

“位置”和“自动换行”菜单中的相关命令用途如下。

嵌入型：将图形图片以文本的方式放在文档中。

四周型：文本内容围绕在图形图片四周，图形图像占据一个长方形区域。

紧密型：文本内容紧贴在图形图片边缘排列。

衬于文字下方：将图形图片放在文本内容下面。

浮于文字上方：将图形图片放在文本内容上面。

对于多个元素叠放时，还可根据需要设置其叠放次序，具体方法是：选中该元素后单击鼠标右键，在弹出的快捷菜单中选择“置于顶层”或“置于底层”，在级联菜单中选择需要的层次即可。

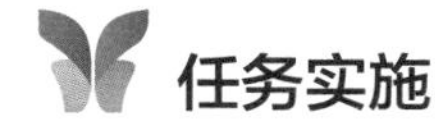

任务实施

步骤一 启动 Word 2010 并准备素材

启动 Word 2010，准备本任务配套资源中的文本和图片素材。

步骤二 设置横向纸张

单击“页面布局”选项卡，在“纸张方向”下拉列表中单击“横向”。

步骤三 插入艺术字

1. 单击“插入”选项卡，在“艺术字”下拉列表中单击“填充 - 橄榄色，强调文字颜色 3，轮廓 - 文本 2”，如图 3—8—6 所示。

2. 单击“文本框”按钮，将文本框中“请在此放置您的文字”删除，录入标题文字“爱莲说”，如图 3—8—7 所示。

3. 单击文字“爱莲说”，将其格式设置为“字体：华文隶书，字号：小初，字形：加粗”，如图 3—8—8 所示。

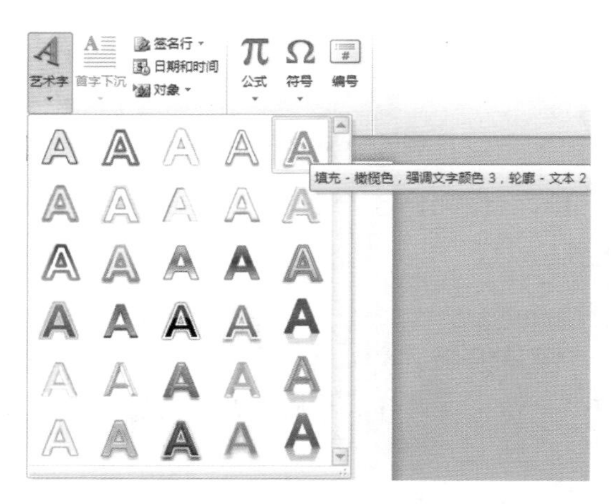

● 图 3—8—6　选择艺术字样式

● 图 3—8—7　创建艺术字

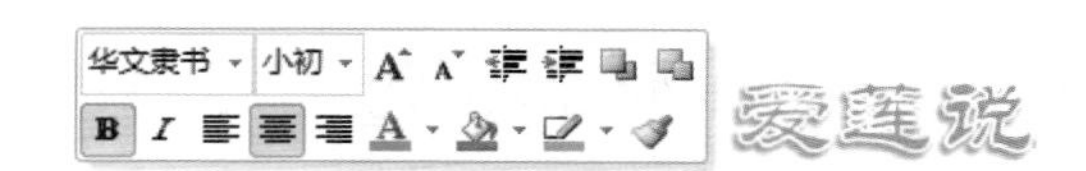

● 图 3—8—8　设置“爱莲说”艺术字的效果

步骤四　图文环绕设置

选中“爱莲说”外部框线，单击鼠标右键，在快捷菜单中选择“自动换行”，然后单击“上下型环绕”，并调整其位置，如图 3—8—9 所示。

步骤五　插入横排文本框

1. 单击“插入”选项卡，在“文本框”下拉列表中单击“绘制文本框”命令，在文本框中粘贴素材中的第一段文字，即图 3—8—1 中左上部内容。将其字体格式设置为“字体：华文隶书，字号：四号”、段落格式设置为“首行缩进：2 字符，行距：单倍行距”，如图 3—8—10 所示。

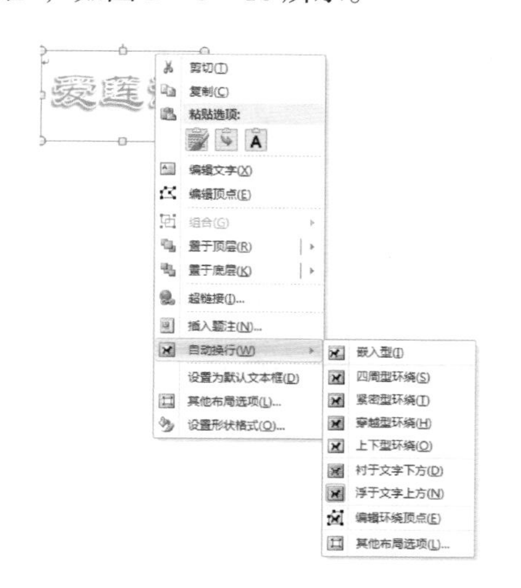

● 图 3—8—9　图文环绕设置

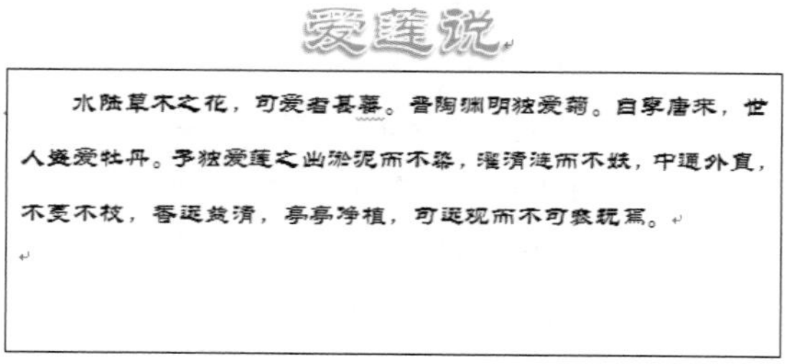

爱莲说

水陆草木之花，可爱者甚蕃。晋陶渊明独爱菊。自李唐来，世人甚爱牡丹。予独爱莲之出淤泥而不染，濯清涟而不妖，中通外直，不蔓不枝，香远益清，亭亭净植，可远观而不可亵玩焉。

● 图 3—8—10　创建文本框

2. 选择“文本框”的外框线，单击鼠标右键，在快捷菜单中单击“设置形状格式”命令，在弹出的“设置形状格式”对话框中单击“线条颜色”，选择“无线条”选项，效果如图 3—8—11 所示。

3. 复制文本框，移动到原文本框下方，删除其中文字。在文本框中粘贴素材中的第二段文字，即图 3—8—1 中左下部内容。将其字体格式设置为“字体：华文隶书，字号：四号”，段落格式设置为“首行缩进：2 字符，行距：单倍行距”。

4. 调整文本框大小，将鼠标移动至外框线的右下角，当光标转换为双箭头时，拖动鼠标左键向外拉动，调整“文本框”大小，直至所有文字都能在“文本框”中显示，效果如图 3—8—12 所示。

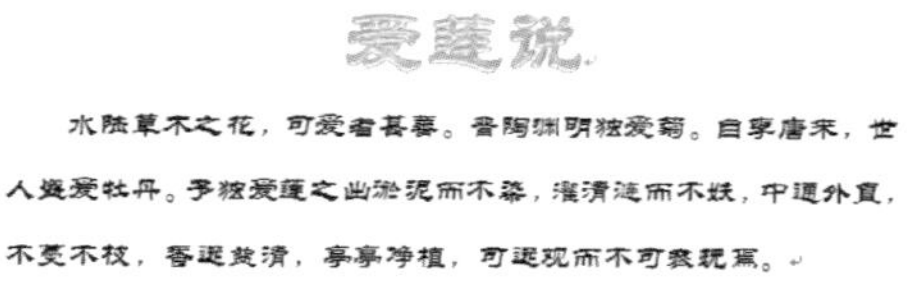

爱莲说

水陆草木之花，可爱者甚蕃。晋陶渊明独爱菊。自李唐来，世人甚爱牡丹。予独爱莲之出淤泥而不染，濯清涟而不妖，中通外直，不蔓不枝，香远益清，亭亭净植，可远观而不可亵玩焉。

图 3—8—11　无边框线效果

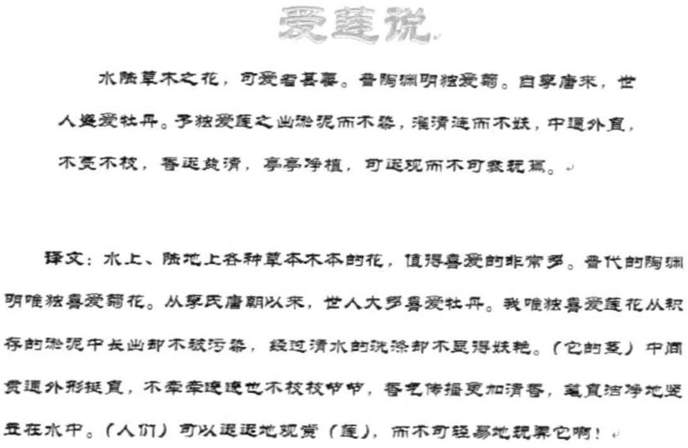

爱莲说

水陆草木之花，可爱者甚蕃。晋陶渊明独爱菊。自李唐来，世人甚爱牡丹。予独爱莲之出淤泥而不染，濯清涟而不妖，中通外直，不蔓不枝，香远益清，亭亭净植，可远观而不可亵玩焉。

译文：水上、陆地上各种草本木本的花，值得喜爱的非常多。晋代的陶渊明唯独喜爱菊花。从李氏唐朝以来，世人大多喜爱牡丹。我唯独喜爱莲花从积存的淤泥中长出却不被污染，经过清水的洗涤却不显得妖艳。（它的茎）中间贯通外形挺直，不牵牵连连也不枝枝节节，香气传播更加清香，笔直洁净地竖立在水中。（人们）可以远远地观赏（莲），而不可轻易地玩弄它啊！

图 3—8—12　文本框设置效果

步骤六　插入竖排文本框

单击“插入”选项卡，在“文本框”下拉列表中选择“绘制竖排文本框”命令。在文本框中粘贴素材中的第三段文字，即图 3—8—1 中右侧内容。将其字体格式设置为“字体：华文隶书，字号：四号”，段落格式设置为“首行缩进：2 字符，行距：单倍行距”，然后去除外框线，效果如图 3—8—13 所示。

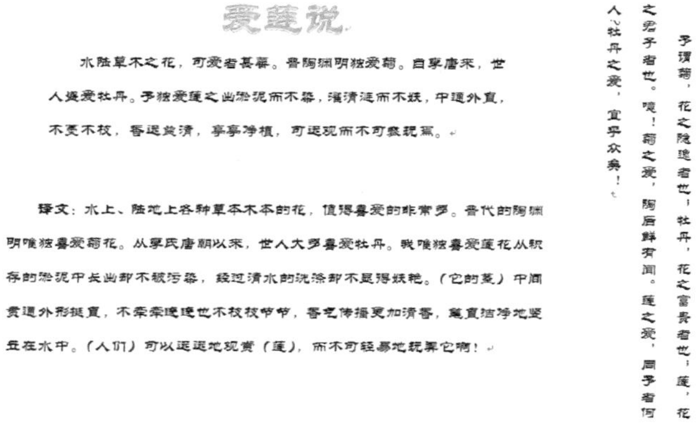

爱莲说

水陆草木之花，可爱者甚蕃。晋陶渊明独爱菊。自李唐来，世人甚爱牡丹。予独爱莲之出淤泥而不染，濯清涟而不妖，中通外直，不蔓不枝，香远益清，亭亭净植，可远观而不可亵玩焉。

译文：水上、陆地上各种草本木本的花，值得喜爱的非常多。晋代的陶渊明唯独喜爱菊花。从李氏唐朝以来，世人大多喜爱牡丹。我唯独喜爱莲花从积存的淤泥中长出却不被污染，经过清水的洗涤却不显得妖艳。（它的茎）中间贯通外形挺直，不牵牵连连也不枝枝节节，香气传播更加清香，笔直洁净地竖立在水中。（人们）可以远远地观赏（莲），而不可轻易地玩弄它啊！

予谓菊，花之隐逸者也；牡丹，花之富贵者也；莲，花之君子者也。噫！菊之爱，陶后鲜有闻。莲之爱，同予者何人？牡丹之爱，宜乎众矣！

图 3—8—13　竖排文本框效果

步骤七　插入图片并设置叠放次序

1. 单击“插入”选项卡中的“图片”按钮，打开“插入图片”对话框，选择素材文件中的“莲花 1”图片，如图 3—8—14 所示。

2. “图片”的默认混排方式是嵌入型，不能自由移动。选择“莲花 1”图片，单击鼠标右键，在快捷菜单中选择“自动换行”，在“自动换行”级联菜单中单击“四周型环绕”，调整其位置。

3. 选择“莲花 1”图片，将鼠标移动至外框线的右下角，当光标转换为双箭头时按住鼠标左键向外拖动，调整图片大小。

4. 选择“莲花 1”图片，单击鼠标右键，在快捷菜单中单击“置于底层”级联菜单中的“置于底层”命令，如图 3—8—15 所示。

5. 重复上述步骤，插入“莲花 2”图片，效果如图 3—8—16 所示。

● 图 3—8—14　选择图片素材

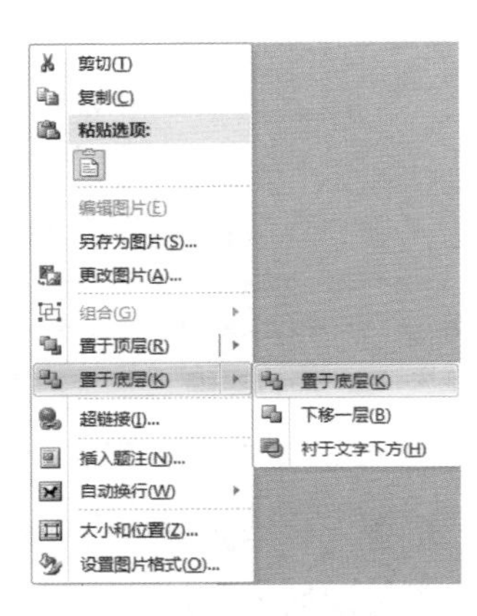

● 图 3—8—15　调整叠放次序

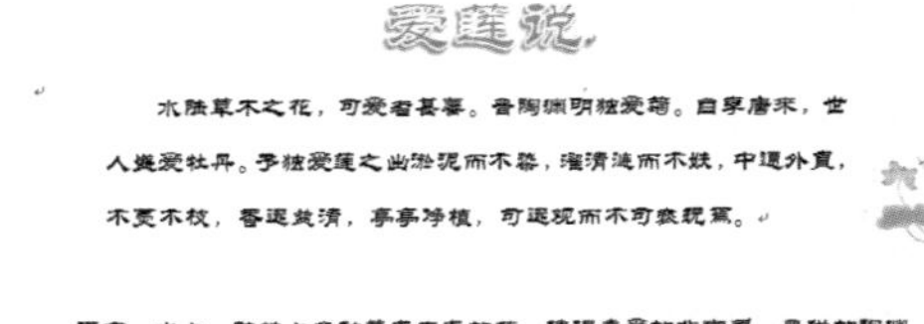

● 图 3—8—16　叠放次序设置效果

步骤八　插入形状

1. 单击“插入”选项卡，在“形状”下拉列表中单击“直线”命令，绘制一条直线，如图 3—8—17 所示。

● 图 3—8—17　直线

2. 单击“绘图工具”中的“格式”选项，在“形状轮廓”下拉列表中选择“虚线”，单击“短划线”，将其颜色设置为橄榄色，如图 3—8—18 所示。

3. 重复步骤 1、2 绘制竖线，将其形状轮廓颜色设置为“白色，背景 1，深色 35%”，虚线设置为“长划线”，如图 3—8—19 所示。

4. 单击“插入”选项卡，在“形状”选项中单击“双箭头”命令，绘制横向“双箭头”，将其颜色设置为“橄榄色”，然后绘制纵向“双箭头”，将其颜色设置为“白色 35%”，效果如图 3—8—1 所示。

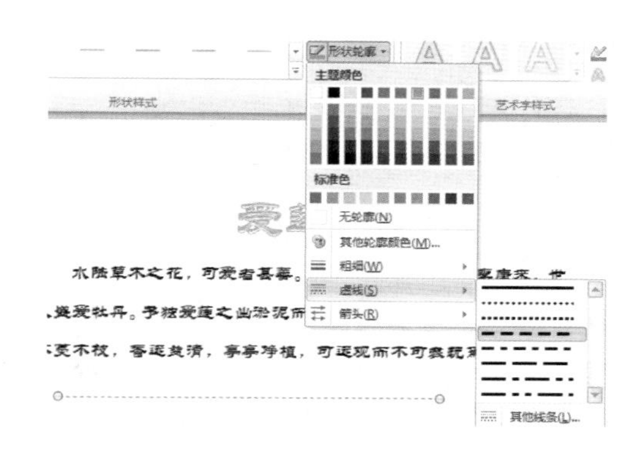

● 图 3—8—18　添加短划线效果

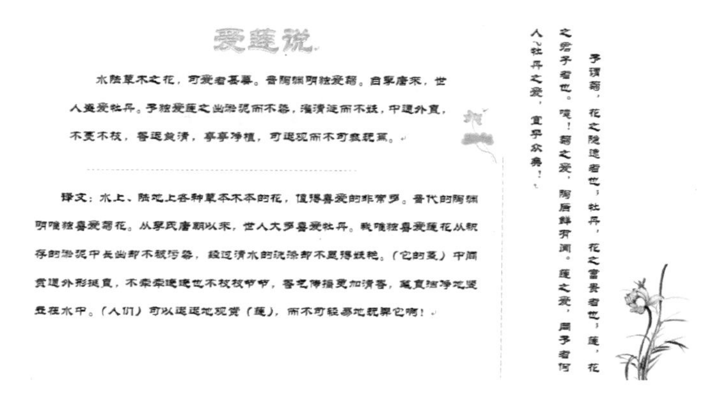

● 图 3—8—19　添加长划线效果

步骤九　保存文档并退出

将文件命名为“爱莲说板报”，保存并关闭 Word 2010 程序。

巩固练习

制作校报“多彩的校园”，如图 3—8—20 所示。要求：

1. 插入文本框，录入文本框中文字，将三个文本框字体分别设置为华文新魏、华文隶书、华文中宋，字号设置为五号，首字格式设置为三号字、加粗。

2. 绘制左上角和右下角直线，设置线宽为 3 磅，颜色为橙色，设置发光效果。

3. 插入艺术字“红色清晨”“多彩的校园”“四月的天使”“逝去如风　恍然如梦”，其格式可自由设置。

4. 插入形状，为形状添加图片背景。

● 图 3—8—20　“多彩的校园”设计效果

任务 9　制作“环境参数检测系统设计”流程图——图形编辑

学习目标

知识目标：了解编辑形状及美化形状的方法

技能目标：1. 能绘制形状，并对其添加文字

2. 能对形状进行美化

3. 能将形状按需要组合成各种图形

任务描述

工作中编写文档时，常需要绘制各种关系图简单明了地表达层次结构、逻辑关系、工作流程等信息，利用 Word 2010 提供的各种形状，就可以绘制各种各样的流程图。本任务是利用形状完成以下案例的制作：

某企业推广其新产品，需制作一个“环境参数检测系统设计”流程图，要求标题使用象征环保的绿色，主体流程图使用形状绘制，并进行美化处理，效果如图 3—9—1 所示。

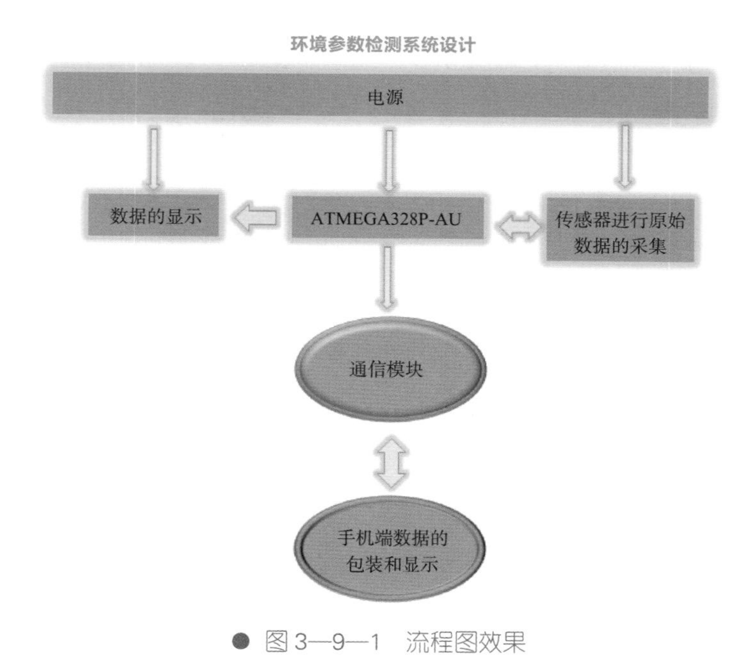

● 图 3—9—1 流程图效果

相关知识

一、绘制基本图形

单击“插入”选项卡中的“形状”下拉列表，显示可绘制的所有形状，如图 3—9—2 所示，根据需要选择一种形状，鼠标光标变为“+”形，在工作区中按住鼠标左键不放，沿对角线进行拖动，达到所需大小后松开鼠标左键，即可完成形状的绘制。

二、编辑图形

1. 编辑形状或顶点

插入形状完成后，在“格式”选项卡中单击“编辑形状”，可以更改为其他形状，也可对形状顶点位置进行编辑，如图 3—9—3 所示。

2. 形状填充

插入形状完成后，在“格式”选项卡中单击“形状填充”，可以更改填充颜色、图片、渐变、纹理等，如图 3—9—4 所示。

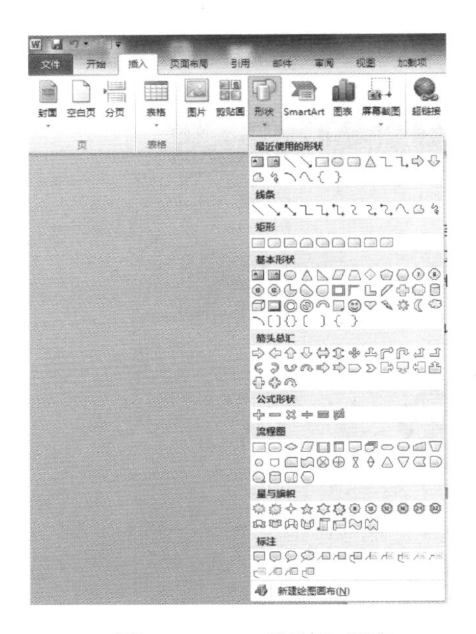

● 图 3—9—2 “形状”列表

● 图 3—9—3 编辑形状

3. 形状轮廓

插入形状完成后，在“格式”选项卡中单击“形状轮廓”，可以更改轮廓颜色、粗细、虚线等，如图 3—9—5 所示。

4. 形状效果

插入形状完成后，在“格式”选项卡中单击“形状效果”，可以更改轮廓的预设、阴影、映像、发光、柔化边缘、棱台、三维旋转等效果，如图 3—9—6 所示。

5. 添加文字

插入形状后，在形状上单击鼠标右键，在快捷菜单中单击“添加文字”，此时图形中出现光标，在光标处输入文字即可添加文字。

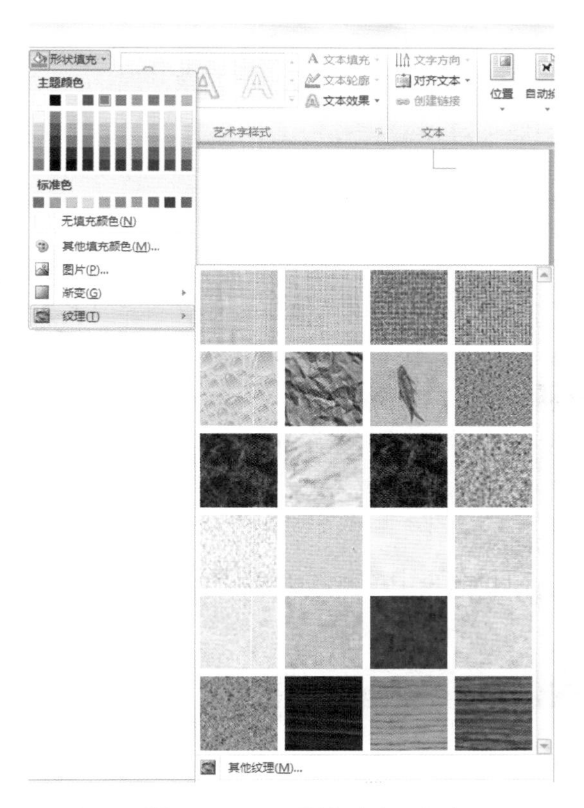

● 图 3—9—4 “形状填充”列表

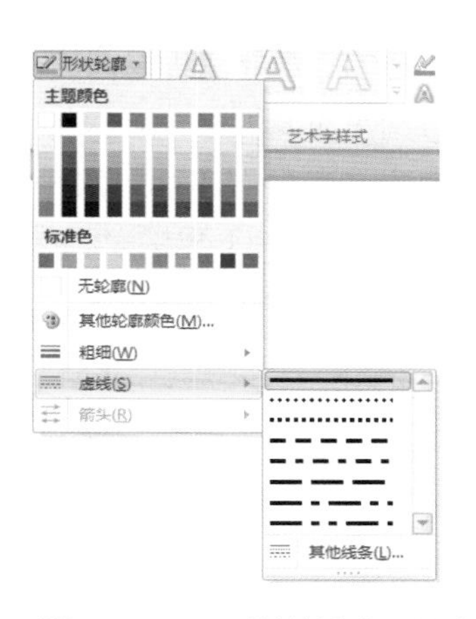

● 图 3—9—5 “形状轮廓”列表

三、组合图形

形状绘制完成后，为了方便整体移动，可以对形状进行组合。按住 Ctrl 键，单击鼠标左键，依次单击需要组合的形状，然后单击鼠标右键，在快捷菜单中单击“组合”级联菜单中的“组合”命令，如图 3—9—7 所示。

● 图 3—9—6 形状效果

● 图 3—9—7 “组合”命令

> **小提示** 为方便用户更为快捷地制作各种精美的关系图，Office 2010还提供了SmartArt功能，可以看作是一组关系图的模板。利用SmartArt可以便捷地制作各种精美的图表，其具体用法将在项目五中进一步学习。

任务实施

步骤一　启动 Word 2010 并编辑标题

启动 Word 2010，输入标题文字“环境参数检测系统设计”，将其格式设置为“字体：黑体，字号：四号，颜色：浅绿，字形：加粗，段落格式：居中”。

步骤二　绘制“矩形”形状

1. 单击“插入”选项卡，在“形状”下拉列表中单击“矩形”形状绘制矩形，如图3—9—8所示。

● 图3—9—8　绘制矩形

2. 在“绘图工具”中单击“格式”选项卡，单击“形状填充”，将其颜色设置为“浅绿”；单击“形状轮廓”，将其格式设置为“浅绿”；单击“形状效果”，在“发光”列表中单击“橄榄色，11 pt 发光，强调文字颜色 3”，如图3—9—9所示。

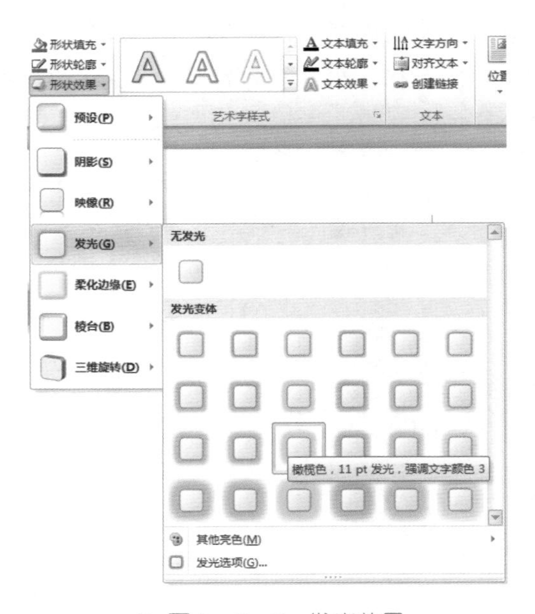

● 图3—9—9　发光效果

3. 选中矩形后单击鼠标右键，在快捷菜单中单击“添加文字”，录入文字“电源”，将其颜色设置为“黑色”，如图 3—9—10 所示。

步骤三 复制“矩形”形状

1. 按住 Ctrl 键，移动光标至形状上，光标右侧显示“+”，按下鼠标左键拖动矩形进行复制，然后调整其大小。

2. 录入文字“数据的显示”“ATMEGA328P-AU”“传感器进行原始数据的采集”，如图 3—9—11 所示。

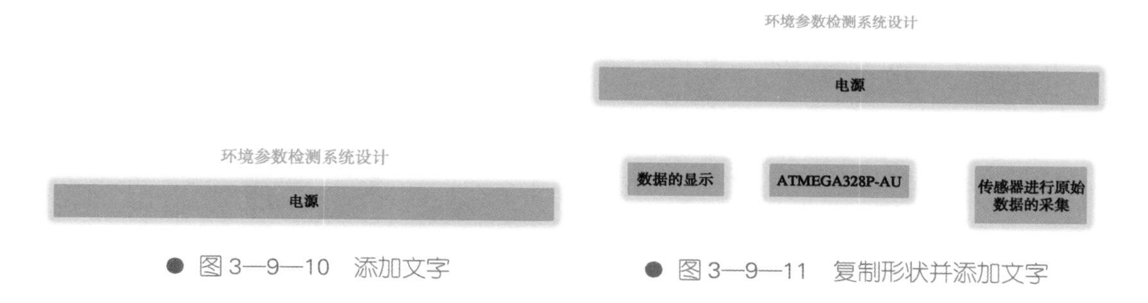

● 图 3—9—10 添加文字 ● 图 3—9—11 复制形状并添加文字

步骤四 绘制“椭圆”形状

1. 单击“插入”选项卡，在“形状”下拉列表中单击“椭圆”形状绘制椭圆，如图 3—9—12 所示。

2. 在“绘图工具”中单击“格式”选项卡，单击“形状填充”，将其颜色设置为“浅绿”；单击“形状轮廓”，将其格式设置为“浅绿”；单击“形状效果”，在“棱台”下拉列表中单击“艺术装饰”。

3. 选中形状，单击鼠标右键，在快捷菜单中单击“添加文字”，录入文字“通信模块”，将其颜色设置为“黑色”，如图 3—9—13 所示。

步骤五 复制“椭圆”形状

1. 按住 Ctrl 键，移动光标至形状上，光标右侧显示“+”，按下鼠标左键拖动椭圆进行复制。

2. 输入文字“手机端数据的包装和显示”。

3. 在“格式”选项卡中单击“形状效果”，在“棱台”下拉列表中单击“斜面”，效果如图 3—9—14 所示。

● 图 3—9—12 绘制椭圆 ● 图 3—9—13 艺术装饰棱台效果 ● 图 3—9—14 斜面棱台效果

步骤六　插入箭头

1. 单击“插入”选项卡，在“形状”下拉列表中单击“下箭头”形状，绘制箭头并调整其箭头大小，如图 3—9—15 所示。

2. 单击“插入”选项卡，在“形状”下拉列表中单击“左箭头”形状，绘制箭头并调整其箭头大小，如图 3—9—16 所示。

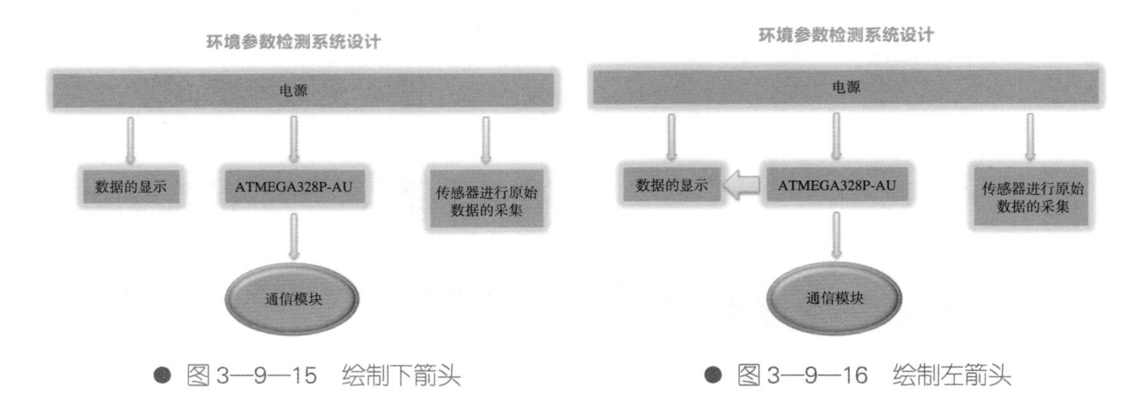

● 图 3—9—15　绘制下箭头　　● 图 3—9—16　绘制左箭头

3. 选中任意一个形状时，在“绘图工具”的“格式”选项卡中，单击“插入形状”组右下角的“▼”按钮，展开其他形状下拉列表，在“箭头总汇”中单击“上下箭头”，绘制上下箭头并调整其箭头大小，如图 3—9—17 所示。

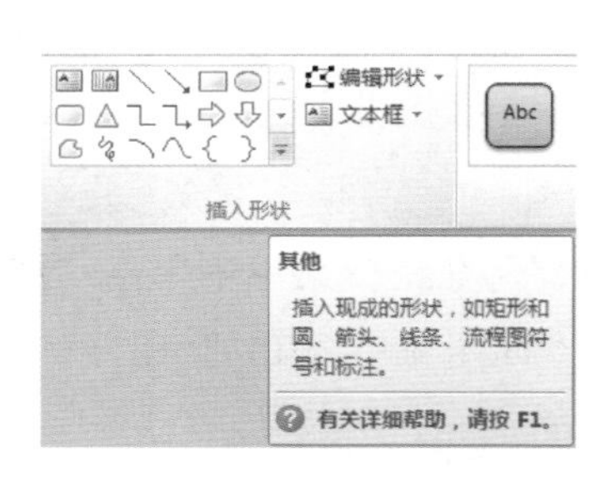

● 图 3—9—17　其他形状列表

4. 重复步骤 3，单击“左右箭头”，绘制左右箭头并调整其箭头大小。

步骤七　组合形状

上述步骤完成后的流程图由多个图形组成，如需移动位置，操作会较为烦琐。这时可使用 Word 2010 提供的“组合”功能将其组合为一个整体。其操作方法是：按住 Ctrl 键，用鼠标依次单击需要组合的形状，然后单击鼠标右键，在快捷菜单中单击“组合”级联菜单中的“组合”命令即可。

步骤八　保存文档并退出

将文件命名为“环境系统检测流程”，保存并关闭 Word 2010 程序。

巩固练习

制作网店设计流程图，如图 3—9—18 所示。要求：

1. 插入“圆角矩形”形状，将竖排 5 个的“形状填充”设置为“颜色：橙色，渐变：线性向上”；将横排 3 个的“形状填充”设置为“颜色：绿色，渐变：线性向上”。

2. 插入“箭头”形状，方向为“向下”的箭头，“形状轮廓”设置为橙色；方向为“向左”的箭头，“形状轮廓”设置为绿色。

3. 绘制右下角“圆角矩形”，“形状填充”设置为虚线。

4. 绘制直线，横向列表中的直线，颜色设置为蓝色；竖向列表中的直线，颜色设置为紫色。

5. 录入所有文字，形状中的文字为默认颜色，箭头附近的文字与箭头颜色一致。

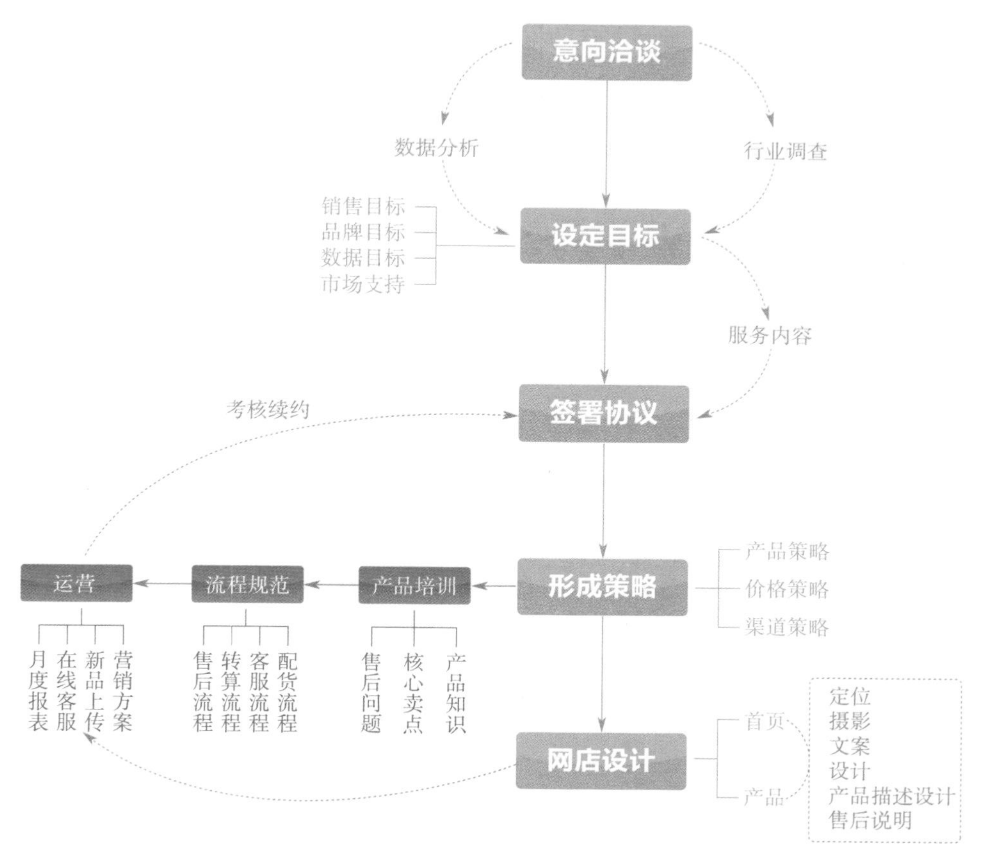

图 3—9—18　网店设计流程图效果

任务 10　制作文章目录——样式和目录的使用

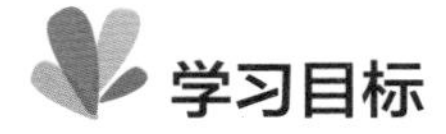

学习目标

知识目标：1. 了解样式的功能和使用方法

2. 了解目录的功能和使用方法

技能目标：1. 能新建和修改样式

2. 能应用样式功能设置文档格式

3. 能使用目录功能为文档自动生成目录

任务描述

在编辑文档时，一般需要对文章的格式进行规范，使用样式功能可以方便地对文档的格式进行统一修改。对于篇幅较大的文档，常常需要制作目录以便读者查看，Word 2010 提供了自动生成目录的功能。本任务在学习样式和目录使用方法的基础上，完成以下案例的制作：

某单位需对一篇文章进行格式设置并生成目录，要求格式统一、层次清晰、目录完整、目录页码自动生成，效果如图 3—10—1 所示。

目　录

第 1 章　绪论 2
1.1 课题研究的目的 2
1.2 汽车网络技术 2
1.2.1 汽车网络技术的分类 2
1.2.2 国内外研究现状 3
1.3 本文的主要研究内容 3

● 图 3—10—1 “目录”效果

相关知识

一、样式

样式是 Word 2010 提供的一个非常实用的功能，当文档里特定内容使用同一个格式时就可以使用样式，通过样式对一段文字使用设定好的字体、颜色、大小等格式进行修饰，当需要对使用该样式的文字格式进行统一修改时，直接修改样式信息即可，从而避免了逐一修改的麻烦。

Word 中的样式分为字符样式和段落样式两种。

字符样式是指由样式名称来标识的字符格式的组合，它提供字符的字体、字号、字符间距和特殊效果等。字符样式仅作用于段落中选定的字符。

段落样式是指由样式名称来标识的一套字符格式和段落格式，包括字体、制表位、边框、段落格式等。一旦用户创建了某种段落样式，就可以选定一个段落或多个段落并使用该样式。

1. 新建样式

单击“开始”选项卡“样式”组右下角的 按钮，弹出“样式”下拉列表，单击左下角 按钮新建样式，如图 3—10—2 所示。

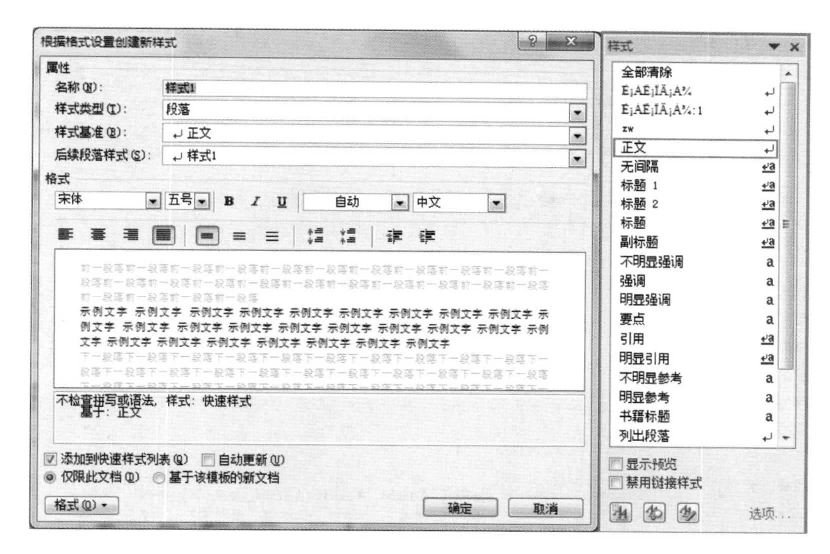

● 图 3—10—2　新建样式

2. 修改样式

单击“开始”选项卡“样式”组中右下角 按钮，在“样式”下拉列表中单击“标题 1”右侧按钮，在下拉列表中单击“修改”命令，打开“修改样式”对话框，如图 3—10—3 所示。

3. 设置样式格式

在“修改样式”对话框中单击“格式”按钮，可以设置字体、段落、制表位、边框、语言、图文框、编号、快捷键、文字效果等属性，如图 3—10—4 所示。

4. 更改样式

选择需要更改样式的文字，单击“开始”选项卡，在“样式”组中选择所需标题样式，如图 3—10—5 所示。

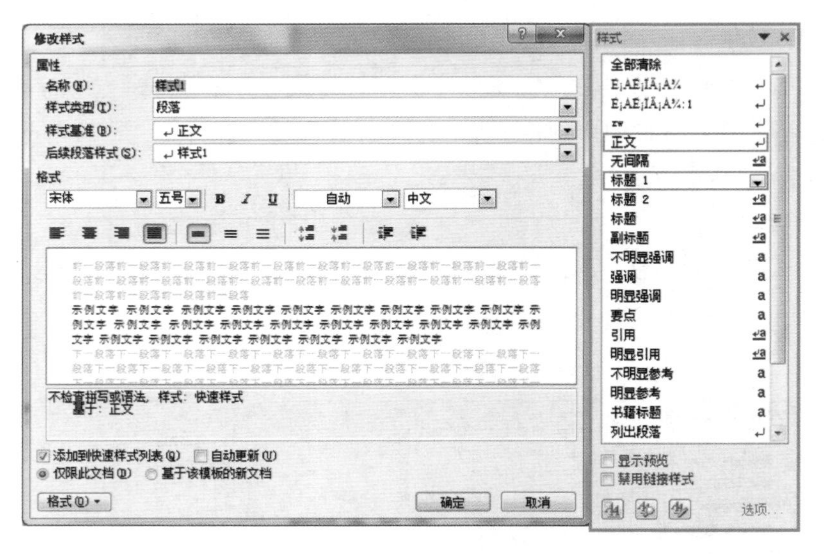

● 图 3—10—3　修改样式

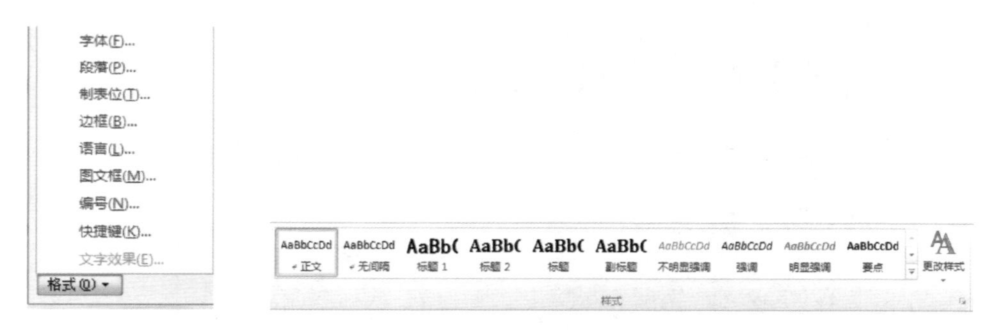

● 图 3—10—4　格式菜单　　● 图 3—10—5　“样式”列表

二、目录

在书和杂志中，为了方便读者了解和查找其中内容，一般在正文前需要加入目录。

插入目录前需要将文稿中文字设置好样式，单击“引用”选项卡，在“目录”组中单击“目录”下拉按钮，在展开的下拉菜单中单击“插入目录”命令，打开“目录”对话框。在“目录”对话框中可以设置显示页码、页码右对齐、制表符前导符样式、格式样式、显示级别等属性，如图 3—10—6 所示。

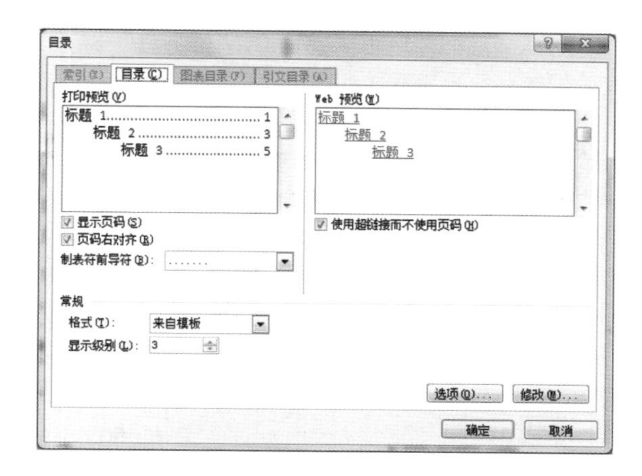

● 图 3—10—6 “目录”对话框

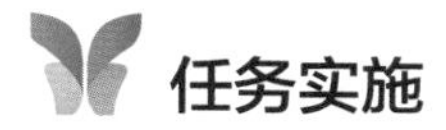

任务实施

步骤一　启动 Word 2010 并打开素材文档

启动 Word 2010，打开素材文件。

步骤二　设置样式

1. 单击“开始”选项卡，在“样式”组中单击右下角 按钮，如图 3—10—7 所示。

2. 在“样式”列表中单击“标题 1”右侧按钮，在下拉列表中单击“修改”。在“修改样式”对话框中，将其格式设置为“字体：黑体，字号：小二，字形：加粗，对齐方式：居中，段落间距：段前 12 磅、段后 6 磅”，如图 3—10—8 所示，部分属性需单击“格式”按钮，选择相关命令进行设置。

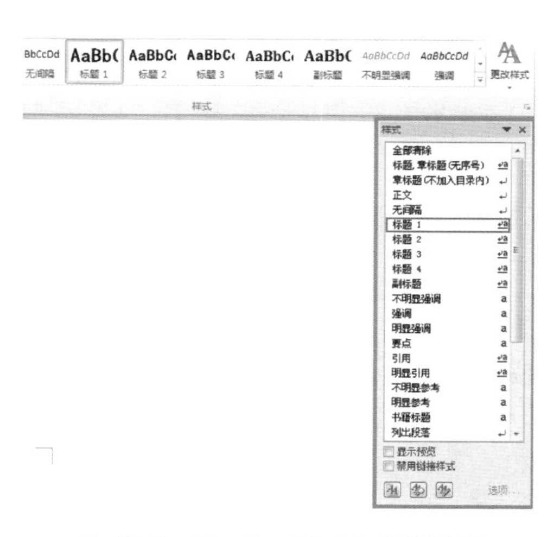

● 图 3—10—7 “样式”下拉列表

● 图 3—10—8 “标题 1”样式设置

3. 选择 1 级标题“第 1 章　绪论”文字，应用“标题 1”样式，如图 3—10—9 所示。

4. 在“样式”列表中，单击“标题 2”右侧按钮，在下拉列表中单击“修改”命令。在“修改样式”对话框中，将其格式设置为“字体：黑体，字号：小三，字形：加粗，段落间距：段前 6 磅、段后 6 磅”，如图 3—10—10 所示。

第 1 章　绪论

1.1 课题研究的目的

汽车工业的发展在为人们出行提供了极大便利的同时，也印发了能源消耗、大气污染等问题。大气污染的重要来源之一是汽车排放污染。据 2010 年的统计表明：2009 年，中国首次成为世界汽车产销第一大国，全国机动车排放污染物 5143.3 万吨，排放的 NO_x 和颗粒物则超过 90%。

图 3—10—9　1 级标题

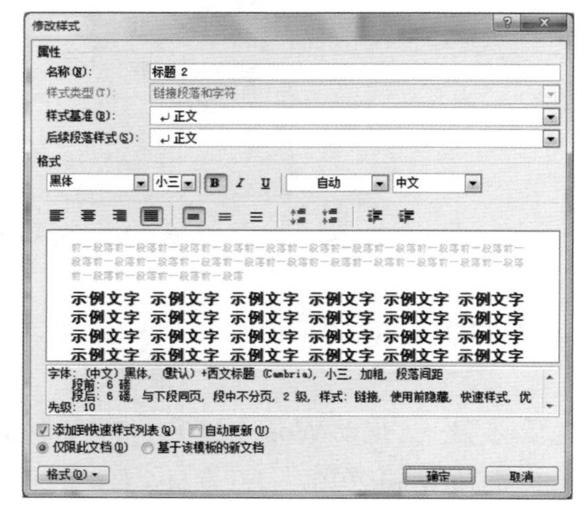

图 3—10—10　“标题 2”样式设置

小提示　当“样式”列表中仅有“标题 1”样式而无“标题 2”样式时，单击“标题 1”，系统将按预设模板自动生成“标题 2”样式，类似地，单击“标题 2”样式可自动生成“标题 3”样式，依次类推。

5. 选择 2 级标题“1.1　课题研究的目的”文字，应用“标题 2”样式，如图 3—10—11 所示。

6. 选择 2 级标题“1.2　汽车网络技术”和“1.3　本文的主要研究内容”文字，应用“标题 2”样式。

7. 在“样式”列表中，单击“标题 3”右侧按钮，在下拉列表中单击“修改”命令。在“修改样式”选项卡中，将其格式设置为“字体：黑体，字号：四号，字形：加粗，段落间距：段前 4 磅、段后 4 磅”，如图 3—10—12 所示。

8. 选择 3 级标题“1.2.1　汽车网络技术的分类”文字，应用“标题 3”样式，如图 3—10—13 所示。

9. 选择 3 级标题“1.2.2　国内外研究现状”文字，应用“标题 3”样式。

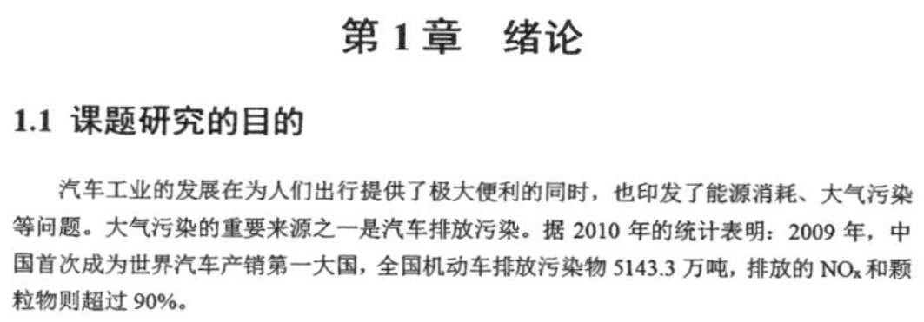

第 1 章 绪论

1.1 课题研究的目的

汽车工业的发展在为人们出行提供了极大便利的同时，也印发了能源消耗、大气污染等问题。大气污染的重要来源之一是汽车排放污染。据 2010 年的统计表明：2009 年，中国首次成为世界汽车产销第一大国，全国机动车排放污染物 5143.3 万吨，排放的 NO_x 和颗粒物则超过 90%。

● 图 3—10—11 2 级标题

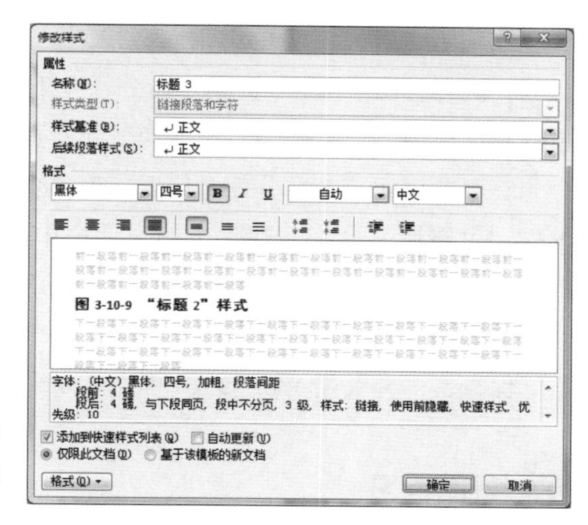

● 图 3—10—12 “标题 3”样式设置

步骤三 设置目录

1. 将光标定位到文章开头，单击“引用”选项卡，在“目录”组中单击“目录”下拉按钮，在下拉列表中单击“插入目录”命令，打开“目录”对话框，将其格式设置为“正式”，如图 3—10—14 所示。

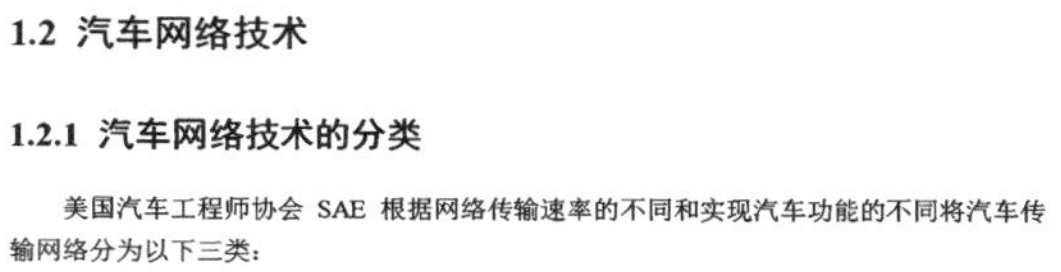

1.2 汽车网络技术

1.2.1 汽车网络技术的分类

美国汽车工程师协会 SAE 根据网络传输速率的不同和实现汽车功能的不同将汽车传输网络分为以下三类：

● 图 3—10—13 3 级标题

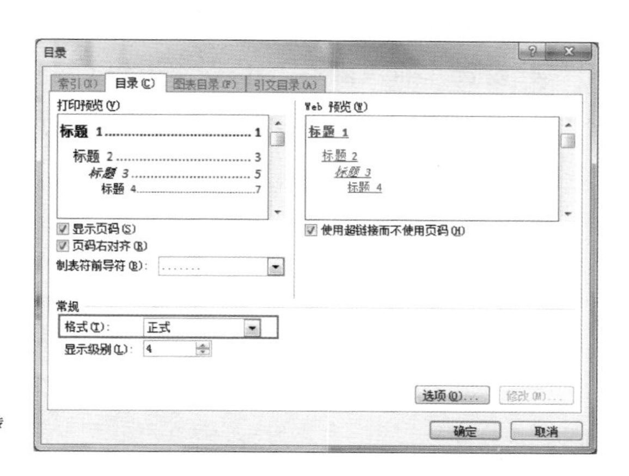

● 图 3—10—14 插入目录

2. 单击“确定”按钮，生成目录，并在目录前插入标题“目 录”文字，采用“标题 1”样式。

3. 通常正文在目录后需另起一页，可通过相关设置进一步调整。将光标定位到正文标题“第 1 章 绪论”前，单击“页面布局”选项卡“页面设置”组中的“分隔符”命令，在下拉菜单中单击“分节符”组中的“下一页”命令，将目录和正文分成两节。

4. 在正文首页下方页码处双击，打开页脚编辑状态。在“页眉和页脚工具”的“设

计”选项卡“导航”组中单击“链接到前一条页眉”命令使其取消选中状态。再单击“页眉和页脚”组中的“页码”命令，在下拉菜单中单击“设置页码格式”命令，在弹出的对话框中将“页码编号”设为“起始页码 1”，然后单击“确定”按钮。

5. 双击页面正文部分任意位置，退出页脚编辑状态。在目录上右击，在快捷菜单中选择“更新域”命令，在弹出的对话框中选择“只更新页码”单选框，然后单击“确定”按钮，更新目录中的页码。目录的最终效果如图 3—10—1 所示。

步骤四　保存文档并退出

保存文件并关闭 Word 2010 程序。

巩固练习

打开素材“调研报告”，为其制作目录。要求：

1. 设置“标题 1”样式为“字体：黑体，字号：四号，字形：加粗，段落间距：段前 6、段后 6 磅”。

2. 设置“标题 2”样式为“字体：黑体，字号：四号，字形：加粗，段落间距：段前 6、段后 6 磅”。

3. 为 1 级标题、2 级标题分别添加“标题 1”“标题 2”样式。

4. 设置“插入目录”样式，勾选以下参数：显示页码、页码右对齐、使用超链接而不使用页码，显示级别设为 2，制表符前导符设为点划线、格式设为正式。

5. 自动生成目录。

任务 11　制作试卷模板
——模板的创建、文档的页面设置及打印

学习目标

知识目标：了解模板的功能和创建方法

技能目标：1. 能创建预设模板和自定义模板

2. 能完成文档的页面设置及打印操作

任务描述

对于一些有标准格式或共性特征的文档，Word 2010 提供了模板功能，使用户可以利用模板快速创建文档，避免重复劳动。本任务在学习模板使用方法、文档打印相关知识的基础上，完成以下案例的制作：

某院校为规范学校考试试卷格式，需要制作一份通用的试卷模板，方便教师出题使用，效果如图 3—11—1 所示。

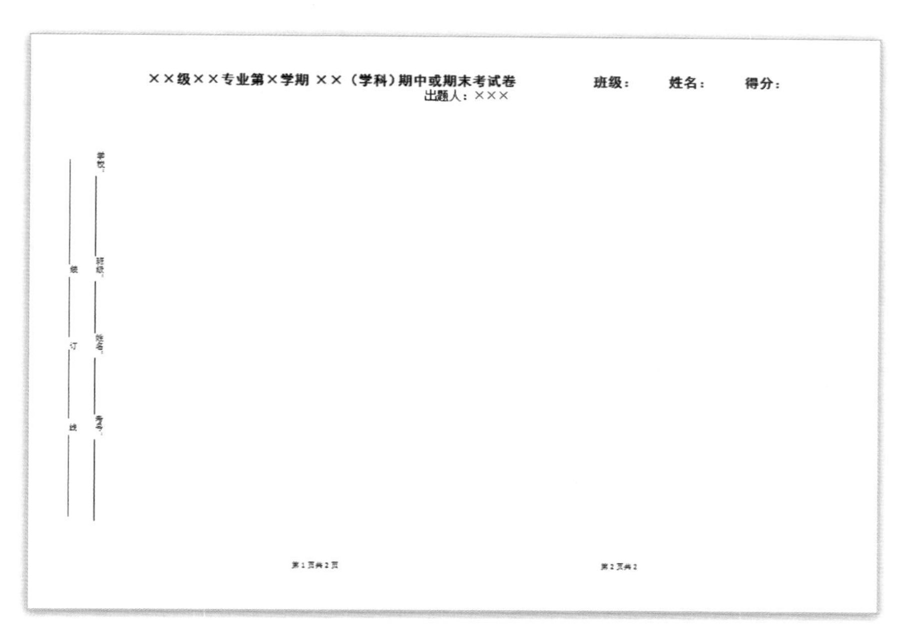

● 图 3—11—1 试卷模板效果

相关知识

模板就是将各种类型的文档预先编排成一种文档框架，包括一些固定的文字内容以及所要使用的样式等。Word 2010 有预置模板可供用户使用，也允许用户创建自定义的 Word 模板，以适合实际工作需要。

一、预置模板

打开 Word 2010 文档，单击“文件”选项卡下的“新建”命令，展开“新建”窗口，如图 3—11—2 所示，在此窗口中显示了若干系统预设的模板。用户可根据需要选择一种模板，例如选择“信封”，将展示多种信封模板，选择一种即可打开该模板，如图 3—11—3 所示，在该模板中输入文字内容，单击“另存为”命令，将文档进行保存即可。

● 图 3—11—2 “新建”窗口

● 图 3—11—3 选择“信封”模板

二、自定义模板

Word 2010 允许用户根据自己的实际需要自行创建模板，其创建和使用方法如下：

1. 打开 Word 2010 文档窗口，在当前文档中设计自定义模板所需要的元素，如文本、图片、样式等。

2. 完成模板的设计后，在"快速访问工具栏"中单击"保存"按钮，打开"另存为"对话框，选择"保存位置"为"C:\Users\（用户名）\AppData\Roaming\Microsoft\Templates"文件夹，然后单击"保存类型"三角形按钮，在下拉列表中选择"Word 模板"选项。在"文件名"编辑框中输入模板名称，并单击"保存"按钮即可，如图 3—11—4 所示。

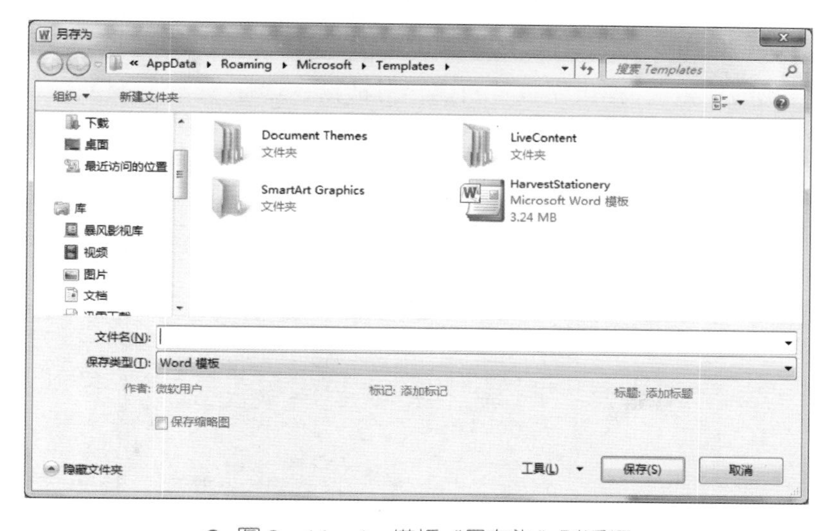

● 图 3—11—4　模板"另存为"对话框

3. 单击"文件"选项卡下的"新建"命令，在模板列表中选择"我的模板"，弹出图 3—11—5 所示对话框，在其中即可看到自己创建的模板。

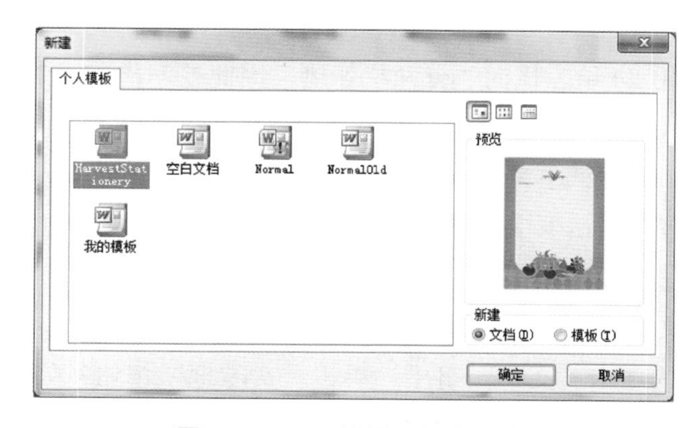

● 图 3—11—5　模板"新建"对话框

小提示 新建模板另一种方法是：在新建窗口中单击“我的模板”，打开图3—11—5所示的模板“新建”对话框，单击“空白文档”，在“新建”区域中选中“模板”单选框，单击“确定”按钮打开模板文档窗口，在窗口中输入模板内容，然后另存为模板格式即可。

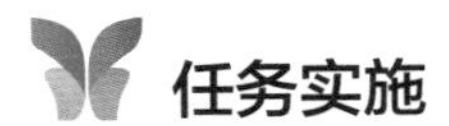

任务实施

步骤一　启动 Word 2010 并新建模板文件

1. 启动 Word 2010，在“文件”选项卡中单击“新建”命令。

2. 单击“我的模板”，弹出模板“新建”对话框，选择“空白文档”模板，在“新建”选项组中选中“模板”单选框，如图 3—11—6 所示。

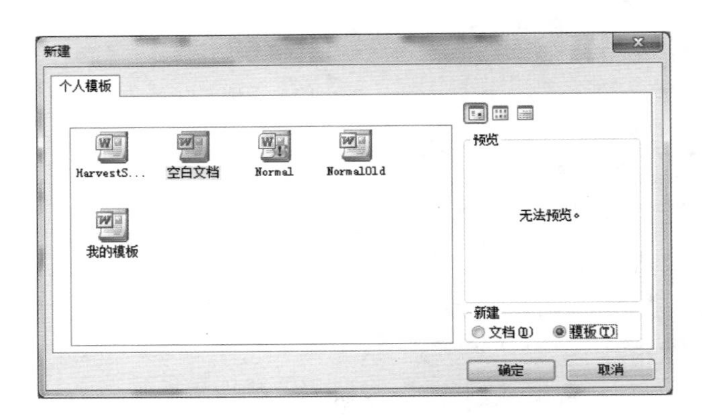

图 3—11—6 “新建”模板对话框

3. 在“新建”模板对话框中，单击“确定”按钮，进入模板文档窗口。

步骤二　页面设置

1. 试卷通常使用 B4 纸、横向、分两栏印刷。因此在制作前，先要设置页面格式。单击“页面布局”选项卡“页面设置”组中的 按钮，打开“页面设置”对话框，单击“纸张”选项卡，设置纸张大小为 B4 纸，如图 3—11—7 所示。

2. 在“页面设置”对话框中，单击“页边距”选项卡，设置页边距，方向设为“横向”，单击“确定”按钮，如图 3—11—8 所示。

步骤三　利用文本框来制作密封线

1. 在“插入”选项卡“文本”组中，单击“文本框”按钮，如图 3—11—9 所示，选择“绘制竖排文本框”命令，在文档左边页边距外侧拖绘出一个文本框，并输入文字及下划线，如图 3—11—10 所示。

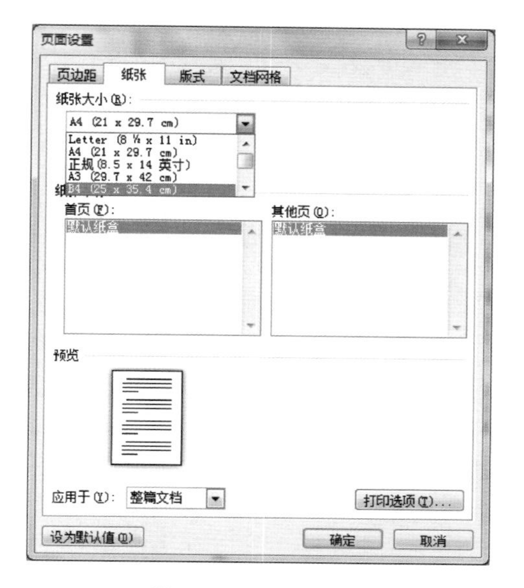

● 图 3—11—7　纸张设置

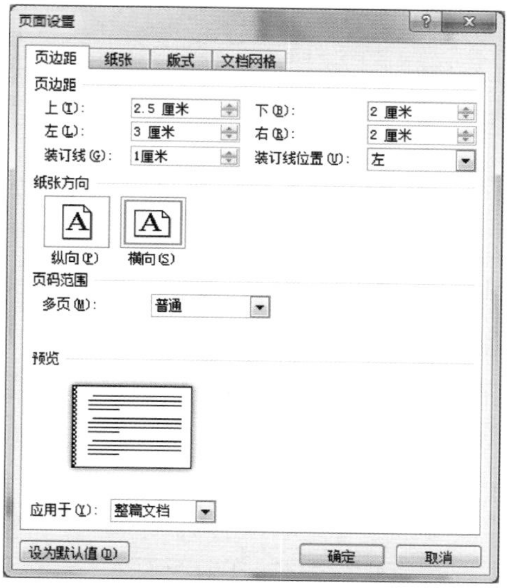

● 图 3—11—8　页边距设置

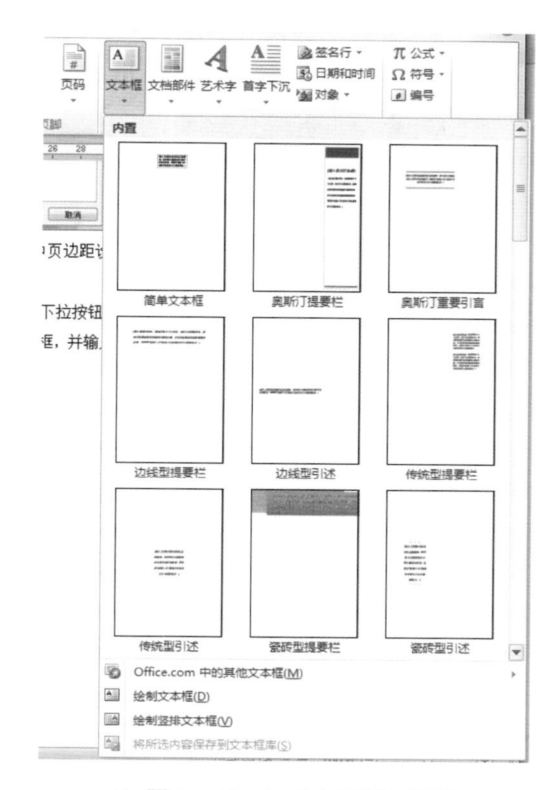

● 图 3—11—9　“文本框”列表

● 图 3—11—10　文本框

小提示 由于 Word 中的下划线出现在一行开头时不能显示出来，所以可在装订线开头任意多输入了一个字，然后设置该字的颜色为“白色”，将其隐藏起来。

2. 右击文本框，在快捷菜单中选择“设置文本框格式”命令，打开“设置文本框格式”对话框，单击“颜色与线条”选项卡，设置线条颜色为“无颜色”，填充颜色为“无颜色”，单击“确定”按钮，如图 3—11—11 所示。

步骤四　设置试卷分栏样式

在“页面布局”选项卡中单击“分栏”按钮，单击“更多分栏”命令，打开“分栏”对话框，选择分栏样式，设置栏数为 2，单击“确定”按钮，如图 3—11—12 所示。

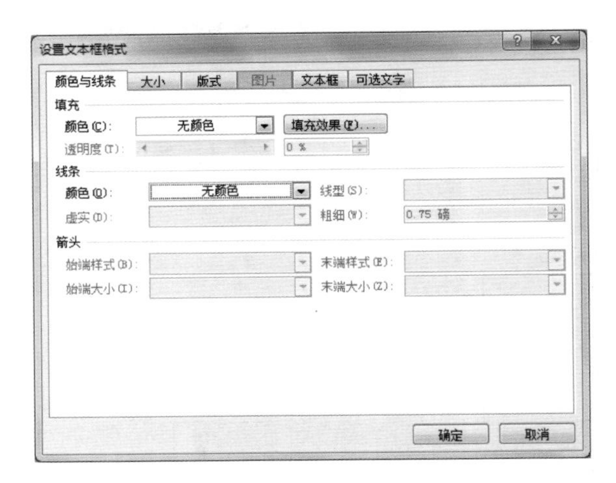

● 图 3—11—11　“设置文本框格式”对话框

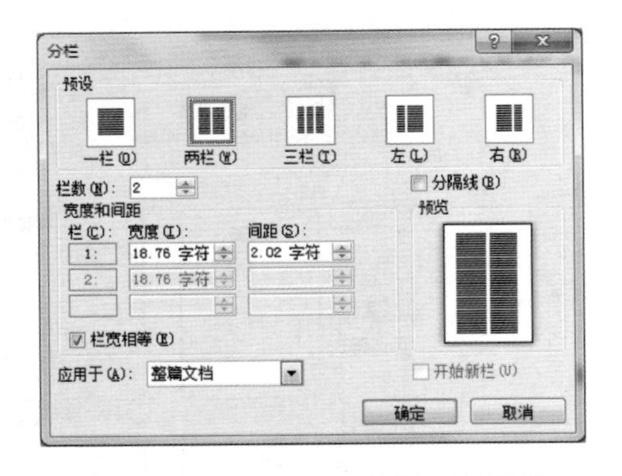

● 图 3—11—12　“分栏”对话框

小提示 在“分栏”下拉列表中已列出常用的一栏、两栏、三栏、左、右等预设选项，以便用户使用。

步骤五　制作页码

1. 试卷分两栏，每栏下面都应有页码及总页码。在“插入”选项卡中单击“页脚”按钮，在下拉列表中单击“编辑页脚”命令，进入页脚编辑状态。

2. 在页脚左栏处输入字符“第 1 页共 2 页”，在页脚右栏处输入字符“第 2 页共 2 页”，如图 3—11—13 所示。

第 1 页共 2 页　　　　第 2 页共 2 页

● 图 3—11—13 插入页码

步骤六 制作试卷标题

1. 在“插入”选项卡中单击“页眉”按钮，单击“编辑页眉”命令，进入页眉编辑状态。

2. 输入试卷标题，设置其格式为“字体：黑体，字号：三号，字形：加粗，对齐方式：居中”，换行后输入副标题，设置其格式为“字体：宋体，字号：四号，对齐方式：居中”，如图 3—11—14 所示。

● 图 3—11—14 页眉设置

步骤七 保存为模板

1. 单击“文件”选项卡中的“另存为”命令，弹出“另存为”对话框，选择保存位置，输入文件名“试卷模板”，将保存类型设置为“Word 模板”，单击“保存”按钮，如图 3—11—15 所示。

2. 当需要使用试卷模板时，可单击“文件”选项卡中的“新建”命令，在“新建”窗口中单击“我的模板”，打开“新建”模板对话框，双击“试卷模板”文件，即可新建一份空白试卷文档。

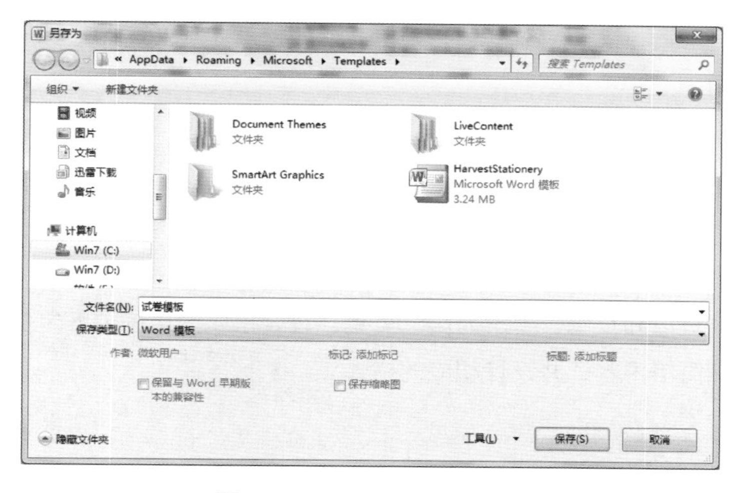

● 图 3—11—15 “另存为”对话框

步骤八　打印试卷及退出

新建一个“试卷模板”文档，在文档中录入试卷内容，单击“文件”选项卡中的“打印”命令，展开“打印”窗口，如图3—11—16所示，设置打印份数、打印页面等参数，单击“打印”按钮即可打印试卷。

打印完成后，关闭Word 2010程序。

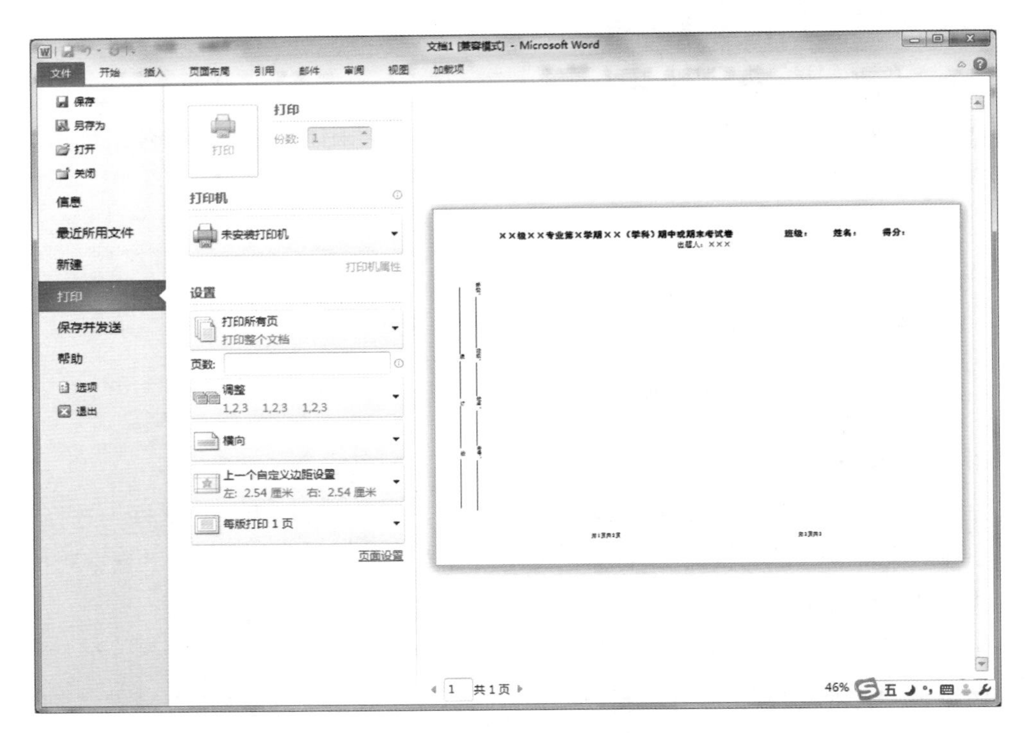

● 图3—11—16　“打印”窗口

巩固练习

制作“求职简历”模板。要求：

1. 纸张设为A4纸，上、下、左、右页边距分别设为3 mm、2.5 mm、2.5 mm、2.5 mm，方向设为纵向。

2. 自行设计页眉和页脚，要求简洁、美观，符合求职简历的内容定位。

3. 自行设计简历内容，并设计相应的格式。

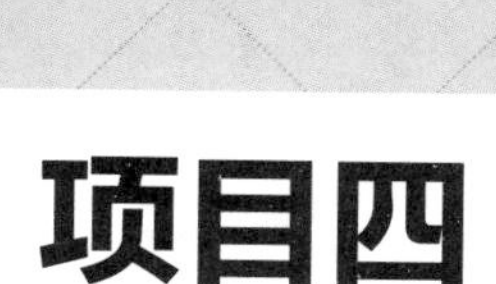

项目四

Excel 2010 的使用

任务 1 创建“员工信息登记表”——Excel 2010 的文件操作及数据录入

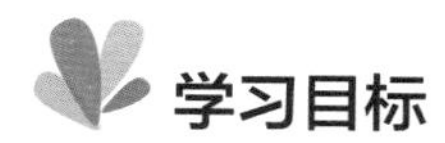

学习目标

知识目标：1. 了解 Excel 2010 界面的组成及其功能

2. 了解 Excel 2010 常用名词术语及数字的格式

技能目标：1. 能完成 Excel 文件中新建、保存、关闭、退出等操作

2. 能对 Excel 文件进行加密

任务描述

本任务在学习 Excel 2010 的文件操作及数据录入方法基础上，完成以下案例的制作：

某公司人力资源部门现需要设计制作一个表格，将公司员工信息进行登记，以便于人员管理，要求按照表格项目录入公司员工的各项信息，并将文件加密，设置密码为“147258”，效果如图 4—1—1 所示。

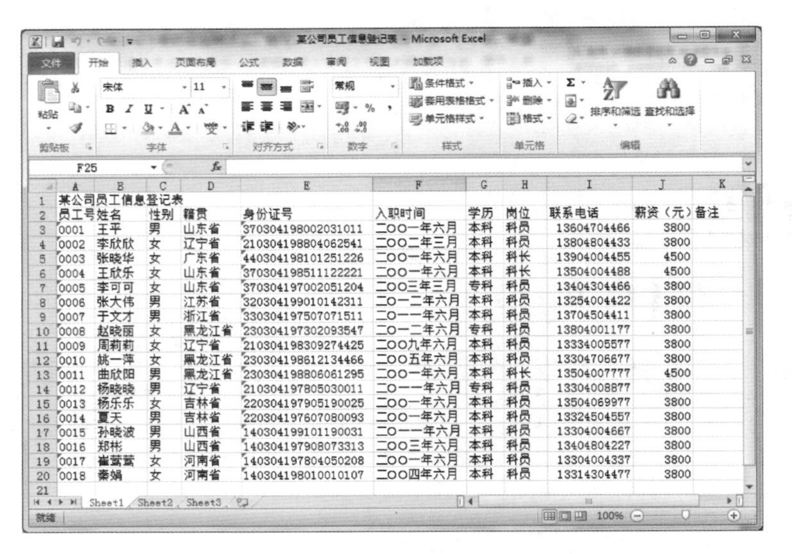

员工号	姓名	性别	籍贯	身份证号	入职时间	学历	岗位	联系电话	薪资（元）	备注
0001	王平	男	山东省	370304198002031011	二〇〇一年六月	本科	科员	13604704466	3800	
0002	李欣欣	女	辽宁省	210304198804062541	二〇〇二年三月	本科	科员	13804804433	3800	
0003	张晓华	女	广东省	440304198101251226	二〇〇一年六月	本科	科长	13904004455	4500	
0004	王欣乐	女	山东省	370304198511122221	二〇〇一年六月	本科	科长	13504004488	4500	
0005	李可可	女	山东省	370304197002051204	二〇〇三年三月	专科	科员	13404304466	3800	
0006	张大伟	男	江苏省	320304199010142311	二〇一二年六月	本科	科员	13254004422	3800	
0007	于文才	男	浙江省	330304197507071511	二〇一一年六月	本科	科员	13704504411	3800	
0008	赵晓丽	女	黑龙江省	230304197302093547	二〇一二年六月	专科	科员	13804001177	3800	
0009	周莉莉	女	辽宁省	210304198309274425	二〇〇九年六月	本科	科员	13334005577	3800	
0010	姚一萍	女	黑龙江省	230304198612134466	二〇〇五年六月	本科	科员	13304706677	3800	
0011	曲欣阳	男	黑龙江省	230304198806061295	二〇〇一年六月	本科	科长	13504007777	4500	
0012	杨晓晓	男	辽宁省	210304197805030011	二〇一一年六月	专科	科员	13304008877	3800	
0013	杨乐乐	女	吉林省	220304197905190025	二〇〇一年六月	本科	科员	13504069977	3800	
0014	夏天	男	吉林省	220304197607080093	二〇〇一年六月	本科	科员	13324504557	3800	
0015	孙晓波	男	山西省	140304199101190031	二〇一一年六月	本科	科员	13304004667	3800	
0016	郑彬	男	山西省	140304197908073313	二〇〇三年六月	本科	科员	13404804227	3800	
0017	崔蓝蓝	女	河南省	140304197804050208	二〇〇一年六月	本科	科员	13304004337	3800	
0018	秦娟	女	河南省	140304198010010107	二〇〇四年六月	本科	科员	13314304477	3800	

● 图 4—1—1　员工信息登记表效果

相关知识

一、Excel 2010 操作界面的组成

启动 Excel 2010 后，自动创建一个名为“工作簿 1”的空白表格文件，其操作界面如图 4—1—2 所示，由选项卡、标题栏、功能区、快速访问工具栏、工作表编辑区、工作表标签、行号、列号、状态栏等部分组成。

1. 快速访问工具栏

该工具栏位于工作界面的左上角，包含一组用户使用频率较高的工具，如“保存”“撤销”和“恢复”。用户可单击“快速访问工具栏”右侧的小三角形按钮，在展开的列表中选择要在其中显示或隐藏的工具按钮。

2. 选项卡与功能区

选项卡与功能区位于标题栏的下方，Excel 2010 将用于处理数据的所有命令组织在不同的选项卡中。单击不同的选项卡标签可切换功能区中显示的工具命令。在每个选项卡中，命令又被分类放置在不同的组中。组的右下角通常都会有一个对话框启动器按钮，用于打开与该组命令相关的对话框，以便用户对要进行的操作做进一步的设置。

3. 编辑栏

编辑栏主要用于输入和修改单元格中的数据。当在工作表的某个单元格中输入数据时，编辑栏会同步显示输入的内容。

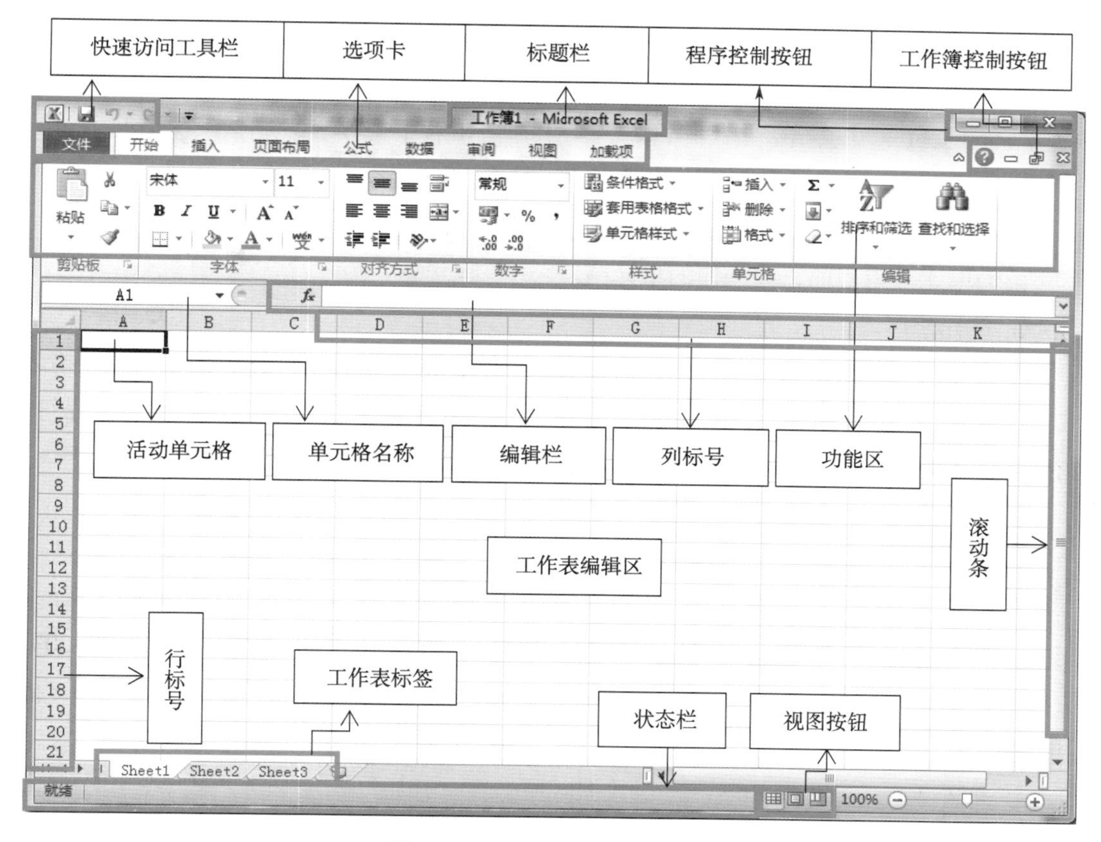

● 图 4—1—2 Excel 2010 操作界面

4. 工作表编辑区

工作表编辑区用于显示或编辑工作表中的数据。

5. 工作表标签

工作表标签位于工作簿窗口的左下角，默认名称为 Sheet1、Sheet2、Sheet3……单击不同的工作表标签可在工作表间进行切换。

二、Excel 常用术语

1. 单元格

单元格是 Excel 工作簿的最小组成单位，所有的数据都存储在单元格中。工作表编辑区中每一个长方形的小格就是一个单元格，每一个单元格都可用其所在的行号和列号标识，如 A1 单元格表示位于 A 列第 1 行的单元格。

2. 工作表

工作表是显示在工作簿窗口中由行和列构成的表格。它主要由单元格、行号、列号和工作表标签等组成。行号显示在工作簿窗口的左侧，依次用数字 1、2、……、

1048576 表示；列号显示在工作簿窗口的上方，依次用字母 A、B、……、XFD 表示。

3. 工作簿

一个 Excel 文件就是一个工作簿，一个工作簿由若干工作表组成，默认情况下包含 3 个工作表，用户可以根据需要添加或删除工作表。

4. 活动单元格

活动单元格指当前正在操作的单元格。

5. 单元格区域

单元格区域是指由若干单元格组合而成的一个范围。在数据运算中，一个单元格区域通过它左上角单元格的坐标与右下角单元格的坐标来表示，中间用冒号作为分隔符。例如 A4：C8 表示以 A4 为左上角、C8 为右下角的矩形所包围的单元格区域。

三、数字的格式

所谓数字的格式是指同一数字的不同表达方式。例如，对于数字“159687”，如果用带千位分隔符的形式表示为“159,687”，如果再保留两位小数则变成“159,687.00”。虽然都是同一个数字，但可以用多种方式来表示，用于不同场合的不同需要。Excel 提供了多种数字格式。

设置数字格式的步骤如下：选定数据区域，在“开始”选项卡下“数字”组中单击右下角的对话框启动器按钮，打开“设置单元格格式”对话框，在对话框的“数字”选项卡中可设置数字的格式。该选项卡中提供了多种数字格式。

1. 常规

常规格式是 Excel 所应用的默认数字格式。该格式下，如因小数部分位数过多使单元格的宽度不够显示整个数字，会对数字进行四舍五入，而对整数部分位数过多的，则使用科学记数法表示。

2. 数值

数值格式用于数字的一般表示。用户可以指定要使用的小数位数、是否使用千位分隔符以及如何显示负数。

3. 货币

货币格式用于表示货币值，并显示货币符号。用户可以指定要使用的小数位数、货币符号类型以及如何显示负数。

4. 会计专用

会计专用格式也用于表示货币值，但是它会在一列中对齐货币符号和数字的小数点。

5. 时间和日期

在时间和日期两种格式下，根据指定的类型和区域设置（国家 / 地区），将时间和日期序列号显示为时间和日期值。以星号（*）开头的时间格式受在“控制面板”中指定的区域日期和时间设置更改的影响。不带星号的格式不受“控制面板”设置的影响。

小提示 在 Excel 中，时间和日期本质上作为一个数字进行存储的，即文中所说的序列号，通过格式设置显示为日常使用的时间和日期的形式。

6. 百分比

在百分比格式下，将数字以百分数形式显示，可以指定要使用的小数位数。

7. 分数

在分数格式下，根据所指定的分数类型以分数形式显示数字。

8. 科学记数

科学记数格式以科学记数法显示数字，在 Excel 中，$a\times10^b$ 表示为 aE+b。例如，在 2 位小数的科学记数格式下，12345678901 显示为 1.23E+10，即 1.23×10^{10}。用户可以指定要使用的小数位数。

9. 文本

设为文本格式后，无论输入的是数字还是其他字符，Excel 都会将其视为文本。

10. 特殊

在特殊格式中，根据区域设置的不同，可将数字显示为各种特殊形式，如邮政编码、中文小写数字或中文大写数字。

11. 自定义

使用此格式，可以在现有格式基础上创建自定义数字格式，并将其添加到数字格式代码列表中。

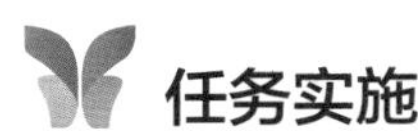

任务实施

步骤一　启动 Excel 2010

在桌面上双击 Excel 2010 快捷图标，或者单击“开始”按钮，依次单击“所有程序”→“Microsoft Office”→“Microsoft Excel 2010”，打开 Excel 2010 操作界面。此时会自动新建一个名为“工作簿 1”的工作簿。

小提示 如果想要再新建一个工作簿，可单击“文件”选项卡，单击“新建”命令，在可用模板中选择“空白工作簿”，单击右侧的“创建”按钮即可。此外，对于已有的 Excel 文件，直接双击文件图标即可将其打开。

步骤二　录入数据信息

启动 Excel 2010 后，编辑工作区中的 A1 单元格为默认的活动单元格，单击其他单元格即可将其切换为活动单元格，按照如图 4—1—1 所示内容完成数据的录入。

当录入信息不能按录入内容显示时，如员工号、身份证号等，可选择此单元格或单元格区域，右击打开快捷菜单，单击“设置单元格格式”，打开“设置单元格格式”对话框，如图 4—1—3 所示，选择对应项，对数据格式进行设置。例如将“员工号”设置为“文本”格式，“身份证号”设置为“文本”格式，“入职时间”设置为“日期”格式等。

图 4—1—3　“设置单元格格式”对话框

小提示 （1）输入纯数字文本时，可在数字开头输入半角的“'”将其强制指定为文本，此后无论格式如何更改，Excel 都会将其处理为文本。

（2）在单元格中直接输入位数较多的纯数字文本，将会默认以科学记数法显示，再转换为文本格式时，可能导致末尾的数字丢失，因此应先将单元格设为文本格式，再输入数字。

录入数据信息时，如果当前列宽不能容下所需输入的内容，可将鼠标放在此列的列号右侧与下一个列号的交界处，此时鼠标光标变为“✥”形状，鼠标向左拖动可减少当前列宽，向右拖动则增加列宽。

步骤三 加密文件

单击“文件”选项卡中的“信息”命令，展开如图 4—1—4 所示窗口，选择“保护工作簿”下拉列表中的“用密码进行加密”项，打开“加密文档”对话框，如图 4—1—5 所示，在“密码”框中输入 147258，单击“确定”按钮，这时弹出“确认密码”对话框，如图 4—1—6 所示，再一次输入 147258，单击“确定”按钮，完成加密设置。

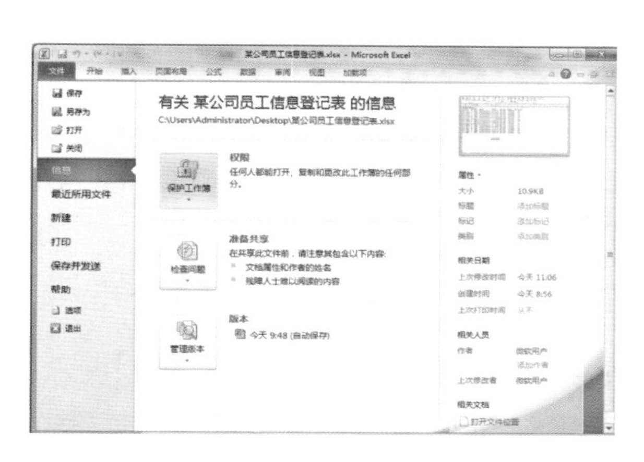

● 图 4—1—4 “保护工作簿”窗口

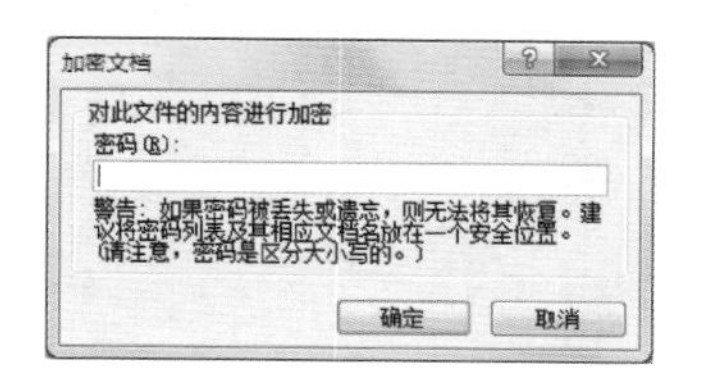

● 图 4—1—5 “加密文档”对话框

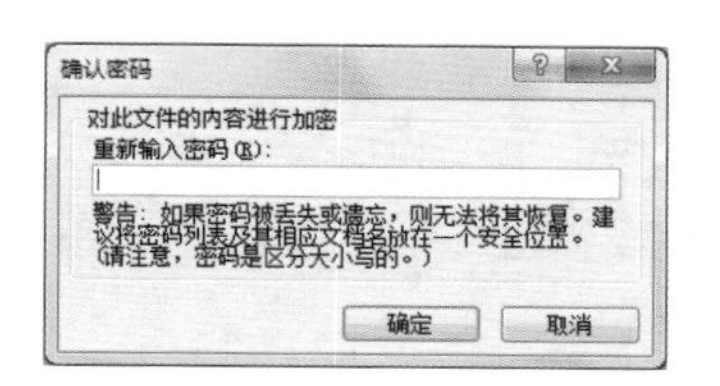

● 图 4—1—6 “确认密码”对话框

小提示 如果设置密码后想要取消密码设置，在输入密码打开文件后，单击“文件”选项卡中的“信息”命令，选择“保护工作簿”下拉列表中的“用密码进行加密”项，打开“加密文档”对话框，删除密码即可。

步骤四 保存文件并退出

工作表中的内容录入完毕后保存文件，单击“文件”选项卡中的“保存”命令，打开“另存为”对话框，在对话框中设置文件保存位置及文件名，如图 4—1—7 所示，单击“保存”按钮。

文档编辑并保存完成后，如果不再进行其他操作，可将当前文档关闭，单击“文件”选项卡中的“关闭”命令，或按快捷键 Ctrl+F4。

Excel 2010 程序使用完成后，可对整个程序进行关闭，单击“文件”选项卡中的“退出”命令，或按快捷键 Alt+F4。

在 Excel 2010 窗口没有关闭的情况下，打开另一个文档，可以单击“文件”选项卡中的“打开”命令或按快捷键 Ctrl+O，打开“打开”对话框，如图 4—1—8 所示，选择文档所在位置和需要打开的文件名，单击“打开”按钮。如果文件有密码，将出现如图

4—1—9 所示对话框，按要求输入密码后单击“确定”按钮即可打开文档。

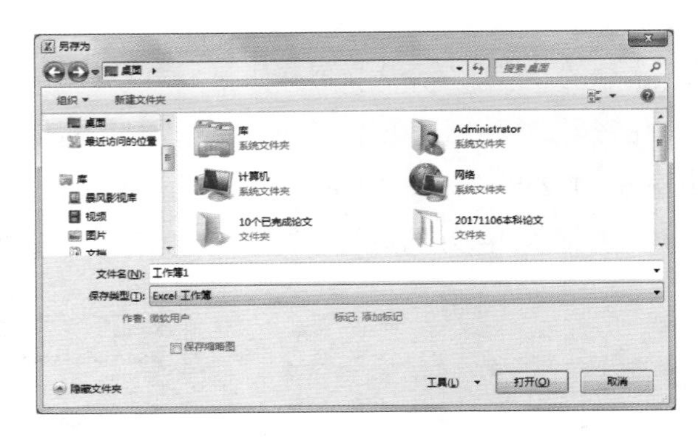

● 图 4—1—7 “另存为”对话框

● 图 4—1—8 “打开”对话框

● 图 4—1—9 “密码”对话框

巩固练习

1. 创建“某公司员工工资表”工作簿。
2. 录入如图 4—1—10 所示数据信息。

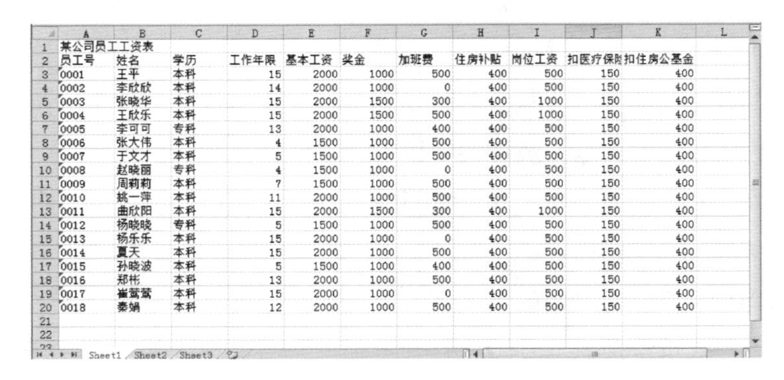

	A	B	C	D	E	F	G	H	I	J	K
1	某公司员工工资表										
2	员工号	姓名	学历	工作年限	基本工资	奖金	加班费	住房补贴	岗位工资	扣医疗保险	扣住房公基金
3	0001	王平	本科	15	2000	1000	500	400	500	150	400
4	0002	李欣欣	本科	14	2000	1000	0	400	500	150	400
5	0003	张晓华	本科	15	2000	1500	300	400	1000	150	400
6	0004	王欣乐	本科	15	2000	1500	500	400	1000	150	400
7	0005	李可可	专科	13	2000	1000	400	400	500	150	400
8	0006	张大伟	本科	4	1500	1000	500	400	500	150	400
9	0007	于文才	本科	5	1500	1000	500	400	500	150	400
10	0008	赵晓丽	专科	4	1500	1000	0	400	500	150	400
11	0009	周莉莉	本科	7	1500	1000	500	400	500	150	400
12	0010	姚一萍	本科	11	2000	1000	500	400	500	150	400
13	0011	曲欣阳	本科	15	2000	1500	300	400	1000	150	400
14	0012	杨晓晓	专科	5	1500	1000	500	400	500	150	400
15	0013	杨乐乐	本科	15	2000	1000	0	400	500	150	400
16	0014	夏天	本科	15	2000	1000	500	400	500	150	400
17	0015	孙晓波	本科	5	1500	1000	400	400	500	150	400
18	0016	郑彬	本科	13	2000	1000	500	400	500	150	400
19	0017	崔莺莺	本科	15	2000	1000	0	400	500	150	400
20	0018	秦娟	本科	12	2000	1000	500	400	500	150	400

● 图 4—1—10 某公司员工工资表

3. 为该文件设置密码“357159”。

4. 关闭该文件，再利用密码打开“某公司员工工资表”工作簿。

任务 2　美化“员工信息登记表”——表格的格式设置

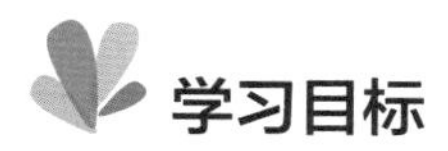

学习目标

知识目标：了解 Excel 2010 字符格式的设置方法

技能目标：1. 能设置单元格内容的显示格式

　　　　　2. 能对表格完成对齐、字体、边框等基本设置

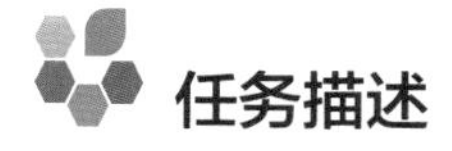

任务描述

本任务在学习 Excel 2010 表格设置的基础上，完成以下案例的制作：

在上一任务创建完成的员工信息登记表基础上，进一步进行美化处理，要求将表头内容的单元格进行合并，并对表格内的数据进行字体、字号、加边框等设置，使表格看起来更加美观、规范，效果如图 4—2—1 所示。

	A	B	C	D	E	F	G	H	I	J	K
1	某公司员工信息登记表										
2	员工号	姓名	性别	籍贯	身份证号	入职时间	学历	岗位	联系电话	薪资（元）	备注
3	0001	王平	男	山东省	370304198002031011	二〇〇一年六月	本科	科员	13604704466	3800	
4	0002	李欣欣	女	辽宁省	210304198804062541	二〇〇二年三月	本科	科员	13804804433	3800	
5	0003	张晓华	女	广东省	440304198101251226	二〇〇一年六月	本科	科长	13904004455	4500	
6	0004	王欣乐	女	山东省	370304198511122221	二〇〇一年六月	本科	科长	13504004488	4500	
7	0005	李可可	女	山东省	370304197002051204	二〇〇三年三月	专科	科员	13404304466	3800	
8	0006	张大伟	男	江苏省	320304199010142311	二〇一二年六月	本科	科员	13254004422	3800	
9	0007	于文才	男	浙江省	330304197507071511	二〇一一年六月	本科	科员	13704504411	3800	
10	0008	赵晓丽	女	黑龙江省	230304197302093547	二〇一二年六月	专科	科员	13804001177	3800	
11	0009	周莉莉	女	辽宁省	210304198309274425	二〇〇九年六月	本科	科员	13334005577	3800	
12	0010	姚一萍	女	黑龙江省	230304198612134466	二〇〇五年六月	本科	科员	13304706677	3800	
13	0011	曲欣阳	男	黑龙江省	230304198806061295	二〇〇一年六月	本科	科长	13504007777	4500	
14	0012	杨晓晓	男	辽宁省	210304197805030011	二〇一一年六月	专科	科员	13304008877	3800	
15	0013	杨乐乐	女	吉林省	220304197905190025	二〇〇一年六月	本科	科员	13504069977	3800	
16	0014	夏天	男	吉林省	220304197607080093	二〇〇一年六月	本科	科员	13324504557	3800	
17	0015	孙晓波	男	山西省	140304199101190031	二〇一一年六月	本科	科员	13304004667	3800	
18	0016	郑彬	男	山西省	140304197908073313	二〇〇三年六月	本科	科员	13404804227	3800	
19	0017	崔莺莺	女	河南省	140304197804050208	二〇〇一年六月	本科	科员	13304004337	3800	
20	0018	秦娟	女	河南省	140304198010010107	二〇〇四年六月	本科	科员	13314304477	3800	

● 图 4—2—1　员工信息登记表美化后的效果

相关知识

在 Excel 2010 中，对表格格式进行设置，需要用到“设置单元格格式”对话框，在这个对话框中可以设置数字、对齐、字体、边框、填充、保护等。选择需要设置格式的单元格或单元格区域，右击打开快捷菜单，在快捷菜单中选择“设置单元格格式”，如

图 4—2—2 所示，打开“设置单元格格式”对话框，如图 4—2—3 所示。

● 图 4—2—2 快捷菜单中的“设置单元格格式”命令

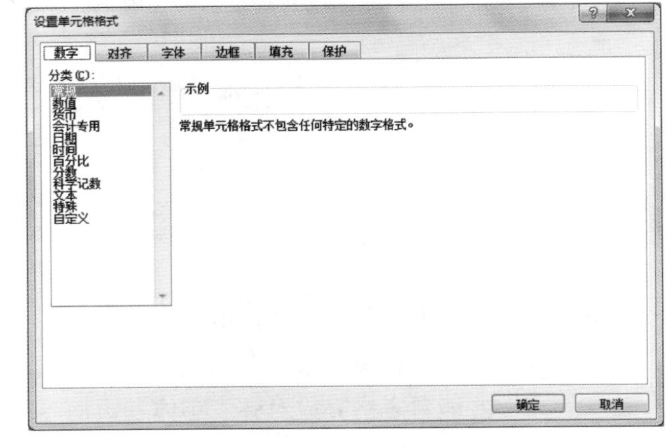

● 图 4—2—3 “设置单元格格式”对话框

“设置单元格格式”对话框中有六个选项卡。

一、“数字”选项卡

在“数字”选项卡中，分类列表中列出了常规、数值、货币、会计专用等 12 种数字格式，根据需要选择一种数字格式，在右侧设置其参数。

二、“对齐”选项卡

“对齐”选项卡如图 4—2—4 所示，用于设置文本对齐方式（水平对齐、垂直对齐）、文本控制（自动换行、缩小字体填充、合并单元格）、从右到左（即文字方向总是从左到右或总是从右到左），还可以调整文字方向。

三、“字体”选项卡

“字体”选项卡如图 4—2—5 所示，用于设置字体、字形、字号、颜色、特殊效果等。

四、“边框”选项卡

“边框”选项卡如图 4—2—6 所示，用于设置边框的线条样式、颜色，选择预置边框线等。

五、“填充”选项卡

“填充”选项卡如图 4—2—7 所示，用于设置背景色、填充效果、图案颜色、图案样式等。

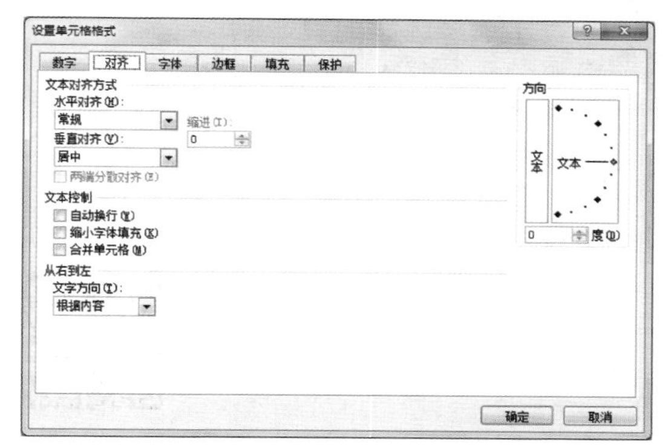

● 图 4—2—4 “对齐”选项卡

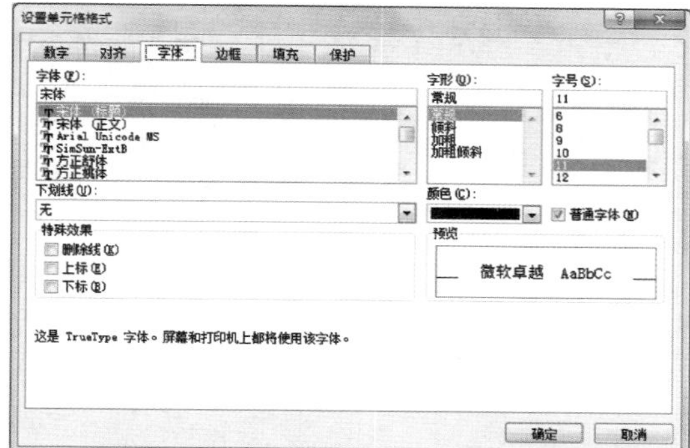

● 图 4—2—5 “字体”选项卡

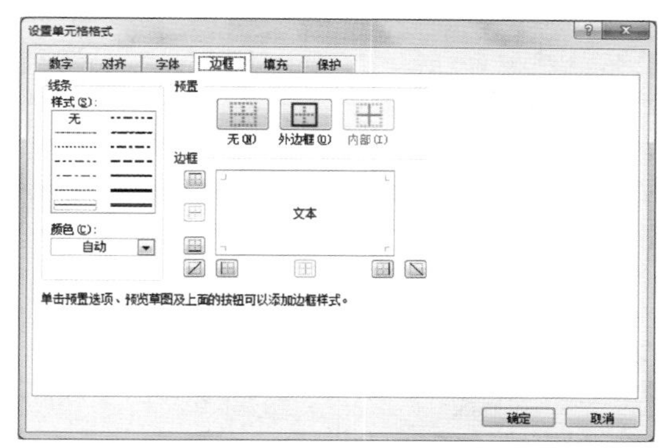

● 图 4—2—6 “边框”选项卡

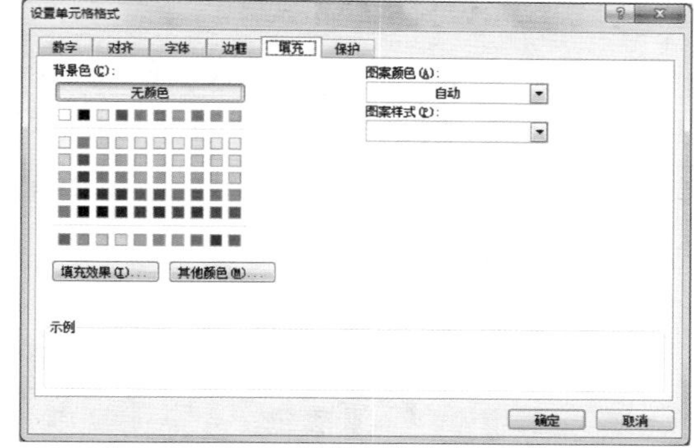

● 图 4—2—7 “填充”选项卡

六、“保护”选项卡

“保护”选项卡如图 4—2—8 所示，用于设置工作表的锁定、隐藏等。

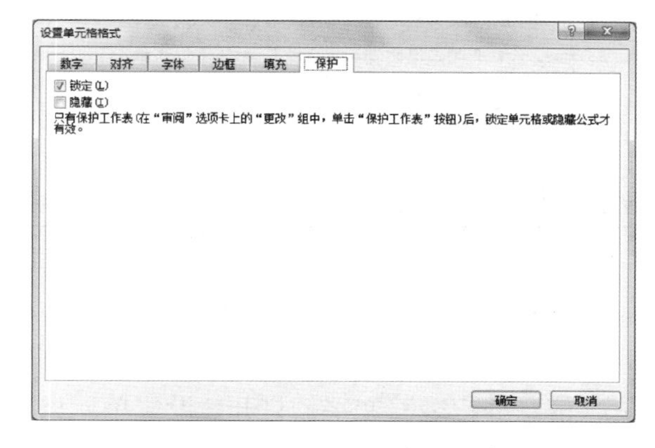

● 图 4—2—8 “保护”选项卡

小提示 打开“设置单元格格式”对话框的方法还有：单击“开始”选项卡下“单元格”组中的“格式”按钮，在下拉列表中单击“设置单元格格式”命令；单击“开始”选项卡下“字体”“对齐方式”或“数字”组右下角的 ◳ 按钮；按快捷键 Ctrl+1 等。

任务实施

步骤一　启动 Excel 2010 并打开文档

启动 Excel 2010，打开上一任务完成的员工信息登记表工作簿。

步骤二　设置标题格式

1. 选择 A1:K1 单元格区域，右击打开快捷菜单，选择“设置单元格格式”命令，打开“设置单元格格式”对话框，单击“对齐”选项卡，勾选“文本控制”中的“合并单元格”复选框，如图 4—2—9 所示，单击“确定”按钮（也可单击“开始”选项卡下“对齐方式”组中的“合并后居中”按钮），设置后的效果如图 4—2—10 所示。

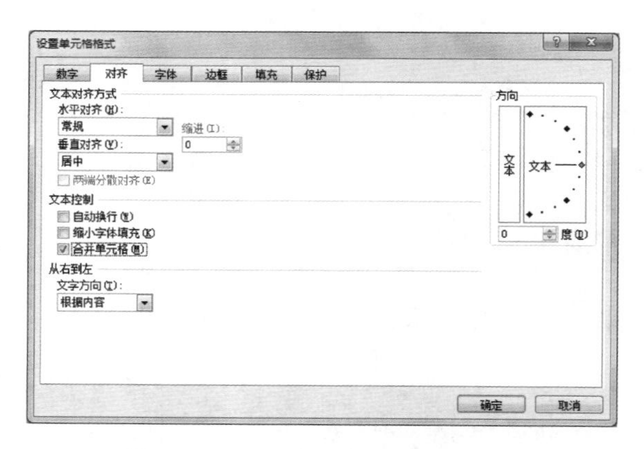

● 图 4—2—9　设置“合并单元格”参数

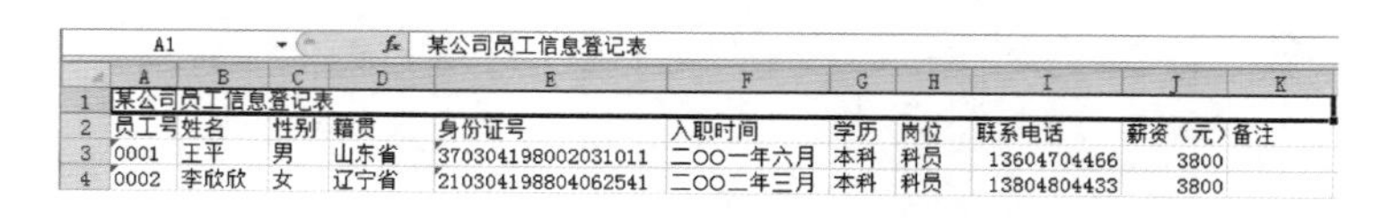

A1　fx　某公司员工信息登记表

	A	B	C	D	E	F	G	H	I	J	K
1	某公司员工信息登记表										
2	员工号	姓名	性别	籍贯	身份证号	入职时间	学历	岗位	联系电话	薪资（元）	备注
3	0001	王平	男	山东省	370304198002031011	二〇〇一年六月	本科	科员	13604704466	3800	
4	0002	李欣欣	女	辽宁省	210304198804062541	二〇〇二年三月	本科	科员	13804804433	3800	

● 图 4—2—10　标题合并后的效果

2. 选择“某公司员工信息登记表”文字，打开“设置单元格格式”对话框，单击“字体”选项卡，设置格式为“字体：黑体，字号：20，颜色：黑色，字形：加粗”，如

图 4—2—11 所示（也可在“开始”选项卡下“字体”组中进行设置），单击“确定”按钮。

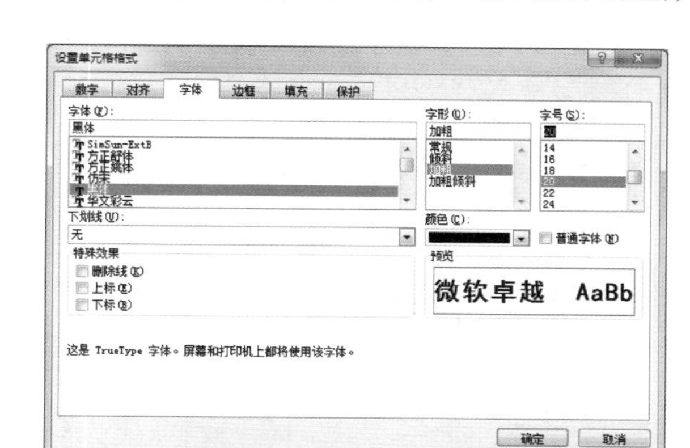

● 图 4—2—11 “字体”选项卡参数设置

3. 单击“开始”选项卡下“段落”组中的“居中”按钮，使文字在合并单元格中居中显示，如图 4—2—12 所示。

	A	B	C	D	E	F	G	H	I	J	K
1	某公司员工信息登记表										
2	员工号	姓名	性别	籍贯	身份证号	入职时间	学历	岗位	联系电话	薪资（元）	备注
3	0001	王平	男	山东省	370304198002031011	二〇〇一年六月	本科	科员	13604704466	3800	
4	0002	李欣欣	女	辽宁省	210304198804062541	二〇〇二年三月	本科	科员	13804804433	3800	

● 图 4—2—12 标题设置后的效果

步骤三 设置正文格式

1. 选择 A2:K20 单元格区域，打开“设置单元格格式”对话框，单击“字体”选项卡，设置格式为“字体：楷体，字号：14”，单击“确定”按钮，若有些单元格不能将所有文字显示出来，可用“相关知识”中介绍的方法对单元格列宽进行调整。

2. 单击“开始”选项卡下“对齐方式”组中的“居中”按钮，使文字在单元格中居中显示，如图 4—2—13 所示。

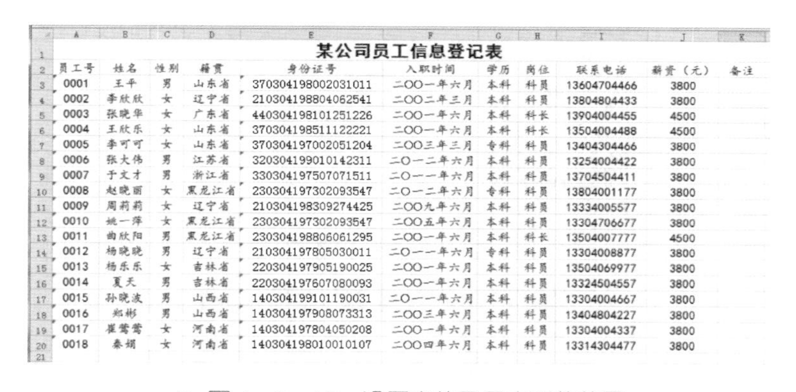

	A	B	C	D	E	F	G	H	I	J	K
1	某公司员工信息登记表										
2	员工号	姓名	性别	籍贯	身份证号	入职时间	学历	岗位	联系电话	薪资（元）	备注
3	0001	王平	男	山东省	370304198002031011	二〇〇一年六月	本科	科员	13604704466	3800	
4	0002	李欣欣	女	辽宁省	210304198804062541	二〇〇二年三月	本科	科员	13804804433	3800	
5	0003	张晓华	女	广东省	440304198101251226	二〇〇一年六月	本科	科长	13904004455	4500	
6	0004	王欣乐	女	山东省	370304198511122221	二〇〇一年六月	本科	科长	13504004488	4500	
7	0005	李可可	女	山东省	370304197002051204	二〇〇三年三月	专科	科员	13404304466	3800	
8	0006	张大伟	男	江苏省	320304199010142311	二〇一二年六月	本科	科员	13254004422	3800	
9	0007	于文才	男	浙江省	330304197507071511	二〇一一年六月	本科	科员	13704504411	3800	
10	0008	赵晓丽	女	黑龙江省	230304197302093547	二〇一二年六月	专科	科员	13804001177	3800	
11	0009	周莉莉	女	辽宁省	210304198309274425	二〇〇九年六月	本科	科员	13334005577	3800	
12	0010	姚一萍	女	黑龙江省	230304197302093547	二〇〇五年六月	本科	科员	13304706677	3800	
13	0011	曲欣阳	男	黑龙江省	230304198806061295	二〇〇一年六月	本科	科长	13504007777	4500	
14	0012	杨晓晓	男	辽宁省	210304197805030011	二〇一一年六月	专科	科员	13304008877	3800	
15	0013	杨乐乐	女	吉林省	220304197905190025	二〇〇一年六月	本科	科员	13504069977	3800	
16	0014	夏天	男	吉林省	220304197607080093	二〇〇一年六月	本科	科员	13324504557	3800	
17	0015	孙晓波	男	山西省	140304199101190031	二〇一一年六月	本科	科员	13304004667	3800	
18	0016	郑彬	男	山西省	140304197908073313	二〇〇三年六月	本科	科员	13404804227	3800	
19	0017	崔莺莺	女	河南省	140304197804050208	二〇〇一年六月	本科	科员	13304004337	3800	
20	0018	秦娟	女	河南省	140304198010010107	二〇〇四年六月	本科	科员	13314304477	3800	
21											

● 图 4—2—13 设置字体及居中后的效果

3. 选择 A2:K20 单元格区域，打开“设置单元格格式”对话框，单击“边框”选项卡，将外框线设置为粗实线，内框线设置为细实线，设置参数如图 4—2—14 所示，效果如图 4—2—15 所示。

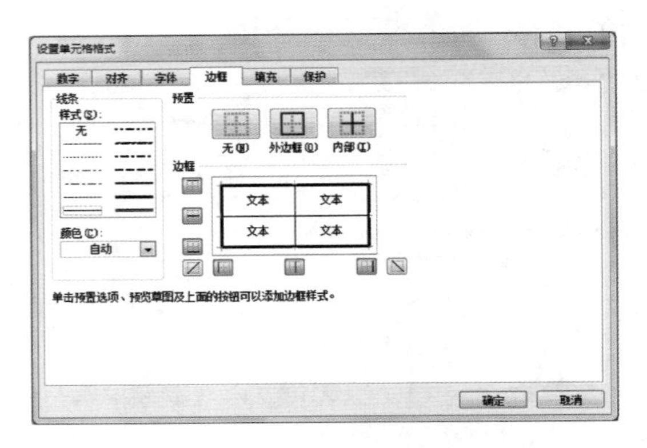

● 图 4—2—14　边框参数设置

某公司员工信息登记表

员工号	姓名	性别	籍贯	身份证号	入职时间	学历	岗位	联系电话	薪资（元）	备注
0001	王平	男	山东省	370304198002031011	二〇〇一年六月	本科	科员	13604704466	3800	
0002	李欣欣	女	辽宁省	210304198804062541	二〇〇二年三月	本科	科员	13804804433	3800	
0003	张晓华	女	广东省	440304198101251226	二〇〇一年六月	本科	科长	13904004455	4500	
0004	王欣乐	女	山东省	370304198511122221	二〇〇一年六月	本科	科长	13504004488	4500	
0005	李可可	女	山东省	370304197002051204	二〇〇三年三月	专科	科员	13404304466	3800	
0006	张大伟	男	江苏省	320304199010142311	二〇一二年六月	本科	科员	13254004422	3800	
0007	于文才	男	浙江省	330304197507071511	二〇一一年六月	本科	科员	13704504411	3800	
0008	赵晓丽	女	黑龙江省	230304197302093547	二〇一二年六月	专科	科员	13804001177	3800	
0009	周莉莉	女	辽宁省	210304198309274425	二〇〇九年六月	本科	科员	13334005577	3800	
0010	姚一萍	女	黑龙江省	230304198612134466	二〇〇五年六月	本科	科员	13304706677	3800	
0011	曲欣阳	男	黑龙江省	230304198806061295	二〇〇一年六月	本科	科长	13504007777	4500	
0012	杨晓晓	男	辽宁省	210304197805030011	二〇一一年六月	专科	科员	13304008877	3800	
0013	杨乐乐	女	吉林省	220304197905190025	二〇〇一年六月	本科	科员	13504069977	3800	
0014	夏天	男	吉林省	220304197607080093	二〇〇一年六月	本科	科员	13324504557	3800	
0015	孙晓波	男	山西省	140304199101190031	二〇一一年六月	本科	科员	13304004667	3800	
0016	郑彬	男	山西省	140304197908073313	二〇〇三年六月	本科	科员	13404804227	3800	
0017	崔莺莺	女	河南省	140304197804050208	二〇〇一年六月	本科	科员	13304004337	3800	
0018	秦娟	女	河南省	140304198010010107	二〇〇四年六月	本科	科员	13314304477	3800	

● 图 4—2—15　加边框后的效果

4. 选择 A2:K2 单元格区域，打开“设置单元格格式”对话框，单击“填充”选项卡，设置背景色为“浅蓝色”，参数设置如图 4—2—16 所示。

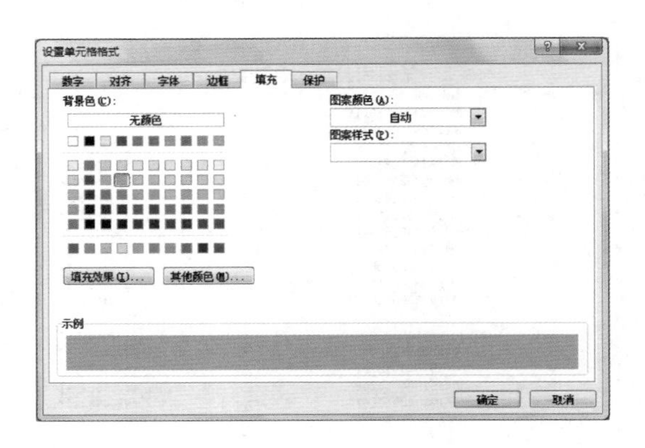

● 图 4—2—16　填充参数设置

步骤四　保存文件并退出

将修改后的工作簿另存为名为“员工信息登记表（美化）”的文件，然后退出 Excel 2010 程序。

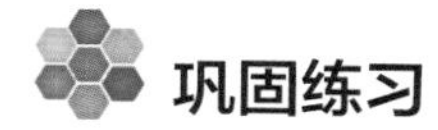

巩固练习

1. 打开“某公司员工工资表”工作簿。

2. 将标题单元格合并并居中，对标题文字设置为“字体：隶书，字号：22，颜色：蓝色，字形：加粗”。

3. 将表格内文字设置为“字体：仿宋_GB2312，字号：16，颜色：深蓝色，对齐方式：居中”。

4. 将表格加上边框线，外框线双细实线，内框线为细虚线，内框线颜色为红色。

5. 将 A2：K2 单元格区域设置背景色为橙色。

6. 设置完成后效果如图 4—2—17 所示。

某公司员工工资表

员工号	姓名	学历	工作年限	基本工资	奖金	加班费	住房补贴	岗位工资	扣医疗保险	扣住房公基金
0001	王平	本科	15	2000	1000	500	400	500	150	400
0002	李欣欣	本科	14	2000	1000	0	400	500	150	400
0003	张晓华	本科	15	2000	1500	300	400	1000	150	400
0004	王欣乐	本科	15	2000	1500	500	400	1000	150	400
0005	李可可	专科	13	2000	1000	400	400	500	150	400
0006	张大伟	本科	4	1500	1000	500	400	500	150	400
0007	于文才	本科	5	1500	1000	500	400	500	150	400
0008	赵晓丽	专科	4	1500	1000	0	400	500	150	400
0009	周莉莉	本科	7	1500	1000	500	400	500	150	400
0010	姚一萍	本科	11	2000	1000	500	400	500	150	400
0011	曲欣阳	本科	15	2000	1500	300	400	1000	150	400
0012	杨晓晓	专科	5	1500	1000	500	400	500	150	400
0013	杨乐乐	本科	15	2000	1000	0	400	500	150	400
0014	夏天	本科	15	2000	1000	500	400	500	150	400
0015	孙晓波	本科	5	1500	1000	400	400	500	150	400
0016	郑彬	本科	13	2000	1000	500	400	500	150	400
0017	崔莺莺	本科	15	2000	1000	0	400	500	150	400
0018	秦娟	本科	12	2000	1000	500	400	500	150	400

● 图 4—2—17　格式设置效果

任务 3　对“员工信息登记表”进行有效性设置——表格的数据有效性设置

学习目标

知识目标：了解 Excel 2010 中数据有效性的用途

技能目标：1. 能设置单元格的数据有效性

2. 能设置数据有效性的提示信息

任务描述

在 Excel 工作表中录入数据时，难免会出现录入错误，从而给后续工作带来很多麻烦，甚至造成损失。利用 Excel 的“数据有效性”功能可以有效解决这一问题。本任务利用“数据有效性”功能，完成以下工作：

在前面任务完成的员工信息登记表基础上，为避免后续录入信息时出现数据不规范或错误的情况，利用“数据有效性”功能进行限制，如“性别”列只能输入“男”或“女”而不能输入其他信息，“薪资”列数据值设置在 2 000 ~ 6 000 之间，并要求对错误输入弹出提示信息，设置后的表格效果如图 4—3—1 所示。

某公司员工信息登记表

员工号	姓名	性别	籍贯	身份证号	入职时间	学历	岗位	联系电话	薪资（元）	备注
0001	王平	男	山东省	370304198002031011	二〇〇一年六月	本科	科员	13604704466	3800	
0002	李欣欣	女	辽宁省	210304198804062541	二〇〇二年三月	本科	科员	13804804433	3800	
0003	张晓华	女	广东省	440304198101251226	二〇〇一年六月	本科	科长	13904004455	4500	
0004	王欣乐	女	山东省	370304198511122221	二〇〇一年六月	本科	科长	13504004488	4500	
0005	李可可	女	山东省	370304197002051204	二〇〇三年三月	专科	科员	13404304466	3800	
0006	张大伟	男	江苏省	320304199010142311	二〇一二年六月	本科	科员	13254004422	3800	
0007	于文才	男	浙江省	330304197507071511	二〇一一年六月	本科	科员	13704504411	3800	
0008	赵晓丽	女	黑龙江省	230304197302093547	二〇一二年六月	专科	科员	13804001177	3800	
0009	周莉莉	女	辽宁省	210304198309274425	二〇〇九年六月	本科	科员	13334005577	3800	
0010	姚一萍	女	黑龙江省	230304198612134466	二〇〇五年六月	本科	科员	13304706677	3800	
0011	曲欣阳	男	黑龙江省	230304198806061295	二〇〇一年六月	本科	科长	13504007777	4500	
0012	杨晓晓	男	辽宁省	210304197805030011	二〇一一年六月	专科	科员	13304008877	3800	
0013	杨乐乐	[illegible]	[illegible]	220304197905190025	二〇〇一年六月	本科	科员	13504069977	3800	
0014	夏天	[illegible]	[illegible]	220304197607080093	二〇〇一年六月	本科	科员	13324504557	3800	
0015	孙晓波	[illegible]	[illegible]	140304199101190031	二〇一一年六月	本科	科员	13304004667	3800	
0016	郑彬	[illegible]	[illegible]	140304197908073313	二〇〇三年六月	本科	科员	13404804227	3800	
0017	崔莺莺	女	河南省	140304197804050208	二〇〇一年六月	本科	科员	13304004337	3800	
0018	秦娟	女	河南省	140304198010010107	二〇〇四年六月	本科	科员	13314304477	3800	

提示：请您选择“男”或“女”，而不要输入其他信息！

图 4—3—1　员工信息登记表设置有效性后的效果

相关知识

选择要设置有效数据的单元格或单元格区域，单击“数据”选项卡，在“数据工具”组中单击“数据有效性”按钮，如图 4—3—2 所示，即可打开如图 4—3—3 所示的“数据有效性”对话框。

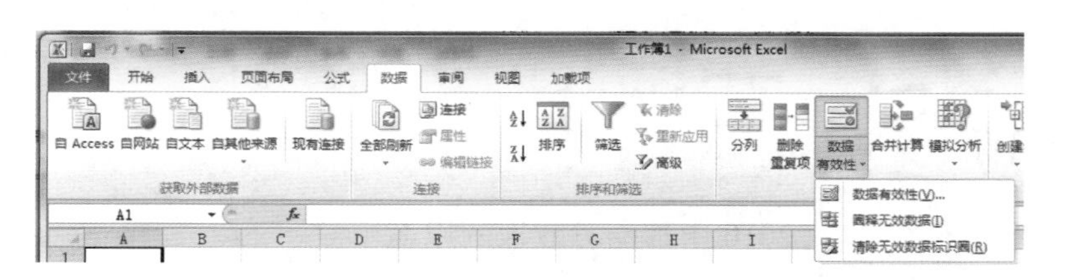

图 4—3—2　“数据有效性”按钮

一、“设置”选项卡

此选项用于设置有效性条件，包括“任何值”“整数”“小数”“序列”“日期”“时间”“文本长度”“自定义”等类型，根据所选类型，可在“数据”下拉列表中进一步设置取值范围，如图 4—3—3 所示。

二、“输入信息”选项卡

如图 4—3—4 所示，此选项卡用于设置选定单元格时是否显示提示信息及信息内容。

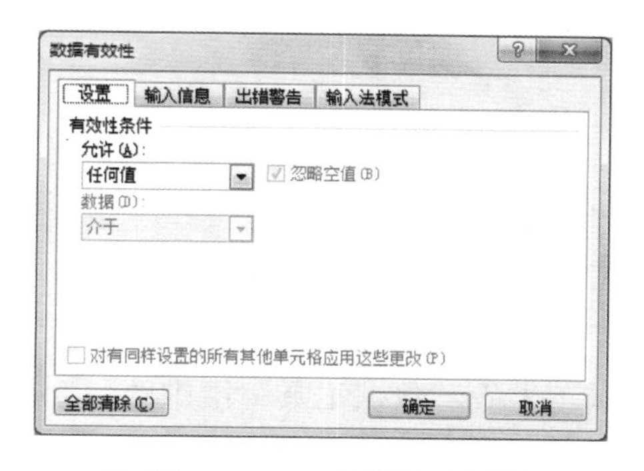

● 图 4—3—3 “设置”选项卡

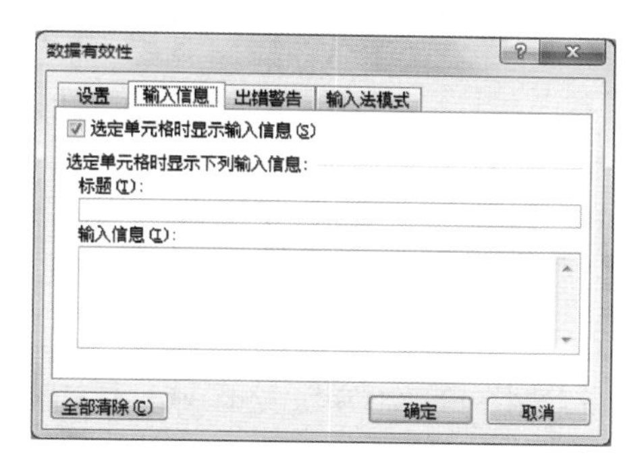

● 图 4—3—4 “输入信息”选项卡

三、“出错警告”选项卡

如图 4—3—5 所示，此选项卡用于设置输入无效数据时是否显示出错警告及警告信息的图标样式和文字内容。

四、“输入法模式”选项卡

如图 4—3—6 所示，此选项卡用于设置输入法模式，包括“随意”“打开”和“关闭（英文模式）”，选择“关闭（英文模式）”后将无法输入汉字及全角符号。

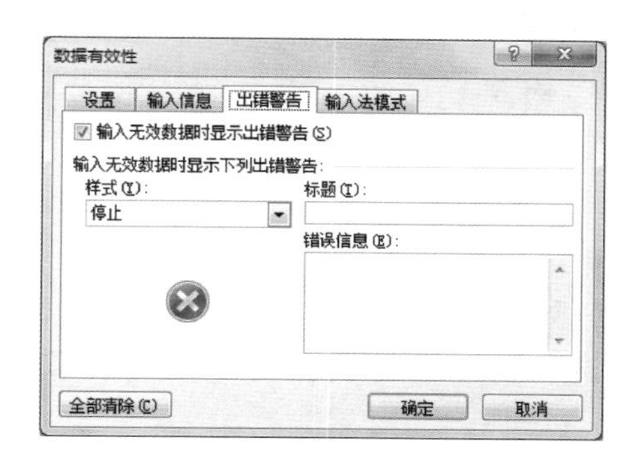

● 图 4—3—5 “出错警告”选项卡

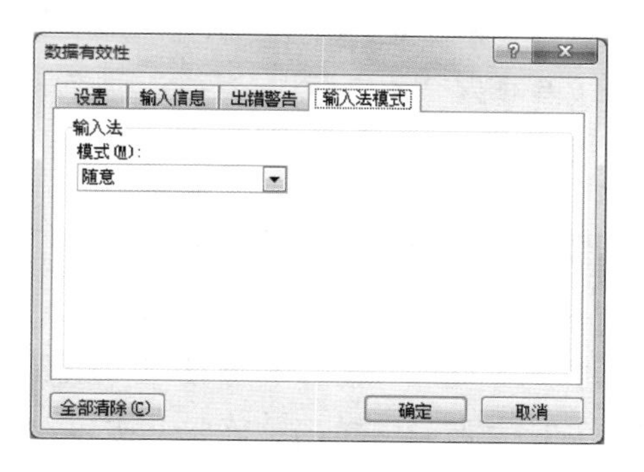

● 图 4—3—6 “输入法模式”选项卡

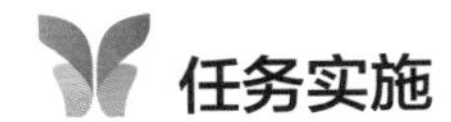

任务实施

步骤一　启动 Excel 2010 并打开文档

启动 Excel 2010，打开上一任务完成的“员工信息登记表（美化）”文件。

步骤二　设置数据有效性条件

1. 选择 C3:C20 单元格区域，单击“数据”选项卡下“数据工具”组中的“数据有效性”按钮，在下拉列表中单击“数据有效性”命令打开“数据有效性”对话框，在“设置”选项卡中将有效性条件设置为“序列”，来源设置为“男，女”，如图 4—3—7 所示。

小提示　在来源中输入列举的数据时，中间应使用半角的“,”分隔，而不是全角的“，”。

2. 选择 J3:J20 单元格区域，单击“数据”选项卡下“数据工具”组中的“数据有效性”按钮，在下拉列表中单击“数据有效性”命令打开“数据有效性”对话框，在“设置”选项卡中将有效性条件设置为“整数”，数据设置为“介于”，此时出现“最大值”和“最小值”设置项，分别输入“2000”和“6000”，如图 4—3—8 所示。

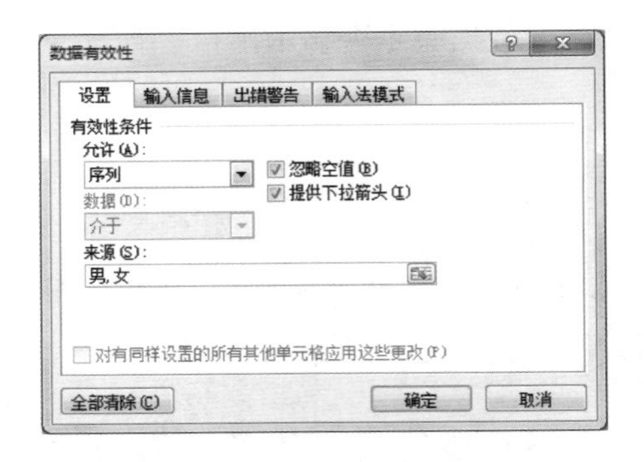

● 图 4—3—7　设置“性别”列的数据有效性

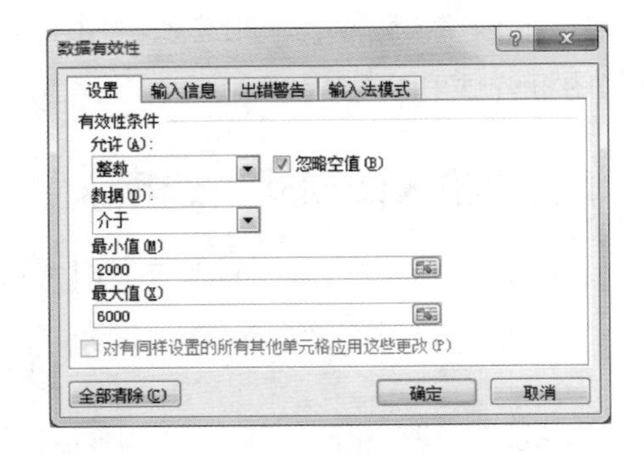

● 图 4—3—8　设置“薪资（元）”列的数据有效性

步骤三　设置输入信息提示

1. 选择 C3:C20 单元格区域，在“数据有效性”对话框中单击“输入信息”选项卡，输入标题“提示”和信息“请您选择‘男’或‘女’，而不要输入其他信息！”，如图 4—3—9 所示，单击“确定”按钮完成设置。

2. 选择 J3:J20 单元格区域，在“数据有效性”对话框中单击“输入信息”选项卡，输入标题“提示”和信息“请您输入 2000 ~ 6000 之间的数据！”，如图 4—3—10 所示，单击“确定”按钮完成设置。

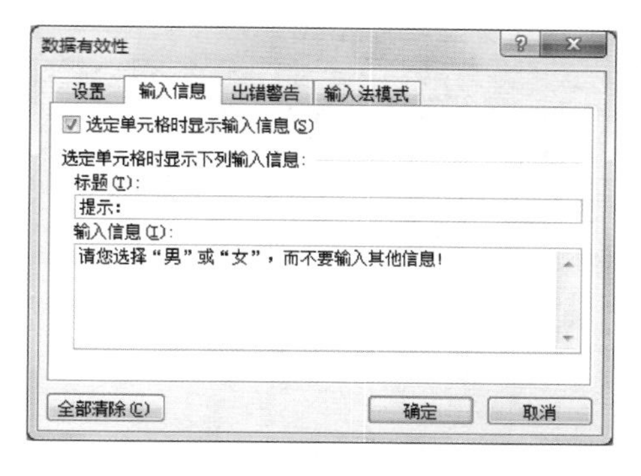

● 图 4—3—9 “输入信息”选项卡参数设置

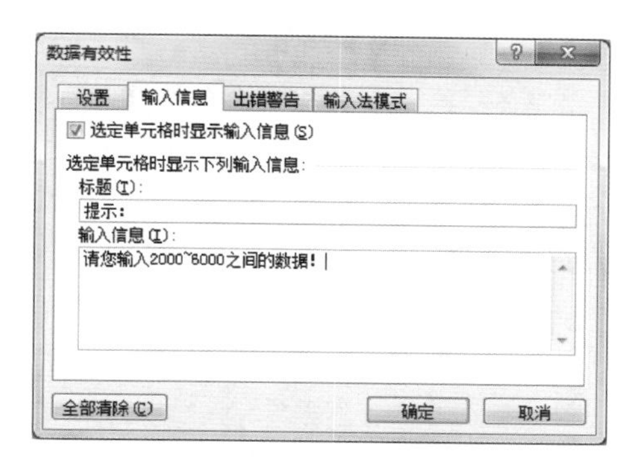

● 图 4—3—10 “输入信息”选项卡参数设置

3. 设置完成后，单击 C3:C20 或 J3:J20 中的任意单元格时，就会出现提示信息，如图 4—3—11 所示，输入或修改数据时，只能输入提示信息要求的数据。

员工号	姓名	性别	籍贯		联系电话	薪资（元）	备注
0001	王平	男	山东省	3703	13604704466	3800	
0002	李欣欣	女	辽宁省	2103	13804804433	3800	
0003	张晓华	女	广东省	4403	13904004455	4500	
0004	王欣乐	女	山东省	3703	13504004488	4500	
0005	李可可	女	山东省	3703	13404304466	3800	
0006	张大伟	男	江苏省	3203	13254004422	3800	
0007	于文才	男	浙江省	3303	13704504411	3800	
0008	赵晓丽	女	黑龙江省	2303	13804001177	3800	
0009	周莉莉	女	辽宁省	2103	13334005577	3800	
0010	姚一萍	女	黑龙江省	2303	13304706677	3800	
0011	曲欣阳	男	龙江省	2303	13504007777	4500	
0012	杨晓晓	男		103	13304008877	3800	
0013	杨乐乐	女		203	13504069977	3800	
0014	夏天	男		203	13324504557	3800	
0015	孙晓波	男		403	13304004667	3800	
0016	郑彬	男	山西省	1403	13404804227	3800	
0017	崔莺莺	女	河南省	1403	13304004337	3800	
0018	秦娟	女	河南省	1403	13314304477	3800	

● 图 4—3—11 单击单元格时出现的提示信息

步骤四 设置出错提示信息

1. 分别选择 C3:C20 和 J3:J20 单元格区域，打开“数据有效性”对话框，单击“出错警告”选项卡，设置样式为“警告”，标题为“对不起:”，错误信息为“您所输入的信息有误，请重新输入！”，如图 4—3—12 所示，单击“确定”按钮完成设置。

2. 当 C3:C20 和 J3:J20 单元格中输入了不符合要求的数据时，会出现如图 4—3—13 所示的警告消息对话框。

● 图4—3—12 “出错警告”选项卡参数设置

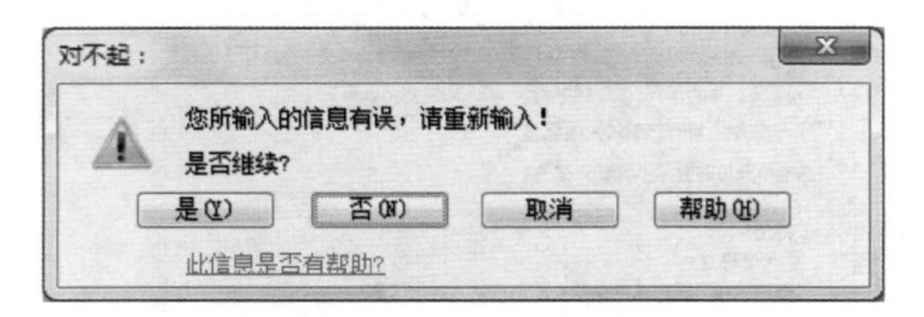

● 图4—3—13 警告消息对话框

小提示 对于已输入的数据，系统不会提示错误，但双击错误数据的单元格后，会弹出错误提示。

对于已设置的数据有效性，如需取消，可在“数据有效性”对话框中单击“全部清除”按钮进行清除。

步骤五 保存文件并退出

保存文件并退出 Excel 2010 程序。

巩固练习

1. 打开项目四任务 2“巩固练习”中完成的“某公司员工工资表”工作簿。

2. 对“学历”设置数据有效性，要求只能输入“本科”“专科”“研究生”“中专”；对应单元格应有提示信息：“请注意，您输入的信息应为‘本科’‘专科’‘研究生’或‘中专’！”；输入信息出错时有警告信息：“对不起，您输入的信息出错，请重新输入！”。

3. 对“奖金”设置数据有效性，要求只能输入整数，且介于 0 ~ 2000 之间；对应单元格应有提示信息：“注意，请您输入 0 ~ 2000 之间的数据！”；输入信息出错时有警告信息：“警告，您输入的信息有误，请重新输入！”。

任务 4 利用“员工信息登记表”创建相似工作表——工作表的插入、删除、重命名、移动和复制

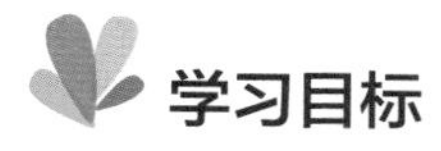

学习目标

知识目标：了解创建多张相似工作表的方法

技能目标：能完成工作表的插入、删除、重命名、移动和复制等基本操作

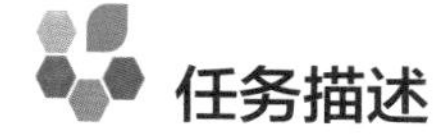

任务描述

本任务在学习工作表基本操作的基础上，完成以下工作：

在前面任务完成的员工信息登记表基础上，进一步细化制作该公司设计部、财务部、人事部三个部门的员工信息表，为了减少工作量，要求用已有的工作表通过复制、数据修改等操作实现多张工作表的创建，提高工作效率，三张表格在工作簿中按照设计部、财务部、人事部的顺序排列。

相关知识

工作表的基本操作主要有工作表的重命名、移动、复制、插入、删除等。这些命令在功能区中均位于“开始”选项卡的“单元格”组中。单击其中的“格式”按钮，在下拉菜单的“组织工作表”小类中，可进行重命名、移动和复制操作。单击“插入”按钮，可进行插入新工作表的操作。单击“删除”按钮，可进行删除当前工作表的操作。

例如，要在“某公司人事部员工信息登记表”与 Sheet2 之间插入一张新的工作表，可选择工作表“Sheet2”，然后单击“开始”选项卡，选择“插入”命令，在弹出的下拉菜单中选择“插入工作表”命令，如图 4—4—1 所示，操作后的结果如图 4—4—2 所示。

若要删除工作表，首先选中要删除工作表的标签，如“Sheet6”，然后单击“开始”选项卡中的“删除”按钮，在下拉列表中选择“删除工作表”命令，如图 4—4—3 所示，在弹出的确认对话框中单击“删除”按钮即可完成操作。

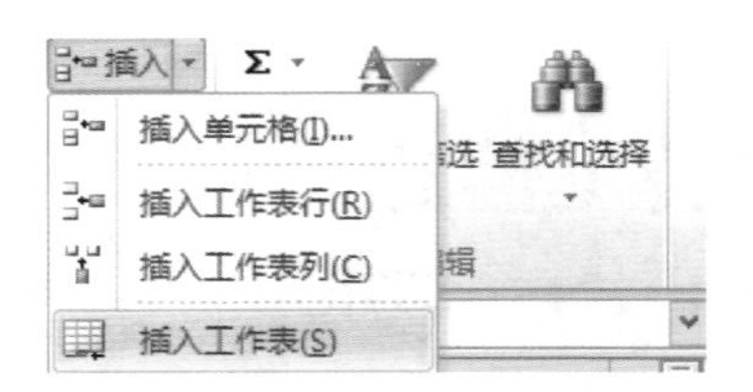

● 图 4—4—1 “插入工作表”命令

● 图 4—4—2 新插入的“Sheet6”工作表

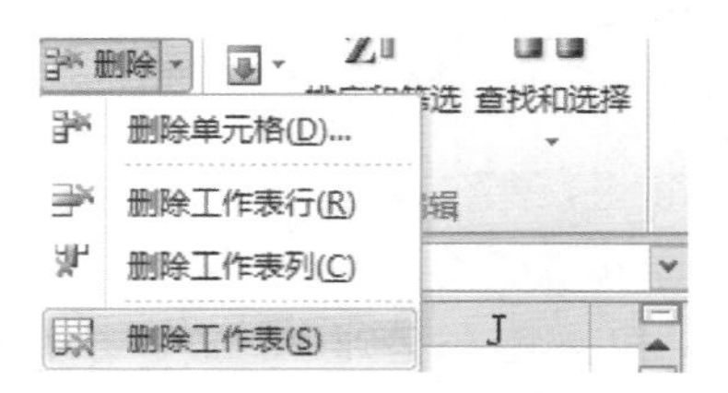

● 图 4—4—3 “删除工作表”命令

除了功能区的命令按钮，还可以在工作表标签上单击右键，在弹出的快捷菜单中选择相关命令。

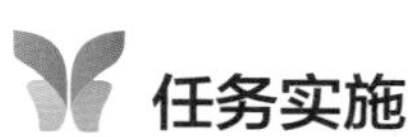

任务实施

步骤一 重命名工作表

1. 将上一任务编辑完成的工作簿文件另存或复制为一个新文件，选择“Sheet1”工作表，单击“开始”选项卡下“单元格”组中的“格式”按钮，在下拉菜单中选择“重命名工作表”命令，如图 4—4—4 所示，或选中要重命名的工作表，单击鼠标右键，在弹出的快捷菜单中单击“重命名”命令。

小提示 也可直接在工作表标签上双击鼠标左键进行重命名操作。

2. 此时“Sheet1”呈反色显示，如图 4—4—5 所示，输入文字“某公司人事部员工信息登记表”按回车键确认，如图 4—4—6 所示。

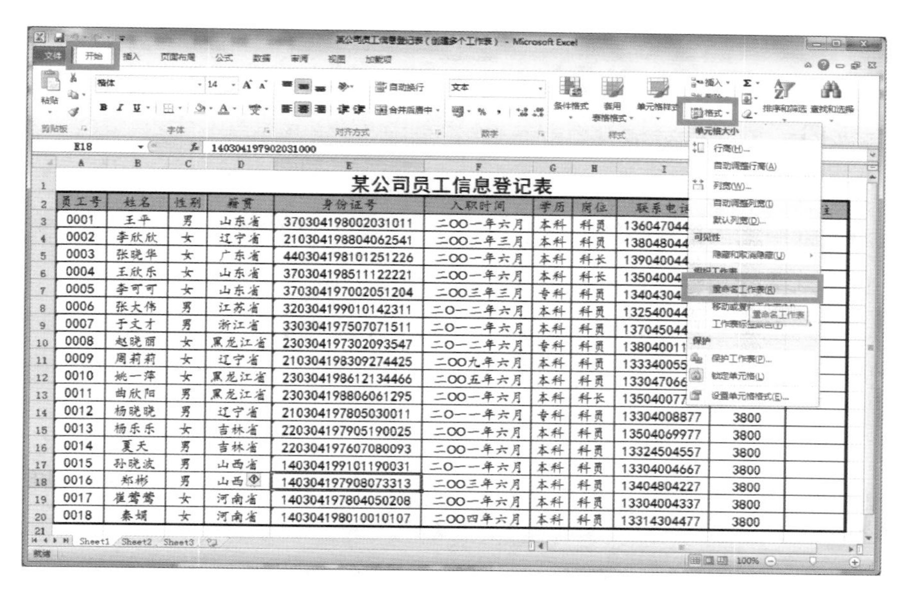

● 图 4—4—4　“重命名工作表”命令

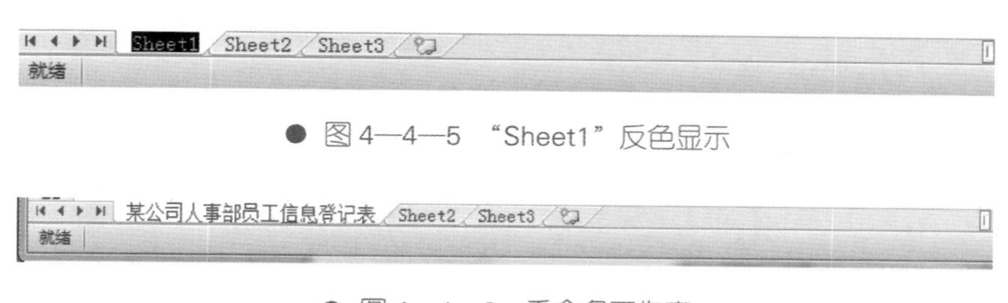

● 图 4—4—5　“Sheet1”反色显示

● 图 4—4—6　重命名工作表

步骤二　复制工作表

1. 选择“某公司人事部员工信息登记表”工作表标签，单击“开始”选项卡下“单元格”组中的“格式”按钮，在下拉列表中选择“移动或复制工作表”命令，弹出如图 4—4—7 所示的对话框。

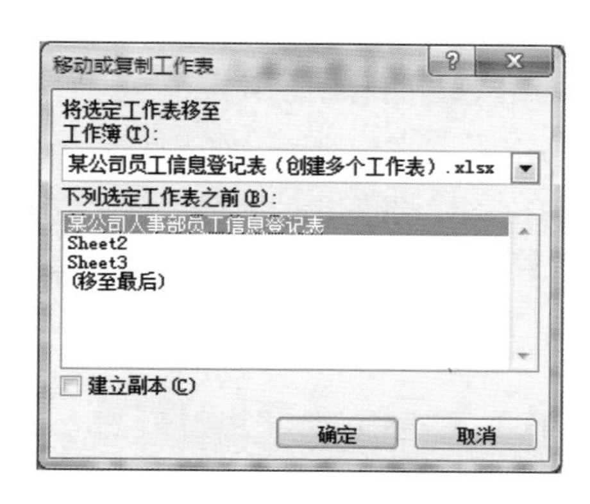

● 图 4—4—7　“移动或复制工作表”对话框

小提示 也可在工作表标签上单击鼠标右键，在弹出的快捷菜单中选择“移动或复制”命令。

2. 在对话框中单击“工作簿”下拉列表，选择目标工作簿，此处既可选择已打开的工作簿，也可以选择新建工作簿。本任务中选择原工作簿。

3. 在“下列选定工作表之前”列表框中选择新工作表的位置，此处是要复制工作表，因此同时勾选“建立副本”复选框，最后单击“确定”按钮即可，效果如图 4—4—8 所示。

● 图 4—4—8　工作表的复制

4. 用相同的方法再复制一张工作表，效果如图 4—4—9 所示。将各工作表重新命名，如图 4—4—10 所示。

● 图 4—4—9　复制多张工作表

● 图 4—4—10　重命名多张工作表

5. 复制完成后，根据需要修改工作表中的信息，即可完成另外两个部门员工信息登记表的创建。

步骤三　移动工作表

按照任务要求，需要对工作表进行移动，其操作方法如下：

1. 选择“某公司人事部员工信息登记表”工作表标签，然后按住鼠标左键进行拖动。

2. 拖动鼠标时，光标上有一小白纸形状的图标，它代表所选择的工作表，将其拖放到“某公司财务部员工信息登记表”后面，再释放鼠标左键即可，结果如图 4—4—11 所示。

● 图 4—4—11　移动后的工作表标签

步骤四　保存文件并退出

操作完成后保存文件并退出 Excel 2010 程序。

巩固练习

按以下要求完成图 4—4—12 所示的茶叶年产量表的制作：

1. 通过先复制工作表再做局部修改的方式，制作“某茶叶生产基地 2018 年产量表”“某茶叶生产基地 2019 年产量表”。

2. 为三个工作表按年份重新命名。

3. 三个工作表标签按年份的递增顺序排序。

4. 通过工作表的删除操作，删除“Sheet2”“Sheet3”工作表。

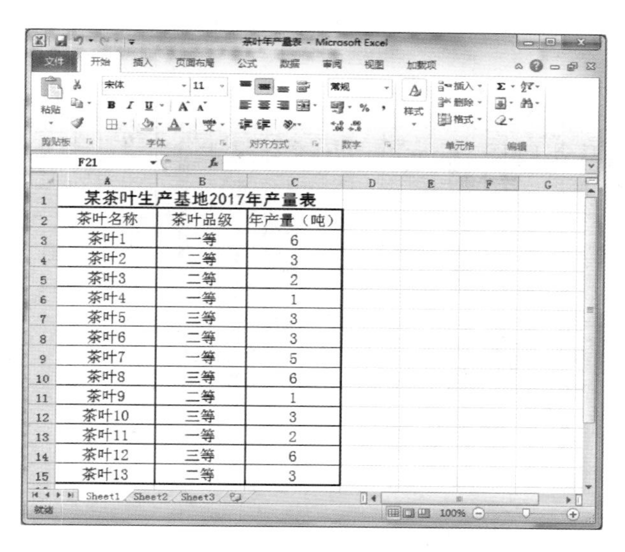

某茶叶生产基地2017年产量表		
茶叶名称	茶叶品级	年产量（吨）
茶叶1	一等	6
茶叶2	二等	3
茶叶3	二等	2
茶叶4	一等	1
茶叶5	三等	3
茶叶6	二等	3
茶叶7	一等	5
茶叶8	三等	6
茶叶9	二等	1
茶叶10	三等	3
茶叶11	一等	2
茶叶12	三等	6
茶叶13	二等	3

● 图 4—4—12　茶叶年产量表

任务 5　编辑“毕业生抽样调查表”——数据的编辑和修改

学习目标

知识目标：1. 了解 Excel 2010 中行或列的隐藏、冻结功能

2. 掌握数据编辑修改的基本操作方法

技能目标：1. 能完成数据的查找与替换

2. 能完成表格行、列的插入与删除

3. 能完成数据的移动、复制和删除

任务描述

本任务在学习 Excel 2010 中编辑和修改数据方法的基础上，完成以下案例：

某学校要对信息工程系毕业生做抽样统计，现需对已建立的“毕业生抽样调查表”进行数据的编辑与修改，为后续统计工作做准备。要求首先利用“查找和替换”功能把所有的“计算机网络应用”替换为“计网”；然后在“性别”列和“年龄”列之间插入“民族”列并填上信息；最后把“20140003 仇晓杰”行内容移到“20140017 高亮亮”行内容的上方，并删除“20140002 邓玉林”和“20140010 刘殿臣”两行，原始文件和修改后的效果如图 4—5—1 和图 4—5—2 所示。

信息工程系毕业生抽样调查表

学号	姓名	性别	年龄	专业	学历	技能等级	毕业时间
20140001	程培宇	男	18	计算机网络应用	大专	高级	2017.01
20140002	邓玉林	男	18	平面设计	初中	中级	2017.07
20140003	仇晓杰	女	17	计算机网络应用	初中	中级	2017.01
20140004	栾鹏旭	男	18	平面设计	高中	初级	2017.01
20140005	王海林	男	17	室内设计	大专	高级	2017.01
20140006	华宇晨	男	16	计算机网络应用	高中	初级	2017.07
20140007	张思思	男	17	室内设计	高中	中级	2017.01
20140008	杨正轲	男	19	计算机网络应用	大专	高级	2017.07
20140009	郑华华	女	24	室内设计	初中	初级	2017.07
20140010	刘殿臣	男	20	室内设计	初中	中级	2017.07
20140011	彭玉伟	男	18	计算机网络应用	大专	高级	2017.01
20140012	马强强	男	17	室内设计	大专	初级	2017.07
20140013	宋立强	男	16	室内设计	初中	高级	2017.01
20140014	李晓宇	女	17	平面设计	高中	初级	2017.07
20140015	吕环平	男	16	室内设计	初中	初级	2017.01
20140016	杨成虎	男	20	室内设计	大专	高级	2017.01
20140017	高亮亮	男	19	平面设计	高中	中级	2017.07
20140018	徐永欣	男	20	计算机网络应用	高中	中级	2017.07
20140019	耿俊刚	男	18	平面设计	初中	高级	2017.07
20140020	姜忠浩	男	18	平面设计	大专	初级	2017.07

● 图 4—5—1　毕业生抽样调查表原始文件

信息工程系毕业生抽样调查表

学号	姓名	性别	民族	年龄	专业	学历	技能等级	毕业时间
20140001	程培宇	男	汉	18	计网	大专	高级	2017.01
20140004	栾鹏旭	男	汉	18	平面设计	高中	初级	2017.01
20140005	王海林	男	汉	17	室内设计	大专	高级	2017.01
20140006	华宇晨	男	汉	16	计网	高中	初级	2017.07
20140007	张思思	男	汉	17	室内设计	高中	中级	2017.01
20140008	杨正轲	男	汉	19	计网	大专	高级	2017.07
20140009	郑华华	女	汉	24	室内设计	初中	初级	2017.07
20140011	彭玉伟	男	汉	18	计网	大专	高级	2017.01
20140012	马强强	男	汉	17	室内设计	大专	初级	2017.07
20140013	宋立强	男	汉	16	室内设计	初中	高级	2017.01
20140014	李晓宇	女	汉	17	平面设计	高中	初级	2017.07
20140015	吕环平	男	汉	16	室内设计	初中	初级	2017.01
20140016	杨成虎	男	汉	20	室内设计	大专	高级	2017.01
20140003	仇晓杰	女	汉	17	计网	初中	中级	2017.01
20140017	高亮亮	男	汉	19	平面设计	高中	中级	2017.07
20140018	徐永欣	男	汉	20	计网	高中	中级	2017.07
20140019	耿俊刚	男	汉	18	平面设计	初中	高级	2017.07
20140020	姜忠浩	男	汉	18	平面设计	大专	初级	2017.07

● 图 4—5—2　编辑修改后的毕业生抽样调查表

相关知识

一、行、列、工作表的隐藏与取消隐藏

表格中的行或列很多时，不便于查询信息，在进行表格打印时，有时不想打印某些不必要的行和列，此时，就可以将多余的行或列隐藏。

1. 隐藏行、列或工作表

在 Excel 2010 中，隐藏行、列或工作表有以下两种方法。

（1）选中需要隐藏的行、列或工作表标签，单击鼠标右键，在弹出的快捷菜单中单击“隐藏”。

（2）选中需要隐藏的行、列或工作表标签，单击“开始”选项卡下“单元格”组中的“格式”按钮，在下拉列表中选择“隐藏和取消隐藏”级联菜单中需要的命令，如图4—5—3 所示。

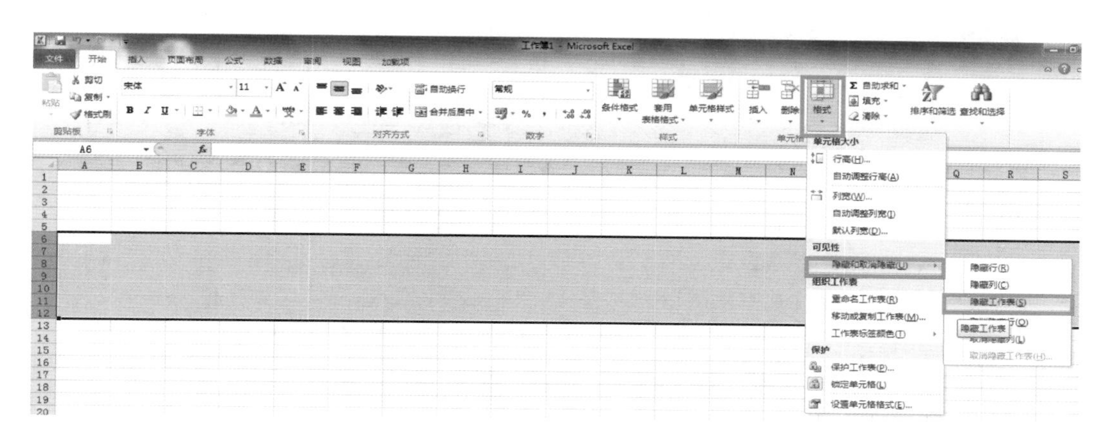

图 4—5—3 隐藏行、列或工作表命令

2. 取消行、列、工作表的隐藏

取消隐藏的方法是，对于已被隐藏的行（列），选中其上下两行或多行（上下两列或多列），单击鼠标右键，在弹出的快捷菜单中选择“取消隐藏”；对于已被隐藏的工作表，在任意其他工作表上单击鼠标右键，在弹出的快捷菜单中选择“取消隐藏”。此外，也可在前述“隐藏或取消隐藏”菜单中单击“取消隐藏行”“取消隐藏列”或“取消隐藏工作表”命令。

如果操作对象是行或列，将直接显示隐藏的行或列，如果操作对象是工作表，则出现如图 4—5—4 所示的对话框，选择需要取消隐藏的工作表，单击“确定”按钮即可。

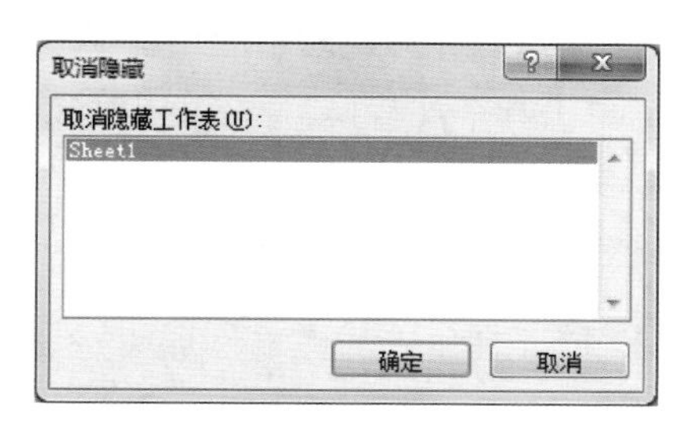

图 4—5—4 “取消隐藏”对话框

二、行、列的冻结和取消冻结

如果需要在工作表滚动时保持一部分行和列始终可见，可使用冻结窗格功能。其使用方法是，选中不需要冻结区域左上角的单元格（如拟冻结前三行、前两列，则选中单元格 C4），单击“视图”选项卡下“窗口”组中的“冻结窗格”按钮，在下拉菜单中选

择“冻结拆分窗格”命令，如图 4—5—5 所示。

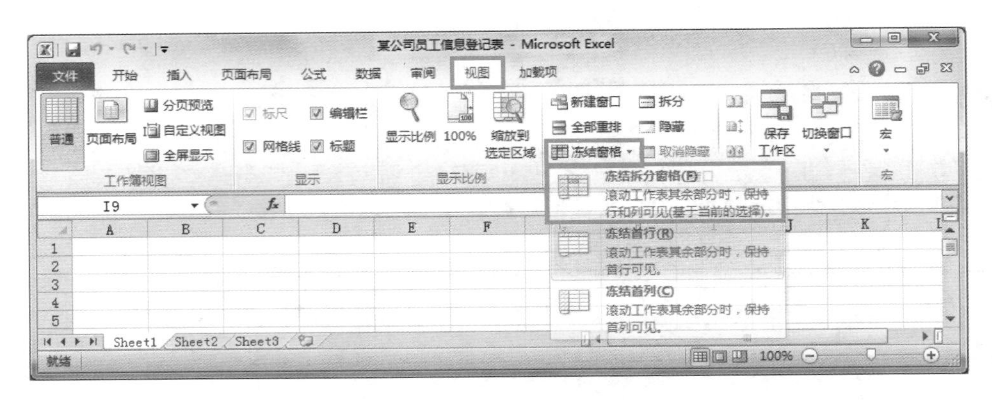

● 图 4—5—5 “冻结窗格”下拉列表框

如需取消冻结窗格，单击“视图”选项卡下“窗口”组中的“冻结窗格”按钮，在下拉菜单中选择“取消冻结窗格”即可。

在“冻结窗格”下拉菜单中，还提供了“冻结首行”和“冻结首列”两个选项，可实现快速冻结首行和首列操作。

任务实施

步骤一　查找“计算机网络应用”并将其替换为“计网”

打开“毕业生抽样调查表”文件，单击“开始”选项卡下“编辑”组的“查找和选择”按钮，在下拉列表中单击“替换”命令，如图 4—5—6 所示，弹出“查找和替换”对话框，在“查找内容”文本框中输入“计算机网络应用”，在“替换为”文本框中输入“计网”，如图 4—5—7 所示，然后单击“全部替换”按钮。替换后的效果如图 4—5—8 所示。

● 图 4—5—6 “查找和选择”列表

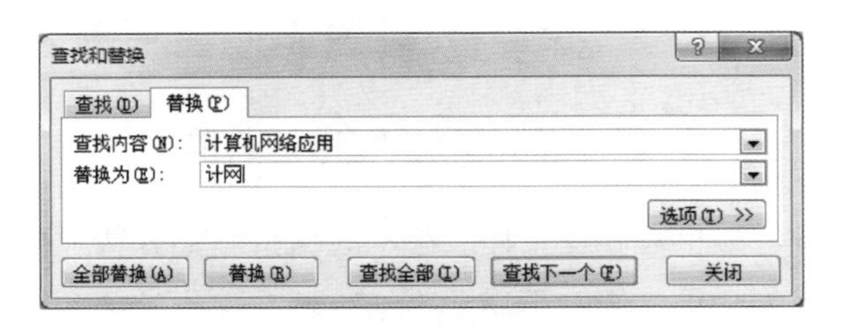

● 图 4—5—7 “查找和替换”对话框

信息工程系毕业生抽样调查表

学号	姓名	性别	年龄	专业	学历	技能等级	毕业时间
20140001	程培宇	男	18	计网	大专	高级	2017.01
20140002	邓玉林	男	18	平面设计	初中	中级	2017.07
20140003	仇晓杰	女	17	计网	初中	中级	2017.01
20140004	栾鹏旭	男	18	平面设计	高中	初级	2017.01
20140005	王海林	男	17	室内设计	大专	高级	2017.01
20140006	华宇晨	男	16	计网	高中	初级	2017.07
20140007	张思思	男	17	室内设计	高中	中级	2017.01
20140008	杨正轲	男	19	计网	大专	高级	2017.07
20140009	郑华华	女	24	室内设计	初中	初级	2017.07
20140010	刘殿臣	男	20	室内设计	初中	中级	2017.07
20140011	彭玉伟	男	18	计网	大专	高级	2017.01
20140012	马强强	男	17	室内设计	大专	初级	2017.07
20140013	宋立强	男	16	室内设计	初中	高级	2017.01
20140014	李晓宇	女	17	平面设计	高中	初级	2017.07
20140015	吕环平	男	16	室内设计	初中	初级	2017.01
20140016	杨成虎	男	20	室内设计	大专	高级	2017.01
20140017	高亮亮	男	19	平面设计	高中	中级	2017.07
20140018	徐永欣	男	20	计网	高中	中级	2017.07
20140019	耿俊刚	男	18	平面设计	初中	高级	2017.07
20140020	姜忠浩	男	18	平面设计	大专	初级	2017.07

图 4—5—8 替换后的效果

小提示 按快捷键 Ctrl+F 或 Ctrl+H 可直接打开“查找和替换”对话框的“查找”或“替换”选项卡。

步骤二 插入表格列

1. 单击 D 列的列号，单击鼠标右键，在弹出的快捷菜单中选择“插入”命令，效果如图 4—5—9 所示。

2. 在插入的列中填写表头“民族”，并填入学生的民族情况，效果如图 4—5—10 所示。

信息工程系毕业生抽样调查表

学号	姓名	性别		年龄	专业	学历	技能等级	毕业时间
20140001	程培宇	男		18	计网	大专	高级	2017.01
20140002	邓玉林	男		18	平面设计	初中	中级	2017.07
20140003	仇晓杰	女		17	计网	初中	中级	2017.01
20140004	栾鹏旭	男		18	平面设计	高中	初级	2017.01
20140005	王海林	男		17	室内设计	大专	高级	2017.01
20140006	华宇晨	男		16	计网	高中	初级	2017.07
20140007	张思思	男		17	室内设计	高中	中级	2017.01
20140008	杨正轲	男		19	计网	大专	高级	2017.07
20140009	郑华华	女		24	室内设计	初中	初级	2017.07
20140010	刘殿臣	男		20	室内设计	初中	中级	2017.07
20140011	彭玉伟	男		18	计网	大专	高级	2017.01
20140012	马强强	男		17	室内设计	大专	初级	2017.07
20140013	宋立强	男		16	室内设计	初中	高级	2017.01
20140014	李晓宇	女		17	平面设计	高中	初级	2017.07
20140015	吕环平	男		16	室内设计	初中	初级	2017.01
20140016	杨成虎	男		20	室内设计	大专	高级	2017.01
20140017	高亮亮	男		19	平面设计	高中	中级	2017.07
20140018	徐永欣	男		20	计网	高中	中级	2017.07
20140019	耿俊刚	男		18	平面设计	初中	高级	2017.07
20140020	姜忠浩	男		18	平面设计	大专	初级	2017.07

图 4—5—9 插入列后的效果

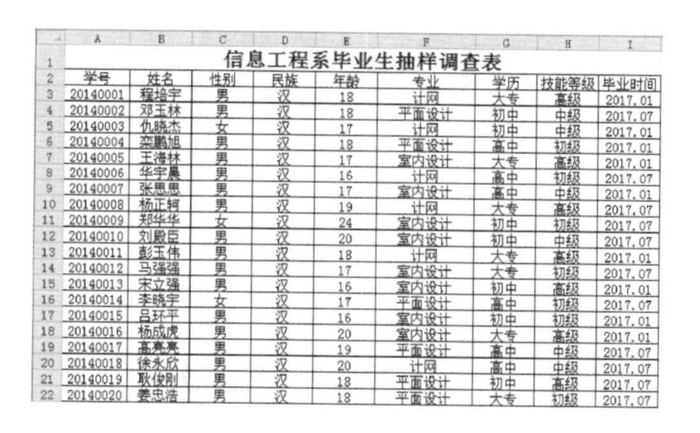

信息工程系毕业生抽样调查表

学号	姓名	性别	民族	年龄	专业	学历	技能等级	毕业时间
20140001	程培宇	男	汉	18	计网	大专	高级	2017.01
20140002	邓玉林	男	汉	18	平面设计	初中	中级	2017.07
20140003	仇晓杰	女	汉	17	计网	初中	中级	2017.01
20140004	栾鹏旭	男	汉	18	平面设计	高中	初级	2017.01
20140005	王海林	男	汉	17	室内设计	大专	高级	2017.01
20140006	华宇晨	男	汉	16	计网	高中	初级	2017.07
20140007	张思思	男	汉	17	室内设计	高中	中级	2017.01
20140008	杨正轲	男	汉	19	计网	大专	高级	2017.07
20140009	郑华华	女	汉	24	室内设计	初中	初级	2017.07
20140010	刘殿臣	男	汉	20	室内设计	初中	中级	2017.07
20140011	彭玉伟	男	汉	18	计网	大专	高级	2017.01
20140012	马强强	男	汉	17	室内设计	大专	初级	2017.07
20140013	宋立强	男	汉	16	室内设计	初中	高级	2017.01
20140014	李晓宇	女	汉	17	平面设计	高中	初级	2017.07
20140015	吕环平	男	汉	16	室内设计	初中	初级	2017.01
20140016	杨成虎	男	汉	20	室内设计	大专	高级	2017.01
20140017	高亮亮	男	汉	19	平面设计	高中	中级	2017.07
20140018	徐永欣	男	汉	20	计网	高中	中级	2017.07
20140019	耿俊刚	男	汉	18	平面设计	初中	高级	2017.07
20140020	姜忠浩	男	汉	18	平面设计	大专	初级	2017.07

图 4—5—10 填写内容后的效果

步骤三 表格内容的位置互换和删除

1. 单击第 19 行的行号，单击鼠标右键，在弹出的快捷菜单中选择“插入”命令，效果如图 4—5—11 所示。

2. 选择 A5 至 I5 单元格，单击“开始”选项卡下“剪贴板”组中的“剪切”按钮（或使用快捷键 Ctrl+X）。

3. 将光标定位在 A19 单元格，单击“开始”选项卡下“剪贴板”组中的“粘贴”按钮（或使用快捷键 Ctrl+V），效果如图 4—5—12 所示。

信息工程系毕业生抽样调查表

学号	姓名	性别	民族	年龄	专业	学历	技能等级	毕业时间
20140001	程培宇	男	汉	18	计网	大专	高级	2017.01
20140002	邓玉林	男	汉	18	平面设计	初中	中级	2017.07
20140003	仇晓杰	女	汉	17	计网	初中	中级	2017.01
20140004	栾鹏旭	男	汉	18	平面设计	高中	初级	2017.01
20140005	王海林	男	汉	17	室内设计	大专	高级	2017.01
20140006	华宇晨	男	汉	16	计网	高中	初级	2017.07
20140007	张思思	男	汉	17	室内设计	高中	中级	2017.01
20140008	杨正轲	男	汉	19	计网	大专	高级	2017.07
20140009	郑华华	女	汉	24	室内设计	初中	初级	2017.07
20140010	刘殿臣	男	汉	20	室内设计	初中	中级	2017.07
20140011	彭玉伟	男	汉	18	计网	大专	高级	2017.01
20140012	马强强	男	汉	17	室内设计	大专	初级	2017.07
20140013	宋立强	男	汉	16	室内设计	初中	高级	2017.01
20140014	李晓宇	女	汉	17	平面设计	高中	初级	2017.07
20140015	吕环平	男	汉	16	室内设计	初中	初级	2017.01
20140016	杨成虎	男	汉	20	室内设计	大专	高级	2017.01
140017	高亮亮	男	汉	19	平面设计	高中	中级	2017.07
20140018	徐永欣	男	汉	20	计网	高中	中级	2017.07
20140019	耿俊刚	男	汉	18	平面设计	初中	高级	2017.07
20140020	姜忠浩	男	汉	18	平面设计	大专	初级	2017.07

图 4—5—11　插入行后的效果

信息工程系毕业生抽样调查表

学号	姓名	性别	民族	年龄	专业	学历	技能等级	毕业时间
20140001	程培宇	男	汉	18	计网	大专	高级	2017.01
20140002	邓玉林	男	汉	18	平面设计	初中	中级	2017.07
20140004	栾鹏旭	男	汉	18	平面设计	高中	初级	2017.01
20140005	王海林	男	汉	17	室内设计	大专	高级	2017.01
20140006	华宇晨	男	汉	16	计网	高中	初级	2017.07
20140007	张思思	男	汉	17	室内设计	高中	中级	2017.01
20140008	杨正轲	男	汉	19	计网	大专	高级	2017.07
20140009	郑华华	女	汉	24	室内设计	初中	初级	2017.07
20140010	刘殿臣	男	汉	20	室内设计	初中	中级	2017.07
20140011	彭玉伟	男	汉	18	计网	大专	高级	2017.01
20140012	马强强	男	汉	17	室内设计	大专	初级	2017.07
20140013	宋立强	男	汉	16	室内设计	初中	高级	2017.01
20140014	李晓宇	女	汉	17	平面设计	高中	初级	2017.07
20140015	吕环平	男	汉	16	室内设计	初中	初级	2017.01
20140016	杨成虎	男	汉	20	室内设计	大专	高级	2017.01
20140003	仇晓杰	女	汉	17	计网	初中	中级	2017.01
20140017	高亮亮	男	汉	19	平面设计	高中	中级	2017.07
20140018	徐永欣	男	汉	20	计网	高中	中级	2017.07
20140019	耿俊刚	男	汉	18	平面设计	初中	高级	2017.07
20140020	姜忠浩	男	汉	18	平面设计	大专	初级	2017.07

图 4—5—12　移动内容后的效果

4. 单击第 5 行的行号，单击鼠标右键，在快捷菜单中选择“删除”命令，效果如图 4—5—13 所示。

5. 按住 Ctrl 键依次单击“20140002”和“20140010”所在行的行号，单击鼠标右键，在快捷菜单中选择“删除”命令，效果如图 4—5—14 所示。

信息工程系毕业生抽样调查表

学号	姓名	性别	民族	年龄	专业	学历	技能等级	毕业时间
20140001	程培宇	男	汉	18	计网	大专	高级	2017.01
20140002	邓玉林	男	汉	18	平面设计	初中	中级	2017.07
20140004	栾鹏旭	男	汉	18	平面设计	高中	初级	2017.01
20140005	王海林	男	汉	17	室内设计	大专	高级	2017.01
20140006	华宇晨	男	汉	16	计网	高中	初级	2017.07
20140007	张思思	男	汉	17	室内设计	高中	中级	2017.01
20140008	杨正轲	男	汉	19	计网	大专	高级	2017.07
20140009	郑华华	女	汉	24	室内设计	初中	初级	2017.07
20140010	刘殿臣	男	汉	20	室内设计	初中	中级	2017.07
20140011	彭玉伟	男	汉	18	计网	大专	高级	2017.01
20140012	马强强	男	汉	17	室内设计	大专	初级	2017.07
20140013	宋立强	男	汉	16	室内设计	初中	高级	2017.01
20140014	李晓宇	女	汉	17	平面设计	高中	初级	2017.07
20140015	吕环平	男	汉	16	室内设计	初中	初级	2017.01
20140016	杨成虎	男	汉	20	室内设计	大专	高级	2017.01
20140003	仇晓杰	女	汉	17	计网	初中	中级	2017.01
20140017	高亮亮	男	汉	19	平面设计	高中	中级	2017.07
20140018	徐永欣	男	汉	20	计网	高中	中级	2017.07
20140019	耿俊刚	男	汉	18	平面设计	初中	高级	2017.07
20140020	姜忠浩	男	汉	18	平面设计	大专	初级	2017.07

图 4—5—13　删除第 5 行后的效果

信息工程系毕业生抽样调查表

学号	姓名	性别	民族	年龄	专业	学历	技能等级	毕业时间
20140001	程培宇	男	汉	18	计网	大专	高级	2017.01
20140004	栾鹏旭	男	汉	18	平面设计	高中	初级	2017.01
20140005	王海林	男	汉	17	室内设计	大专	高级	2017.01
20140006	华宇晨	男	汉	16	计网	高中	初级	2017.07
20140007	张思思	男	汉	17	室内设计	高中	中级	2017.01
20140008	杨正轲	男	汉	19	计网	大专	高级	2017.07
20140009	郑华华	女	汉	24	室内设计	初中	初级	2017.07
20140011	彭玉伟	男	汉	18	计网	大专	高级	2017.01
20140012	马强强	男	汉	17	室内设计	大专	初级	2017.07
20140013	宋立强	男	汉	16	室内设计	初中	高级	2017.01
20140014	李晓宇	女	汉	17	平面设计	高中	初级	2017.07
20140015	吕环平	男	汉	16	室内设计	初中	初级	2017.01
20140016	杨成虎	男	汉	20	室内设计	大专	高级	2017.01
20140003	仇晓杰	女	汉	17	计网	初中	中级	2017.01
20140017	高亮亮	男	汉	19	平面设计	高中	中级	2017.07
20140018	徐永欣	男	汉	20	计网	高中	中级	2017.07
20140019	耿俊刚	男	汉	18	平面设计	初中	高级	2017.07
20140020	姜忠浩	男	汉	18	平面设计	大专	初级	2017.07

图 4—5—14　删除第 4 行和第 11 行后的效果

步骤四　对照任务要求核对信息

对照任务要求核对所修改信息是否正确，无遗漏。若表格篇幅较大，使用冻结窗口的方法将表头和学号、姓名列固定，以便对照查看信息。

步骤五　保存文件并退出

检查无误后保存文件并退出 Excel 2010 程序。

巩固练习

1. 建立如图 4—5—15 所示的“某单位员工月工资情况汇总表”。

2. 将表格中所有的内容居中，第 1 行文字设置为“字体：黑体，字号：三号，字形：加粗”，第 2 到 17 行的文字设为“字体：仿宋，字号：五号，对齐方式：居中”。

3. 将表格中“T”替换为“男”，“F”替换为“女”，“高级工”替换为“高工”。

4. 在“序号 11”和“序号 12”之间插入一条信息，内容为：“王丽，女，技师，3500，300，300，600”。

5. 将“序号 3”的内容移动到“序号 8”的上方。

6. 删除“序号 13”的内容。

7. 重新调整“序号”。

某单位员工月工资情况汇总表

序号	姓名	性别	技术职称	基本工资	车费补助	话费补助	奖金	实发工资
1	陶芃屹	T	高级工	3000	200	200	500	
2	何洋	F	高级工	3000	200	200	500	
3	付双鑫	T	高级工	3000	200	200	500	
4	王玮明	T	技师	3500	300	300	600	
5	王国龙	T	中级工	2500	100	100	400	
6	郭江峰	T	中级工	2500	100	100	400	
7	李谨谨	F	高级工	3000	200	200	500	
8	朱哲宇	T	高级工	3000	200	200	500	
9	高也	T	技师	3500	300	300	600	
10	李栋鸣	T	高级工	3000	200	200	500	
11	尹　君	F	高级工	3000	200	200	500	
12	曹正平	T	中级工	2500	100	100	400	
13	于吉久	T	中级工	2500	100	100	400	
14	王柏弘	F	技师	3500	300	300	600	
15	李雨博	T	技师	3500	300	300	600	

图 4—5—15 某单位员工月工资情况汇总表

任务 6 制作“学生成绩统计表”——公式、函数、自动填充功能

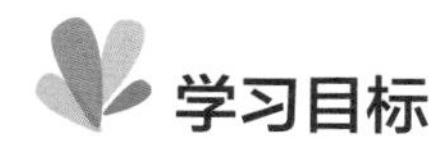

学习目标

知识目标：1. 了解公式、函数的功能

2. 了解自动填充功能的用途

技能目标：1. 能应用公式、函数完成相关运算

2. 能使用自动填充功能快速输入有规律的一组数据

任务描述

本任务在学习公式、函数、自动填充等 Excel 的常用功能基础上，完成以下案例：

某技师学院为了方便快捷地统计学生成绩，要制作一个成绩统计表，要求用 Excel 软件中的公式、函数、自动填充功能，快速求出总分、平均分、最高分、最低分、人数等数值，表格的效果如图 4—6—1 所示。

2017级计算机1班成绩统计表										
学号	姓名	语文	数学	德育	体育	英语	计算机	总分	平均分	名次
20170001	李平	78	87	67	75	83	78	468	78.0	12
20170002	王蕾	89	89	69	94	91	87	519	86.5	1
20170003	李丽	59	100	68	87	94	89	497	82.8	6
20170004	周晓丽	76	54	72	84	96	98	480	80.0	10
20170005	孙晓晓	74	67	82	86	85	87	481	80.2	9
20170006	于佳佳	85	91	64	85	47	84	456	76.0	15
20170007	于丽	96	93	83	84	48	85	489	81.5	8
20170008	孙平	68	83	95	74	95	86	501	83.5	3
20170009	孙晓磊	64	84	99	75	85	93	500	83.3	4
20170010	李一曼	69	74	88	75	72	99	477	79.5	11
20170011	张平	63	54	75	95	72	98	457	76.2	14
20170012	杜娟	74	85	77	94	83	86	499	83.2	5
20170013	李华	84	86	76	84	86	77	493	82.2	7
20170014	赵永杰	72	100	79	81	94	76	502	83.7	2
20170015	杨丽丽	94	57	78	82	74	78	463	77.2	13
最高分		96	100	99	95	96	99	519	86.5	
最低分		59	54	64	74	47	76	456	76	
在籍人数		15			全班平均分			80.9		
考试人数		15			平均分及格人数			15		
教师签字					及格率			100%		

图4—6—1　学生成绩统计表效果

相关知识

一、公式

公式是对工作表中的数值执行计算的一串表达式，以等号（=）开头。公式中可以包括函数、引用、运算符和常量等。

函数是软件中预先编好的用于运算的一小段程序，按照函数格式给定参数即可得到相应的运算结果。例如，求和函数用于求给定值的和，求最小值函数用于找出一组数据中的最小值等。

单元格的引用是指在一处单元格的公式中使用另一处单元格的值，例如，在单元格A3中输入公式“=B5*6+9”，即引用了单元格B5的值。

运算符是一个标记或符号，用于指定表达式内执行的计算类型，包括数学运算符、比较运算符、逻辑运算符和引用运算符等。各种运算符的符号和使用格式可通过Excel 2010的帮助文档查阅。其中算术运算符与数学中的符号大多相同，但也有少数不同，如乘方运算的运算符为“∧”，相乘运算的运算符为“*”等。

常量是指在运算过程中不发生变化的量，也就是不用计算的值，如数字“20”及文本“收入”等都是常量。

二、单元格的引用

Excel 2010中不但可以引用当前工作簿中任何一个工作表任何单元格或单元格区域中的数据，还可以引用其他工作簿中的数据。

引用单元格数据后，公式的运算值将随着被引用单元格数据的变化而变化。当被引用的单元格数据被修改后，公式的运算结果将自动修改。

Excel 提供了相对引用、绝对引用和混合引用三种引用方式。

1. 相对引用

在相对引用方式下，Excel 实际记录的是被引用单元格和公式所在单元格之间的相对位置，当公式所在单元格移动或复制到其他位置时，公式中所引用的单元格也随之移动。例如，将前述单元格 A3 复制到单元格 B4，则其中的公式自动变为“=C6*6+9”。Excel 默认的引用方式是相对引用。

2. 绝对引用

在绝对引用方式下，Excel 实际记录的是被引用单元格的绝对位置，当公式所在单元格移动或复制到其他位置时，公式中所引用的单元格不随之移动。在 Excel 中，绝对引用的标记是在行号和列号前分别添加一个符号“$”。例如，若单元格 A3 中的公式为“=$B$5*6+9”，将其复制到单元格 B4 后，单元格 B4 中的公式仍是“=$B$5*6+9”。

3. 混合引用

若仅需行号或列号中的一个使用绝对位置，另一个使用相对位置，可仅在需要使用绝对位置的行号或列号前添加“$”，这就是混合引用。例如，若单元格 A3 中的公式为“=$B5*6+9”，将其复制到单元格 B4 后，单元格 B4 中的公式将变为“=$B6*6+9”；而若单元格 A3 中的公式为“=B$5*6+9”，将其复制到单元格 B4 后，单元格 B4 中的公式将变为“=C$5*6+9”。

三、常用函数

1. SUM——求和函数

格式：SUM(参数 1, 参数 2, 参数 3,…)

功能：求各参数之和。

示例：SUM(3,5,6,8,2) 的运算结果为“24”。

2. AVERAGE——求平均值函数

格式：AVERAGE(参数 1, 参数 2, 参数 3,…)

功能：求各参数的平均值。

示例：AVERAGE(3,5,6,8,2) 的运算结果为“4.8”。

3. ABS——求绝对值函数

格式：ABS(参数)

功能：求参数的绝对值。

示例：ABS(−5) 的运算结果为“5”。

4. MAX——求最大值函数

格式：MAX(参数 1, 参数 2, 参数 3,⋯)

功能：求各参数的最大值。

示例：MAX(2,3,5,6,9,4) 的运算结果是“9”。

5. MIN——求最小值函数

格式：MIN(参数 1, 参数 2, 参数 3,⋯)

功能：求各参数的最小值。

示例：MAX(2,3,5,6,9,4) 的运算结果是“2”。

6. RANK——排名函数

格式：RANK(参数 1, 参数 2, 参数 3)

功能：求参数 1 在参数 2 这组数字中的排名数。

说明：参数 1 为指定的一个数或一个单元格，参数 2 为一组数或一组单元格（参数 1 应是这一组中的一员）。参数 3 为 0 或没有，则按降序排列；为非零值，则按升序排列。

7. IF 条件函数

格式：IF(参数 1, 参数 2, 参数 3)

功能：若参数 1 成立则转到参数 2；若参数 1 不成立则转到参数 3。

说明：参数 1 为任意一个可判断 TRUE 或 FALSE 的数值或表达式。

8. COUNT——计数函数

格式：COUNT(参数 1, 参数 2, 参数 3,⋯)

功能：求全部参数中包含数字的参数的数目。

说明：参数也可以是单元格区域，此时将统计该区域内包含数字的单元格数目。

9. COUNTIF——条件统计函数

格式：COUNTIF(参数 1, 参数 2)

功能：求参数 1 区域中满足参数 2 条件单元格数目。

说明：统计的对象可以是数值，也可以是文本。

10. SUMIF——按条件求和函数

格式：SUMIF(参数 1, 参数 2, 参数 3)

功能：对满足条件的单元格求和。

说明：参数 1 为要进行条件比较的区域；参数 2 为条件，一般为一个表达式，将这个条件与参数 1 中的值进行比较；参数 3 为实际参与计算的单元格区域，若参数 1 的某值符合参数 2 的条件，则其对应位置上参数 3 的值将参与计算，如果参数 3 省略，则使用参数 1 中的值参与计算。

11. ROUND——四舍五入函数

格式：ROUND(参数 1, 参数 2)

功能：按指定的位数对数值进行四舍五入。

说明：参数 1 为原数值，参数 2 为一个数字，用于指定需要保留的小数位数。

12. MID——截取字符串函数

格式：MID(参数 1, 参数 2, 参数 3)

功能：从一个字符串中截取出指定位置、指定数量的字符。

说明：参数 1 为原字符串，参数 2 为要截取的第一个字符的位置，参数 3 为截取的长度。

四、自动填充功能

如果要输入一些带有规律性的数据或文本，可采用 Excel 的自动填充功能。如输入一年中的十二个月“一月、二月、三月、四月……”，输入“1、3、5、7、9……”（即有相等的步长），输入“甲、乙、丙、丁……”，输入“星期一、星期二、星期三……”等，均可用自动填充功能快速输入。

例如要在（A1:L1）中输入“一月、二月……”，可以在单元格 A1 中输入“一月”，然后将鼠标光标移动到该单元格右下角，此时鼠标光标变成黑色十字形状，再按住鼠标左键进行拖动，结果如图 4—6—2 所示。

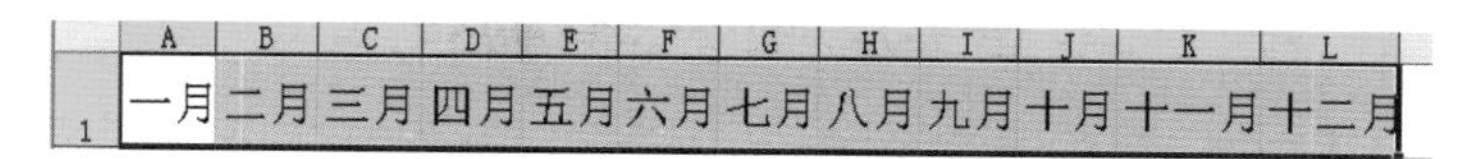

图 4—6—2 自动填充后的效果

Excel 2010 的默认填充序列不能满足需求时，用户还可以自行定义其他带有规律性的文本内容作为填充序列。其操作方法如下：

1. 单击“文件”选项卡中的“选项”命令，打开“Excel 选项”对话框，如图 4—6—3 所示，单击“编辑自定义列表”按钮，打开“自定义序列”对话框，如图 4—6—4 所示。

2. 在“输入序列”窗口中输入序列内容（如公司工人姓名），然后单击“添加”按钮，即可将所需自动填充的内容添加到序列中，窗口显示如图 4—6—5 所示，最后单击“确定”按钮。

● 图 4—6—3 “Excel 选项”对话框

● 图 4—6—4 “自定义序列”对话框

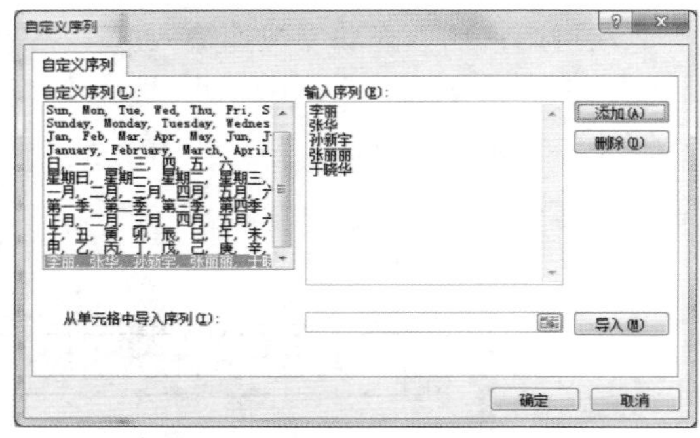

● 图 4—6—5 添加自动填充序列

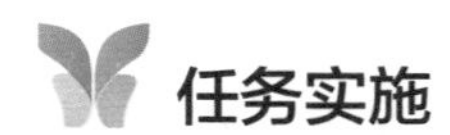

任务实施

步骤一 录入成绩表内容并设置格式

1. 打开 Excel 2010，在工作表中录入如图 4—6—6 所示内容。

2. 对表头、最高分、最低分等单元格进行合并居中操作，效果如图 4—6—7 所示。

3. 将表头文字设置为“字体：黑体，字号：20，颜色：黑色”；将其他文字设置为“字体：宋体，字号：16，颜色：黑色，对齐方式：居中”；为表格加上边框线，内部为细实线，外部为粗实线，效果如图 4—6—8 所示。

	A	B	C	D	E	F	G	H	I	J	K
1	2017级计算机1班成绩统计表										
2	学号	姓名	语文	数学	德育	体育	英语	计算机	总分	平均分	名次
3		李平	78	87	67	75	83	78			
4		王蕾	89	89	69	94	91	87			
5		李丽	59	100	68	87	94	89			
6		周晓丽	76	54	72	84	96	98			
7		孙晓晓	74	67	82	86	85	87			
8		于佳佳	85	91	64	85	47	84			
9		于丽	96	93	83	84	48	85			
10		孙平	68	83	95	74	95	86			
11		孙晓磊	64	84	99	75	85	93			
12		李一曼	69	74	88	75	72	99			
13		张平	63	54	75	95	72	98			
14		杜娟	74	85	77	94	83	86			
15		李华	84	86	76	84	86	77			
16		赵永杰	72	100	79	81	94	76			
17		杨丽丽	94	57	78	82	74	78			
18	最高分										
19	最低分										
20	在籍人数					全班平均分					
21	考试人数					平均分及格人数					
22	教师签字					及格率					

Sheet1 / Sheet2 / Sheet3

● 图 4—6—6　成绩表内容

任务5 学生成绩表总分和平均分的计算(未排版) [兼容模式]

	A	B	C	D	E	F	G	H	I	J	K
1	2017级计算机1班成绩统计表										
2	学号	姓名	语文	数学	德育	体育	英语	计算机	总分	平均分	名次
3		李平	78	87	67	75	83	78			
4		王蕾	89	89	69	94	91	87			
5		李丽	59	100	68	87	94	89			
6		周晓丽	76	54	72	84	96	98			
7		孙晓晓	74	67	82	86	85	87			
8		于佳佳	85	91	64	85	47	84			
9		于丽	96	93	83	84	48	85			
10		孙平	68	83	95	74	95	86			
11		孙晓磊	64	84	99	75	85	93			
12		李一曼	69	74	88	75	72	99			
13		张平	63	54	75	95	72	98			
14		杜娟	74	85	77	94	83	86			
15		李华	84	86	76	84	86	77			
16		赵永杰	72	100	79	81	94	76			
17		杨丽丽	94	57	78	82	74	78			
18	最高分										
19	最低分										
20	在籍人数					全班平均分					
21	考试人数					平均分及格人数					
22	教师签字					及格率					

Sheet1 / Sheet2 / Sheet3

● 图 4—6—7　合并、居中单元格

	A	B	C	D	E	F	G	H	I	J	K
1	2017级计算机1班成绩统计表										
2	学号	姓名	语文	数学	德育	体育	英语	计算机	总分	平均分	名次
3		李平	78	87	67	75	83	78			
4		王蕾	89	89	69	94	91	87			
5		李丽	59	100	68	87	94	89			
6		周晓丽	76	54	72	84	96	98			
7		孙晓晓	74	67	82	86	85	87			
8		于佳佳	85	91	64	85	47	84			
9		于丽	96	93	83	84	48	85			
10		孙平	68	83	95	74	95	86			
11		孙晓磊	64	84	99	75	85	93			
12		李一曼	69	74	88	75	72	99			
13		张平	63	54	75	95	72	98			
14		杜娟	74	85	77	94	83	86			
15		李华	84	86	76	84	86	77			
16		赵永杰	72	100	79	81	94	76			
17		杨丽丽	94	57	78	82	74	78			
18	最高分										
19	最低分										
20	在籍人数					全班平均分					
21	考试人数					平均分及格人数					
22	教师签字					及格率					

● 图 4—6—8　表格格式设置效果

步骤二　自动填充学号

选中 A3:A17 单元格，打开“设置单元格格式”对话框，在“数字”选项卡中选择“文本”，如图 4—6—9 所示，在 A3 单元格中输入“2017001”，单击 A3 单元格，将光标移动到单元格右下角，当光标变为“+”形状时，按住鼠标左键拖动到A17单元格，此时所经过的单元格中会自动完成填充，效果如图4—6—10所示。

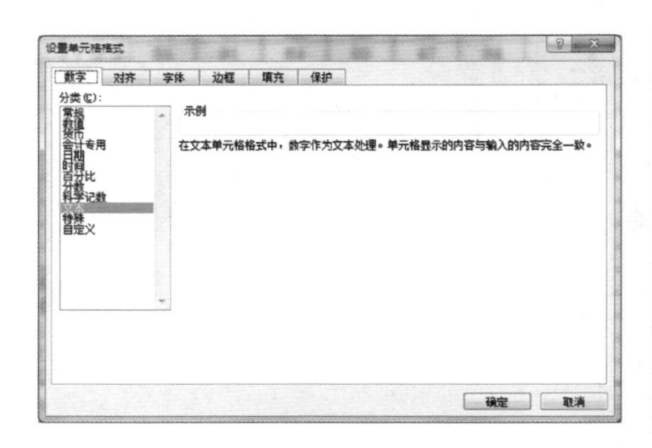

● 图4—6—9　设置“文本”数字

2017级计算机1班成绩统计表										
学号	姓名	语文	数学	德育	体育	英语	计算机	总分	平均分	名次
20170001	李平	78	87	67	75	83	78			
20170002	王蕾	89	89	69	94	91	87			
20170003	李丽	59	100	68	87	94	89			
20170004	周晓丽	76	54	72	84	96	98			
20170005	孙晓晓	74	67	82	86	85	87			
20170006	于佳佳	85	91	64	85	47	84			
20170007	于丽	96	93	83	84	48	85			
20170008	孙平	68	83	95	74	95	86			
20170009	孙晓磊	64	84	99	75	85	93			
20170010	李一曼	69	74	88	75	72	99			
20170011	张平	63	54	75	95	72	98			
20170012	杜娟	74	85	77	94	83	86			
20170013	李华	84	86	76	84	86	77			
20170014	赵永杰	72	100	79	81	94	76			
20170015	杨丽丽	94	57	78	82	74	78			
最高分										
最低分										
在籍人数					全班平均分					
考试人数					平均分及格人数					
教师签字					及格率					

● 图4—6—10　自动填充效果

步骤三　利用函数计算第一位学生的总分

1.单击选中单元格I3，单击“公式”选项卡中的“插入函数”按钮，如图4—6—11所示，弹出如图4—6—12所示的“插入函数”对话框。

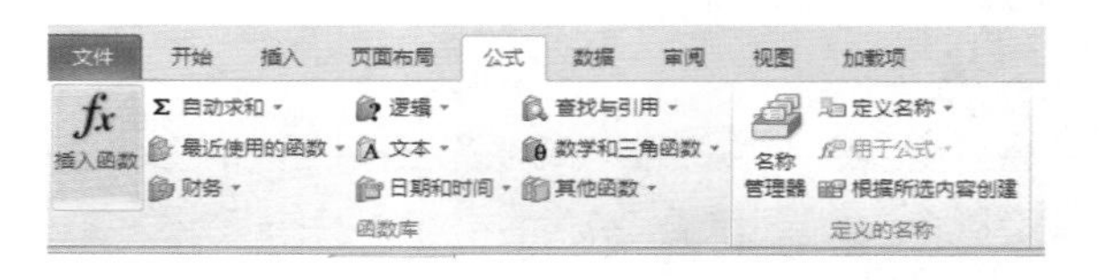

● 图4—6—11　“插入函数”命令

2.在“选择函数”下拉列表框中选择“SUM”函数，然后单击“确定”按钮，弹出如图4—6—13所示的对话框。

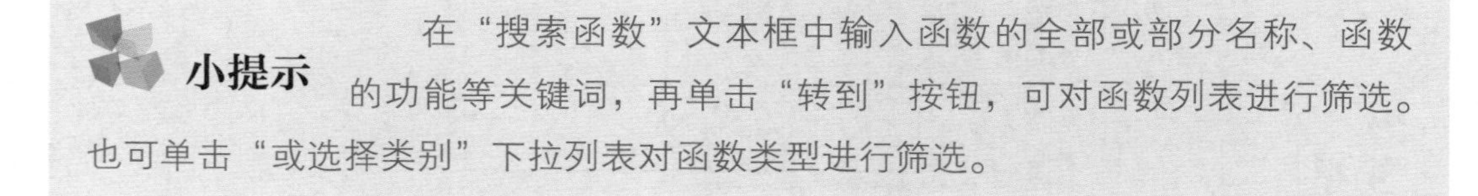

小提示　在“搜索函数”文本框中输入函数的全部或部分名称、函数的功能等关键词，再单击“转到”按钮，可对函数列表进行筛选。也可单击“或选择类别”下拉列表对函数类型进行筛选。

3.在“Number1”文本框中输入求和范围C3:H3，单击“确定”按钮即可，结果如图4—6—14所示。如有多个区域或数值，可在“Number2”“Number3”等文本框中依次输入。

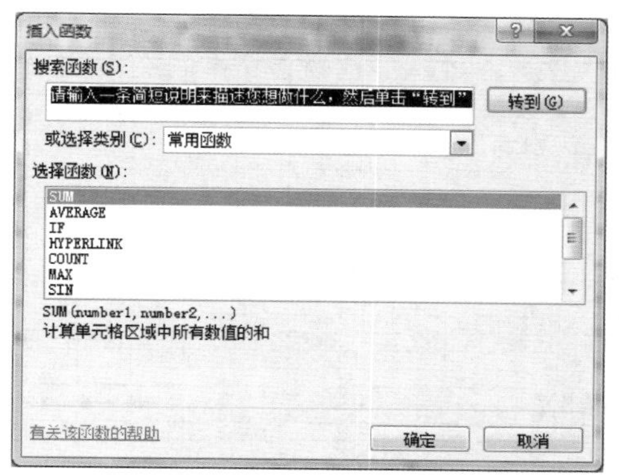

● 图4—6—12 “插入函数”对话框

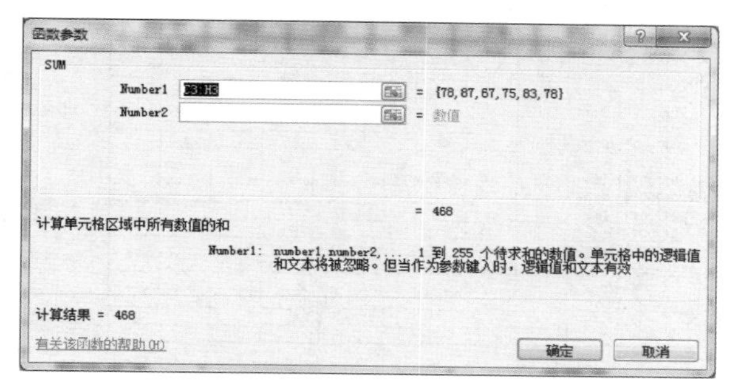

● 图4—6—13 “函数参数”对话框

小提示 除利用“插入函数”对话框来求和外，还可以在“公式”选项卡中单击“自动求和按钮”完成求和函数的使用。如对函数格式掌握熟练，还可直接在单元格内书写函数公式。

步骤四 利用公式求第一位学生的平均分

选择J3单元格，输入自定义公式“=I3/6”，如图4—6—15所示，然后按回车键，显示结果如图4—6—16所示。

2017级计算机1班成绩统计表

学号	姓名	语文	数学	德育	体育	英语	计算机	总分	平均分	名次
20170001	李平	78	87	67	75	83	78	468		
20170002	王蕾	89	89	69	94	91	87			
20170003	李丽	59	100	68	87	94	89			
20170004	周晓丽	76	54	72	84	96	98			
20170005	孙晓晓	74	67	82	86	85	87			
20170006	于佳佳	85	91	64	85	47	84			
20170007	于丽	96	93	83	84	48	85			
20170008	孙平	68	83	95	74	95	86			
20170009	孙晓磊	64	84	99	75	85	93			
20170010	李一曼	69	74	88	75	72	99			
20170011	张平	63	54	75	95	72	98			
20170012	杜娟	74	85	77	94	83	86			
20170013	李华	84	86	76	84	86	77			
20170014	赵永杰	72	100	79	81	94	76			
20170015	杨丽丽	94	57	78	82	74	78			
最高分										
最低分										
在籍人数					全班平均分					
考试人数					平均分及格人数					
教师签字					及格率					

Sheet1 Sheet2 Sheet3

● 图4—6—14 计算总分效果

2017级计算机1班成绩统计表

学号	姓名	语文	数学	德育	体育	英语	计算机	总分	平均分	名次
20170001	李平	78	87	67	75	83	78	468	=I3/6	
20170002	王蕾	89	89	69	94	91	87			
20170003	李丽	59	100	68	87	94	89			
20170004	周晓丽	76	54	72	84	96	98			
20170005	孙晓晓	74	67	82	86	85	87			
20170006	于佳佳	85	91	64	85	47	84			
20170007	于丽	96	93	83	84	48	85			
20170008	孙平	68	83	95	74	95	86			
20170009	孙晓磊	64	84	99	75	85	93			
20170010	李一曼	69	74	88	75	72	99			
20170011	张平	63	54	75	95	72	98			
20170012	杜娟	74	85	77	94	83	86			
20170013	李华	84	86	76	84	86	77			
20170014	赵永杰	72	100	79	81	94	76			
20170015	杨丽丽	94	57	78	82	74	78			
最高分										
最低分										
在籍人数					全班平均分					
考试人数					平均分及格人数					
教师签字					及格率					

Sheet1 Sheet2 Sheet3

● 图4—6—15 输入公式

步骤五 利用自动填充功能求出其他学生的总分和平均分

1. 选择I3单元格，将鼠标光标移动到I3单元格的右下方，此时光标变成“+”形状，按住鼠标左键向下拖动至单元格I17，释放鼠标左键完成填充。

2. 用同样的方法自动填充J4:J17。最后效果如图4—6—17所示。

2017级计算机1班成绩统计表

学号	姓名	语文	数学	德育	体育	英语	计算机	总分	平均分	名次
20170001	李平	78	87	67	75	83	78	468	78.0	
20170002	王蕾	89	89	69	94	91	87			
20170003	李丽	59	100	68	87	94	89			
20170004	周晓丽	76	54	72	84	96	98			
20170005	孙晓晓	74	67	82	86	85	87			
20170006	于佳佳	85	91	64	85	47	84			
20170007	于丽	96	93	83	84	48	85			
20170008	孙平	68	83	95	74	95	86			
20170009	孙晓磊	64	84	99	75	85	93			
20170010	李一曼	69	74	88	75	72	99			
20170011	张平	63	54	75	95	72	98			
20170012	杜娟	74	85	77	94	83	86			
20170013	李华	84	86	76	84	86	77			
20170014	赵永杰	72	100	79	81	94	76			
20170015	杨丽丽	94	57	78	82	74	78			
最高分										
最低分										
在籍人数					全班平均分					
考试人数					平均分及格人数					
教师签字					及格率					

● 图4—6—16　显示结果

2017级计算机1班成绩统计表

学号	姓名	语文	数学	德育	体育	英语	计算机	总分	平均分	名次
20170001	李平	78	87	67	75	83	78	468	78.0	
20170002	王蕾	89	89	69	94	91	87	519	86.5	
20170003	李丽	59	100	68	87	94	89	497	82.8	
20170004	周晓丽	76	54	72	84	96	98	480	80.0	
20170005	孙晓晓	74	67	82	86	85	87	481	80.2	
20170006	于佳佳	85	91	64	85	47	84	456	76.0	
20170007	于丽	96	93	83	84	48	85	489	81.5	
20170008	孙平	68	83	95	74	95	86	501	83.5	
20170009	孙晓磊	64	84	99	75	85	93	500	83.3	
20170010	李一曼	69	74	88	75	72	99	477	79.5	
20170011	张平	63	54	75	95	72	98	457	76.2	
20170012	杜娟	74	85	77	94	83	86	499	83.2	
20170013	李华	84	86	76	84	86	77	493	82.2	
20170014	赵永杰	72	100	79	81	94	76	502	83.7	
20170015	杨丽丽	94	57	78	82	74	78	463	77.2	
最高分										
最低分										
在籍人数					全班平均分					
考试人数					平均分及格人数					
教师签字					及格率					

● 图4—6—17　自动填充后的效果

步骤六　利用函数求出各科的最高分和最低分

1. 单击单元格C18，在“公式”选项卡中单击“自动求和”按钮，在下拉菜单中选择“最大值”，系统在单元格C18中自动填入公式，并将单元格区域C3:C17识别为计算区域，如识别有误，可手动更改，按回车键完成操作。单击单元格C19，完成“最小值”的计算，操作方法类似。

2. 选择C18、C19两个单元格，将鼠标光标移到单元格右下角，光标变为“+”形状，按住左键拖动到H19单元格，释放左键完成操作，效果如图4—6—18所示。

步骤七　利用Count函数统计在籍人数

单击“在籍人数”右侧的单元格，输入公式“=count(J3:J17)”，按回车键即可统计所示单元格的个数，效果如图4—6—19所示。

2017级计算机1班成绩统计表

学号	姓名	语文	数学	德育	体育	英语	计算机	总分	平均分	名次
20170001	李平	78	87	67	75	83	78	468	78.0	
20170002	王蕾	89	89	69	94	91	87	519	86.5	
20170003	李丽	59	100	68	87	94	89	497	82.8	
20170004	周晓丽	76	54	72	84	96	98	480	80.0	
20170005	孙晓晓	74	67	82	86	85	87	481	80.2	
20170006	于佳佳	85	91	64	85	47	84	456	76.0	
20170007	于丽	96	93	83	84	48	85	489	81.5	
20170008	孙平	68	83	95	74	95	86	501	83.5	
20170009	孙晓磊	64	84	99	75	85	93	500	83.3	
20170010	李一曼	69	74	88	75	72	99	477	79.5	
20170011	张平	63	54	75	95	72	98	457	76.2	
20170012	杜娟	74	85	77	94	83	86	499	83.2	
20170013	李华	84	86	76	84	86	77	493	82.2	
20170014	赵永杰	72	100	79	81	94	76	502	83.7	
20170015	杨丽丽	94	57	78	82	74	78	463	77.2	
最高分		96	100	99	95	96	99			
最低分		59	54	64	74	47	76			
在籍人数					全班平均分					
考试人数					平均分及格人数					
教师签字					及格率					

● 图4—6—18　自动填充最大值和最小值

2017级计算机1班成绩统计表

学号	姓名	语文	数学	德育	体育	英语	计算机	总分	平均分	名次
20170001	李平	78	87	67	75	83	78	468	78.0	
20170002	王蕾	89	89	69	94	91	87	519	86.5	
20170003	李丽	59	100	68	87	94	89	497	82.8	
20170004	周晓丽	76	54	72	84	96	98	480	80.0	
20170005	孙晓晓	74	67	82	86	85	87	481	80.2	
20170006	于佳佳	85	91	64	85	47	84	456	76.0	
20170007	于丽	96	93	83	84	48	85	489	81.5	
20170008	孙平	68	83	95	74	95	86	501	83.5	
20170009	孙晓磊	64	84	99	75	85	93	500	83.3	
20170010	李一曼	69	74	88	75	72	99	477	79.5	
20170011	张平	63	54	75	95	72	98	457	76.2	
20170012	杜娟	74	85	77	94	83	86	499	83.2	
20170013	李华	84	86	76	84	86	77	493	82.2	
20170014	赵永杰	72	100	79	81	94	76	502	83.7	
20170015	杨丽丽	94	57	78	82	74	78	463	77.2	
最高分		96	100	99	95	96	99			
最低分		59	54	64	74	47	76			
在籍人数			15		全班平均分					
考试人数					平均分及格人数					
教师签字					及格率					

● 图4—6—19　统计“在籍人数”

步骤八　利用Countif函数统计考试人数和平均分及格人数

单击“考试人数”右侧的单元格，输入公式“=countif(J3:J17,">0")”，按回车键即可统计出所有“平均分大于0”的单元格个数，如图4—6—20所示。类似地，在“平均分及格人数”右侧的单元格内输入公式“=countif(J3:J17,">=60")”，按回车键完成操作。

步骤九　利用 Average 函数求全班平均分

单击“全班平均分”右侧的单元格，单击“公式”选项卡中的“自动求和”按钮，在下拉菜单中选择“平均值”，将计算区域设为 J3:J17，即可求出全班平均分，效果如图 4—6—21 所示。

2017级计算机1班成绩统计表										
学号	姓名	语文	数学	德育	体育	英语	计算机	总分	平均分	名次
20170001	李平	78	87	67	75	83	78	468	78.0	
20170002	王蕾	89	89	69	94	91	87	519	86.5	
20170003	李丽	59	100	68	87	94	89	497	82.8	
20170004	周晓丽	76	54	72	84	96	98	480	80.0	
20170005	孙晓晓	74	67	82	86	85	87	481	80.2	
20170006	于佳佳	85	91	64	85	47	84	456	76.0	
20170007	于丽	96	93	83	84	48	85	489	81.5	
20170008	孙平	68	83	95	74	95	86	501	83.5	
20170009	孙晓磊	64	84	99	75	85	93	500	83.3	
20170010	李一曼	69	74	88	75	72	99	477	79.5	
20170011	张平	63	54	75	95	72	98	457	76.2	
20170012	杜娟	74	85	77	94	83	86	499	83.2	
20170013	李华	84	86	76	84	86	77	493	82.2	
20170014	赵永杰	72	100	79	81	94	76	502	83.7	
20170015	杨丽丽	94	57	78	82	74	78	463	77.2	
最高分		96	100	99	95	96	99			
最低分		59	54	64	74	47	76			
在籍人数		15			全班平均分					
考试人		=COUNTIF(J3:J17,">0")			I分及格人数					
教师签					及格率					

● 图 4—6—20　统计考试人数

2017级计算机1班成绩统计表										
学号	姓名	语文	数学	德育	体育	英语	计算机	总分	平均分	名次
20170001	李平	78	87	67	75	83	78	468	78.0	
20170002	王蕾	89	89	69	94	91	87	519	86.5	
20170003	李丽	59	100	68	87	94	89	497	82.8	
20170004	周晓丽	76	54	72	84	96	98	480	80.0	
20170005	孙晓晓	74	67	82	86	85	87	481	80.2	
20170006	于佳佳	85	91	64	85	47	84	456	76.0	
20170007	于丽	96	93	83	84	48	85	489	81.5	
20170008	孙平	68	83	95	74	95	86	501	83.5	
20170009	孙晓磊	64	84	99	75	85	93	500	83.3	
20170010	李一曼	69	74	88	75	72	99	477	79.5	
20170011	张平	63	54	75	95	72	98	457	76.2	
20170012	杜娟	74	85	77	94	83	86	499	83.2	
20170013	李华	84	86	76	84	86	77	493	82.2	
20170014	赵永杰	72	100	79	81	94	76	502	83.7	
20170015	杨丽丽	94	57	78	82	74	78	463	77.2	
最高分		96	100	99	95	96	99			
最低分		59	54	64	74	47	76			
在籍人数		15			全班平均分			80.9		
考试人数		15			平均分及格人数			15		
教师签字					及格率					

● 图 4—6—21　求全班平均分

步骤十　求及格率

单击“及格率”右侧的单元格，打开“设置单元格格式”对话框，将“数值”选项卡设置为“百分比”，然后在单元格内输入公式“=I21/C21”，按回车键完成操作。

步骤十一　利用 rank 函数计算名次

单击 K3 单元格，输入公式“=rank(K3,$J$3:$J$17)”，按回车键得出第一位学生的名次，然后利用自动填充功能得出其他学生的名次。

步骤十二　保存文件并退出

检查无误后，将文件保存为“学生成绩统计表”，然后关闭 Excel 2010 程序。

巩固练习

1. 在工作表中建立一张“某单位培训学员成绩统计表”，如图 4—6—22 所示。

2. 将“某单位培训学员成绩统计表”中第一行合并单元格并居中，文字设置为“字体：黑体，字号：二号，对齐方式：居中”。

3. 其余文字设置为“字体：仿宋，字号：小三号，对齐方式：居中”。

4. 为表格加边框，内、外框线均为细实线。

5. 计算培训学员的总分和平均分，并排出名次。

某单位培训学员成绩统计表									
序号	姓名	应用文写作	选煤基础知识	铁路货运组织	煤质化验高级工基础知识	煤样采制	总分	平均分	名次
1	崔佳栋	100	100	99	99	94			
2	谭旭东	96	75	75	83	62			
3	肖 蒙	94	73	60	81	60			
4	满 超	97	85	68	83	61			
5	苏 玲	98	95	100	89	79			
6	张成双	98	100	100	100	91			
7	李 丽	99	91	99	86	60			
8	董立国	99	95	73	89	72			
9	于 航	99	96	98	89	80			
10	郭传明	100	94	100	90	89			
11	边贺双	95	87	64	87	60			
12	刘 振	96	97	77	87	69			
13	纪志鹏	98	97	87	89	76			

● 图 4—6—22　某单位培训学员成绩统计表

任务 7　制作“技能竞赛成绩表”
——数据表格的排序

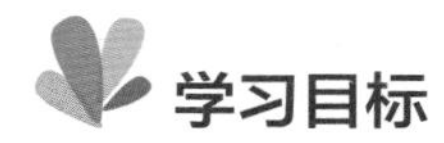

学习目标

知识目标：了解 Excel 2010 表格的排序方式

技能目标：能根据需求，按照不同的排序规则进行排序

任务描述

本任务利用 Excel 2010 的排序功能，完成以下案例：

某院校组织了一次平面设计专业学生技能竞赛活动，在竞赛结束后需要统计各参赛班级小组成绩，并制作成表格，要求表格内容中包含考号、班级、小组名、学生姓名、竞赛成绩和备注栏，并对同一班、同一组各学生成绩按降序排序，效果如图 4—7—1 所示。

相关知识

在用 Excel 2010 处理数据时，经常要对数据进行排序处理，最常用、最快捷的方法就是使用工具栏的排序按钮。除此之外，对于其他更复杂的排序需要，还可以单击“开始”选项卡“编辑”组中的“排序和筛选”按钮，在下拉列表中选择“自定义排序”，如图 4—7—2 所示，或单击“数据”选项卡“排序与筛选”组中的“排序”，如图 4—7—3 所示，打开“排序”对话框，如图 4—7—4 所示，自行设置参数进行排序。

2017级平面设计专业技能竞赛成绩表					
考号	班级	小组	姓名	竞赛成绩	备注
20170307	平面1	第1组	李玉君	87	
20170318	平面1	第1组	张雨生	68	
20170304	平面1	第2组	冯欣	75	
20170310	平面1	第2组	乔欣鹏	66	
20170316	平面1	第3组	张宝良	86	
20170312	平面1	第3组	唐家欣	73	
20170302	平面2	第1组	车金亮	85	
20170301	平面2	第1组	曹芳芳	65	
20170315	平面2	第2组	闫晓华	84	
20170317	平面2	第2组	张秋蜂	72	
20170305	平面2	第3组	郭玉珊	95	
20170308	平面2	第3组	连凤玉	69	
20170303	平面3	第1组	房慧	67	
20170306	平面3	第1组	李晓亮	56	
20170314	平面3	第2组	徐京京	92	
20170311	平面3	第2组	隋玉红	91	
20170313	平面3	第3组	文鹏	82	
20170309	平面3	第3组	凌欣如	78	

● 图 4—7—1 技能竞赛成绩表排序效果

● 图 4—7—2 “自定义排序”命令

● 图 4—7—3 “排序”按钮

● 图 4—7—4 “排序”对话框

Excel 数据的排序可分为单条件排序和多条件排序。

单条件排序是指按单一条件进行排序，例如按计算机科目的成绩排序。

多条件排序是指按多个条件进行排序，例如先按计算机科目成绩排序，成绩相同者再按高等数学科目成绩排序。

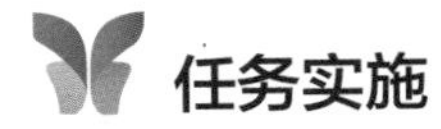

任务实施

步骤一　启动 Excel 2010 并打开文件

启动 Excel 2010，打开素材中提供的“技能竞赛成绩表”，如图 4—7—5 所示。

步骤二　表格格式设置

1. 表头文字设置为“字体：黑体，字号：20，颜色：黑色，字形：加粗”，将 A1:F1 单元格合并居中。

2. 表格文字设置为“字体：华文新魏，字号：18，颜色：黑色，对齐方式：居中”，表内加细框线，表外加粗实线，调整列宽，使数据在表格中完全显示出来，效果如图 4—7—6 所示。

2017级平面设计专业技能竞赛成绩表

考号	班级	小组	姓名	竞赛成绩	备注
20170301	平面2	第一组	曹芳芳	65	
20170302	平面2	第一组	车金亮	85	
20170303	平面3	第一组	房慧	67	
20170304	平面1	第二组	冯欣	75	
20170305	平面2	第三组	郭玉珊	95	
20170306	平面3	第一组	李晓亮	56	
20170307	平面1	第一组	李玉君	87	
20170308	平面2	第三组	连凤玉	69	
20170309	平面3	第三组	凌欣如	78	
20170310	平面1	第二组	乔欣鹏	66	
20170311	平面3	第三组	隋玉红	91	
20170312	平面1	第三组	唐家欣	73	
20170313	平面3	第三组	文鹏	82	
20170314	平面3	第二组	徐京京	92	
20170315	平面2	第二组	闫晓华	84	
20170316	平面1	第三组	张宝良	86	
20170317	平面2	第二组	张秋婷	72	
20170318	平面1	第一组	张雨生	68	

图 4—7—5　技能竞赛成绩表

2017级平面设计专业技能竞赛成绩表

考号	班级	小组	姓名	竞赛成绩	备注
20170301	平面2	第1组	曹芳芳	65	
20170302	平面2	第1组	车金亮	85	
20170303	平面3	第1组	房慧	67	
20170304	平面1	第2组	冯欣	75	
20170305	平面2	第3组	郭玉珊	95	
20170306	平面3	第1组	李晓亮	56	
20170307	平面1	第1组	李玉君	87	
20170308	平面2	第3组	连凤玉	69	
20170309	平面3	第3组	凌欣如	78	
20170310	平面1	第2组	乔欣鹏	66	
20170311	平面3	第2组	隋玉红	91	
20170312	平面1	第3组	唐家欣	73	
20170313	平面3	第3组	文鹏	82	
20170314	平面3	第2组	徐京京	92	
20170315	平面2	第2组	闫晓华	84	
20170316	平面1	第3组	张宝良	86	
20170317	平面2	第2组	张秋婷	72	
20170318	平面1	第1组	张雨生	68	

图 4—7—6　表格设置格式后效果

步骤三　按班级升序排序、按小组升序排序、按竞赛成绩降序排序

1. 选择 A2:F20 单元格，在“数据”选项卡下单击“排序”命令，打开“排序”对话框。首先，勾选“数据包含标题”复选框，然后在对话框中“主要关键字”中选择“班级”，“排序依据”中选择“数值”，在“次序”中选择“升序”。

2. 单击“添加条件”按钮，在“主要关键字”下面出现一行“次要关键字”，在“次要关键字”中选择“小组”，“排序依据”中选择“数值”，在“次序”中选择“升序”。

3. 再次单击“添加条件”按钮，在“次要关键字”下面出现一行“次要关键字”，在“次要关键字”中选择“竞赛成绩”，“排序依据”中选择“数值”，在“次序”中选择“降序”。“排序”对话框设置情况如图 4—7—7 所示。

● 图 4—7—7　“排序”对话框设置

步骤四　查看效果、保存并退出

在“排序”对话框中单击“确定”按钮，完成排序操作，最终效果如图 4—7—1 所示。保存文件后，关闭 Excel 2010 程序。

巩固练习

1. 录入学员结业成绩统计表的数据内容，效果如图 4—7—8 所示。

2. 表内文字设置为“字体：宋体，字号：18 号，对齐方式：居中”。

3. 将表头文字设置为“字体：黑体，字号：22 号，颜色：红色，字形：加粗，合并单元格并居中”。

4. 用公式求出总分。

5. 按“煤样采制”升序排序，“煤样采制”成绩相同者按“煤炭元素分析”降序排序。

	A	B	C	D	E	F	G	H	I
1	选煤技术与煤质化验培训学员结业成绩								
2	序号	姓名	煤样采制	煤炭元素分析	煤炭工业分析	煤炭发热量测定	煤化学	计算机应用	总分
3	1	崔佳栋	94	100	92	99	99	100	
4	2	谭旭东	62	93	92	94	90	100	
5	3	肖　蒙	60	85	80	88	87	99.3	
6	4	满　超	61	89	74	93	91	98.6	
7	5	苏　玲	79	100	98	99	99	100	
8	6	张成双	91	100	99	100	99	96.5	
9	7	李　丽	60	99	85	94	94	100	
10	8	董立国	72	94	79	97	91	100	
11	9	于　航	80	99	93	98	92	100	
12	10	郭传明	89	98	92	99	97	100	
13	11	边贺双	60	91	92	96	92	100	
14	12	刘　振	69	100	87	98	96	100	
15	13	纪志鹏	76	95	86	95	90	100	
16	14	王立国	76	98	93	98	99	100	
17	15	王俊龙	84	99	94	97	99	100	
18	16	于　洋	60	89	89	93	97	98.6	
19	17	肖治业	71	89	90	72	99	100	
20	18	梁　钒	60	84	77	88	99	100	
21	19	陈金建	80	95	95	99	96	100	
22	20	周泓序	60	84	78	88	86	100	
23									

● 图 4—7—8　学员结业成绩统计表

任务 8　突显“校园歌手大奖赛歌手得分统计表”中不同分数段成绩——条件格式

学习目标

知识目标：了解条件格式的作用

技能目标：能使用条件格式完成特定单元格的突出显示

任务描述

本任务利用 Excel 2010 的条件格式功能，完成以下案例：

校园歌手大奖赛赛事委员会要对歌手比赛成绩进行统计分析，需要在统计表中突显出某一分数段内的成绩。具体要求是：设置 6 分以下的成绩格式，使其文字颜色为蓝色、字形为加粗、底纹颜色为红色；设置高于 9 分的成绩格式，使其文字颜色为红色、字形为加粗、底纹颜色为黄色，效果如图 4—8—1 所示。

校园歌手大奖赛歌手得分统计表

歌手编号	1号评委	2号评委	3号评委	4号评委	5号评委	6号评委	平均得分	名次
001	9.00	8.80	8.90	8.40	8.20	8.90	8.70	5
002	5.80	6.80	5.90	6.00	6.90	6.40	6.30	10
003	8.00	7.50	7.30	7.40	7.90	8.00	7.68	9
004	8.60	8.20	8.90	9.00	7.90	8.50	8.52	6
005	8.20	8.10	8.80	8.90	8.40	8.50	8.48	7
006	8.00	7.60	7.80	7.50	7.90	8.00	7.80	8
007	9.00	9.20	8.50	8.70	8.90	9.10	8.90	2
008	9.60	9.50	9.40	8.90	8.80	9.50	9.28	1
009	9.20	9.00	8.70	8.30	9.00	9.10	8.88	3
010	8.80	8.60	8.90	8.80	9.00	8.40	8.75	4

● 图 4—8—1　突显成绩效果

相关知识

Excel 2010 的条件格式功能可以迅速为某些满足条件的单元格或单元格区域设定某项格式。使用条件格式功能，用户还可以根据条件使用数据条、色阶和图标集等功能来突出显示相关单元格，强调异常值，实现数据的可视化效果。

其操作方法是：选择需设置条件格式的单元格，单击“开始”选项卡中的“条件格式”按钮，在“突出显示单元格规则”中选择需要的条件，如“大于”，设置步骤如图4—8—2 所示，弹出如图 4—8—3 所示对话框，在其中设置比较数据及单元格格式。

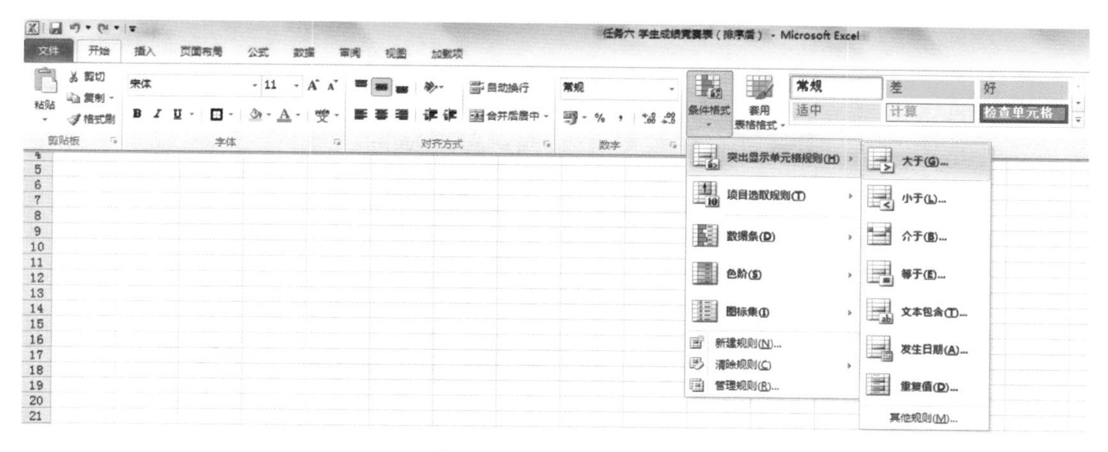

● 图 4—8—2 条件格式设置

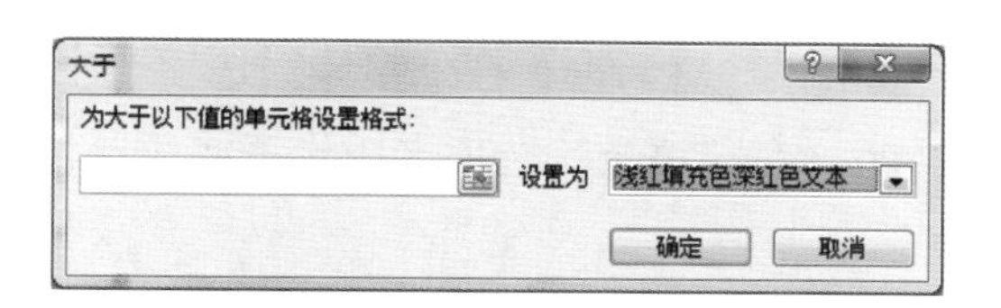

● 图 4—8—3 “大于”对话框

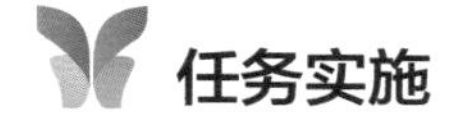

任务实施

步骤一 制作得分统计表

启动 Excel 2010，打开“校园歌手大奖赛歌手得分统计表”素材文件，利用函数求出平均得分，排出名次，并为表格内容设置黑色细实线边框，效果如图 4—8—4 所示。

校园歌手大奖赛歌手得分统计表

歌手编号	1号评委	2号评委	3号评委	4号评委	5号评委	6号评委	平均得分	名次
001	9.00	8.80	8.90	8.40	8.20	8.90	8.70	5
002	5.80	6.80	5.90	6.00	6.90	6.40	6.30	10
003	8.00	7.50	7.30	7.40	7.90	8.00	7.68	9
004	8.60	8.20	8.90	9.00	7.90	8.50	8.52	6
005	8.20	8.10	8.80	8.90	8.40	8.50	8.48	7
006	8.00	7.60	7.80	7.50	7.90	8.00	7.80	8
007	9.00	9.20	8.50	8.70	8.90	9.10	8.90	2
008	9.60	9.50	9.40	8.90	8.80	9.50	9.28	1
009	9.20	9.00	8.70	8.30	9.00	9.10	8.88	3
010	8.80	8.60	8.90	8.80	9.00	8.40	8.75	4

● 图 4—8—4 校园歌手大奖赛歌手得分统计表

步骤二　设置 6 分以下的成绩格式为蓝色、加粗、红色底纹

1. 选择要设置条件格式的单元格区域 B3:G12，在“开始”选项卡“样式”组中单击“条件格式”按钮，在下拉列表中选择“突出显示单元格规则”下的“小于”，打开“小于”对话框，如图 4—8—5 所示。

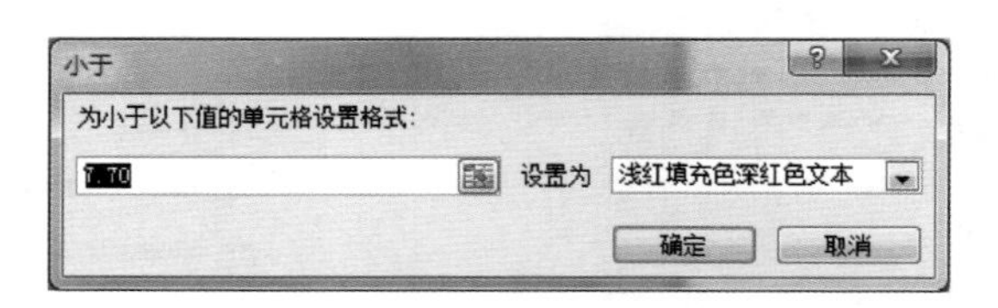

● 图 4—8—5 “小于”对话框

小提示　“小于”对话框输入框中自动出现的数值“7.70”为所选区域全部数值的平均值。

2. 在“小于”对话框的输入框中输入“6”，在“设置为”下拉选项中选择“自定义格式”，弹出“设置单元格格式”对话框。在“字体”选项卡中设置字形为加粗、颜色为蓝色，如图 4—8—6 所示。在“填充”选项卡中设置底纹颜色为红色，如图 4—8—7 所示。

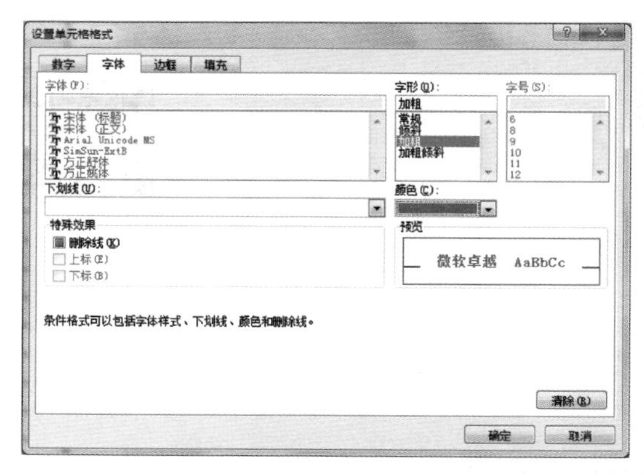

● 图 4—8—6 “字体”选项卡设置参数

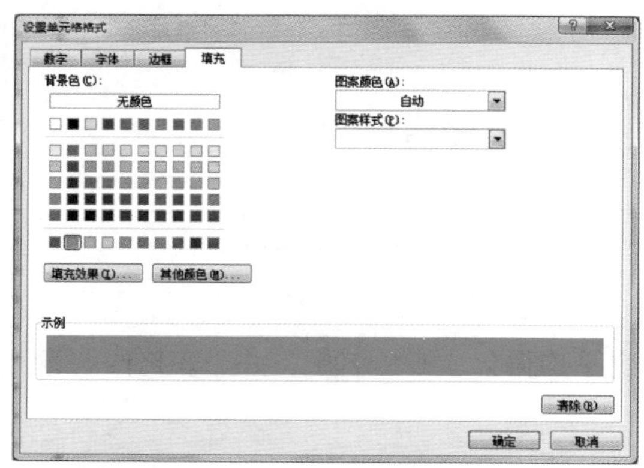

● 图 4—8—7 “填充”选项卡设置参数

3. 单击“确定”按钮返回“小于”对话框，单击“确定”按钮确定设置。

步骤三　设置高于 9 分的成绩格式为红色、加粗、黄色底纹

1. 继续选择要设置条件格式的单元格区域 B3:G12，在“开始”选项卡“样式”组中单击“条件格式”按钮，在下拉列表中选择“突出显示单元格规则”下的“大于”，打开“大于”对话框，如图 4—8—8 所示。

● 图 4—8—8 “大于”对话框

2. 在“大于”对话框的输入框中输入“9”，在“设置为”下拉选项中选择“自定义格式”，弹出“设置单元格格式”对话框。在“字体”选项卡中设置字形为加粗、颜色为红色，如图 4—8—9 所示。在“填充”选项卡中设置底纹颜色为黄色，如图 4—8—10 所示。

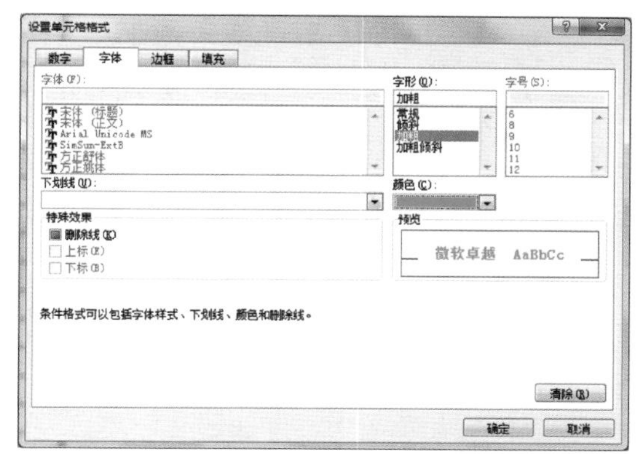

● 图 4—8—9 “字体”选项卡设置参数

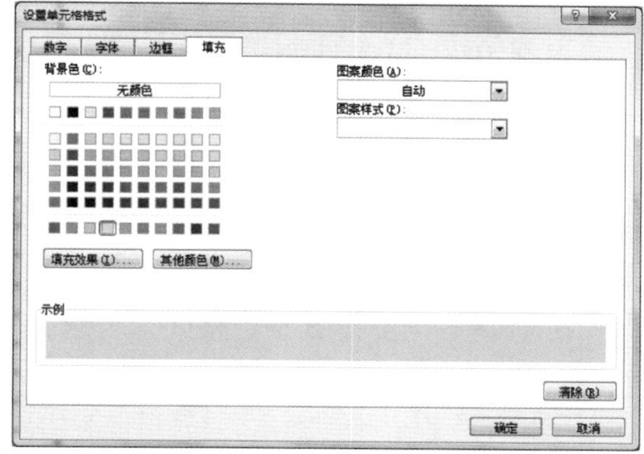

● 图 4—8—10 “填充”选项卡设置参数

3. 单击“确定”按钮，返回“大于”对话框，单击“确定”按钮确定设置，结果如图 4—8—11 所示。

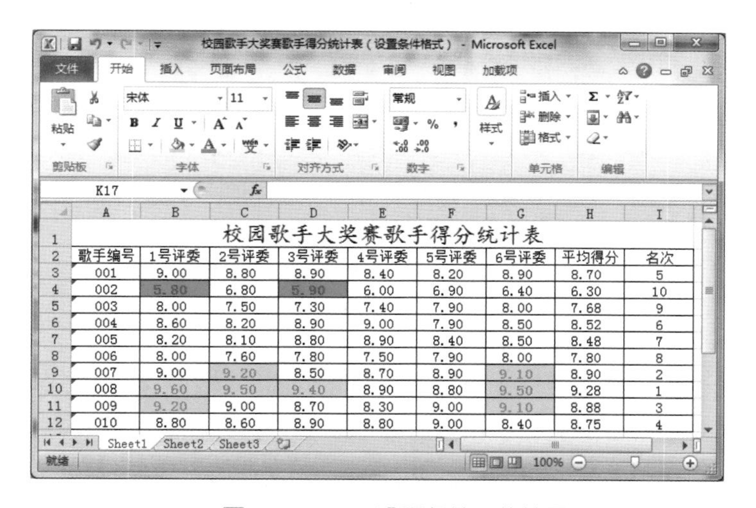

校园歌手大奖赛歌手得分统计表

歌手编号	1号评委	2号评委	3号评委	4号评委	5号评委	6号评委	平均得分	名次
001	9.00	8.80	8.90	8.40	8.20	8.90	8.70	5
002	5.80	6.80	5.90	6.00	6.90	6.40	6.30	10
003	8.00	7.50	7.30	7.40	7.90	8.00	7.68	9
004	8.60	8.20	8.90	9.00	7.90	8.50	8.52	6
005	8.20	8.10	8.80	8.90	8.40	8.50	8.48	7
006	8.00	7.60	7.80	7.50	7.90	8.00	7.80	8
007	9.00	9.20	8.50	8.70	8.90	9.10	8.90	2
008	9.60	9.50	9.40	8.90	8.80	9.50	9.28	1
009	9.20	9.00	8.70	8.30	9.00	9.10	8.88	3
010	8.80	8.60	8.90	8.80	9.00	8.40	8.75	4

● 图 4—8—11 设置条件后的结果

步骤四　保存文件并退出

检查无误后保存文件，并退出 Excel 2010 程序。

巩固练习

创建如图 4—8—12 所示的工作表，按下列要求完成操作。

1. 正确录入表格内容（编号用自动填充方式录入）。

2. 用公式计算应发工资和实发工资。

3. 表格按“实发工资”降序排列。

4. 表头设置为合并单元格，字体设为黑体，字号设为 20，颜色设为蓝色，居中对齐。

5. 表格内部的边框设为黑色细实线，字体设为宋体，字号设为 12，颜色设为黑色，居中对齐。

6. 对基本工资设置条件格式，要求：1 000 元以下设置为蓝色底纹、红色字体、加粗；1 000 元及以上设置为黄色底纹、绿色字体、加粗。

某公司3月份工资表

编号	姓　名	基本工资	岗位津贴	奖励工资	应发工资	应扣工资	实发工资
001	王　敏	1200.00	600.00	644.00		25.00	
002	丁伟光	1000.00	580.00	500.00		12.00	
003	吴兰兰	1500.00	640.00	510.00		0.00	
004	许光明	800.00	620.00	450.00		0.00	
005	程坚强	900.00	450.00	480.00		15.00	
006	姜玲燕	750.00	480.00	480.00		58.00	
007	周兆平	1200.00	620.00	580.00		20.00	
008	赵永敏	1050.00	560.00	446.00		0.00	
009	黄永良	1800.00	850.00	850.00		125.00	
010	梁泉涌	1500.00	700.00	480.00		64.00	
011	任广明	800.00	550.00	580.00		32.00	
012	郝海平	900.00	350.00	650.00		0.00	

● 图 4—8—12　某公司 3 月份工资表

任务 9　打印“校园歌手大奖赛歌手得分统计表”——页面设置及打印

学习目标

知识目标：了解打印表格之前的相关准备工作

技能目标：1. 能完成表格的页面设置及页眉页脚设置

　　　　　2. 能进行打印预览并打印工作表

任务描述

本任务在学习页面设置和打印操作的基础上，完成以下案例的操作：

校园歌手大奖赛赛事委员会要用纸质的成绩表进行存档，需要将歌手得分统计表打印输出，在表格制作、美化、排名次的基础上，设置页面格式后打印。具体要求为：打印在 B5 纸上，横向，上下边距为 3.0 cm，左右边距为 3.0 cm；页眉设置为“校园歌手大奖赛赛事委员会”，其格式设置为“字体：楷体，字号：12，字形：加粗，对齐方式：左对齐”；页脚设置为“第一页”，其格式设置为“字体：宋体，字号：14，对齐方式：居中”，效果如图 4—9—1 所示。

校园歌手大奖赛赛事委员会

校园歌手大奖赛歌手得分统计表

歌手编号	1号评委	2号评委	3号评委	4号评委	5号评委	6号评委	平均得分	名次
001	9.00	8.80	8.90	8.40	8.20	8.90	8.70	5
002	5.80	6.80	5.90	6.00	6.90	6.40	6.30	10
003	8.00	7.50	7.30	7.40	7.90	8.00	7.68	9
004	8.60	8.20	8.90	9.00	7.90	8.50	8.52	6
005	8.20	8.10	8.80	8.90	8.40	8.50	8.48	7
006	8.00	7.60	7.80	7.50	7.90	8.00	7.80	8
007	9.00	9.20	8.50	8.70	8.90	9.10	8.90	2
008	9.60	9.50	9.40	8.90	8.80	9.50	9.28	1
009	9.20	9.00	8.70	8.30	9.00	9.10	8.88	3
010	8.80	8.60	8.90	8.80	9.00	8.40	8.75	4

第一页

● 图 4—9—1 打印工作表效果

相关知识

在“页面布局”选项卡下“页面设置”组中单击 按钮，弹出“页面设置”对话框，如图 4—9—2 所示。对话框中共包含四个选项卡，分别是“页面”“页边距”“页眉 / 页脚”及“工作表”。各选项卡中的各项参数为 Excel 的默认值，用户可根据需要进行修改。

1. 单击“页面”选项卡可以设置打印方向、缩放比例、纸张大小等参数。

2. 单击“页边距”选项卡可以设置上、下、左、右页面边距数据值，页眉、页脚距离数值及居中方式等参数，如图 4—9—3 所示。

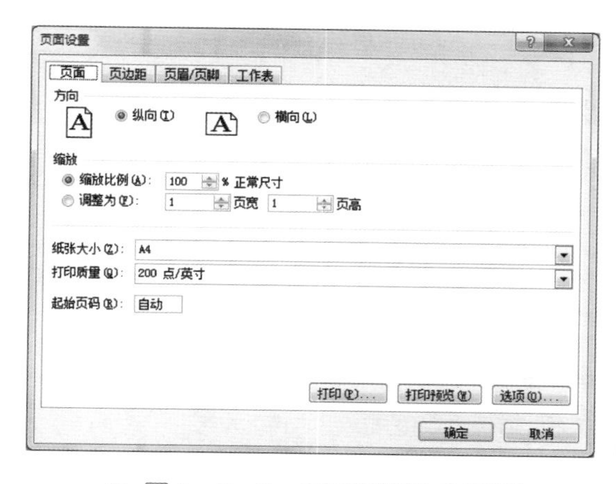

● 图 4—9—2 “页面设置”对话框

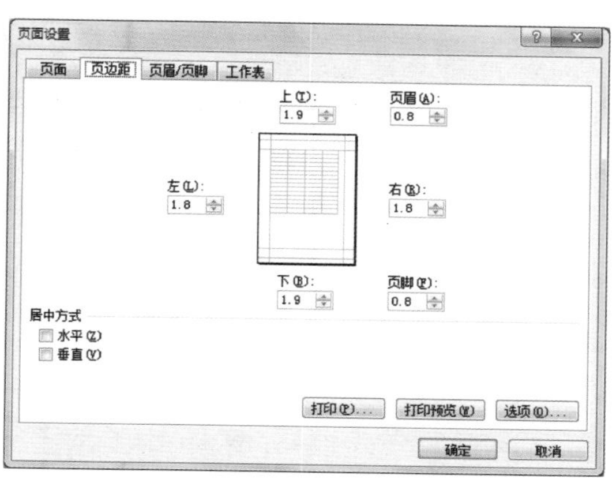

● 图 4—9—3 “页边距”选项卡

3. 单击“页眉 / 页脚”选项卡可以自定义页眉和页脚的内容，奇偶页和首页是否相同等参数，如图 4—9—4 所示，单击“自定义页眉”或“自定义页脚”时，出现设置对话框，如图 4—9—5 所示，在此对话框中可以设置页眉、页脚的内容和位置，对话框中各按钮含义如图 4—9—6 所示。

● 图 4—9—4 “页眉 / 页脚”选项卡

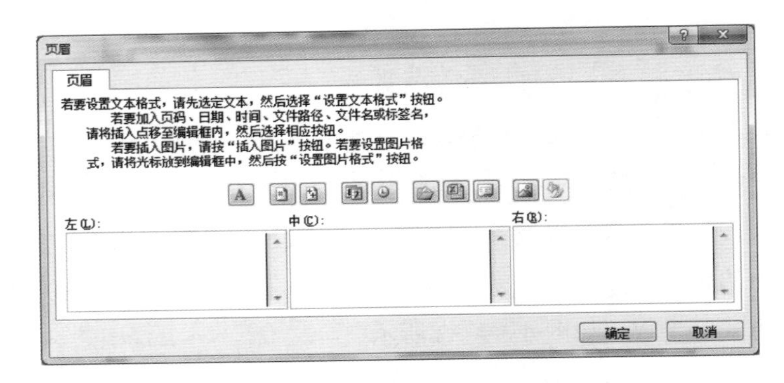

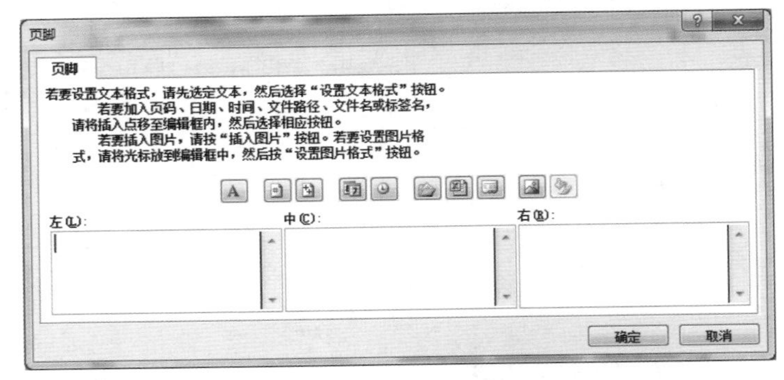

● 图 4—9—5 “页眉”和“页脚”对话框

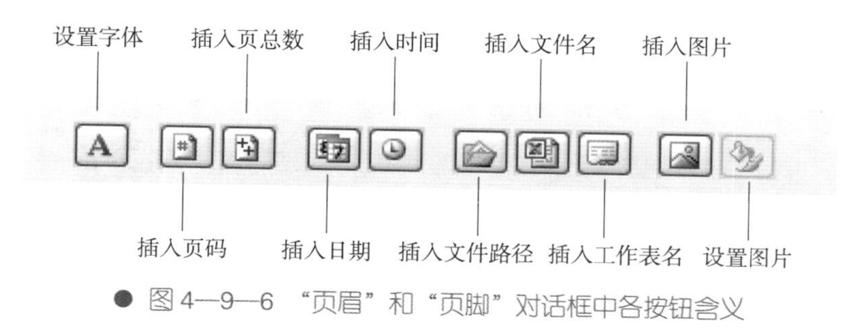

● 图 4—9—6　“页眉”和“页脚”对话框中各按钮含义

任务实施

步骤一　页面格式的设置

1. 打开上一任务完成的“校园歌手大奖赛歌手得分统计表”文件，在“页面布局”选项卡下“页面设置”组中单击 按钮，弹出“页面设置”对话框，在该对话框中设置纸张大小为 B5、方向为横向，如图 4—9—7 所示。

2. 单击“页边距”选项卡，设置上、下、左、右页边距均为 3，“居中方式”勾选“水平”和“垂直”复选框，如图 4—9—8 所示。

小提示　在“页面布局”选项卡下“页面设置”组中单击“页边距”按钮，可在弹出的下拉列表中选择普通、宽、窄三种预设值。

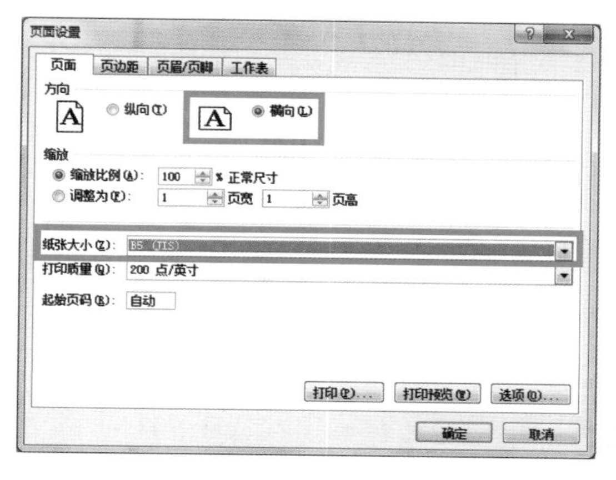

● 图 4—9—7　方向和纸张设置

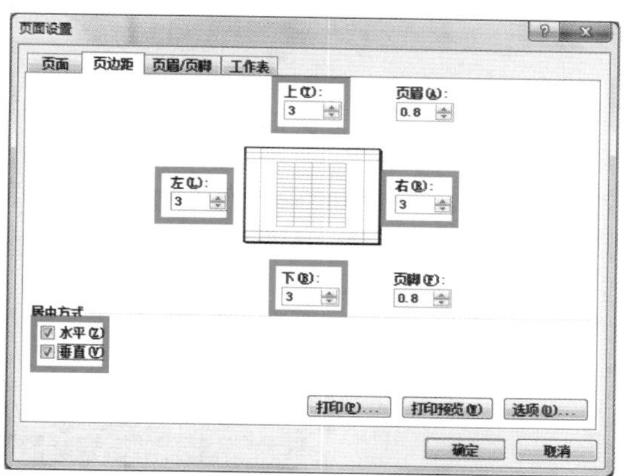

● 图 4—9—8　页边距设置

步骤二　页眉和页脚的设置

1. 单击“页眉 / 页脚”选项卡，单击“自定义页眉”按钮弹出“页眉”对话框，在左栏中输入“校园歌手大奖赛赛事委员会”，如图 4—9—9 所示，单击 A 按钮，弹出

“字体”对话框，设置字体为楷体、大小为12、字形为加粗，如图4—9—10所示，单击“确定”按钮返回“页眉”对话框，再次单击“确定”按钮。

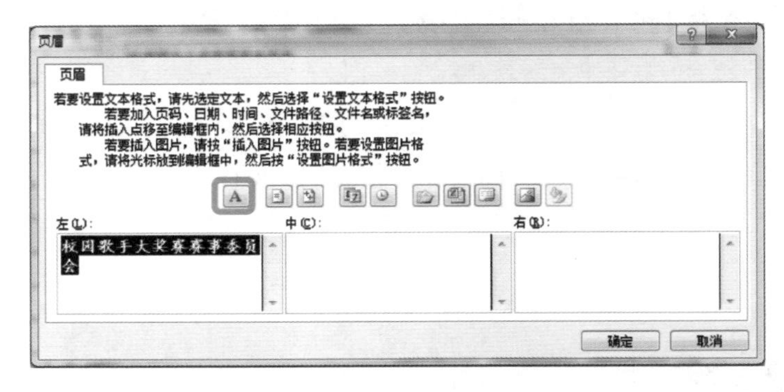

● 图4—9—9 “页眉”对话框

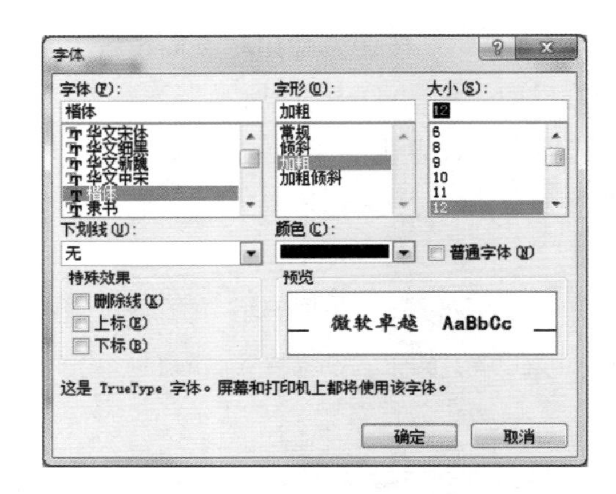

● 图4—9—10 在“字体”对话框中设置参数

2. 单击“自定义页脚”按钮弹出“页脚”对话框，在中间栏中输入“第一页”，单击 A 按钮，如图4—9—11所示，弹出“字体”对话框，设置字体为宋体、大小为14，单击“确定”按钮返回“页脚”对话框，再次单击“确定”按钮。

● 图4—9—11 “页脚”对话框的设置

步骤三 打印预览及打印

在“文件”选项卡中单击“打印”命令，展开如图 4—9—12 所示的窗口。用户可在窗口右侧查看工作表的打印效果，在窗口左侧根据需要进行打印份数、打印机属性以及页面属性的设置，设置完成后单击“打印”按钮，打印机即可根据用户的设置开始打印。

小提示 如默认显示的打印范围不符合需要，可在工作表中拖动鼠标左键框选需要打印的范围，然后单击“页面布局”选项卡下“页面设置”组中的“打印区域”按钮，再在下拉菜单中选择“设置打印区域”命令。如对在打印预览中看到的显示效果不满意，可在打印机属性的相关设置中进行修改，如将方向由纵向改为横向、将工作表缩为一页等。

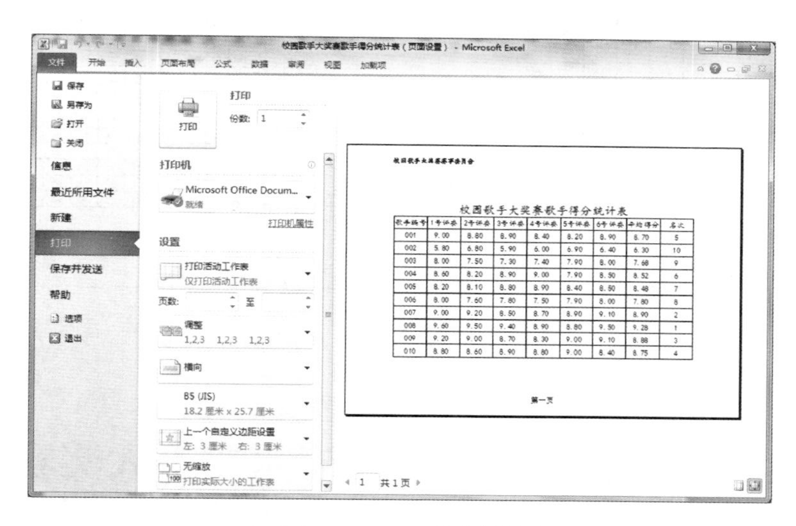

校园歌手大奖赛歌手得分统计表

歌手编号	1号评委	2号评委	3号评委	4号评委	5号评委	6号评委	平均得分	名次
001	9.00	8.80	8.90	8.40	8.20	8.90	8.70	5
002	5.80	6.80	5.90	6.00	6.90	6.40	6.30	10
003	8.00	7.50	7.30	7.40	7.90	8.00	7.68	9
004	8.60	8.20	8.90	9.00	7.90	8.50	8.52	6
005	8.20	8.10	8.80	8.90	8.40	8.50	8.48	7
006	8.00	7.60	7.80	7.50	7.90	8.00	7.80	8
007	9.00	9.20	8.50	8.70	8.90	9.10	8.90	2
008	9.60	9.50	9.40	8.90	8.80	9.50	9.28	1
009	9.20	9.00	8.70	8.30	9.00	9.10	8.88	3
010	8.80	8.60	8.90	8.80	9.00	8.40	8.75	4

● 图 4—9—12 打印工作表

步骤四 保存文件并退出

操作完成后保存文件并关闭 Excel 2010 程序。

巩固练习

打开素材文件中的“2019 秋平面 2 班第一学期期末考试成绩单”工作表，如图 4—9—13 所示，按要求完成表格操作。

1. 打印纸张设为 A4 纸，纵向，上下边距为 2.5，左右边距为 2.0。

2. 页眉“2019 秋平面 2 班第一学期期末考试成绩单”设置为“字体：楷体，字号：12，字形：加粗，对齐方式：左对齐”；页脚“第一页”设置为“字体：宋体，字号：

14，对齐方式：居中”。

3. 将其打印输出在纸张上，效果如图 4—9—14 所示。

2019秋平面2班第一学期期末考试成绩单

序号	姓名	CAD	学会做事	制图	美术	平面设计	体育	图像处理	文字录入	总分	平均分	名次
190201	艾士玉	74	89	87	89	95	80	95	80	689	86	10
190202	蔡雨展	96	91	80	83	88	90	96	95	719	90	7
190203	陈静	97	94	88	90	92	60	85	93	699	87	8
190204	房明举	92	80	31	69	87	80	67	66	572	72	22
190205	房永彬	100	84	72	63	99	60	98	95	671	84	13
190206	顾海涛	99	81	92	92	93	80	99	95	731	91	5
190207	韩锐	67	81	79	98	86	80	85	78	654	82	14
190208	赫孜琪	73	60	53	79	82	100	73	78	598	75	19
190209	胡铁文	98	71	74	74	98	60	93	60	628	79	16
190210	黄靖茹	99	89	98	96	82	100	96	90	750	94	1
190211	姬忠双	78	60	60	73	65	60	69	73	538	67	26
190212	鞠美玲	94	78	60	96	96	100	86	80	690	86	9
190213	康颖	98	98	83	98	93	100	92	85	747	93	2
190214	寇晓曼	62	60	28	85	79	70	82	78	544	68	25
190215	李钧宏	97	94	89	96	94	80	94	78	722	90	6
190216	李芮嘉	79	81	52	92	80	90	92	60	626	78	17
190217	李志荞	67	80	46	88	83	80	84	65	593	74	20
190218	柳佳丽	10	72	11	43	28	60	12	63	299	37	29
190219	吕梁	63	82	25	70	73	60	84	63	520	65	27
190220	裴欣宇	79	85	74	89	92	90	88	75	672	84	12
190221	屈欣悦	96	81	93	98	85	90	96	98	737	92	4
190222	孙佳成	81	60	65	86	83	60	83	68	586	73	21
190223	孙乃龙	65	72	39	76	87	60	84	65	548	69	24

ScoreList

● 图 4—9—13　2019 秋平面 2 班第一学期期末考试成绩单

2019秋平面2班第一学期期末考试成绩单

2019秋平面2班第一学期期末考试成绩单

序号	姓名	CAD	学会做事	制图	美术	平面设计	体育	图像处理	文字录入	总分	平均分	名次
190201	艾士玉	74	89	87	89	95	80	95	80	689	86	10
190202	蔡雨展	96	91	80	83	88	90	96	95	719	90	7
190203	陈静	97	94	88	90	92	60	85	93	699	87	8
190204	房明举	92	80	31	69	87	80	67	66	572	72	22
190205	房永彬	100	84	72	63	99	60	98	95	671	84	13
190206	顾海涛	99	81	92	92	93	80	99	95	731	91	5
190207	韩锐	67	81	79	98	86	80	85	78	654	82	14
190208	赫孜琪	73	60	53	79	82	100	73	78	598	75	19
190209	胡铁文	98	71	74	74	98	60	93	60	628	79	16
190210	黄靖茹	99	89	98	96	82	100	96	90	750	94	1
190211	姬忠双	78	60	60	73	65	60	69	73	538	67	26
190212	鞠美玲	94	78	60	96	96	100	86	80	690	86	9
190213	康颖	98	98	83	98	93	100	92	85	747	93	2
190214	寇晓曼	62	60	28	85	79	70	82	78	544	68	25
190215	李钧宏	97	94	89	96	94	80	94	78	722	90	6
190216	李芮嘉	79	81	52	92	80	90	92	60	626	78	17
190217	李志荞	67	80	46	88	83	80	84	65	593	74	20
190218	柳佳丽	10	72	11	43	28	60	12	63	299	37	29
190219	吕梁	63	82	25	70	73	60	84	63	520	65	27
190220	裴欣宇	79	85	74	89	92	90	88	75	672	84	12
190221	屈欣悦	96	81	93	98	85	90	96	98	737	92	4
190222	孙佳成	81	60	65	86	83	60	83	68	586	73	21
190223	孙乃龙	65	72	39	76	87	60	84	65	548	69	24
190224	孙裕奘	76	76	50	87	91	70	93	78	621	78	18
190225	王利莉	97	97	65	87	95	70	96	75	682	85	11
190226	叶欣	65	66	34	48	61	90	60	69	493	62	28
190227	于天笑	97	92	71	79	91	80	64	60	634	79	15
190228	张琦	96	84	95	91	99	100	92	81	738	92	3
190229	邹永涛	60	69	53	93	75	70	69	75	564	71	23

第一页

● 图 4—9—14　成绩单打印效果

任务 10　利用图表分析“校园歌手大奖赛”成绩——图表的创建、编辑与打印

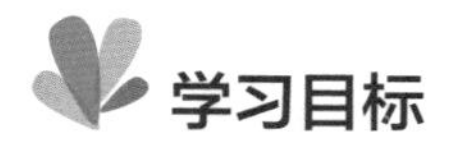

学习目标

知识目标：了解图表的作用

技能目标：1. 能在 Excel 2010 中创建图表

2. 能对图表进行编辑与修改

任务描述

本任务在学习 Excel 图表功能的基础上，完成以下案例的操作：

校园歌手大奖赛赛事委员会要对歌手比赛成绩进行统计分析，需要将比赛成绩制

作成图表，要求创建一种直观、形象、易懂的图表来展示成绩表的内容，效果如图 4—10—1 所示。

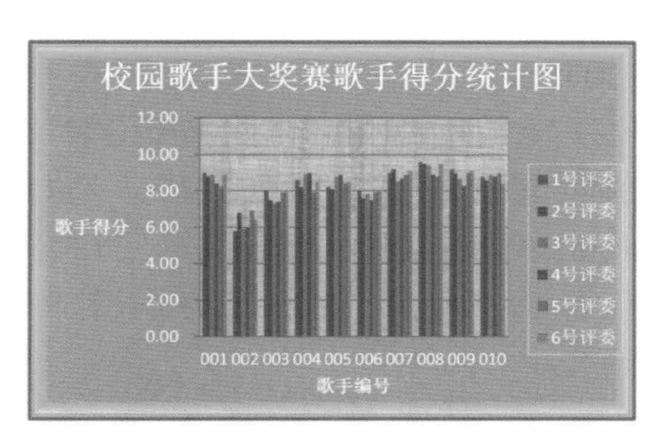

● 图 4—10—1 “校园歌手大奖赛歌手得分统计图”效果

相关知识

作为 Excel 最主要的数据分析工具之一，图表可以将抽象的数据图表化，有助于用户分析数据、查看数据的差异、预测发展趋势等。常用的图表类型有柱形图、折线图、饼图、条形图、面积图、XY（散点图）、股份图、曲面图、圆环图、气泡图和雷达图等。

单击“插入”选项卡下“图表”组中的各类图表按钮，在展开的菜单中即可选择要插入的图表类型。图表默认的样式如图 4—10—2 所示。

小提示 不同的图表类型可以用于不同的显示目的，将光标指向某一图表按钮停留片刻，即可查看对图表功能的详细介绍。

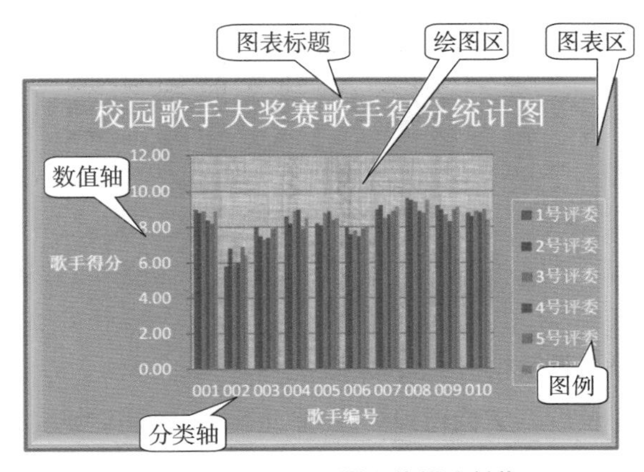

● 图 4—10—2 图表的组成结构

任务实施

步骤一　创建得分统计图表

1. 打开前面任务完成的“校园歌手大奖赛歌手得分统计表”。

2. 选择要制作图表的单元格区域 A2:G12，在“插入”选项卡下“图表”组中单击“柱形图”按钮，在弹出的下拉列表中选择“二维柱形图”下的“簇状柱形图”按钮，如图 4—10—3 所示，此时，在“校园歌手大奖赛歌手得分统计表”中出现如图 4—10—4 所示的歌手得分统计图表。

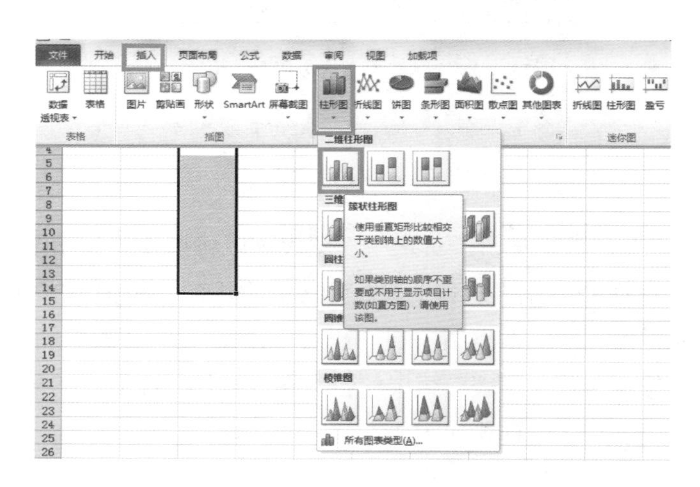

● 图 4—10—3　选择“簇状柱形图”

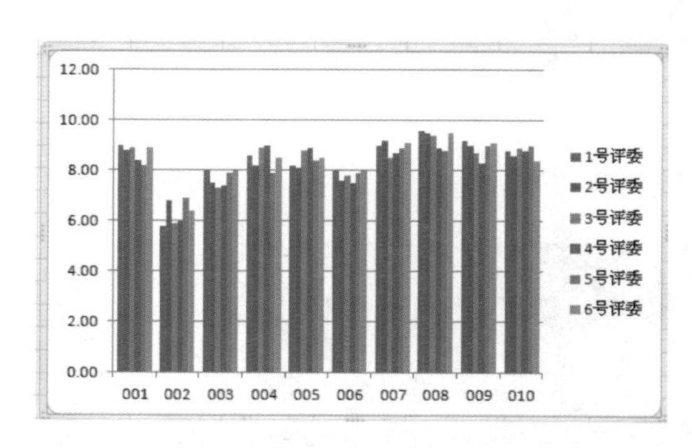

● 图 4—10—4　歌手得分统计图表

步骤二　修改、编辑歌手得分统计图表

创建出一个统计图表后，文档窗口中出现如图 4—10—5 所示的“图表工具”，可对图表进行美化处理，如添加颜色、背景、线型等设置。

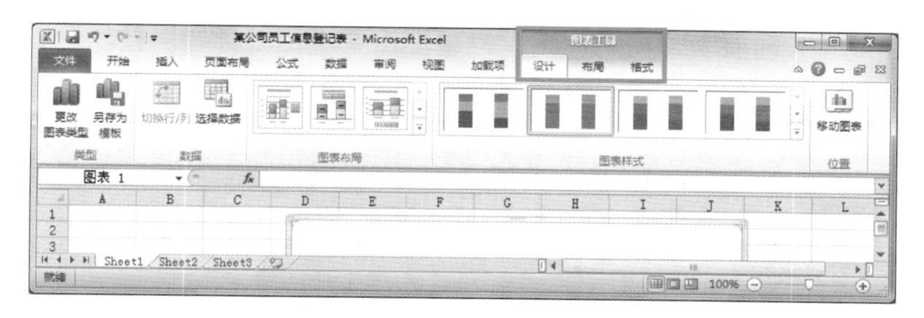

● 图 4—10—5 图表工具

1. 单击“设计”选项卡，在“图表布局”组中选择“布局 9”，在“图表样式”组中选择“样式 2”，如图 4—10—6、图 4—10—7 所示，效果如图 4—10—8 所示。

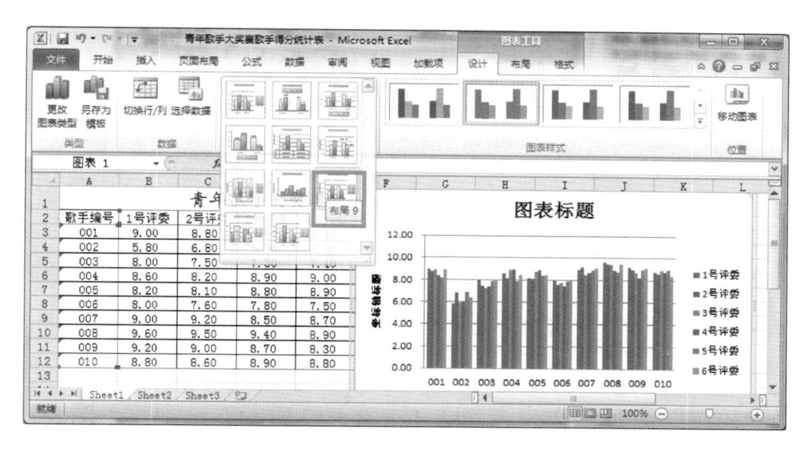

● 图 4—10—6 图表布局—布局 9

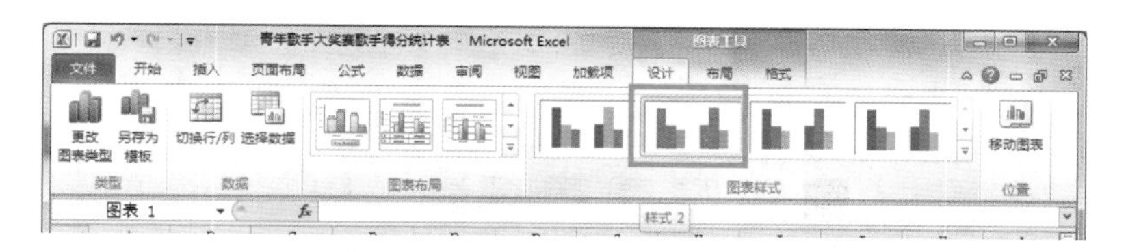

● 图 4—10—7 图表样式—样式 2

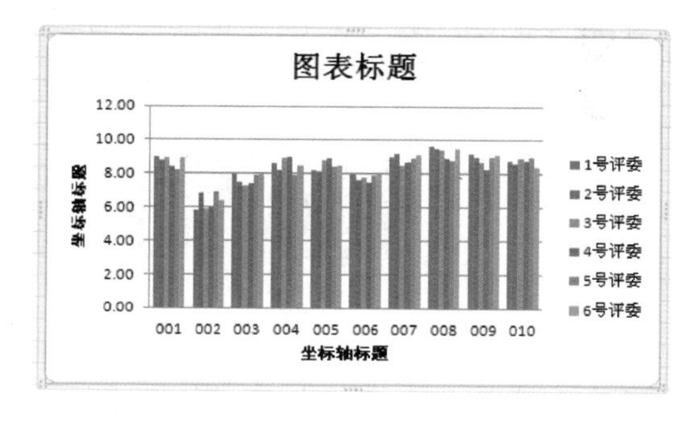

● 图 4—10—8 “设计”选项卡设置效果

2. 单击“布局”选项卡，在“标签”组中单击“坐标轴标题”按钮，在弹出的下拉菜单中选择“主要纵坐标轴标题”中的“横排标题”选项，如图 4—10—9 所示。

● 图 4—10—9　主要纵坐标轴标题“横排标题”设置

3. 单击“格式”选项卡，为图表的各组成部分设置格式。选中整个图表，在“形状样式”组中选择“彩色填充－橙色，强调颜色 6”外观样式，如图 4—10—10 所示。选中绘图区，设置“形状填充”为“纸莎草纸”纹理效果，如图 4—10—11 所示。选中图例，设置“形状轮廓”为黄色实线，如图 4—10—12 所示。选中整个图表，设置“形状效果”为“预设 7”，如图 4—10—13 所示。

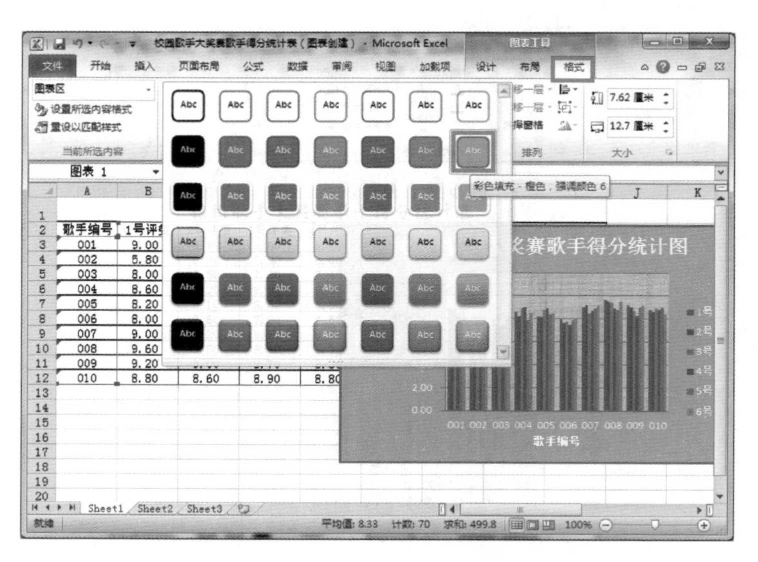

● 图 4—10—10　图表“彩色填充－橙色，强调颜色 6”外观样式设置

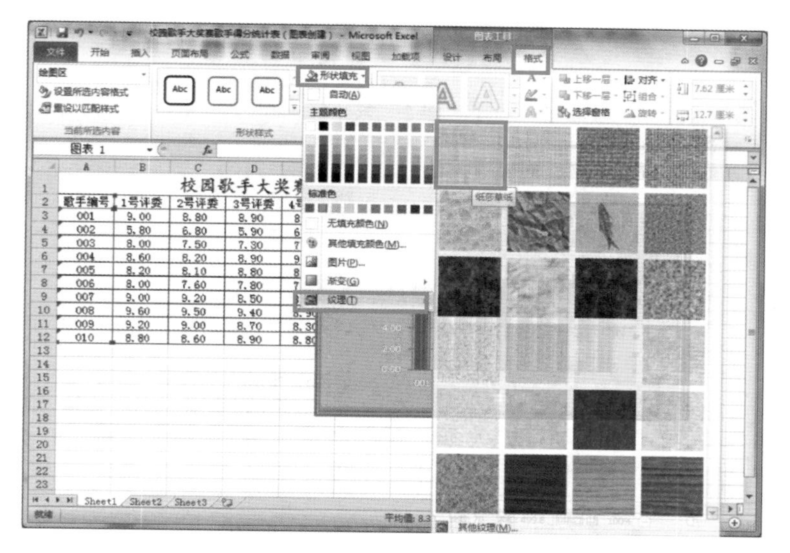

● 图4—10—11 绘图区“纸莎草纸”纹理效果填充设置

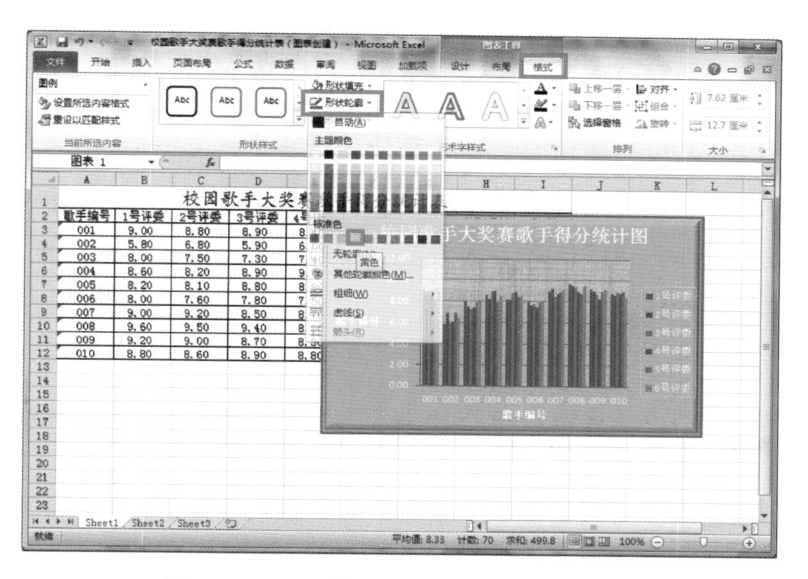

● 图4—10—12 图例“黄色实线”形状轮廓设置

小提示 右击图表区域（图表标题、图例、坐标轴标题），在弹出的菜单中选择“设置图表区域（图表标题、图例、坐标轴标题）格式”命令，可打开“设置图表区域（图表标题、图例、坐标轴标题）格式”对话框，在该对话框中也可对图表区域（图表标题、图例、坐标轴标题）的填充、边框等进行设置。

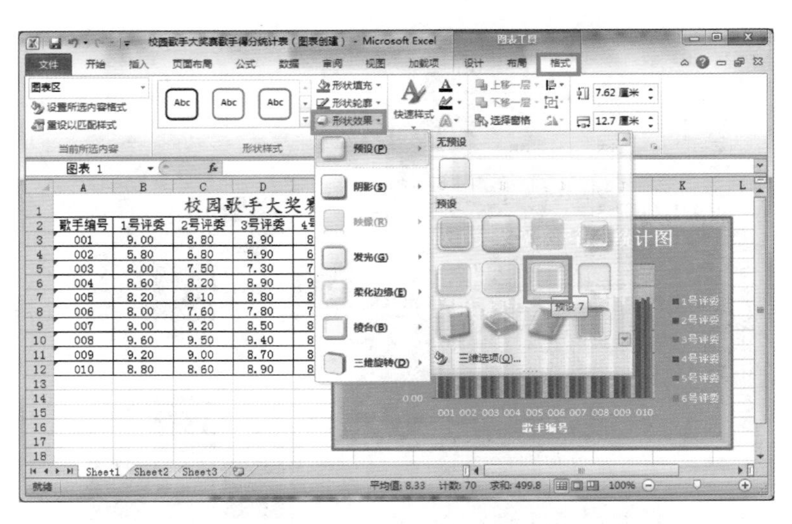

● 图 4—10—13　图表“预设 7”形状效果设置

4. 单击图表标题，将其内容更改为“校园歌手大奖赛歌手得分统计表”，单击图表横坐标标题，将其内容更改为“歌手编号”，单击图表纵坐标标题，将其内容更改为“歌手得分”，最终完成效果如图 4—10—1 所示。

步骤三　打印图表

选中图表，选择“文件”选项卡中的“打印”命令，展开如图 4—10—14 所示的窗口。用户在窗口右侧可查看图表的打印效果，在窗口左侧可根据需要进行打印份数、打印机属性以及页面设置，设置完成后单击“打印”按钮，打印机即可根据用户的设置开始打印。

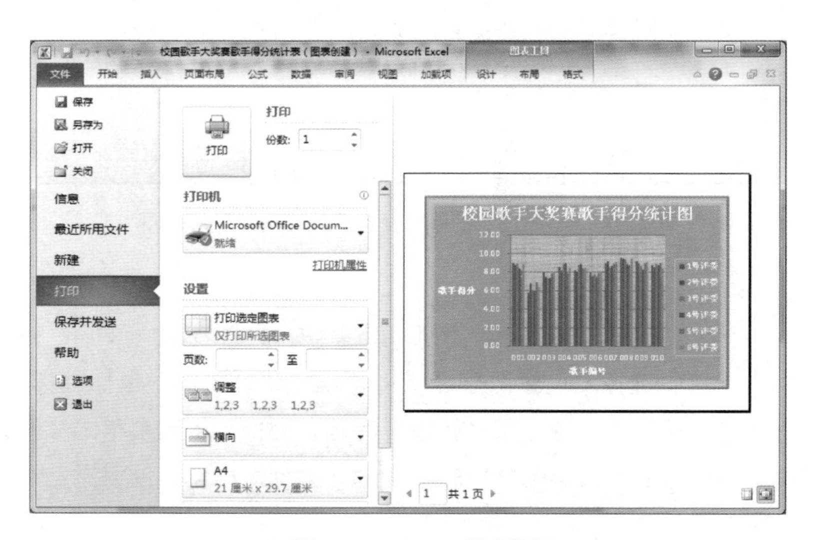

● 图 4—10—14　打印图表

步骤四　保存文件并退出

操作完成后保存文件并退出 Excel 2010 程序。

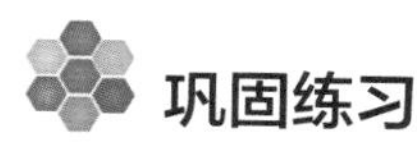

巩固练习

根据图 4—10—15 所示的“茂华家电商场八月份销售统计表”创建“占总金额百分比”图表。要求：

1. 图表类型为“分离型三维饼图”。

2. 设置图例位置为“底部”。

3. 将图表标题改为“占总金额百分比”，艺术字样式设为“渐变填充 - 紫色，强调文字颜色 4，映像”。

4. 将统计图表设置成图 4—10—16 所示格式效果。

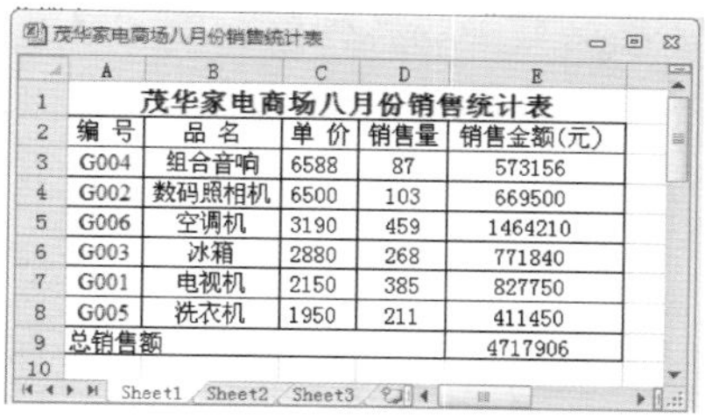

茂华家电商场八月份销售统计表

编 号	品 名	单 价	销售量	销售金额(元)
G004	组合音响	6588	87	573156
G002	数码照相机	6500	103	669500
G006	空调机	3190	459	1464210
G003	冰箱	2880	268	771840
G001	电视机	2150	385	827750
G005	洗衣机	1950	211	411450
总销售额				4717906

图 4—10—15　茂华家电商场八月份销售统计表

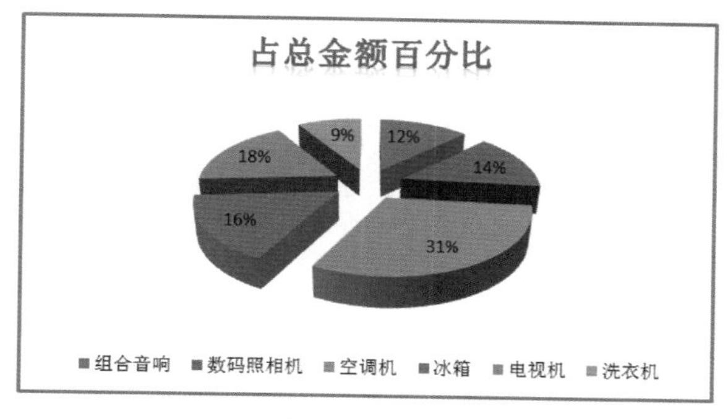

图 4—10—16　“占总金额百分比”图表

任务 11　筛选分析学生考试成绩——自动筛选和高级筛选

学习目标

知识目标：了解 Excel 中的筛选功能

技能目标：能熟练运用自动筛选、高级筛选功能

任务描述

本任务在学习 Excel 筛选功能的基础上，完成以下案例的操作：

某技师学院信息工程系要对“室内设计专业学生成绩表”进行分析，计算出各科优秀生、及格生所占的比例，要求通过 Excel 提供的筛选功能来实现，具体要求为：筛选出“PHOTHSHOP”成绩大于 90 分的学生成绩；筛选出“3DS MAX”成绩大于 60 分且“AUTOCAD”成绩大于等于 85 分的学生成绩。

相关知识

在 Excel 2010 中可以通过数据的筛选操作实现只显示满足指定条件的记录，从而快速找到所需数据。Excel 2010 中的筛选方式分为自动筛选和高级筛选两种。

一、自动筛选

单击“数据”选项卡中的“筛选”按钮，在数据表格区域中的各列标题单元格右侧均会出现一个下拉按钮，单击该按钮可以设置相应列中的数据筛选条件。不同列可以同时设置不同的筛选条件。

二、高级筛选

利用高级筛选可以在当前或其他工作表的任何位置建立条件区域，根据该条件进行筛选。条件区域至少应有两行，且首行应与数据表格相应的列标题一致。条件区域中，在同一行的条件关系为逻辑与，不在同一行的条件关系为逻辑或。筛选的结果可以在原数据表格位置显示，也可以在其他位置显示。

任务实施

步骤一　筛选出“PHOTHSHOP”成绩大于 90 分的学生成绩

1. 打开“室内设计专业学生成绩表”工作表，拖动鼠标选中 A2:H10 区域的内容。

2. 在“数据”选项卡中单击“筛选”按钮，表格的每列表头后均出现一个下拉按钮，如图 4—11—1 所示。

3. 单击“PHOTOSHOP”字段右侧的下拉按钮，在弹出的下拉列表中选择“数字筛选”下的“自定义筛选”，如图 4—11—2 所示，弹出“自定义自动筛选方式”对话框，如图 4—11—3 所示。

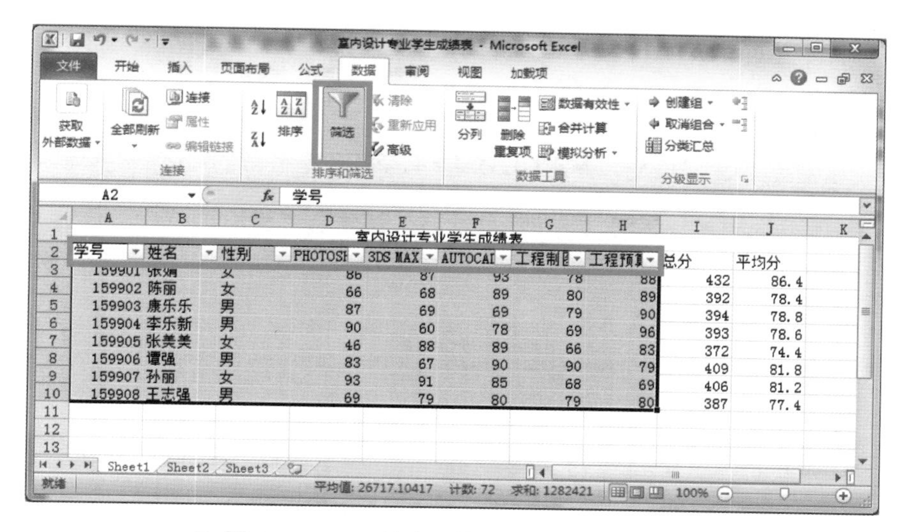

● 图 4—11—1 单击“筛选”按钮后的电子表格

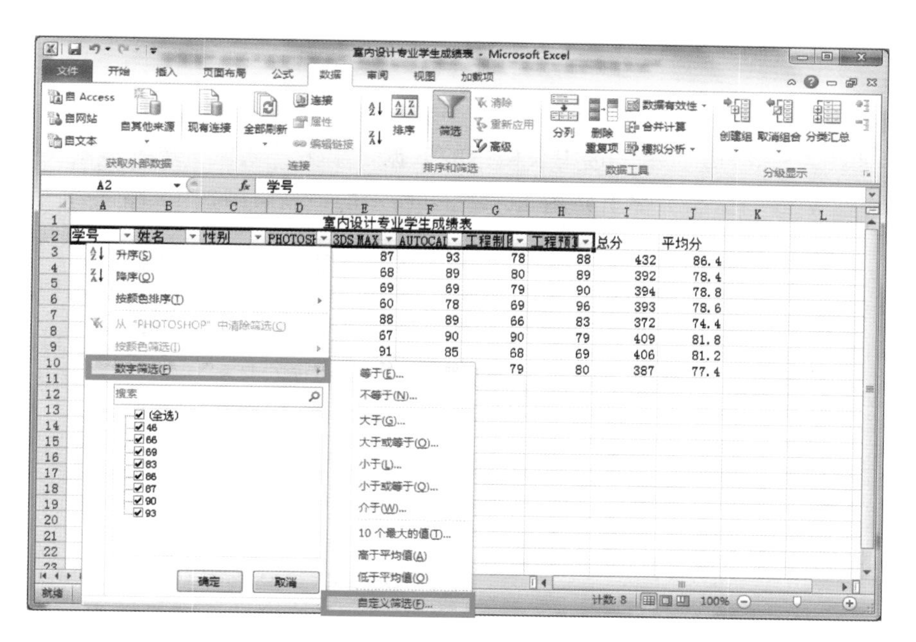

● 图 4—11—2 自定义筛选

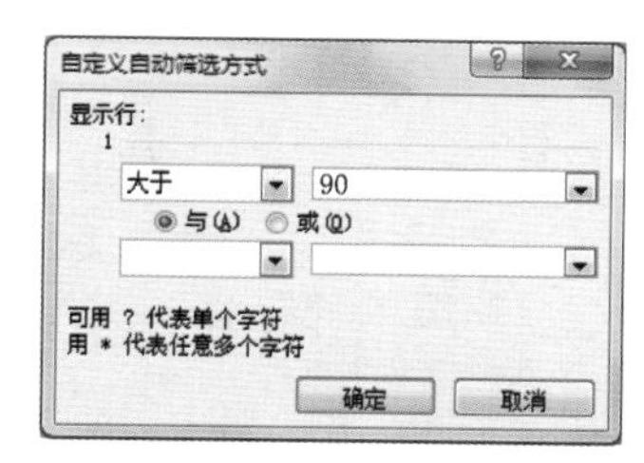

● 图 4—11—3 “自定义自动筛选方式”对话框

4. 在条件中选择“大于”，在其后面的文本框中输入“90”，单击“确定”按钮，效果如图 4—11—4 所示。

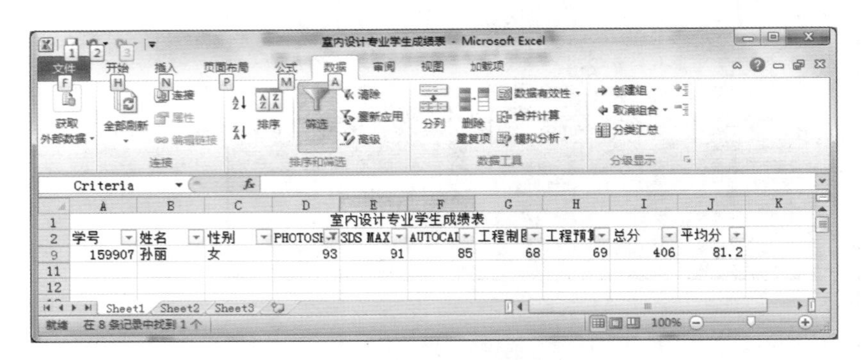

● 图 4—11—4　筛选 PHOTOSHOP 成绩大于 90 的学生成绩

步骤二　筛选出“3DS MAX”成绩大于 60 分且“AUTOCAD”成绩大于等于 85 分的学生成绩

1. 打开“室内设计专业学生成绩表”工作表，在表格下方任意空白区域输入要筛选的条件，如图 4—11—5 所示，选中表格中的数据，单击“数据”选项卡下“排序和筛选”组中的“高级”命令，弹出如图 4—11—6 所示的“高级筛选”对话框。

2. 在“高级筛选”对话框中可进行数据筛选的方式、列表区域、条件区域等设置。单击“列表区域”右侧的引用按钮，选中要筛选的“列表区域”“$A$2：$H$10”，然后单击“条件区域”右侧的引用按钮，选中“条件区域”“Sheet1!$E$14：$F$15”，单击“确定”按钮。筛选后的结果如图 4—11—7 所示。

● 图 4—11—5　输入筛选条件

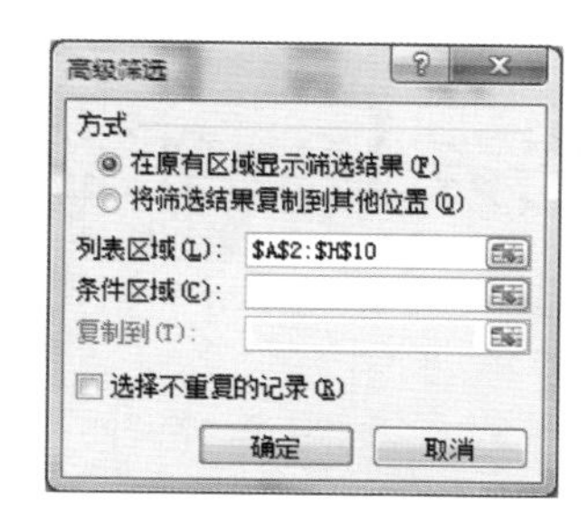

● 图 4—11—6 “高级筛选”对话框

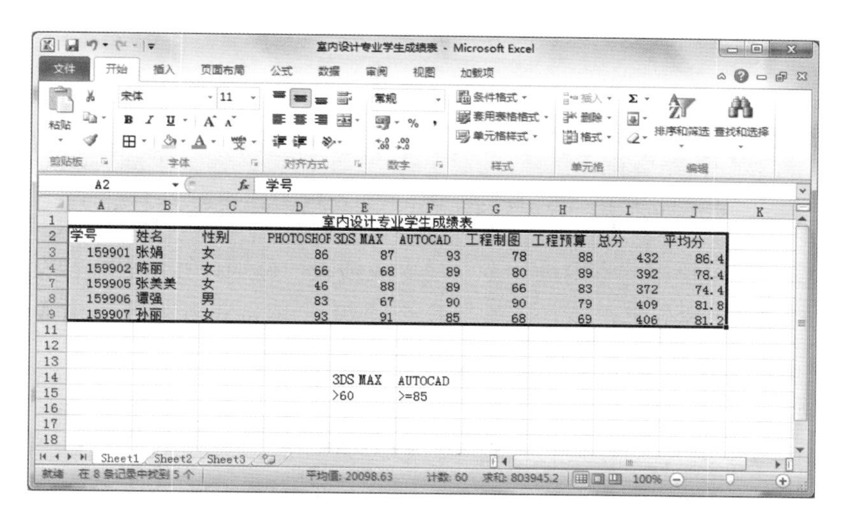

● 图 4—11—7 筛选后的结果

步骤三 保存文件并退出

检查无误后保存文件并退出 Excel 2010 程序。

巩固练习

根据如图 4—11—8 所示的“某公司产品产量表”，按如下要求进行筛选操作。

1. 通过自动筛选功能筛选出“产品 1 产量”大于 100 台的月份数据。

2. 通过高级筛选功能自定义筛选条件，筛选出“产品 1 产量”“产品 2 产量”“产品 3 产量”都大于 100 台的月份数据。

某公司产品产量表（单位：台）

月份	产品1产量	产品2产量	产品3产量
1	106	103	90
2	89	90	100
3	108	79	80
4	98	89	105
5	100	103	106
6	89	103	100
7	90	98	89
8	97	97	99
9	98	99	90
10	103	100	89
11	89	100	103
12	100	90	100

● 图 4—11—8 某公司产品产量表

任务 12 汇总分析学生考试成绩
——数据的分类汇总

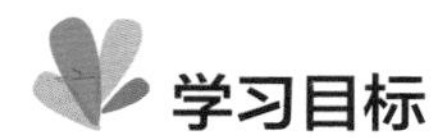

学习目标

知识目标：了解 Excel 2010 中分类汇总的用途

技能目标：能运用分类汇总功能分析数据

任务描述

本任务在学习 Excel 分类汇总功能的基础上，完成以下案例的操作：

某技师学院现需根据“室内设计专业学生成绩表”分别计算出男生和女生的平均成绩，要求使用 Excel 的分类汇总功能解决这个问题。“室内设计专业学生成绩表”如图 4—12—1 所示，分类汇总后的操作结果如图 4—12—2 所示。

	A	B	C	D	E	F	G	H	I	J
1	室内设计专业学生成绩表									
2	学号	姓名	性别	PHOTOSHOP	3DMAX	AUTOCAD	工程制图	工程预算	总分	平均分
3	159901	张娟	女	86	87	93	78	88	432	86.4
4	159902	陈丽	女	66	68	89	80	89	392	78.4
5	159903	康乐乐	男	87	69	69	79	90	394	78.8
6	159904	李乐新	男	90	60	78	69	96	393	78.6
7	159905	张美美	女	46	88	89	66	83	372	74.4
8	159906	谭强	男	83	67	90	90	79	409	81.8
9	159907	孙丽	女	93	91	85	68	69	406	81.2
10	159908	王志强	男	69	79	80	79	80	387	77.4

● 图 4—12—1 室内设计专业成绩表

	A	B	C	D	E	F	G	H	I	J
1	室内设计专业学生成绩表									
2	学号	姓名	性别	PHOTOSHOP	3DMAX	AUTOCAD	工程制图	工程预算	总分	平均分
3	159903	康乐乐	男	87	69	69	79	90	394	78.8
4	159904	李乐新	男	90	60	78	69	96	393	78.6
5	159906	谭强	男	83	67	90	90	79	409	81.8
6	159908	王志强	男	69	79	80	79	80	387	77.4
7		男 平均值								79.15
8	159901	张娟	女	86	87	93	78	88	432	86.4
9	159902	陈丽	女	66	68	89	80	89	392	78.4
10	159905	张美美	女	46	88	89	66	83	372	74.4
11	159907	孙丽	女	93	91	85	68	69	406	81.2
12		女 平均值								80.1
13		总计平均值								79.63

● 图 4—12—2 按照要求分类汇总后的结果

相关知识

分类汇总就是对数据按种类进行快速汇总，利用分类汇总功能能够大大提高数据处理的效率。

数据的分类汇总分为两个步骤进行，第一个步骤是用户利用排序功能将需要汇总的内容排列到一起，第二个步骤是系统利用预设的函数，根据用户设定的条件进行计算，得出汇总结果。

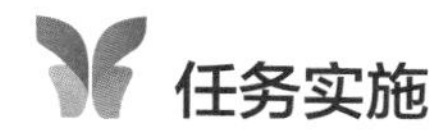

任务实施

步骤一 按“性别”进行排序

打开“室内设计专业学生成绩表”，单击“数据”选项卡中的“排序”命令。弹出如图 4—12—3 所示的“排序”对话框，在该对话框中设置排序主关键字段为“性别”，任意选择一种排序次序，如“升序”。按性别排序后的表格如图 4—12—4 所示。

● 图 4—12—3 “排序”对话框

室内设计专业学生成绩表									
学号	姓名	性别	PHOTOSHOP	3DMAX	AUTOCAD	工程制图	工程预算	总分	平均分
159903	康乐乐	男	87	69	69	79	90	394	78.8
159904	李乐新	男	90	60	78	69	96	393	78.6
159906	谭强	男	83	67	90	90	79	409	81.8
159908	王志强	男	69	79	80	79	80	387	77.4
159901	张娟	女	86	87	93	78	88	432	86.4
159902	陈丽	女	66	68	89	80	89	392	78.4
159905	张美美	女	46	88	89	66	83	372	74.4
159907	孙丽	女	93	91	85	68	69	406	81.2

● 图 4—12—4 排序后的成绩表

步骤二 按“性别”分类汇总

单击“数据”选项卡中的“分类汇总”命令，弹出如图 4—12—5 所示的“分类汇总”对话框。

在该对话框中，选择“分类字段”为“性别”，“汇总方式”为“平均值”。在“选定汇总项”中选择“平均分”，操作后的结果如图 4—12—6 所示。

在图 4—12—6 所示界面中，左上角有三个按钮 1 2 3，用于根据不同汇总层次展开或收缩表格。按下按钮 1，将显示全部学生的平均分，如图 4—12—7 所示。按下 2 按钮，将显示男生和女生各自的平均分，如图 4—12—8 所示。按下 3 按钮则将显示所有信息。

● 图 4—12—5 “分类汇总”对话框

	A	B	C	D	E	F	G	H	I	J
1	室内设计专业学生成绩表									
2	学号	姓名	性别	PHOTOSHOP	3DMAX	AUTOCAD	工程制图	工程预算	总分	平均分
3	159903	康乐乐	男	87	69	69	79	90	394	78.8
4	159904	李乐新	男	90	60	78	69	96	393	78.6
5	159906	谭强	男	83	67	90	90	79	409	81.8
6	159908	王志强	男	69	79	80	79	80	387	77.4
7			男 平均值							79.15
8	159901	张娟	女	86	87	93	78	88	432	86.4
9	159902	陈丽	女	66	68	89	80	89	392	78.4
10	159905	张美美	女	46	88	89	66	83	372	74.4
11	159907	孙丽	女	93	91	85	68	69	406	81.2
12			女 平均值							80.1
13			总计平均值							79.63

● 图 4—12—6 分类汇总后的结果

	A	B	C	D	E	F	G	H	I	J
1	室内设计专业学生成绩表									
2	学号	姓名	性别	PHOTOSHOP	3DMAX	AUTOCAD	工程制图	工程预算	总分	平均分
13		总计平均值								79.63

● 图 4—12—7 全部学生的平均分

	A	B	C	D	E	F	G	H	I	J
1	室内设计专业学生成绩表									
2	学号	姓名	性别	PHOTOSHOP	3DMAX	AUTOCAD	工程制图	工程预算	总分	平均分
7			男 平均值							79.15
12			女 平均值							80.1
13		总计平均值								79.63

● 图 4—12—8 男女生的分别平均分显示

小提示 单击“数据”选项卡中的“分类汇总”命令，在弹出的“分类汇总”对话框中单击“全部删除”按钮即可删除当前表格的分类汇总效果。

步骤三 保存文件并退出

检查无误后保存文件并退出 Excel 2010 程序。

巩固练习

打开“某茶叶生产基地产量表”，如图 4—12—9 所示，按“茶叶品级”进行分类汇总，得出“一级”“二级”“三级”三个品级茶叶各自的年产总量。

	A	B	C
1	某茶叶生产基地产量表		
2	茶叶名称	茶叶品级	年产量（吨）
3	茶叶1	一等	6
4	茶叶2	二等	3
5	茶叶3	二等	2
6	茶叶4	一等	1
7	茶叶5	三等	3
8	茶叶6	二等	3
9	茶叶7	一等	5
10	茶叶8	三等	6
11	茶叶9	二等	1
12	茶叶10	三等	3
13	茶叶11	一等	2
14	茶叶12	三等	6
15	茶叶13	二等	3

● 图 4—12—9 某茶叶生产基地产量表

任务 13 制作“校园歌手大奖赛”获奖证书——邮件合并

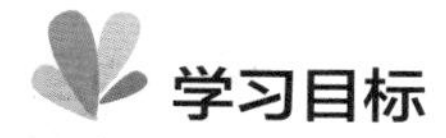

学习目标

知识目标：了解邮件合并的应用领域

技能目标：能利用邮件合并功能，根据模板批量制作文档

任务描述

本任务在学习 Excel 和 Word 联合使用的邮件合并功能基础上，完成以下案例的操作：

某技师学院组织第二届校园歌手大奖赛活动，在比赛结束后为获奖选手颁发获奖证书，现需要在大赛前利用邮件合并功能，制作竞赛证书模板，方便在大赛成绩公布后，以最快的速度打印出选手的获奖证书。获奖证书的效果如图 4—13—1 所示。

获奖证书

张晓华同学在××技师学院第二届校园歌手大奖赛活动中荣获第五名，特发此证，以资鼓励。

××技师学院

二〇一八年三月

● 图 4—13—1 “获奖证书”文件内容

相关知识

在日常工作中，常需要处理这样一类文档：这些文档各不相同，但又十分相似，它们具有基本相同的布局、相同的格式设置、相同文本和图形，仅在某些共同的特定部分有所不同，具有个性化内容。例如信封、准考证、获奖证书、通知书、格式合同、成绩单等。在 Word 中逐一制作这些文档，操作起来较为烦琐，尤其是数量较大时，更加费时费力。这时使用“邮件合并”功能，可一次性批量创建这些文档。

“邮件合并”功能需要同时用到 Word 和 Excel 两个软件，使用 Word 软件制作主文档，使用 Excel 软件制作数据源。主文档就是一个模板，体现这类文档的共性部分。而由个性化部分汇总成的表格，就是数据源。运行“邮件合并”功能，可自动将数据源中的每条个性化内容分别填入主文档中，生成若干文档页面。

任务实施

步骤一　新建 Word 文档

在 Word 2010 中按照图 4—13—2 所示内容制作模板。按照图中格式，在“页面设置”对话框中将页面纸张设置为 B5 纸、纸张方向设置为横向；将“获奖证书”文字设置为“字体：隶书，字号：初号，字形：加粗，颜色：红色，对齐方式：居中”，打开“字体”对话框，在“高级”选项卡中设置“间距”为“加宽：5 磅”；将其余文字设置为“字体：华文隶书，字号：小一号，颜色：黑色”；将“同学在 ×× 技师学院……以资鼓励。”一段设置为段前间距 1 行、首行缩进 2 字符；将落款和日期设置为右对齐，并适当调整使落款和日期相互居中对齐。

获 奖 证 书

同学在××技师学院第二届校园歌手大奖赛活动中荣获第名，特发此证，以资鼓励。

××技师学院

二〇一八年三月

● 图 4—13—2　Word 文档设置效果

步骤二 保存 Word 文档

单击快速工具栏中的“保存”按钮，打开“另存为”对话框，将文件命名为“获奖证书模板”。

步骤三 合并邮件

1. 在“同学”二字前的空格中间单击鼠标左键定位光标，然后单击“邮件”选项卡，如图 4—13—3 所示，单击“开始邮件合并”按钮，弹出如图 4—13—4 所示下拉列表。

● 图 4—13—3 “邮件”选项卡

● 图 4—13—4 “开始邮件合并”下拉列表

2. 单击“邮件合并分步向导”，出现邮件合并向导栏，如图 4—13—5 所示，依次单击“信函”单选框和“下一步 正在启用文档”命令，进入“选择开始文档”界面，如图 4—13—6 所示，单击“使用当前文档”单选项。

3. 单击“下一步 选取收件人”，进入“选择收件人”界面，如图 4—13—7 所示，单击“浏览”项，弹出如图 4—13—8 所示“选取数据源”对话框。如图 4—13—9 所示，找到数据源（即教材素材中提供的“获奖选手成绩单”Excel 文件，其内容如图 4—13—10 所示）所在路径，选中文件后单击“打开”按钮，弹出如图 4—13—11 所示“选择表格”对话框。选中数据所在的工作表 Sheet1，单击“确定”按钮，弹出“邮件合并收件人”对话框，如图 4—13—12 所示，勾选全部，单击“确定”按钮。

● 图 4—13—5　选择文档类型

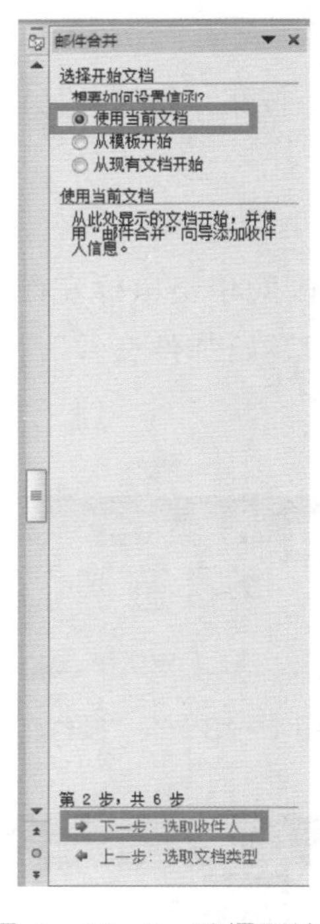

● 图 4—13—6　选择开始文档

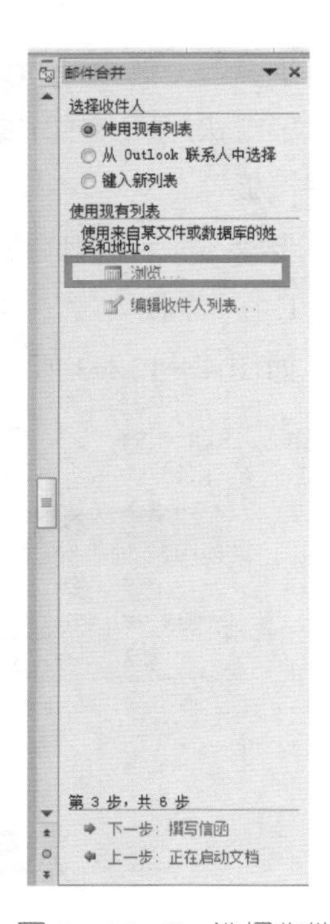

● 图 4—13—7　选择收件人

● 图 4—13—8　“选取数据源”对话框

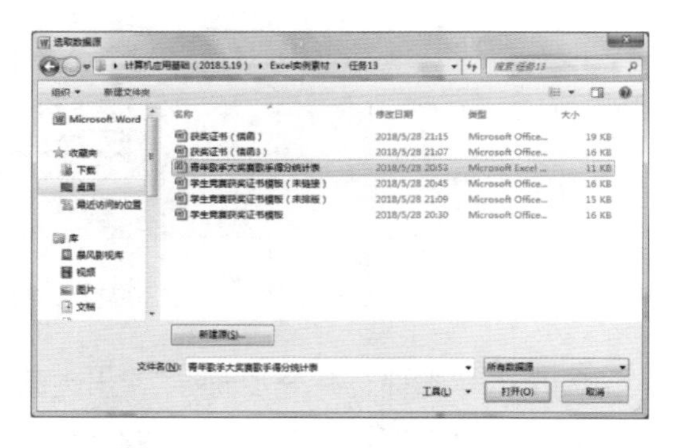

● 图 4—13—9　选择数据源文件

	A	B	C	D	E	F	G	H	I
1	歌手姓名	1号评委	2号评委	3号评委	4号评委	5号评委	6号评委	平均得分	名次
2	张晓华	9.0	8.8	8.9	8.4	8.2	8.9	8.7	五
3	李欣欣	5.8	6.8	5.9	6.0	6.9	6.4	6.3	十
4	陈晓旭	8.0	7.5	7.3	7.4	7.9	8.0	7.7	九
5	方萍萍	8.6	8.2	8.9	9.0	7.9	8.5	8.5	六
6	曾丽丽	8.2	8.1	8.8	8.9	8.4	8.5	8.5	七
7	姚萍	8.0	7.6	7.8	7.5	7.9	8.0	7.8	八
8	王晓华	9.0	9.2	8.5	8.7	8.9	9.1	8.9	二
9	孙方平	9.6	9.5	9.4	8.9	8.8	9.5	9.3	一
10	张可可	9.2	9.0	8.7	8.3	9.0	9.1	8.9	三
11	于文华	8.8	8.6	8.9	8.8	9.0	8.4	8.8	四

● 图 4—13—10　“获奖选手成绩单”内容

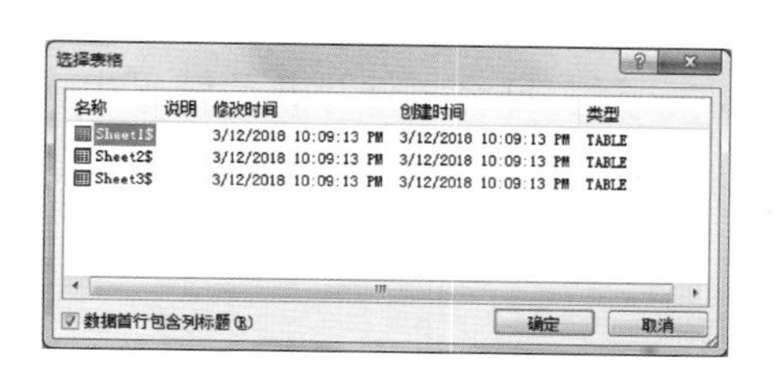

● 图 4—13—11 “选择表格”对话框

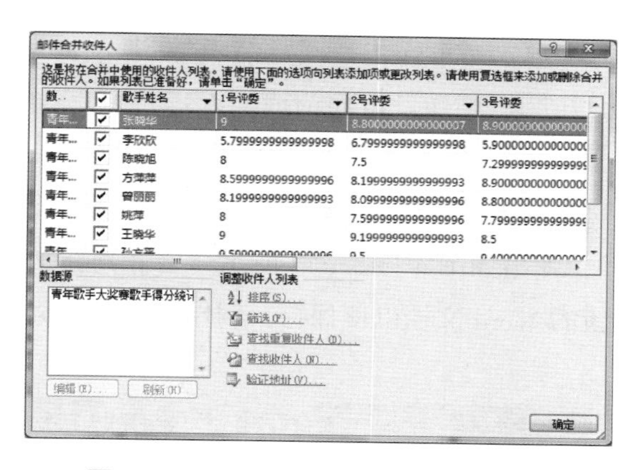

● 图 4—13—12 “邮件合并收件人”对话框

4. 单击“下一步 撰写信函”，进入如图 4—13—13 所示界面，将光标定位到“同学”二字之前，单击“其他项目”，弹出“插入合并域”对话框，选择“歌手姓名”，如图 4—13—14 所示，单击“插入”按钮将其插入文档后，单击“关闭”按钮关闭对话框。

5. 在 Word 文档中单击“第名”二字之间的位置定位光标后，再次单击向导中的“其他项目”，弹出“插入合并域”对话框，选择“名次”，单击“插入”按钮将其插入文档，然后单击“关闭”按钮关闭对话框。

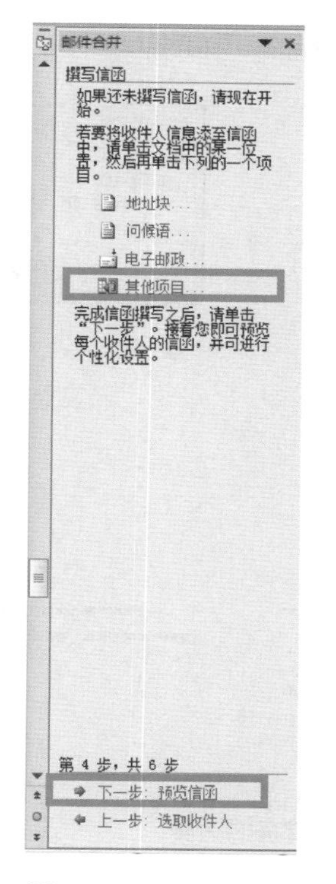

● 图 4—13—13 撰写信函

● 图 4—13—14 “插入合并域”对话框

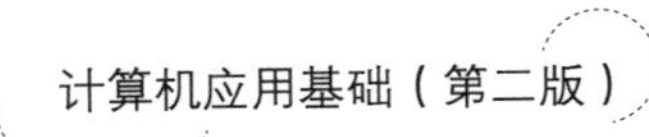

6. 单击“下一步　预览信函”，进入如图 4—13—15 所示“预览信函”界面，单击 [<<] 和 [>>] 按钮，可向前或向左逐页查看每个结果页面。确认无误后，单击“下一步　完成合并”，进入“完成合并”界面，如图 4—13—16 所示。

7. 单击“打印”，弹出“打印”对话框，可以对结果进行打印。单击“编辑单个文档”，弹出如图 4—13—17 所示“合并到新文档”对话框，可将邮件合并的结果生成一个新的 Word 文档以便保存。制作完成的获奖证书效果如图 4—13—18 所示。

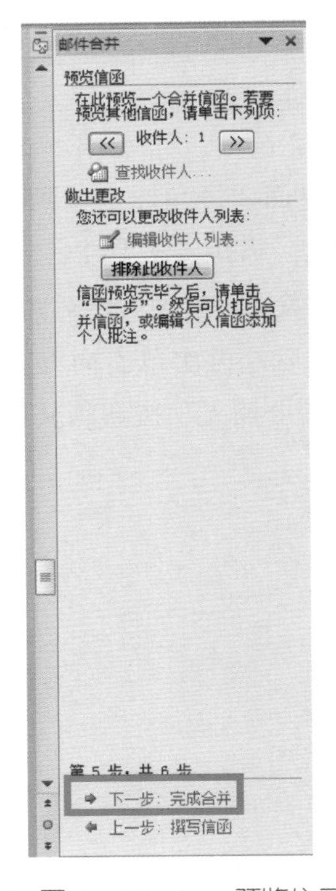

● 图 4—13—15　预览信函

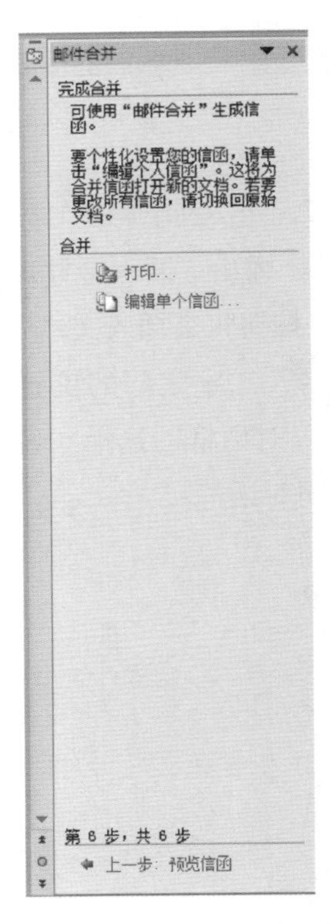

● 图 4—13—16　完成合并

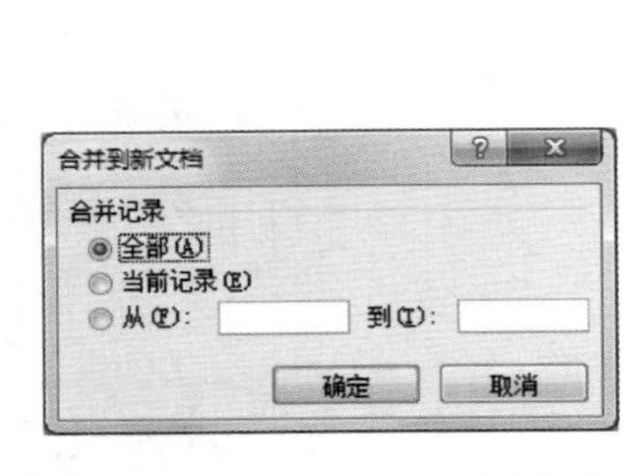

● 图 4—13—17　“合并到新文档”对话框

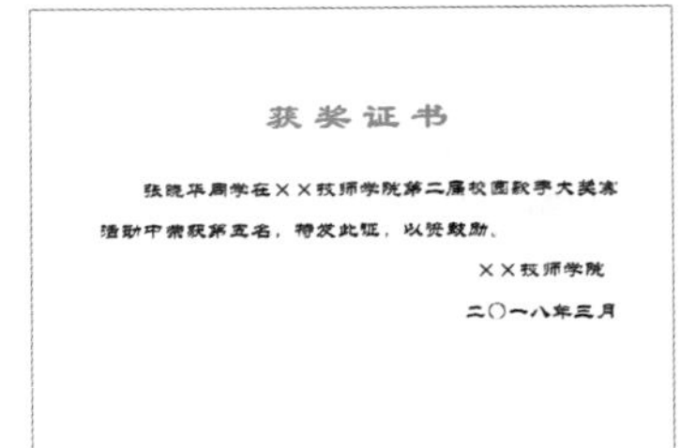

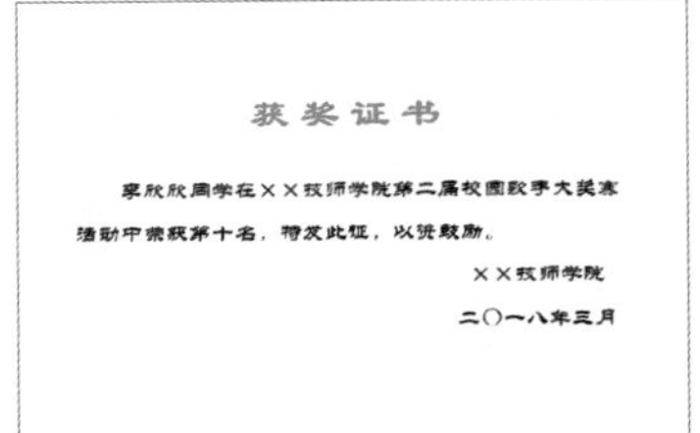

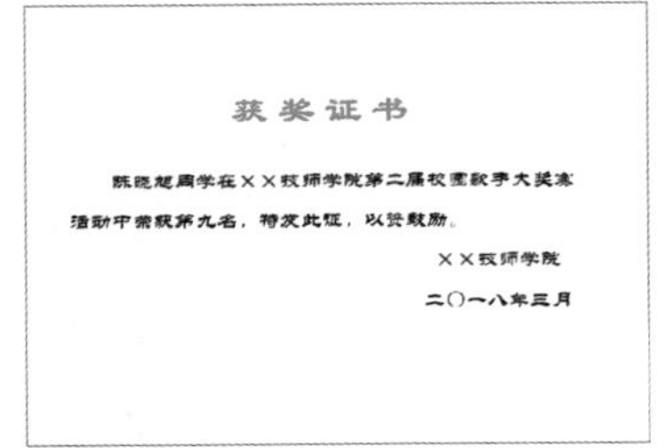

● 图 4—13—18　制作完成的获奖证书效果

巩固练习

利用邮件合并功能打印 15 个信封，要求如下：

1. 自行设计一幅信封 Word 文档。

2. 创建 Excel 工作表，内容包括：序号、邮寄地址、邮编、收件人姓名、寄信人地址。

3. 利用邮件合并功能，实现 15 个信封同时打印出来。

任务 14 分析技能竞赛成绩数据——数据透视表

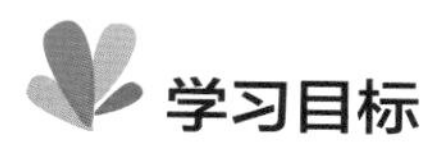

学习目标

知识目标：了解数据透视表的功能

技能目标：能使用数据透视表对数据进行分析

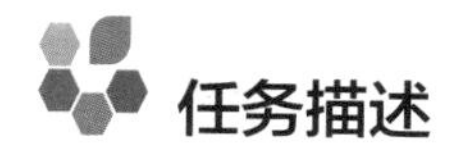

任务描述

本任务利用 Excel 数据透视表的分析功能，完成以下案例的操作：

某院校组织了一次平面设计专业学生技能竞赛活动，已将竞赛成绩录入到了 Excel 表格中，现要分析出每个班级各小组总分排名情况，需要制作一个数据透视表来清晰地查看每个班级各小组总分，效果如图 4—14—1 所示。

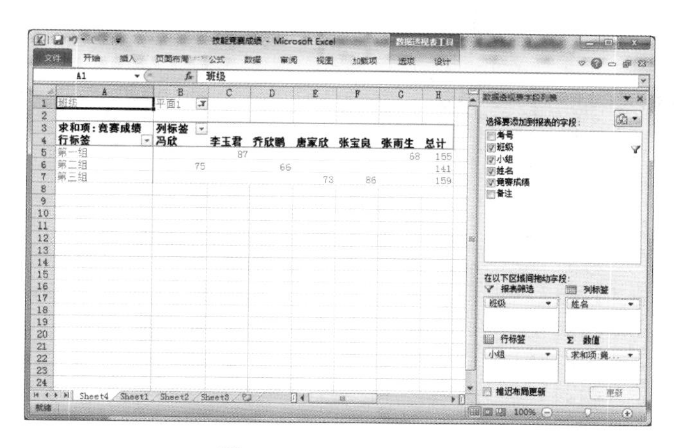

● 图 4—14—1 数据透视表

相关知识

数据透视表是一种可以快速汇总大量数据的交互式、交叉制表的 Excel 报表，用于对多种来源的数据（包括 Excel 表格中的数据和数据库记录等外部数据）进行汇总和分析，尤其是对于记录多、结构复杂的工作表，使用起来更加方便。使用数据透视表可以深入分析数值数据，并且可以发现一些预计不到的数据问题。

数据透视表主要适用于以下用途：

1. 以多种方式交叉查询大量数据。

2. 对数值数据进行分类汇总和聚合，按分类和子分类对数据进行汇总，创建自定义计算和公式。

3. 展开或折叠要关注结果的数据级别，查看感兴趣区域摘要数据的明细。

4. 将行移动到列或将列移动到行（或“透视”），以查看源数据的不同汇总结果。

5. 对最有用和最关注的数据子集进行筛选、排序、分组和有条件地设置格式，以便关注所需要的信息。

6. 提供简明、有吸引力并且带有批注的联机报表或打印报表。

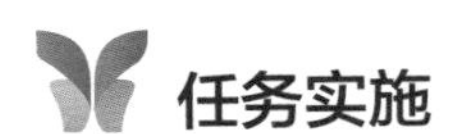

任务实施

步骤一　启动 Excel 2010 并打开文件

启动 Excel 2010，打开素材中的“技能竞赛成绩”文件，其内容如图 4—14—2 所示。

步骤二　选择数据区域

将鼠标由 A2 单元格拖动至 F20 单元格，选中 A2：F20 区域，如图 4—14—3 所示。

2017级平面设计专业技能竞赛成绩表

考号	班级	小组	姓名	竞赛成绩	备注
20170301	平面2	第一组	曹芳芳	65	
20170302	平面2	第一组	车金亮	85	
20170303	平面3	第一组	唐慧	67	
20170304	平面1	第二组	冯欣	75	
20170305	平面2	第三组	郭玉姗	95	
20170306	平面3	第一组	李晓亮	56	
20170307	平面1	第一组	李玉君	87	
20170308	平面2	第三组	连凤玉	69	
20170309	平面3	第三组	凌欣如	78	
20170310	平面1	第二组	乔欣鹏	66	
20170311	平面3	第三组	隋玉红	91	
20170312	平面1	第三组	唐家欣	73	
20170313	平面3	第三组	文鹏	82	
20170314	平面3	第二组	徐京京	92	
20170315	平面2	第二组	阎晓华	84	
20170316	平面1	第三组	张宝良	86	
20170317	平面2	第二组	张秋蜂	72	
20170318	平面1	第一组	张雨生	68	

● 图 4—14—2　技能竞赛成绩表

2017级平面设计专业技能竞赛成绩表

考号	班级	小组	姓名	竞赛成绩	备注
20170301	平面2	第一组	曹芳芳	65	
20170302	平面2	第一组	车金亮	85	
20170303	平面3	第一组	唐慧	67	
20170304	平面1	第二组	冯欣	75	
20170305	平面2	第三组	郭玉姗	95	
20170306	平面3	第一组	李晓亮	56	
20170307	平面1	第一组	李玉君	87	
20170308	平面2	第三组	连凤玉	69	
20170309	平面3	第三组	凌欣如	78	
20170310	平面1	第二组	乔欣鹏	66	
20170311	平面3	第三组	隋玉红	91	
20170312	平面1	第三组	唐家欣	73	
20170313	平面3	第三组	文鹏	82	
20170314	平面3	第二组	徐京京	92	
20170315	平面2	第二组	阎晓华	84	
20170316	平面1	第三组	张宝良	86	
20170317	平面2	第二组	张秋蜂	72	
20170318	平面1	第一组	张雨生	68	

● 图 4—14—3　选中数据区域

步骤三 打开“创建数据透视表”对话框

在“插入”选项卡中单击“数据透视表”下拉列表，选择“数据透视表”命令，如图 4—14—4 所示，打开“创建数据透视表”对话框，如图 4—14—5 所示。

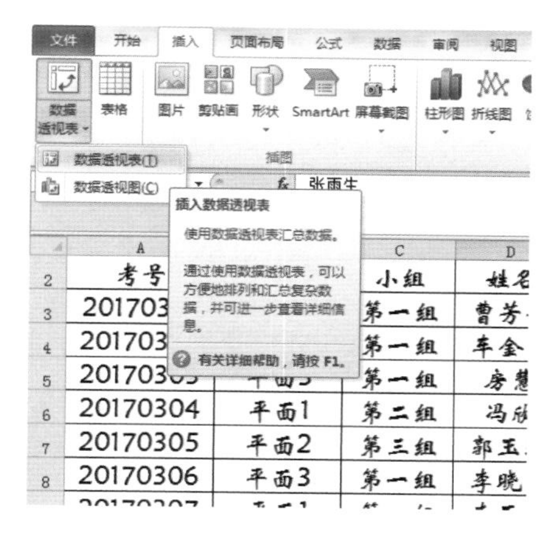

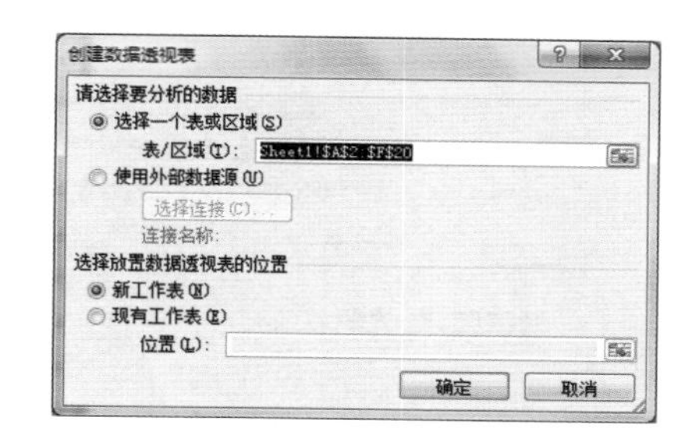

● 图 4—14—4 “数据透视表”位置　　● 图 4—14—5 “创建数据透视表”对话框

“创建数据透视表”对话框中各项参数含义如下。

1. 请选择要分析的数据

选择一个表或区域：用于选择当前表中参与数据透视表运算的数据区域。

使用外部数据源：选中此单选框，可选择当前表格以外的其他数据源作为数据透视表运算的数据区域。当选中此单选框时，“选择连接”按钮被激活，单击该按钮，打开“现有连接”对话框（见图 4—14—6），在列表中选择需要的数据源，或单击“浏览更多”按钮，打开“选取数据源”对话框（见图 4—14—7）进行选择。

● 图 4—14—6 “现有连接”对话框　　● 图 4—14—7 “选取数据源”对话框

2. 选择放置数据透视表的位置

新工作表：重新生成一个工作表，显示数据透视表中的内容。

现有工作表：可以在当前工作表中设置的区域位置上显示数据透视表的内容。

步骤四　设置数据透视表字段

1. 在“创建数据透视表”对话框中，确认自动填入的区域范围无误后，选中“选择放置数据透视表的位置”中的“新建工作表”单选框，单击“确定”按钮，打开如图4—14—8所示工作表界面。

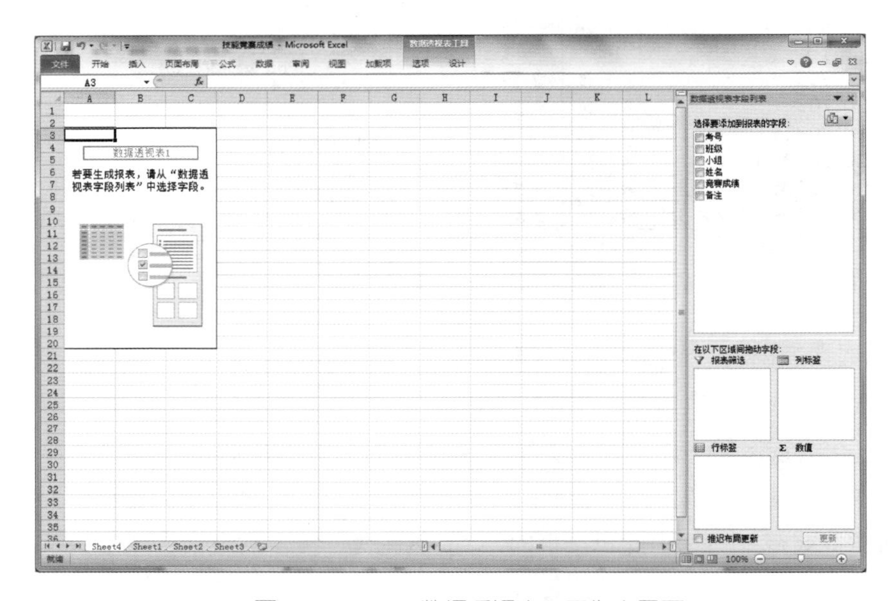

图4—14—8　“数据透视表”工作表界面

2. 将“班级”字段拖动到“报表筛选”区域，将“小组”字段拖动到“行标签”区域，将“姓名”字段拖动到“列标签”区域，将“竞赛成绩”字段拖动到“数值”区域，效果如图4—14—9所示。

步骤五　筛选报表

在“数据透视表”工作表中，单击“班级”右侧“全部”下拉按钮，如图4—14—10所示，在列表中选择需要查看的班级，选择“平面1”班级后的效果如图4—14—11所示。

步骤六　设置“总计”和“数据透视表样式”

按照任务要求，在“数据透视表”工作表中单击“数据透视表工具”“设计”选项卡中的“总计”按钮，在下拉列表中单击“仅对行启用”命令，如图4—14—12所示，取消第8行的纵向“总计”结果。在透视表样式中，选择“数据透视表样式14”，如图4—14—13所示。

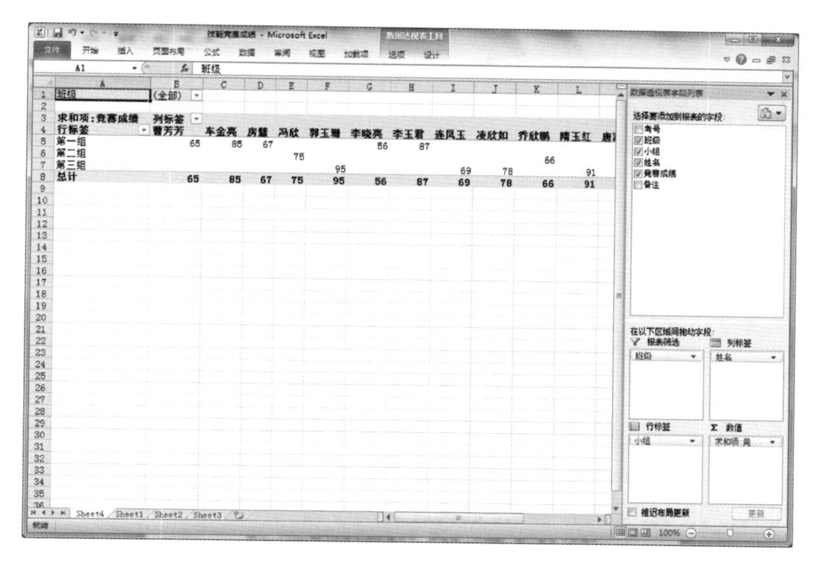

● 图 4—14—9　添加字段后数据透视表效果

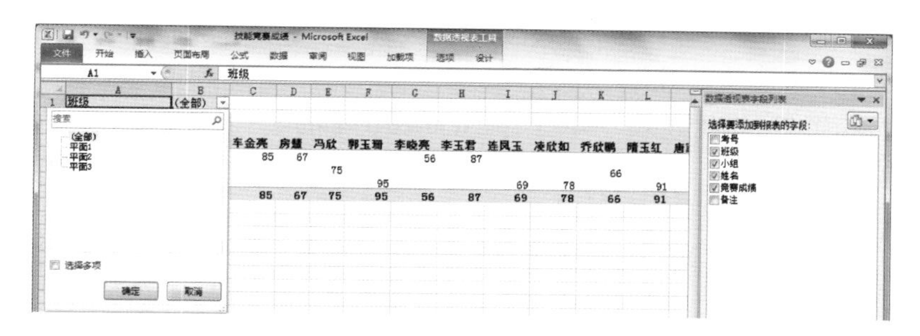

● 图 4—14—10　展开报表筛选项

● 图 4—14—11　报表筛选效果

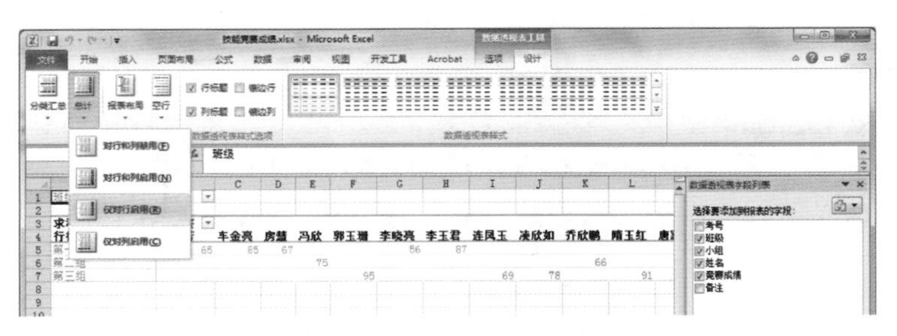

● 图 4—14—12 “总计”列表

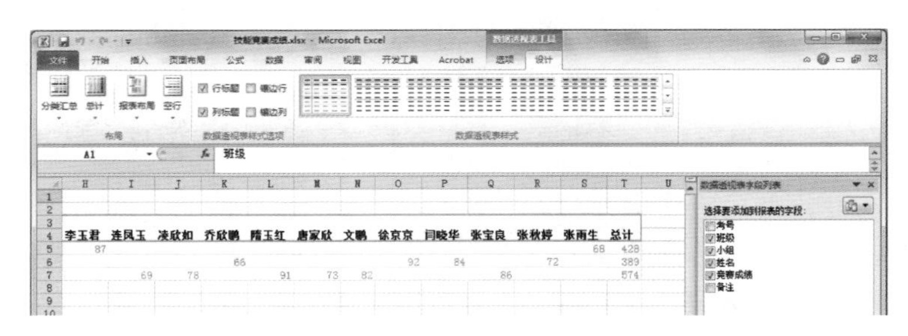

● 图 4—14—13 设置“总计”和“样式”后的效果

步骤七 保存文件并退出

将文件另存为“数据透视表”并退出 Excel 2010 程序。

巩固练习

1. 打开如图 4—14—14 所示“某院校学生成绩统计表”。

2. 利用数据透视表统计不同综合等级的人数。其中：85 分（含）以上为优秀，70 至 85 之间为中，60 至 70 之间为及格，60 分以下为不及格。效果如图 4—14—15 所示。

某院校学生成绩统计表					
课程名称	计算机组装维修		班级	2017级秋计网1	
学号	姓名	平时成绩	考试成绩	总评成绩	综合等级
20170101	张小华	29	86	89.2	优秀
20170102	李晓东	30	90	93	优秀
20170103	田凤春	18	56	57.2	不及格
20170104	李小超	25	23	41.1	不及格
20170105	孙晓晓	26	74	77.8	中
20170106	胡金平	27	82	84.4	中
20170107	秦冬梅	24	64	68.8	及格
20170108	徐晓丽	20	51	55.7	不及格
20170109	王欣月	30	89	92.3	优秀
20170110	陈小梅	30	96	97.2	优秀
20170111	赵丽	28	72	78.4	中
20170112	周萍	27	81	83.7	中
20170113	陈强	25	64	69.8	及格
20170114	刘娟娟	28	72	78.4	中
20170115	梁莎	22	45	53.5	不及格
20170116	张玉环	26	66	72.2	中
20170117	曾小月	29	82	86.4	优秀
20170118	姚春平	28	68	75.6	中

● 图 4—14—14 “某院校学生成绩统计表”内容

计数项:综合等级	列标签			
行标签	不及格	及格	优秀	中
曾小月			1	
陈强		1		
陈小梅			1	
胡金平				1
李小超	1			
李晓东			1	
梁莎	1			
刘娟娟				1
秦冬梅		1		
孙晓晓				1
田凤春	1			
王欣月			1	
徐晓丽	1			
姚春平				1
张小华			1	
张玉环				1
赵丽				1
周萍				1
总计	4	2	5	7

● 图 4—14—15 “某院校学生成绩统计表”数据透视表

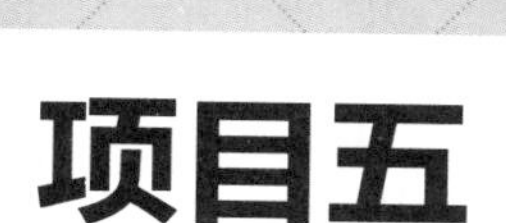

项目五 PowerPoint 2010 的使用

任务 1 制作“求职简历”演示文稿——演示文稿的创建

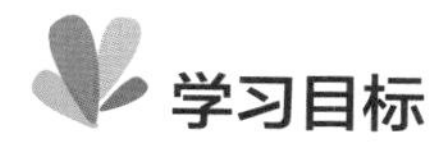

学习目标

知识目标：了解 PowerPoint 2010 界面的组成及其基本操作

技能目标：1. 能完成 PowerPoint 2010 中新建幻灯片、保存等操作

2. 能在幻灯片中完成录入、编辑文字、插入图片、应用模板等操作

3. 能在幻灯片中使用文本框并设置其格式

任务描述

本任务在学习 PowerPoint 2010 基本操作的基础上，完成以下案例的制作：

毕业生于晓华为参加应聘，需制作一份“求职简历”演示文稿，在演示文稿中需将个人情况信息清楚地进行展示。演示文稿包含六张幻灯片，最终效果如图 5—1—1 所示。

相关知识

PowerPoint 是一款集文字、图像和声音于一体的演示文稿制作软件，用 PowerPoint 制作的演示文稿常用于产品演示、教学和会议等场合。

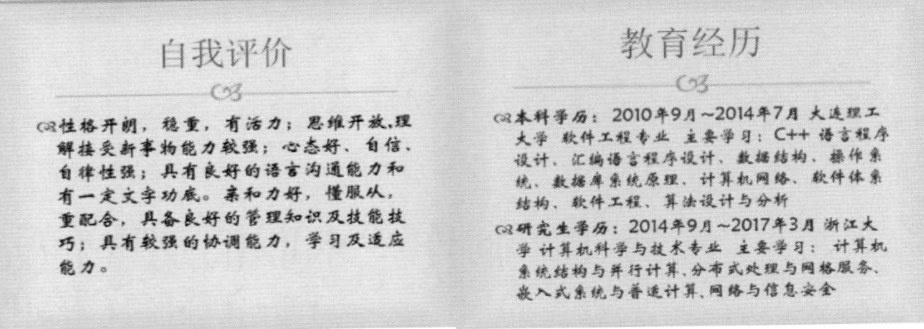

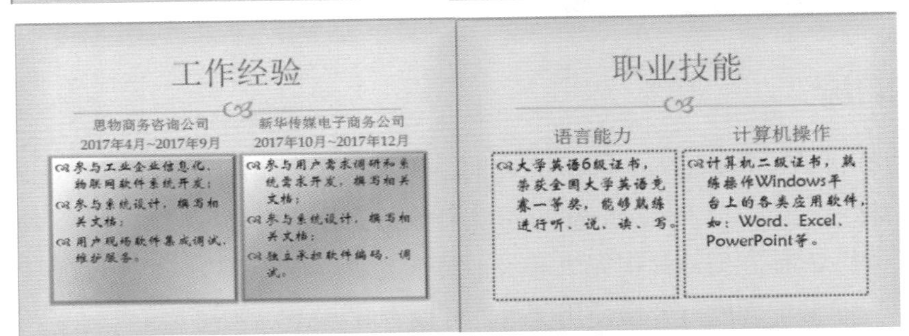

● 图 5—1—1 “求职简历”演示文稿效果

PowerPoint 2010 是 Microsoft Office 2010 办公软件的一个重要组成部分，用于设计、制作信息展示领域的各种电子演示文稿，它是人们在日常生活、工作、学习中使用最多、最广泛的幻灯片演示文稿。

一、演示文稿的制作过程

1. 准备素材

准备演示文稿中所需要的图片、声音、动画等素材文件。

2. 确定方案

对演示文稿的整体构架进行设计。

3. 初步制作

将文本、图片等对象输入或插入到相应的幻灯片中。

4. 装饰处理

设置幻灯片中相关对象的属性（包括字体、大小、动画等），对幻灯片进行装饰处理。

5. 预演播放

设置播放过程中的相关属性，然后播放幻灯片查看效果，对存在的问题进行修正，直至满意。

二、演示文稿基本概念与术语

1. 演示文稿和幻灯片

演示文稿是使用 PowerPoint 所创建的文档，而幻灯片则是演示文稿中的页面。演示文稿由若干张幻灯片所组成，而幻灯片又由文字、图片、表格、声音、影像等多媒体元素组成。图 5—1—2 所示为一个教学课件演示文稿，图 5—1—3 所示为演示文稿中的一张幻灯片。

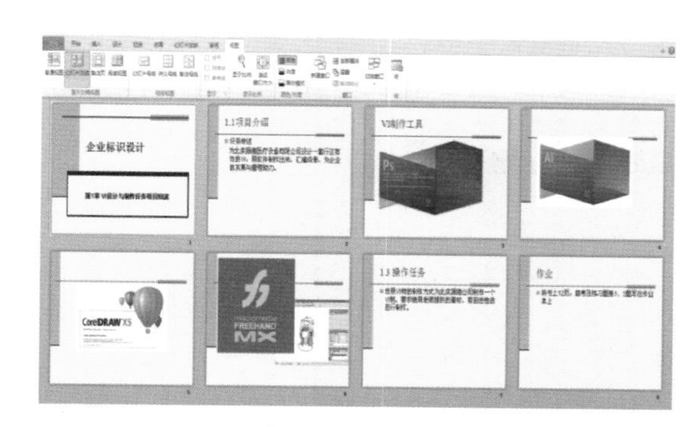

● 图 5—1—2　演示文稿

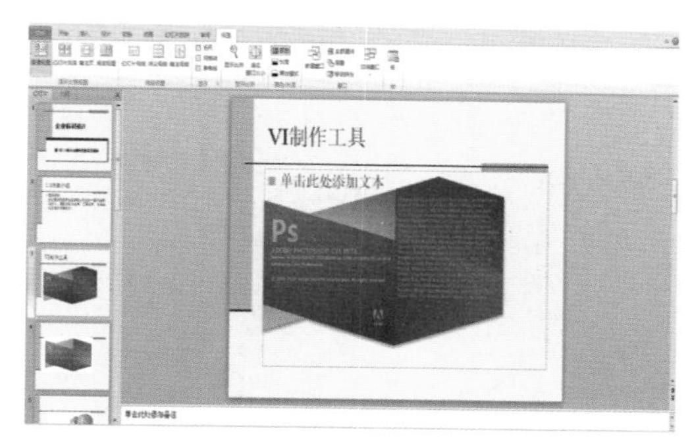

● 图 5—1—3　幻灯片

2. 主题

PowerPoint 2010 的主题由主题颜色、主题字体和主题效果组成。主题颜色是指演示文稿中主题色彩的搭配方案，主题文字是指演示文稿中字体的搭配方案。主题效果则包括幻灯片的播放效果等。图 5—1—4 所示为同一张幻灯片应用两种不同主题的效果。

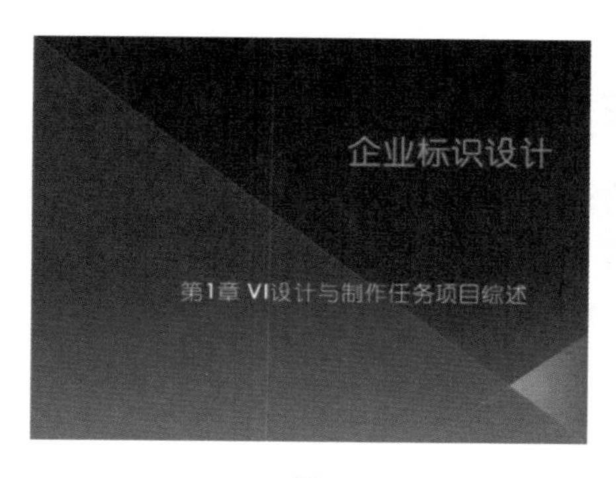

● 图 5—1—4　同一张幻灯片应用不同主题的效果

3. 模板

在 PowerPoint 2010 中，模板记录了对幻灯片母版、版式和主题组合所进行的设置，可以在模板的基础上快速创建出外观和风格统一的演示文稿。

4. 母版

母版是模板的一部分，其中储存了文本和各种对象在幻灯片上的放置位置、文本或占位符的大小、文本样式、背景、主题颜色、效果和动画等信息。

母版包括幻灯片母版、讲义母版、备注母版。图 5—1—5 所示为幻灯片母版，选择“视图”选项卡，单击“幻灯片母版”按钮即可打开幻灯片母版。利用母版可实现对多个页面共性内容的统一制作。

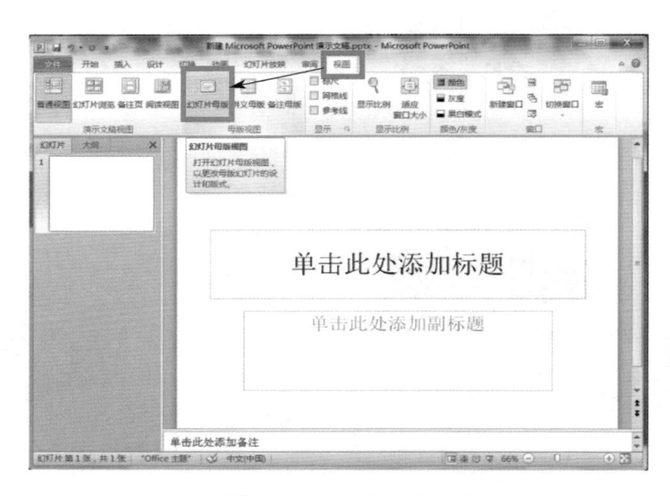

● 图 5—1—5　幻灯片母版

5. 版式

版式是幻灯片母版的组成部分，可以用版式来排列幻灯片中标题、副标题、文本、列表、图片、表格、图表、形状、视频等元素的摆放方式。选择“开始”选项卡，单击“版式”按钮，选择列表中的任意一种版式即可，如图 5—1—6 所示。

三、PowerPoint 2010 的操作界面

启动 PowerPoint 2010 后，自动建立一个名为“演示文稿 1”的演示文稿文件，其界面主要由标题栏、快速访问工具栏、选项卡、功能区、大纲 / 幻灯片窗格、编辑窗口、备注窗口和状态栏等部分组成，如图 5—1—7 所示。

标题栏、快速访问工具栏、选项卡、功能区的使用与 Word、Excel 相同，这里不再重复。其他组成部分的功能说明如下：

● 图 5—1—6　内置的幻灯片版式

● 图 5—1—7　PowerPoint 2010 的操作界面

大纲 / 幻灯片窗格——位于窗口左侧，可以在幻灯片视图、大纲视图及其他视图之间切换。

备注窗口——位于窗口下部，用来保存备注信息。

状态栏——显示当前页数、总页数、设计模板名称、拼写检查、缩放、视图切换等信息和功能。

编辑窗口——位于窗口中间，用来查看和编辑每张幻灯片。

任务实施

步骤一　启动 PowerPoint 2010

在桌面上双击 PowerPoint 2010 快捷方式图标，或者单击“开始”按钮，选择“所有程序”→“Microsoft Office”→“Microsoft PowerPoint 2010”，即可打开 PowerPoint 2010，同时默认新建一篇名为“演示文稿 1”的文档。

步骤二　制作封面幻灯片

1. 设置标题文字

在幻灯片编辑窗口中，单击“单击此处添加标题”文本框，输入标题“求职简历”文字。选中“求职简历”，在“开始”选项卡“字体”组中，将其格式设置为“字体：微软雅黑，字号：80，颜色：黑色　淡色 36%”，如图 5—1—8 所示。

2. 设置副标题文字

在副标题文本框中输入“于晓华”文字和制作日期“2019 年 3 月 30 日”文字，并将其格式设置为“字体：宋体，字号：32，颜色：黑色　淡色 15%”，整体效果如图 5—1—9 所示。

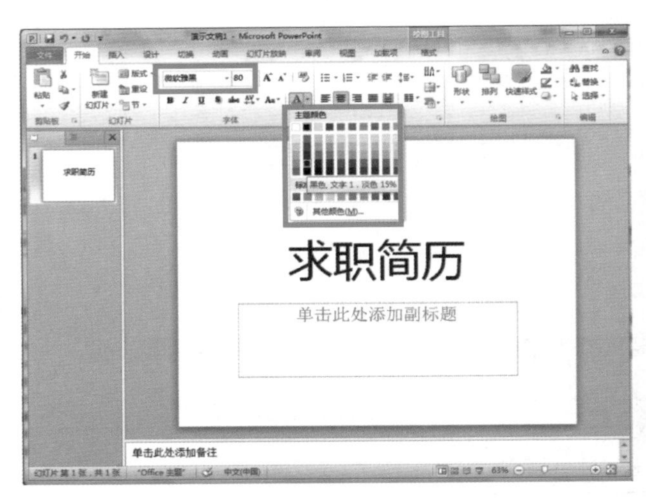

● 图 5—1—8　标题格式设置

● 图 5—1—9　封面整体效果

3. 使用模板美化幻灯片

美化幻灯片最快捷的方法就是使用设计模板。单击“设计”选项卡下的模板样式，选择“精装书”模板，如图 5—1—10 所示，效果如图 5—1—11 所示。

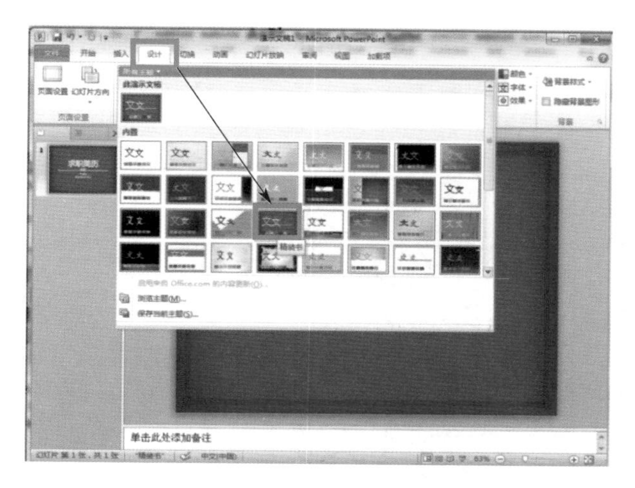

● 图 5—1—10 选择模板

● 图 5—1—11 封面幻灯片效果

小提示 创建演示文稿时，还可以通过单击“文件”选项卡中的“新建”命令，在“可用模板和主题”窗口中单击“样本模板”按钮进行选择。例如可选择其中的“都市相册”模板，并单击“创建”按钮创建一个用于展示照片的演示文稿，如图 5—1—12 所示。

● 图 5—1—12 创建“都市相册”

步骤三　制作“基本信息”幻灯片

1. 插入新幻灯片

单击“开始”选项卡下“幻灯片”组中的“新幻灯片”按钮，选择“两栏内容”版式，如图 5—1—13 所示。

● 图 5—1—13　插入新建幻灯片

2. 设置“基本信息”幻灯片内容及格式

输入幻灯片标题“基本信息”，在右侧文本框中输入或从素材文件中复制粘贴如图 5—1—14 所示的个人基本信息内容。并将其格式设置为“字体：华文新魏，字号：24”。单击左侧文本框中的图片图标，或单击“插入”选项卡中的“图片”按钮，打开“插入图片”对话框，选择素材图片，如图 5—1—15 所示，在左侧文本框中插入图片，并调整其大小和位置。

● 图 5—1—14　“基本信息”幻灯片内容

● 图 5—1—15　插入图片

步骤四　制作“自我评价”幻灯片

1. 插入新幻灯片

单击“开始”选项卡下“幻灯片”组中的“新幻灯片”按钮，选择“标题和内容”版式。

2. 设置“自我评价”幻灯片内容及格式

输入幻灯片标题“自我评价”，在文本框中输入或从素材文件中复制粘贴文字内容。文本格式设置为“字体：华文新魏，字号：32”。

步骤五　制作“教育经历”幻灯片

1. 插入新幻灯片

单击“开始”选项卡下“幻灯片”组中的“新幻灯片”按钮，选择“标题和内容”版式。

2. 设置“教育经历”幻灯片内容及格式

输入幻灯片标题“教育经历”，在文本框中输入或从素材文件中复制粘贴文字内容。文本格式设置为“字体：华文新魏，字号：28”。

步骤六　制作“工作经验”幻灯片

1. 插入新幻灯片

单击“开始”选项卡下“幻灯片”组中的“新幻灯片”按钮，选择“比较”版式。

2. 设置“工作经验”幻灯片内容及格式

输入幻灯片标题“工作经验”，在副标题框和其下面文本框中输入或从素材文件中

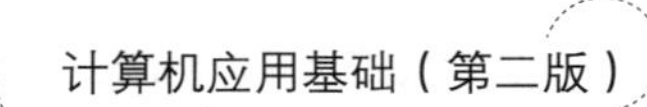

复制粘贴文字内容。文本框内容格式设置为“字体：华文新魏，字号：24”，加入如图5—1—16所示的填充效果，并设置如图5—1—17所示的“发光和柔化边缘”效果及如图5—1—18所示的“三维格式”效果。

● 图5—1—16 “填充”设置

● 图5—1—17 “发光和柔化边缘”设置

● 图5—1—18 “三维格式”设置

步骤七　制作“职业技能”幻灯片

1. 插入新幻灯片

单击“开始”选项卡“幻灯片”组中的“新幻灯片”按钮，选择“比较”版式。

2. 设置“职业技能”幻灯片内容及格式

输入幻灯片标题“职业技能”，在副标题框和其下面文本框中输入或从素材文件复制粘贴文字内容。文本框内容格式设置为“字体：华文新魏，字号：28”，文本框线型按图 5—1—19 所示进行设置。

● 图 5—1—19 “线型”设置

步骤八 保存演示文稿

保存制作完成的演示文稿，将其命名为“求职简历”。

步骤九 播放幻灯片并退出

要观看已制作好的幻灯片效果，需要播放幻灯片，可按 F5 键或单击状态栏中的 按钮来播放幻灯片。检查无误后退出 PowerPoint 2010 程序。

巩固练习

自行设计一份“个人简历”演示文稿，要求布局美观、合理，具体内容根据个人实际情况、个人意愿和本专业的岗位需求和就业前景进行设计。演示文稿中应包括以下页面：“目录”幻灯片、“个人信息”幻灯片、“求职意向”幻灯片、“职业规划”幻灯片。

任务 2　制作“作品展示”演示文稿
——演示文稿的修饰与美化

学习目标

知识目标：熟悉修饰幻灯片的各种方法

技能目标：1. 能为幻灯片设置背景图片

　　　　　2. 能在幻灯片中编辑艺术字、形状等元素

　　　　　3. 能在幻灯片中创建、设置表格和图表

任务描述

本任务在学习演示文稿的修饰与美化方法的基础上，完成以下案例的制作：

郭一一同学三年的职业技术学习生涯即将结束，为了给自己三年的学习生活进行一次总结，他打算利用 PowerPonit 2010 软件制作三年来个人所制作的优秀作品的“个人作品展”，要求演示文稿由首页、目录、4 张作品展示页、尾页和感谢共八页组成，最终效果如图 5—2—1 所示。

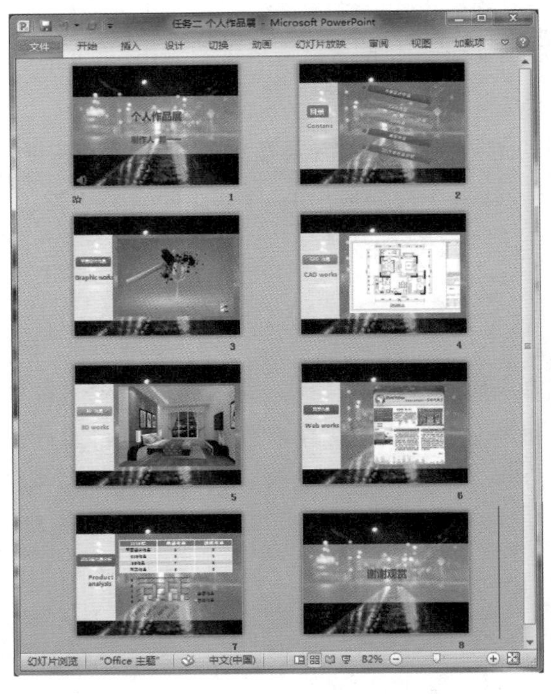

● 图 5—2—1　“个人作品展”演示文稿效果

相关知识

一、幻灯片背景

为了使幻灯片美观、精致，可以在幻灯片中添加幻灯片背景。幻灯片背景可以设置为渐变颜色、图案、图片等内容，通过幻灯片背景的设置可以提升幻灯片的美感。PowerPoint 2010 中的“背景样式”主要分为填充、图片更改、图片色彩、艺术效果等，为用户提供大量的图片处理效果，可以在图片色彩样式上进行调整。

二、插入与编辑艺术字

艺术字是一种特殊的图形文字，常用于表现幻灯片的标题文字，在演示文稿中插入艺术字以后，还可以进一步对其填充颜色、轮廓形态、显示效果等进行设置。

三、个性化形状的编辑

PowerPoint 2010 提供了大量的自选形状，并为形状提供了多种样式的美化效果。绘制形状后，可通过“格式”选项卡下“形状样式”组（见图 5—2—2）对其进行美化和个性化编辑。在图 5—2—3 中，蓝色形状采用的是默认样式，紫色形状采用的是经过个性化编辑的样式。

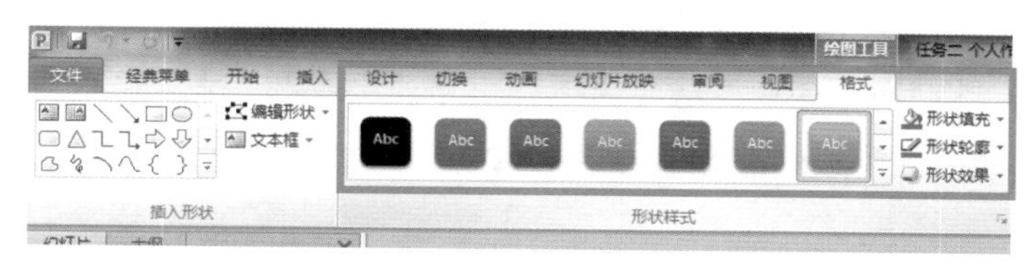

● 图 5—2—2 “格式”选项卡

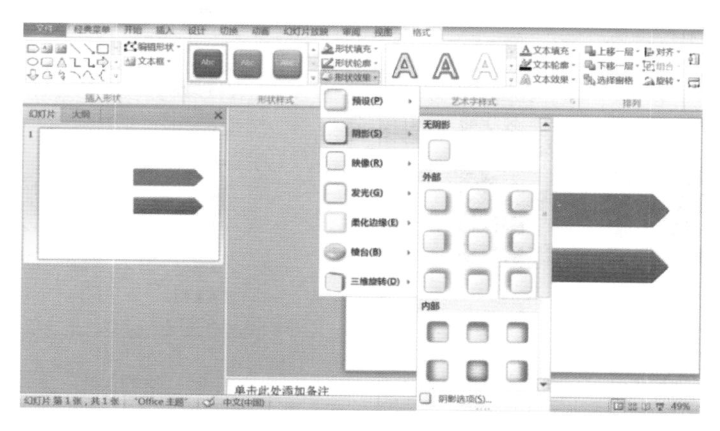

● 图 5—2—3 形状样式编辑前后对比

四、表格、图表的创建与设置

在制作演示文稿时，通常需要使用表格或图表。表格与幻灯片页面文字相比更能体现内容的对应性；图表则是将数据变为可视化的视图，具有较强的说服力，更能直观体现数据和比较数据。

在 PowerPoint 2010 中插入表格和图表的方法与 Word 2010 及 Excel 2010 相同。其中，插入一个图表后，将自动弹出一个 Excel 窗口，用于对数据的编辑。

五、幻灯片背景的美化

使用"背景样式"选项卡可以对幻灯片背景进行美化。在"设计"选项卡中单击"背景样式"按钮，在弹出的列表中可选择渐变色填充背景、设置背景格式。选择"设置背景格式"，如图 5—2—4 所示，打开"设置背景格式"对话框，该对话框分为"填充""图片更正""图片颜色""艺术效果"四个选项卡。

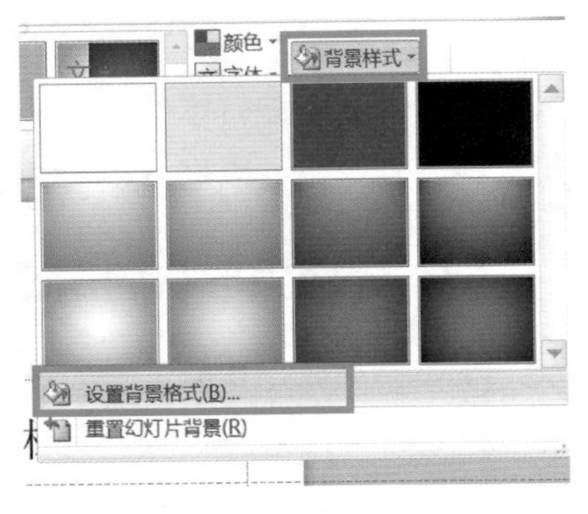

● 图 5—2—4 背景样式

"填充"选项卡主要用于设置幻灯片背景使用的填充形式，包括填充色、渐变色、图片、图案四种，在此对话框中还可以对相应的填充形式进行颜色、透明度等效果的设置，如图 5—2—5 所示。其中单击"图片或纹理填充"选项，再单击"文件"按钮，可选择计算机中的任意图片作为背景，并可通过"偏移量"选项设置其位置，如图 5—2—6 所示。

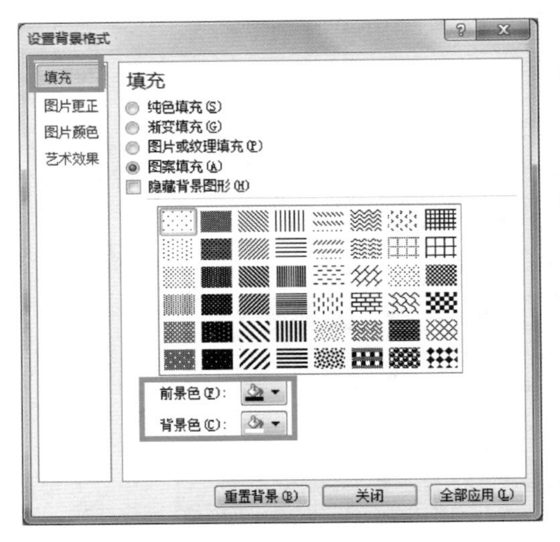

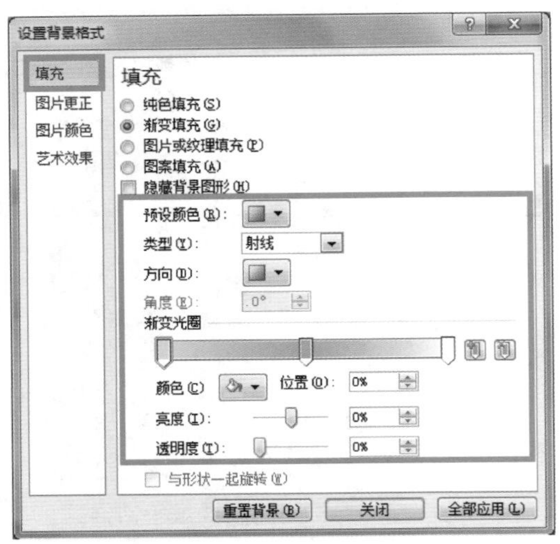

● 图 5—2—5 "填充"选项卡

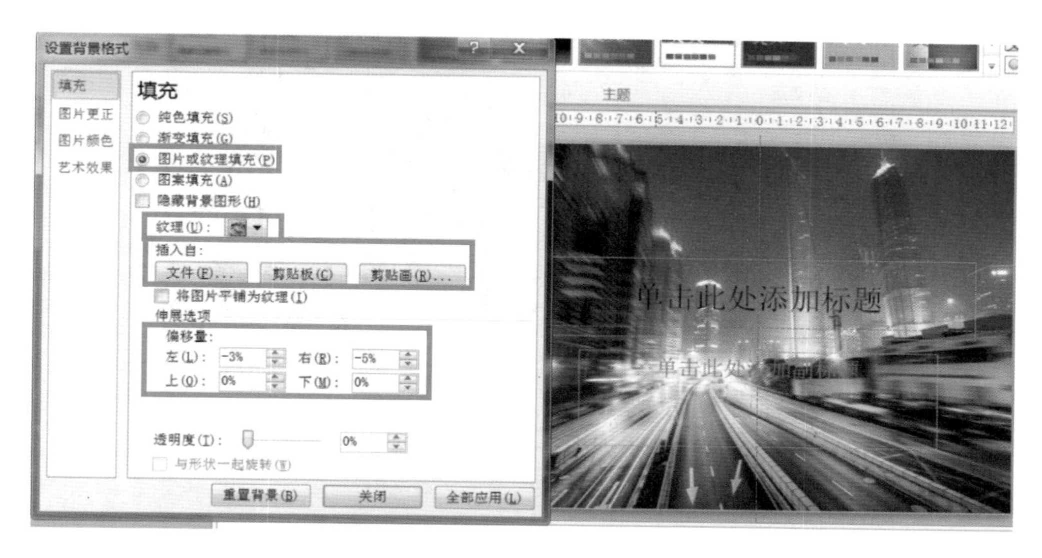

● 图 5—2—6　图片填充

“图片更正”选项卡用于对图片的“锐化和柔化”“亮度与对比度”进行设置，从而制作出不同显示效果，如图 5—2—7 和图 5—2—8 所示。

“图片颜色”选项卡用于进行“颜色饱和度”“色调”“重新着色”的设置，如图 5—2—9、图 5—2—10 和图 5—2—11 所示。

“艺术着色”选项卡为背景提供了许多艺术效果，使画面质感增强，如图 5—2—12 所示。

● 图 5—2—7　锐化和柔化

● 图 5—2—8　亮度与对比度

● 图 5—2—9　颜色饱和度

● 图 5—2—10　色调

● 图 5—2—11　重新着色

● 图 5—2—12　艺术着色

任务实施

步骤一　启动 PowerPoint 2010 并创建文档

启动 PowerPoint 2010，创建一个空白演示文稿，并将其命名为“个人作品展”。

步骤二　为幻灯片设置背景图片

1. 单击“设计”选项卡，在“背景”组中单击“背景样式”按钮，在下拉列表中单击“设置背景格式”，打开“设置背景格式”对话框，如图 5—2—13 所示。

2. 单击“文件”按钮，打开“插入图片”对话框，如图 5—2—14 所示，找到教材配套素材中的“1.jpg”，单击“插入”按钮，即可将图片作为背景插入到幻灯片中，同时返回到“设置背景格式”对话框。

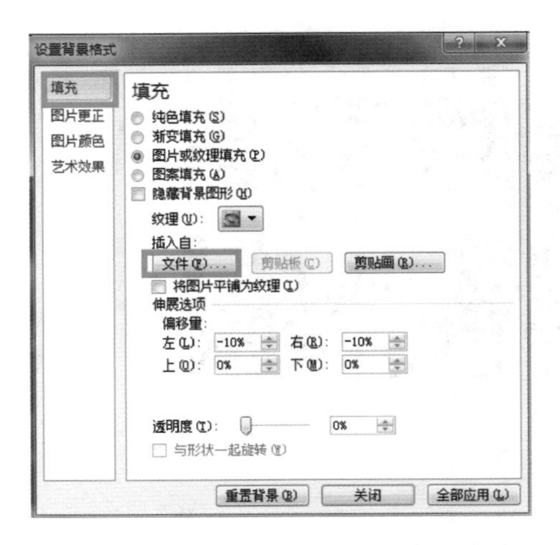

● 图 5—2—13 “设置背景格式”对话框

● 图 5—2—14 “插入图片”对话框

3. 对于素材图下方的一行多余文字，可通过将“设置背景格式”对话框“偏移量”中“下”的值设为 -4%（见图 5—2—15），对图片位置进行调整，从而将其移出幻灯片可显示的范围。操作完成后单击“全部应用”按钮，将此图片设置为整个演示文稿的背景。

● 图 5—2—15 将网址移出

步骤三 制作幻灯片中的透明图形

1. 制作幻灯片首页

在幻灯片首页中插入一个矩形并将其选中，单击“格式”选项卡中的“形状填充”

按钮，在下拉列表中设置“形状填充”为白色、“形状轮廓”为无。单击“其他填充颜色”打开“颜色”对话框，将“透明度”设为 46%，如图 5—2—16 所示。

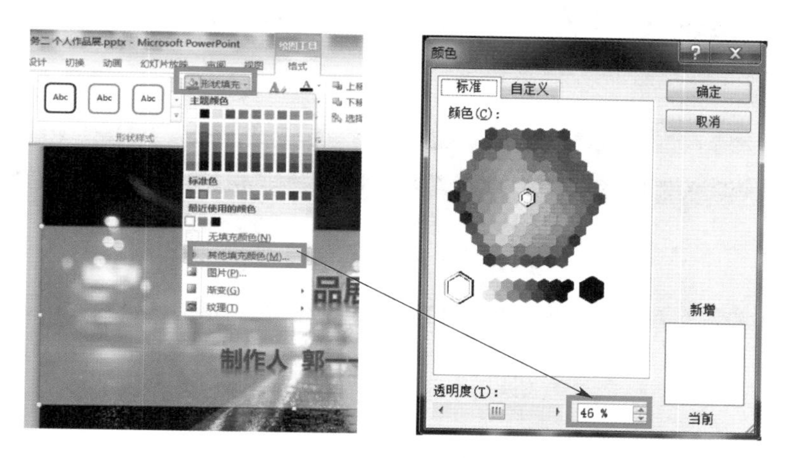

● 图 5—2—16 图形透明度设置

2. 制作其他幻灯片背景

新建幻灯片或通过复制幻灯片首页创建新的幻灯片。在新幻灯片左侧创建一个矩形，调整图形宽度为幻灯片宽度的 1/4，将其设置为“填充色为白色、轮廓色为无、透明度为 15%”，效果如图 5—2—17 所示。

小提示 快速复制已有幻灯片的方法是，选择窗口左侧的幻灯片缩略图，按住鼠标左键后再按住 Ctrl 键，拖动鼠标，指针上出现“+”符号，到目标位置释放鼠标和 Ctrl 键即可。

● 图 5—2—17 幻灯片 2

利用复制功能创建其余幻灯片页面，效果如图 5—2—18 所示。

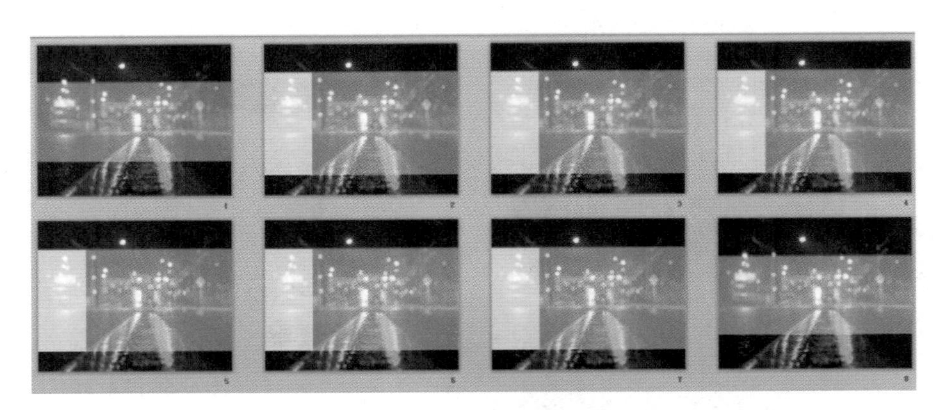

● 图 5—2—18　8 个幻灯片页面

步骤四　制作幻灯片中的图形文本、艺术字并进行美化

1. 在幻灯片中插入图形、文本。

在幻灯片 1 中插入艺术字。单击“插入”选项卡中的“艺术字”按钮，在下拉列表中选择如图 5—2—19 所示样式。输入文字内容“个人作品展”和“制作人 郭一一”并调整其位置及大小。

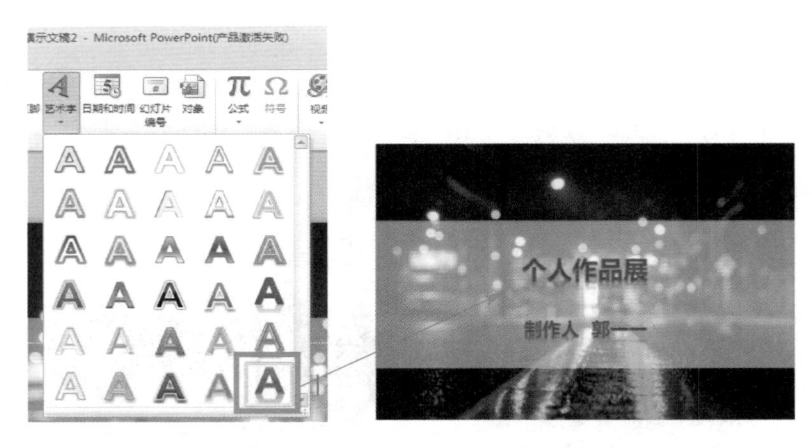

● 图 5—2—19　为幻灯片 1 艺术字效果

在幻灯片 2 中的左侧插入一个蓝色圆角矩形和一个透明文本框，输入文字内容“目录”和“Contents”，效果如图 5—2—20 所示。在右侧绘制一个圆形和一个矩形，组合两个图形，然后按图 5—2—21 所示设置形状样式，并选择“三维旋转”中的“极左极大透视”效果，如图 5—2—22 所示。将组合图形复制 4 个，并设置为不同颜色，添加文字内容，调整图形位置，效果如图 5—2—23 所示。

● 图 5—2—20　圆角矩形效果

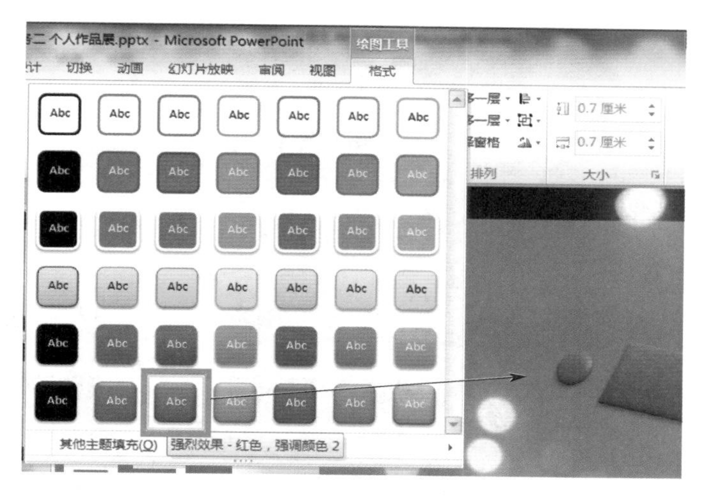

● 图 5—2—21　图形样式编辑

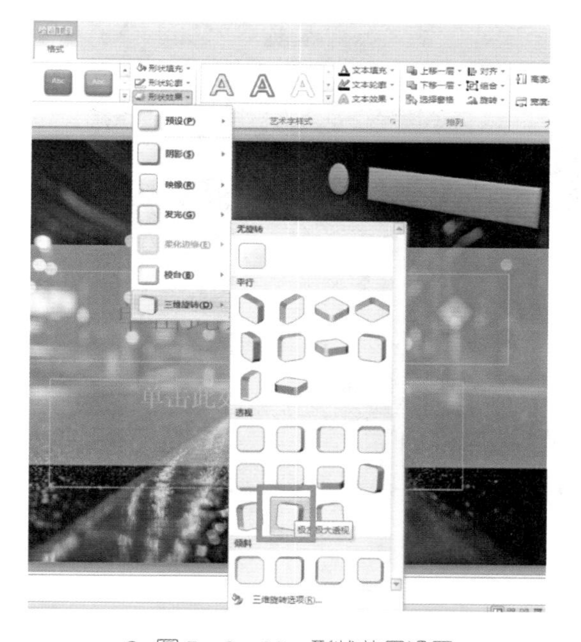

● 图 5—2—22　形状效果设置

● 图 5—2—23　幻灯片 2

小提示　在 PowerPoint 2010 中将多个图形组合为一个整体的操作与 Word 2010 基本相同。

2. 幻灯片 3、4、5、6 为作品展示，参照前一步骤使用图片素材制作。幻灯片 7 为作品分析，使用图表表现 2019 年作品及获奖情况，其操作可参照 Excel 中的相关内容完成。幻灯片 8 用于显示“谢谢观赏”文字。以上 6 张幻灯片内容效果如图 5—2—24 所示。

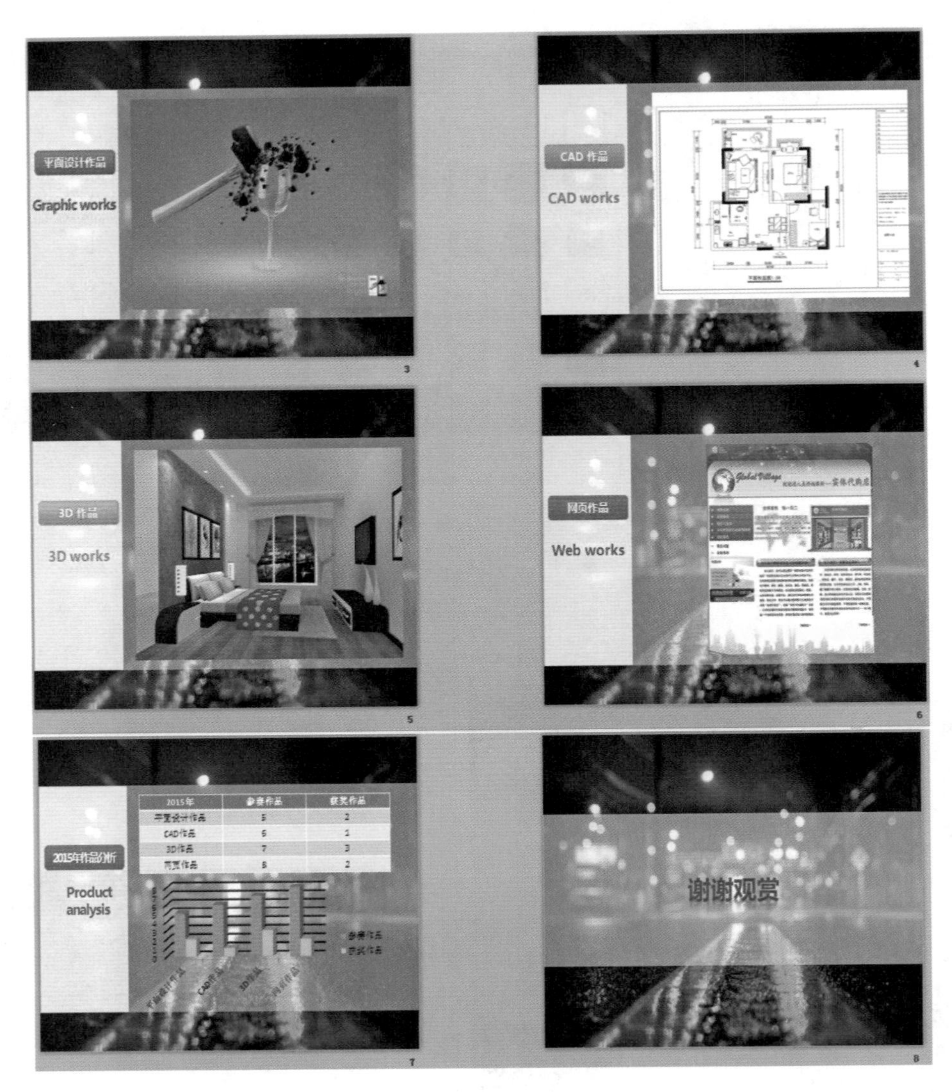

● 图 5—2—24 幻灯片 3～8

步骤五 保存、播放幻灯片及退出

制作完成后保存文件，按 F5 键或单击状态栏中的 按钮来播放幻灯片，检查无误后退出 PowerPoint 2010 程序。

巩固练习

自行设计一份“作品展示”演示文稿，要求布局美观、合理；幻灯片不少于 5 页；使用图片素材设置幻灯片背景。演示文稿的内容应包括：

1.“封面”幻灯片，应使用艺术字。

2. “目录”幻灯片，样式自行设计。

3. “作品展示”幻灯片若干，根据实际情况设计内容。

4. “作品分析”幻灯片，应包括数据表，并根据数据表制作图表，图表应清晰，能反映出不同科目作品数量多少的对比。

5. “致谢”幻灯片，表达自己对指导教师和同学的感谢。

任务 3 制作“古诗教学”演示文稿——音频、视频和超链接

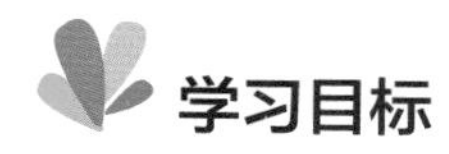

学习目标

知识目标：1. 了解在演示文稿中插入视频、音频和创建超级链接的方法

2. 了解演讲者视图的使用方法

技能目标：1. 能在幻灯片中创建超链接

2. 能在幻灯片中插入视频、音频

3. 能在幻灯片中插入动作按钮

4. 能使用演讲者视图播放幻灯片

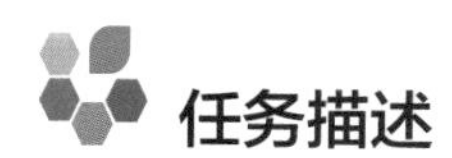

任务描述

本任务在学习演示文稿中插入音频、视频和超级链接方法的基础上，完成以下案例的制作：

某学校语文教师为了使古诗学起来更加生动有趣，想要制作一个“古诗教学”演示文稿，要求演示文稿由首页、目录、水墨画欣赏、作者介绍、古诗阅读、古诗赏析 6 页组成，需要通过创建超链接，及插入视频、音频和动作按钮来实现幻灯片的复杂功能，并利用演讲者视图进行放映，最终效果如图 5—3—1 所示。

相关知识

一、超链接

演示文稿中可以添加超链接以便跳转到某个指定的位置，如跳转到当前文稿的任意一张幻灯片、另一个演示文稿或某个 Internet 地址。创建超链接时，热点可以是任何对

● 图 5—3—1 “古诗教学”演示文稿效果

象，如文本、文本框、图形、图片等。

首先选中热点对象，单击“插入”选项卡中的“超链接”按钮，打开“插入超链接”对话框，如图 5—3—2 所示。在对话框左侧“链接到”中包括“现有文件或网页”“本文档中的位置”“新建文档”“电子邮件地址”四个选项。选择“本文档中的位置”即可链接到本文档中任意一个幻灯片上。选择“现有文件或网页”即可链接到文档外的任意一个文件或网页上。

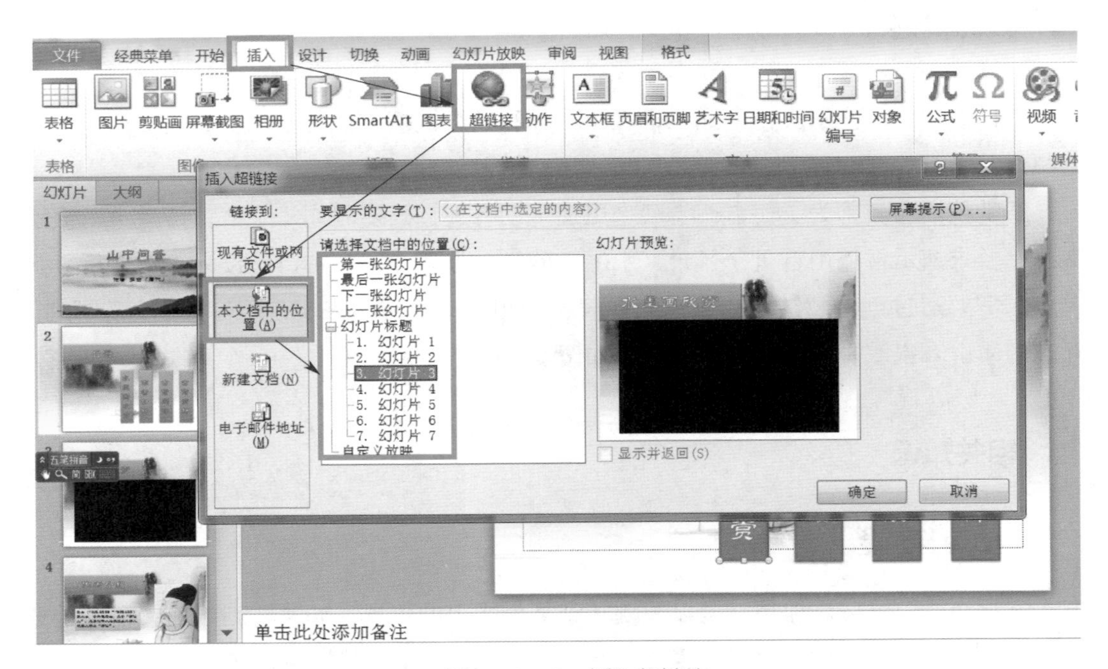

● 图 5—3—2 插入超链接

二、动作按钮

除了超链接功能，PowerPoint 2010 还提供了一种单纯实现各种跳转操作的“动作按钮”。

三、SmartArt 图形

SmartArt 图形是微软从 Microsoft Office 2007 开始新增的一种图形功能，它能够直观地表现各种层级关系、附属关系、并列关系或循环关系等常用的关系结构。SmartArt 图形在样式设置、形状修改以及文字美化等方面与图形和艺术字的设置方法完全相同。

SmartArt 图形主要包括列表、流程、循环、层次结构、关系、矩阵、棱锥图等关系型图表。在使用时，应根据所需逻辑关系来选择对应的 SmartArt 图形。SmartArt 图形的基本使用方法如下。

1. 在“插入”选项卡的“插图”组中单击“SmartArt”按钮，打开“选择 SmartArt 图形”对话框，如图 5—3—3 所示，对话框左侧列出八种类型的 SmartArt 项目，右侧列出所选项目中包含的各种 SmartArt 图形。

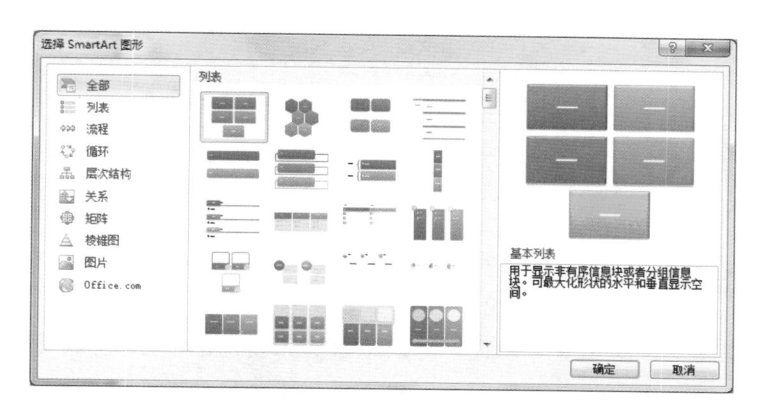

● 图 5—3—3　“选择 SmartArt 图形”对话框

2. 选择左侧所需 SmartArt 项目，在右侧中选取 SmartArt 图形样式，单击“确定”按钮，在幻灯片中即可出现选取的 SmartArt 图形，如图 5—3—4 所示。

3. 单击图形中的文本框，输入所需文本，如图 5—3—5 所示。

4. 选中创建的 SmartArt 图形，在功能区的 SmartArt 工具中出现“设计”和“格式”两个选项卡，“设计”选项卡用于修改 SmartArt 图形的“创建图形”“布局”“SmartArt 样式”等，如图 5—3—6 所示。“格式”选项卡用于设置“形状”“形状样式”“艺术字样式”等，如图 5—3—7 所示。

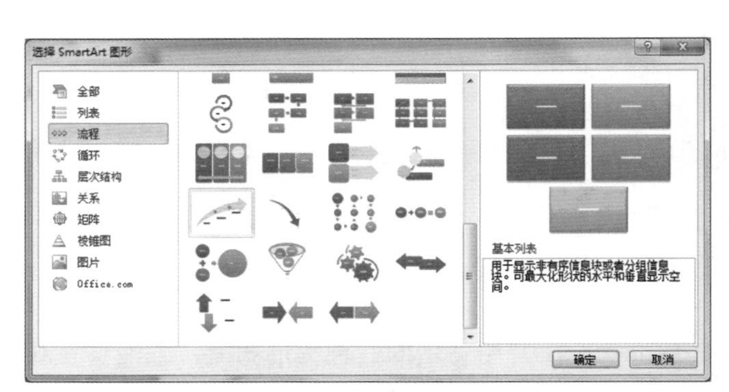

● 图 5—3—4　选择 SmartArt 图形

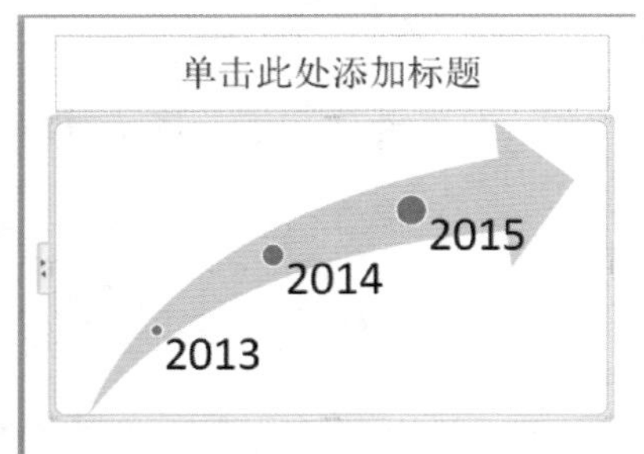

● 图 5—3—5　在 SmartArt 图形中输入文本

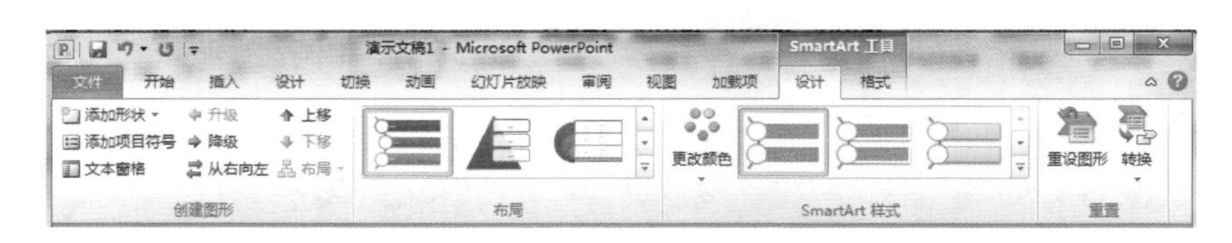

● 图 5—3—6　修改 SmartArt 图形的设计

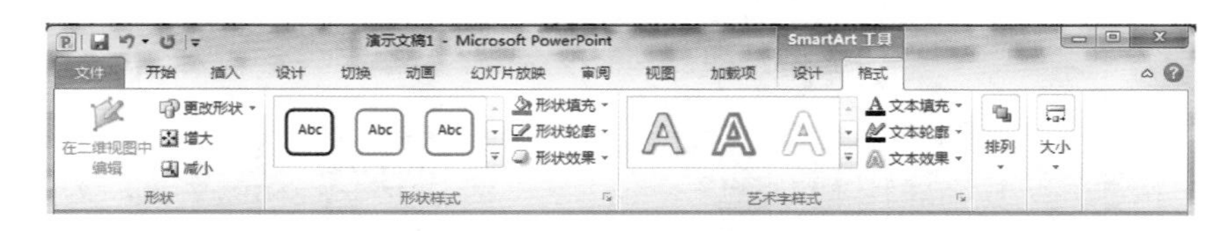

● 图 5—3—7　修改 SmartArt 图形的格式

四、演示者视图

在演示者视图下，演示者可以在计算机上查看带备注的演示文稿，而观众可以在其他监视器（如投影或大屏幕显示器）上同步观看不带备注的演示文稿。

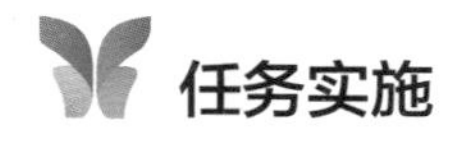

任务实施

步骤一　启动 PowerPoint 2010 并创建文档

启动 PowerPoint 2010，创建一个空白演示文稿，并将其命名为“古诗教学”。

步骤二　为幻灯片设置背景图片

将素材文件“背景 1.jpg”设置为幻灯片 1 的背景，将素材文件“背景 2.jpg”设置为幻灯片 2 ~ 6 的背景，效果如图 5—3—8 所示。

小提示 可在设置背景图片时，先将“背景 2.jpg”设置为所有幻灯片全部应用的背景，然后再将幻灯片 1 的背景图更改为“背景 1.jpg”，这样操作更为快捷。

● 图 5—3—8 设置背景图片

步骤三 制作幻灯片文字及图形并设置格式

1. 制作幻灯片首页

在幻灯片 1 中分别用艺术字和普通文本按图 5—3—1 所示插入古诗名和作者名，其中艺术字格式设置为“字体：华文隶书，字号：72，样式：A，颜色：黑色”，普通文本格式设置为“字体：华文隶书，字号：32，颜色：黑色”，效果如图 5—3—9 所示。

2. 制作幻灯片内页

（1）幻灯片 2 为目录页。“目录”二字使用艺术字，文本格式设为“字体：华文隶书，字号：60”，颜色为艺术字样式中的“填充 - 红色　强调文字颜色 2，暖色粗糙棱台”。

目录内容使用 SmartArt 图形制作。在“SmartArt 图形”对话框中，选择“列表”项中的“垂直曲形列表”，并将图形颜色设置为“彩色填充 强调文字颜色 3”，样式设置为“优雅”。此图形默认显示三组形状，需单击“添加形状”添加一组。在图形中录入目录文字，文本格式设为“字体：华文隶书，字号：44”，颜色设为艺术字样式中的“填充 - 红色　强调文字颜色 2，粗糙棱台”，效果如图 5—3—10 所示。

（2）幻灯片 3 ~ 6 为演示文稿具体内容，按图 5—3—1 所示利用图形制作各页标题。

在幻灯片 4 中插入作者画像及介绍，正文文本格式设为“字体：华文隶书，字号：20，颜色：黑色”，如图 5—3—11 所示。

● 图 5—3—9 幻灯片 1

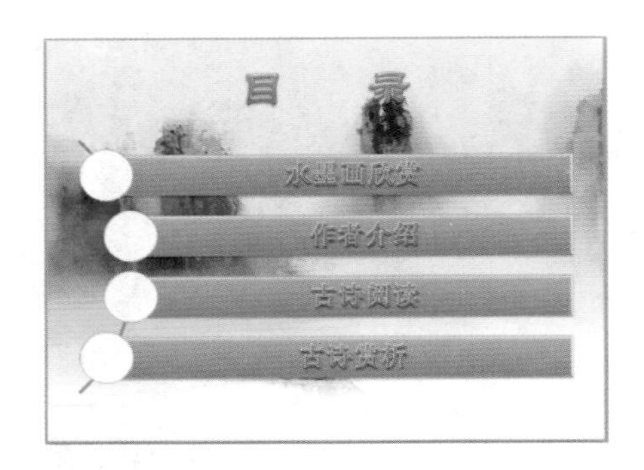

● 图 5—3—10 幻灯片 2

在幻灯片 5 中插入古诗内容，正文文本格式设为“字体：华文新魏，字号：40，颜色：黑色，文字方向：竖排文本”，如图 5—3—12 所示。

● 图 5—3—11 幻灯片 4

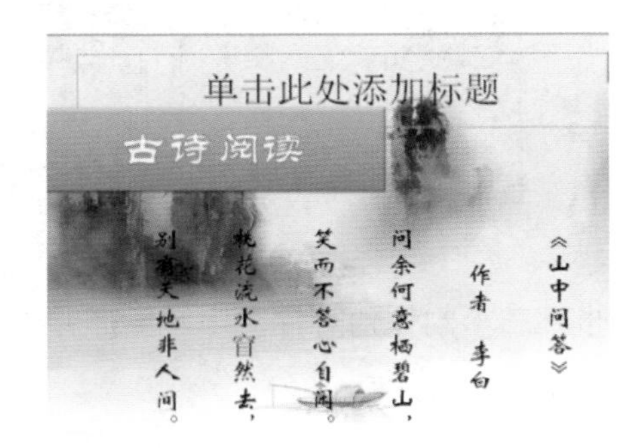

● 图 5—3—12 幻灯片 5

在幻灯片 6 中插入古诗赏析内容，正文文本格式设为“字体：华文隶书，字号：20，颜色：黑色”，如图 5—3—13 所示。

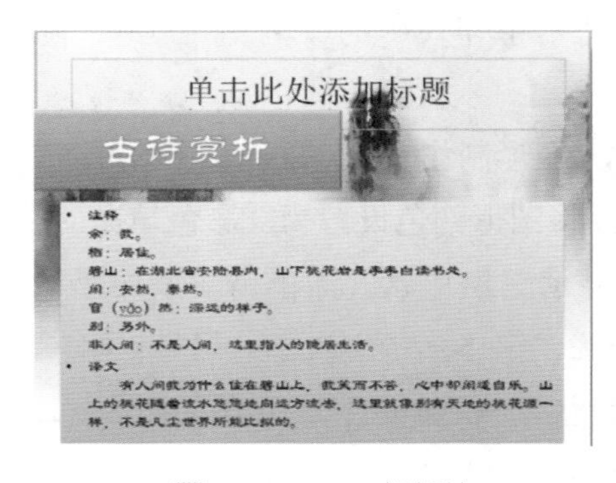

● 图 5—3—13 幻灯片 6

步骤四 插入超链接

1. 为幻灯片 2 中的四个选项图形创建超链接，目标设置如图 5—3—14 所示。

单击“水墨画欣赏”矩形，单击“插入”选项卡中的“超链接”按钮，打开“插入超链接”对话框，单击“本文档中的位置”选项，在右侧框中单击幻灯片 3。用同样方法，将“作者介绍”矩形链接到幻灯片 4，“古诗阅读”矩形链接到幻灯片 5，“古诗赏析”矩形链接到幻灯片 6。

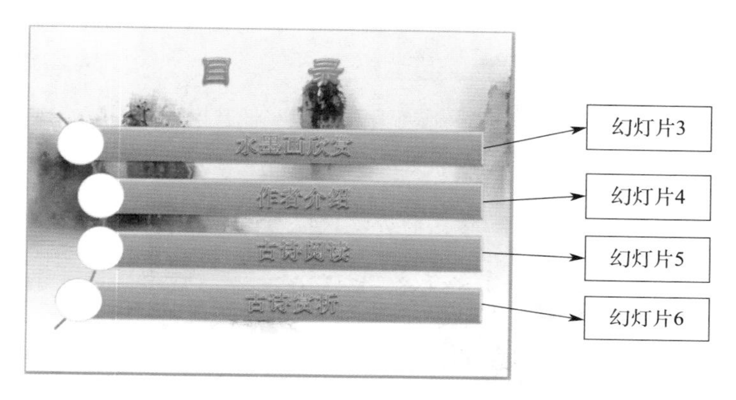

● 图 5—3—14 幻灯片 2 中的链接关系

2. 插入动作按钮。选中幻灯片 3，单击“插入”选项卡中的“形状”按钮，在下拉列表中单击“动作按钮：第一页”按钮，在幻灯片中绘制动作按钮，弹出“动作设置”对话框，如图 5—3—15 所示，将超链接目标设置为幻灯片 2，如图 5—3—16 所示，效果如图 5—3—17 所示。

将该动作按钮依次复制到幻灯片 4、5、6 中。

动作设置
单击鼠标 鼠标移过
单击鼠标时的动作
无动作(N)
超链接到(H):
第一张幻灯片
运行程序(R):
浏览(B)...
运行宏(M):
对象动作(A):
播放声音(P):
[无声音]
单击时突出显示(C)
确定 取消

● 图 5—3—15 动作设置

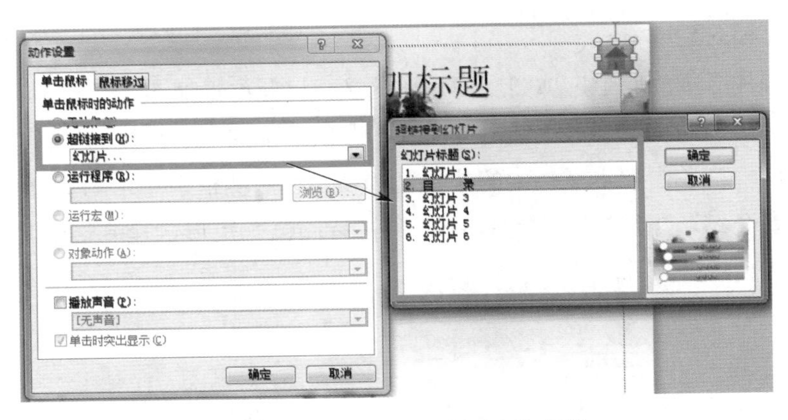

● 图 5—3—16 设置超链接到幻灯片 2

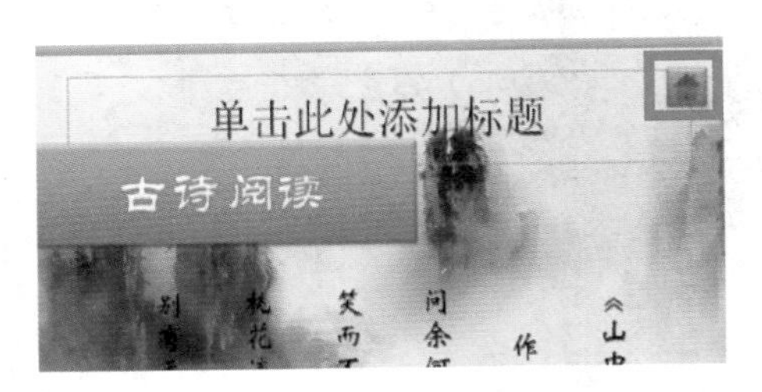

● 图 5—3—17 插入动作按钮

小提示 选择“插入”选项卡中“形状”按钮，弹出的列表中最下方即为“动作按钮”图标，如图 5—3—18 所示，可将鼠标停留在任意一个动作按钮上面，通过出现的提示了解各个按钮的功能。

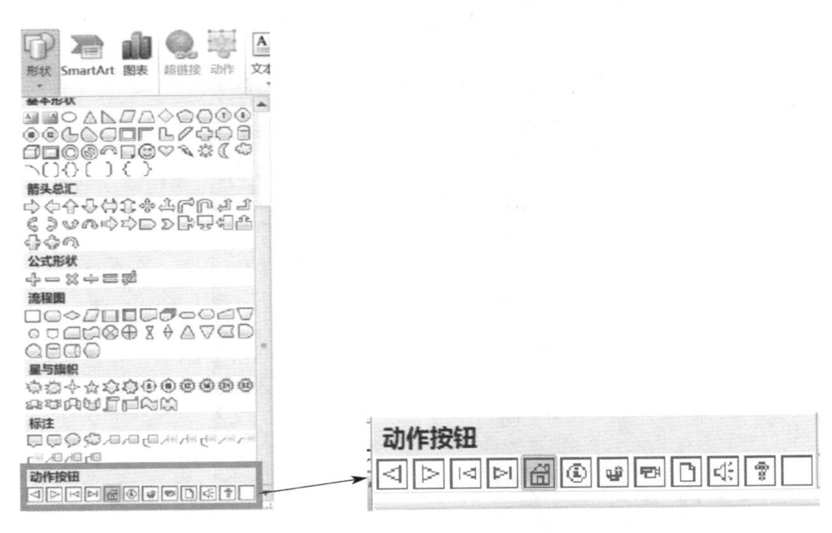

● 图 5—3—18 插入“动作按钮”

步骤五　插入视频

1. 选中幻灯片 3，单击“插入”选项卡中的“视频”按钮，在下拉列表中单击“文件中的视频”选项，如图 5—3—19 所示。

● 图 5—3—19　插入视频

2. 在弹出的如图 5—3—20 所示“插入视频文件”对话框中找到素材文件中的“水墨画欣赏 .wmv”视频文件，单击“插入”按钮。插入视频后需要通过“播放”选项卡对视频播放属性进行设置，如图 5—3—21 所示，此处勾选“循环播放直到停止”复选框。

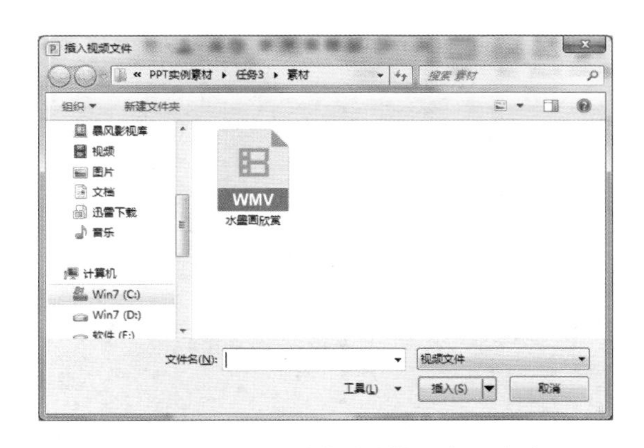

● 图 5—3—20　“插入视频文件”对话框

步骤六　插入音频

1. 选中幻灯片 1，单击“插入”选项卡中的“音频”按钮，在下拉列表中选择“文

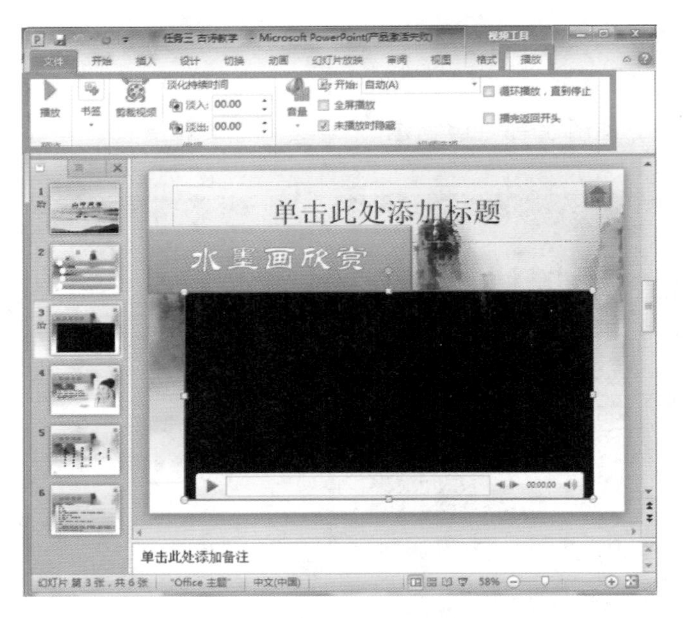

● 图 5—3—21　设置播放属性

件中的音频”选项，如图 5—3—22 所示。弹出如图 5—3—23 所示“插入音频”对话框，选择素材中的“背景音乐 .mp3”音频文件，单击“插入”按钮。插入成功后在幻灯片中将出现一个小喇叭按钮和音频控制条。

2. 选中小喇叭按钮，单击“音频工具”中的“播放”选项卡，设置“播放”选项为“跨幻灯片播放”，勾选“放映时隐藏”复选框，如图 5—3—24 所示。

● 图 5—3—22　插入“音频”

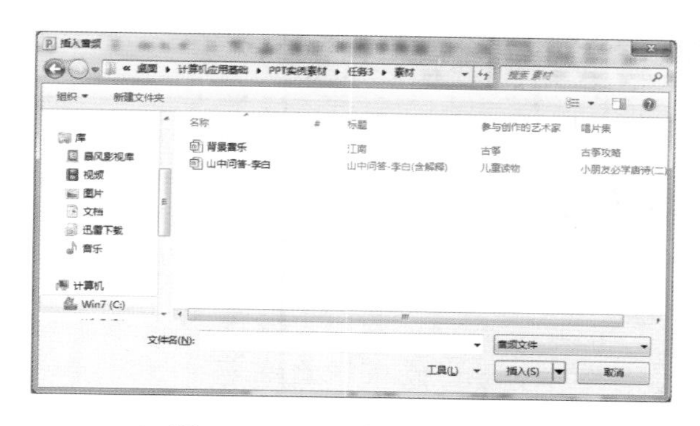

● 图 5—3—23　“插入音频”对话框

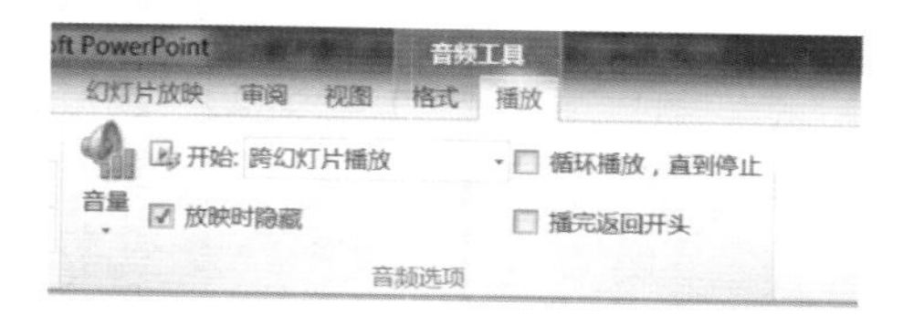

● 图 5—3—24　幻灯片 1 音频播放设置

3. 用同样方法在幻灯片 5 中插入素材中的“山中问答－李白 .mp3”音频文件，设置“播放”选项为“单击时”开始播放，如图 5—3—25 所示。

步骤七　保存并播放幻灯片

保存文件，按 F5 键或状态栏中的“ ”按钮播放幻灯片，检查内容是否正确。

步骤八　使用演示者视图播放幻灯片

1. 在操作系统桌面上单击鼠标右键，在快捷菜单中单击“屏幕分辨率”，如图 5—3—26 所示，在弹出的对话框中将“多显示器”列表设置为“扩展这些显示”，如图 5—3—27 所示。

2. 打开“古诗教学”演示文稿，单击“幻灯片放映”选项卡，将“监视器”组中的第二项设置为“监视器 2 通用即插即用”，勾选“使用演示者视图”复选框，如图 5—3—28 所示。

3. 在“古诗教学”各页幻灯片页中根据需要加入备注，按 F5 键播放幻灯片，效果如图 5—3—29 所示。在一个显示器上显示图 5—3—29 左面的演示者视图，在播放幻灯片的同时显示备注内容及幻灯片张数、时间等内容；另一个显示器上显示图 5—3—29 右侧观看者幻灯片播放视图。

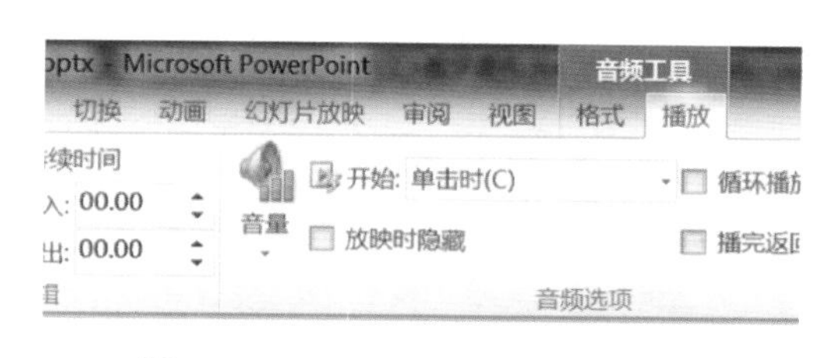

● 图 5—3—25　幻灯片 5 音频播放设置

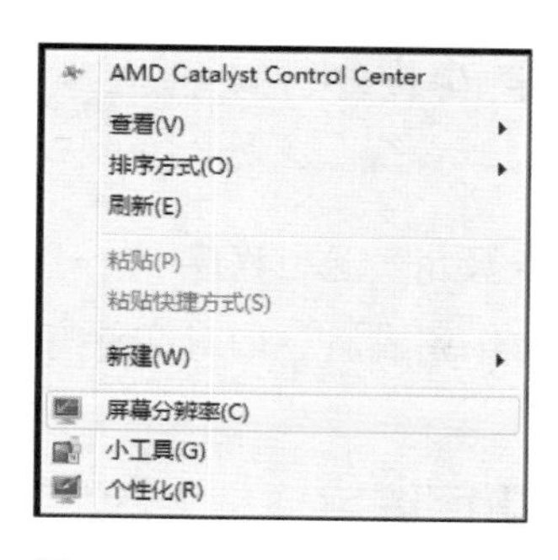

● 图 5—3—26　桌面右键快捷菜单

● 图 5—3—27 “屏幕分辨率”对话框

● 图 5—3—28 设置“监视器”参数

● 图 5—3—29 演讲者视图播放效果

小提示 在使用演示者视图之前，需确认用于播放演示文稿的计算机支持使用多台监视器。目前大多数计算机均内置了多监视器支持。

步骤九 退出程序

操作完成后，如对文件有修改则再次保存，然后退出 PowerPoint 2010 程序。

巩固练习

结合超链接、插入音视频等操作，将任务 2 中的“个人作品展”演示文稿进行重新编排，进一步美化和丰富内容。要求：

1. 在幻灯片开始时，插入背景音乐。
2. 为目录幻灯片制作超级链接。
3. 为幻灯片插入一段小视频。

任务 4　制作“电子相册”演示文稿——动画和放映效果

学习目标

知识目标：熟悉幻灯片动画效果的添加与编辑方法

技能目标：1. 能为幻灯片设置动画效果

2. 能为幻灯片设置切换方式

3. 能将演示文稿保存为视频文件

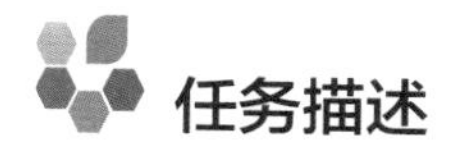

任务描述

本任务在学习 PowerPoint 2010 动画效果和放映效果功能的基础上，完成以下案例的制作：

收集照片等素材，为本班制作一个纪念学习生活的“电子相册”，主要展示班级集体生活的照片，纪念同学们在一起的学习时光。要求使用动画、幻灯片切换及放映方式等动态效果，使演示文稿更加生动，最终效果如图 5—4—1 所示。

相关知识

一、添加和编辑动画效果

选中需要设置动画的对象（包括图片、文字、图形等），单击“动画”选项卡“动画”组列表框中的任意一种动画效果，即可完成设置并观看预览效果，如图 5—4—2 所示。

● 图 5—4—1 “电子相册”演示文稿效果

● 图 5—4—2 动画效果列表

单击图 5—4—2 中动画效果列表框右侧的按钮，可将列表展开，可分为进入、退出、强调、动作路径四类展示常用动画效果。此外，还可通过下方的各个选项选择更多效果，如图 5—4—3 所示。例如，单击“更多退出效果”选项，可在弹出的“更改退出效果”对话框中查看全部退出动画效果，如图 5—4—4 所示。

动画的触发时机、持续时间和延迟运行时间等参数，都可通过“动画”选项卡中的“计时”组进行设置，如图 5—4—5 所示。

单击“动画”选项卡“高级动画”组中的“动画窗格”按钮，可在 PowerPoint 2010 窗口右侧打开“动画窗口”，在其中可对动画效果的属性和动画效果间的播放关系进行详细设置，单击动画名称右侧的下拉按钮，即可展开设置菜单，如图 5—4—6 所示。

对于动画的播放时机，PowerPoint 2010 提供了“单击开始”“从上一项开始”和“从上一项之后开始”三个选项。选择“单击开始”，则当前动画效果再单击鼠标后执行；选择“从上一项开始”，则当前动画效果与其前一项动画效果同步执行；选择“从上一项之后开始”，则当前动画效果在前一项动画效果播放结束后执行。

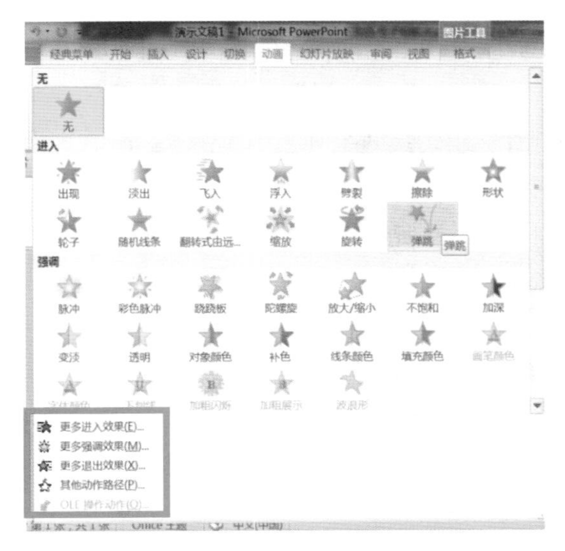

图 5—4—3　动画效果

图 5—4—4　“更改退出效果”对话框

图 5—4—5　“动画”选项卡中的“计时”组

对于不同的动画效果，单击图 5—4—6 所示快捷菜单中的“效果选项”，可对播放效果进行更为详细的设置。例如，“飞入”效果的设置选项如图 5—4—7 所示。

图 5—4—6　动画窗格

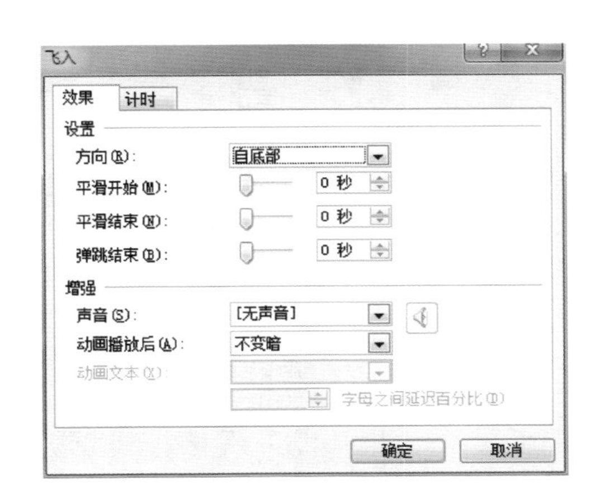

图 5—4—7　“飞入”效果选项

二、添加切换效果

幻灯片的切换效果用于设置幻灯片的放映过程中，前一页的消失方式和后一页的出现方式。恰当地设置切换效果可以使演示文稿更加生动、活泼、美观。

单击“切换”选项卡“切换到此幻灯片”组切换效果列表（见图 5—4—8）中的任意一种，即可在当前幻灯片应用，并预览播放效果。

单击列表右下角的按钮，可展开如图 5—4—9 所示全部切换效果列表，其中分细微型、华丽型、动态内容三类展示了可选择的全部切换方式。

在“切换”选项卡“计时”组中（见图 5—4—10），可对切换效果的详细参数进行设置，包括切换时播放的声音、切换效果的持续时间、换片方式等。其中在“换片方式”中，可设置为幻灯片在单击鼠标时切换或在到达指定时间后切换。单击“全部应用”按钮可将所选切换效果应用到整个演示文稿中。

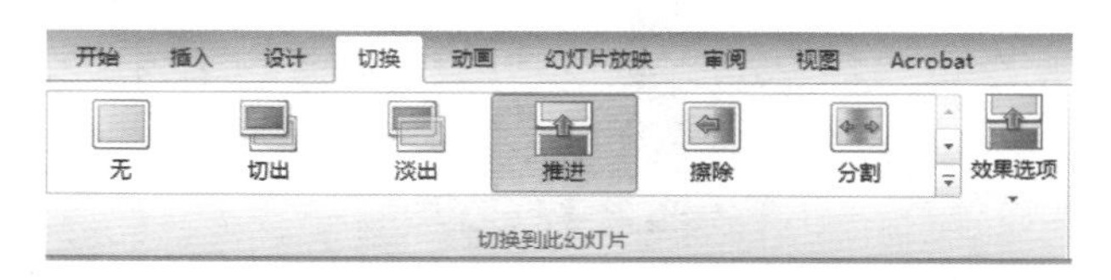

● 图 5—4—8　切换效果

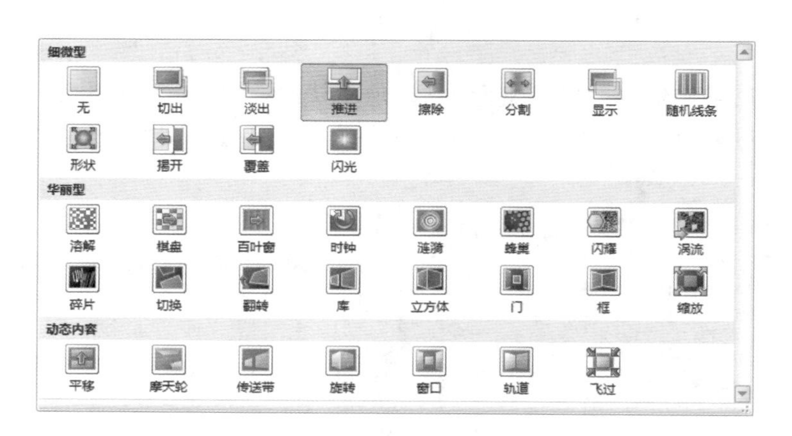

● 图 5—4—9　全部切换效果列表

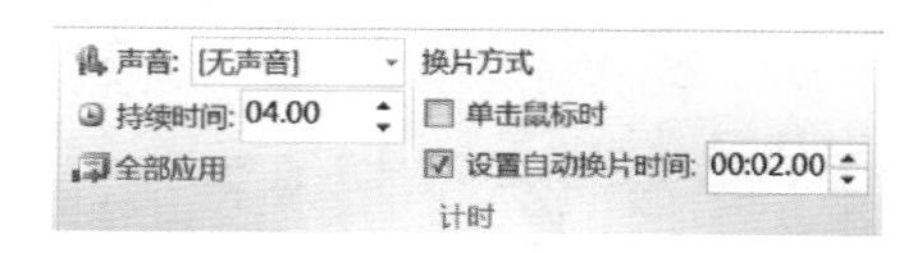

● 图 5—4—10　“切换”选项卡的“计时”组

三、幻灯片放映设置

PowerPoint 2010 中提供了多种放映和控制幻灯片的方法，如排练计时、录制演示文稿以及跳转放映等，使用时可以选择最为理想的放映速度与放映方式。“幻灯片放映”选项卡如图 5—4—11 所示。

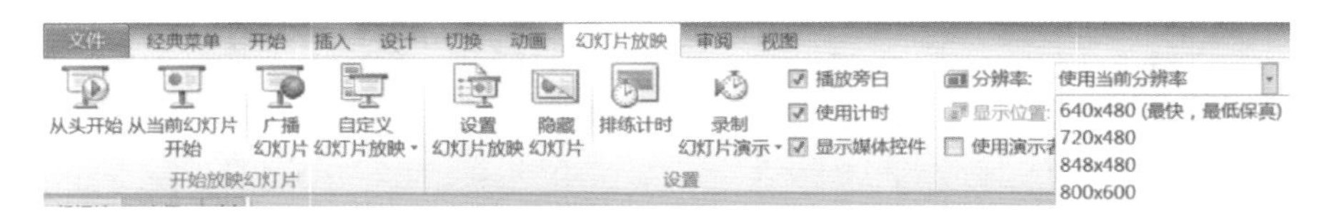

● 图 5—4—11　幻灯片放映

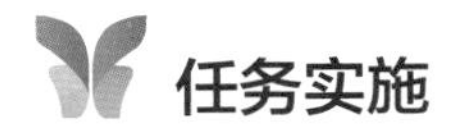

任务实施

步骤一　启动 PowerPoint 2010 并创建文档

启动 PowerPoint 2010，创建一个空白演示文稿，并将其命名为“电子相册”。

步骤二　制作幻灯片

1. 为幻灯片 1 插入一张图片作为幻灯片背景，并在幻灯片上输入标题文字其中“青春足迹”的格式设置为“字体：华文行楷，字号：60，颜色：黑色”；“毕业纪念册”的格式设置为“字体：华文行楷，字号：32，颜色：黑色”，效果如图 5—4—12 所示。

● 图 5—4—12　幻灯片 1 效果

为了更快捷地在演示文稿中插入背景图片，PowerPoint 2010 提供了插入相册功能，可将多张图片素材一次性导入到幻灯片中，一张图片占一个幻灯片页面。其操作方法是：单击“插入”选项卡中的“相册”按钮，在下拉列表中单击“新建相册”，在打开的对话框中选择多张素材图片，单击“插入”按钮，如图 5—4—13 所示。

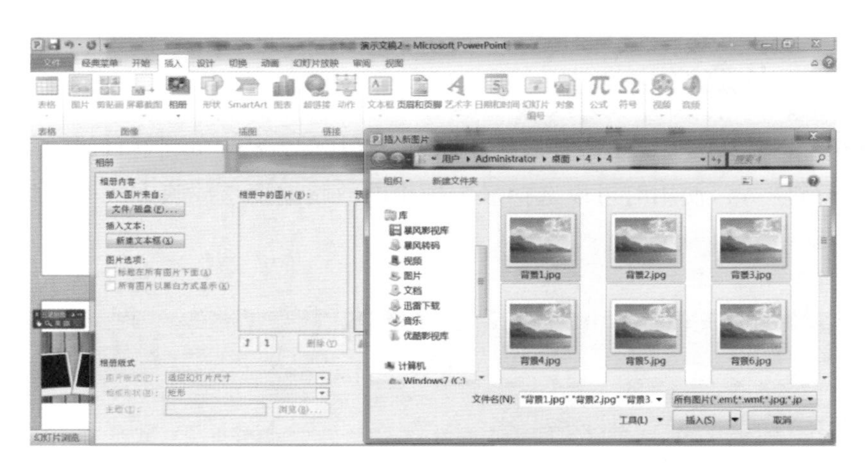

● 图 5—4—13　插入相册

2. 幻灯片 2 使用一张图片铺满页面作为背景，将幻灯片内的文字字体设置为“华文行楷”，为突出“曾经”两字，将其格式设置为“字号：54，颜色：红色”，其他文本的格式设置为“字号：28，颜色：黑色”，效果如图 5—4—14 所示。

3. 幻灯片 3 使用一张图片铺满页面作为背景，将幻灯片内的文字设置为“字体：华文行楷，字号：28，颜色：黑色”；为突出“我们”“校”“留”“足迹”等内容，将其格式设置为“字号：48，颜色：红色和黄色”，效果如图 5—4—15 所示。

● 图 5—4—14　幻灯片 2

● 图 5—4—15　幻灯片 3

4. 幻灯片 4 可使用素材中的图片作为背景，插入照片及相框图片，调整大小、方向、层次，使图片放置在背景相框上。将幻灯片内的文字设置为“字体：华文新魏，字号：40”；为突出“我们”，将其格式设置为“字号：60，颜色：黑色”，效果如图 5—4—16 所示。

5. 幻灯片 5 使用 2 张图片，一张作为背景，一张作为展示的内容，调整大小位置，如图 5—4—17 所示。

● 图 5—4—16 幻灯片 4

● 图 5—4—17 幻灯片 5

6. 参照图 5—4—18 所示内容和效果，制作幻灯片 6 ~ 9。

● 图 5—4—18 幻灯片 6 ~ 9

小提示 幻灯片中提供了多种图片样式，如白边、阴影、倒影等效果。选中图片后，单击“格式”选项卡，在“图片样式”组的列表中选择，如图 5—4—19 所示。

● 图 5—4—19　图片样式设置

小提示　按住 Ctrl 键的同时拖动图片可以复制图片，此方法同样适用快速复制其他对象，如文字、图形、艺术字、动作按钮等。

步骤三　设置动画效果

1. 在幻灯片 1 中，为“青春足迹”文本框添加“退出 – 淡出”动画效果，将“持续时间”设为 03.80，开始条件设为“从上一项开始”；为“班级纪念册”文本框添加“旋转”动画效果，将“持续时间”设为 03.10，开始条件设为“从上一项之后开始”。

2. 在幻灯片 2 中，为“曾经的体育场”文本框添加“淡出”动画效果，将持续时长设为 02.70。

3. 在幻灯片 3 中，为“那些我们走过的校园”文本框添加“淡出”动画效果，将“持续时间”设为 02.50，开始条件设为“从上一项开始”；为“那些我们留下的足迹”文本框添加“淡出”动画效果将“持续时间”设为 03.00，开始条件设为“从上一项之后开始”。

4. 参照以上方法，自行设计其余页面的动画效果，设置完成后注意通过预览查看动画的播放效果、顺序等是否符合设计意图。

步骤四　设置幻灯片的切换效果

将幻灯片 1 的切换效果设为“涟漪”、幻灯片 2 切换效果设为“闪耀”、幻灯片 3 切换效果设为“涡流”，其余页面自行设置，“持续时间”均设为默认值。

步骤五　导入背景音乐

在幻灯片 1 中插入音频素材文件，在“动画窗格”中将音频设置为“从上一项开始”。

步骤六 录制幻灯片

单击“幻灯片放映”选项卡中的“录制幻灯片演示”按钮，在下拉菜单中选择“从头开始录制”选项，对幻灯片进行排练计时，演示完成后进行保存。

小提示 在演示过程中注意幻灯片放映效果与背景音乐的配合。

步骤七 将幻灯片保存为视频

电子相册制作完成后，为了便于上传到网络，可以将演示文稿保存为 wmv 格式的视频文件。确定幻灯片不再修改后，单击“文件”选项中的“另存为”命令，在“保存”对话框中选择文件格式为“.wmv”，文件名为“电子相册”。

步骤八 退出程序

操作完成后退出 PowerPoint 2010 程序。

巩固练习

自行搜集素材，设定主题，设计制作一个电子相册。要求：

1. 在幻灯片开始时，插入背景音乐。
2. 幻灯片内要使用动画效果。
3. 幻灯片切换时使用切换效果。
4. 将电子相册保存为视频文件。

项目六 网络应用基础

任务1　通过光纤宽带接入 Internet ——Internet 的接入

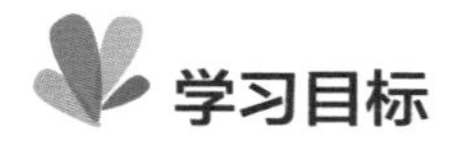

学习目标

知识目标：1. 了解 Internet 的主要接入方式

　　　　　2. 了解 URL、IP 地址、域名、TCP/IP 协议等基本概念

技能目标：1. 能利用路由器组建支持有线及无线连接的家庭局域网

　　　　　2. 能配置路由器接入 Internet

　　　　　3. 能将计算机等设备以有线或无线方式连接路由器，访问 Internet

任务描述

本任务在学习接入 Internet 等相关知识的基础上，完成以下案例的操作：

某顾客的新房刚刚完成装修，已向电信运营商办理了家庭光纤宽带，现委托“前程电脑公司”为其组建家庭局域网，使家中的计算机、手机、平板电脑等设备能够正常上网。

相关知识

计算机网络是指将地理位置不同的具有独立功能的多台计算机及其外部设备，通过通信线路连接起来，在网络操作系统、网络管理软件及网络通信协议的管理和协调下，实现资源共享和信息传递的计算机系统。

Internet，中文称为因特网，是一个由使用公用语言相互通信的计算机连接而成的全球性计算机网络。计算机连接到它的任何一个节点上，即可与分布在全球各地的其他计算机通信。Internet 可实现在任何地点、任何时间进行全球个人通信，使社会运作方式及人类的学习、生活、工作方式发生了巨大的变化。

一、主流的 Internet 接入方式

1. 光纤宽带接入

光纤接入方式传输速率高、抗干扰能力强，可以实现各类高速率的互联网应用（视频服务、高速数据传输、远程交互等），已成为当前最为主流的 Internet 接入方式。在家庭宽带中，50 M、100 M 光纤宽带已相当普遍，更高带宽的服务也已逐渐普及。

2. 4G、5G 等移动数据网络接入

随着技术的高速发展，移动电话网络的功能早已不再是简单的语音通话，随着移动通信技术从 2G、3G 到 4G 的不断升级，智能手机等移动设备快速普及，移动数据网络已成为重要的 Internet 接入方式。

4G（the 4th Generation）即第四代移动通信技术。4G 网络具有 100 Mbps 以上的传输速率，能够快速传输数据及高质量的音频、视频和图像等，目前已全面普及，是当前最为主流的移动数据网络接入技术，我国的移动、联通、电信三家运营商均已全面提供 4G 网络服务。

除此之外，更新一代的 5G 技术也已开始商用，5G 网络具有更高的传输速度、更低的网络时延，将为用户提供更为强大的移动通信服务。

3. 无线局域网接入

最为常见的无线局域网即手机、计算机中使用的 Wi-Fi，目前应用已相当广泛。日常使用的无线局域网可分为两类：一类是家庭中常见的由光纤宽带入户后再连接无线路由器组建的无线局域网，其实质还是通过光纤宽带接入 Internet；另一类是由运营商或其他公共机构提供无线局域网服务，这类无线局域网一般具有更广的覆盖范围，能承载更多的用户接入需求，用户可通过服务商的设备直接接入 Internet，常见的如移动、联通、电信三家运营商提供的 WLAN 服务，及部分地方政府部署的无线城市服务等。

二、以往曾广泛使用的 Internet 接入方式

互联网在全球范围内为公众用户提供服务至今不过二十多年的时间，但无论其性能、用户数量还是影响力都有了翻天覆地的变化。通过技术的不断发展，新的接入方式

不断更迭，Internet 的接入速率不断提高，发展到了今天的百兆、千兆宽带。以往曾广泛使用的 Internet 接入方式主要有以下几种，目前，在部分地区或特殊领域，其中的部分方式还仍有应用。

1. 电话线拨号接入

这一方式曾是 20 世纪 90 年代末互联网刚刚普及时家庭用户最常用的接入方式。这一方式通过电话线，利用当地运营商提供的接入号码经电话网络接入互联网。其特点是接入方便，只需有效的电话线及带有调制解调器（MODEM）的计算机就可完成接入，缺点是速率低（当时典型的接入速率是 56 kbps），无法实现高速率要求的网络服务，并且在上网的同时无法使用电话。

2. ISDN 接入

ISDN 接入是电话线拨号接入的拓展，用户用一条 ISDN 线路即可在上网的同时拨打电话、收发传真，就像两条电话线一样，由于其速度较电话线拨号接入并无提高，很快即被 ADSL 宽带技术所替代。

3. ADSL 接入

ADSL 技术也是基于电话线为用户提供服务的，但其可为用户提供更高的带宽，并且可与电话同时使用，互不影响。ADSL 业务是最早在家庭用户中普及的宽带业务，也是很长一段时间内最主流的接入方式，其提供的带宽从早期的 512 kbps，发展到后来的 1 Mbps、2 Mbps、4 Mbps 等。由于技术本身的原因，近年来 ADSL 逐渐被可支持更高带宽的光纤接入方式所取代。

4. 有线电视网络接入（CABLE MODEM）

此方式是一种基于有线电视网络的接入方式，具有专线上网的接入特点，允许用户通过有线电视网实现高速接入互联网。由于有线电视网络在家庭中的广泛应用，这一方式一般无须再重新入户接线，接入十分方便；但由于有线电视网络架构本身的不足，当用户增加时，速率往往出现下降、不稳定等情况。目前，有线电视公司仍广泛提供宽带接入服务，为提供更大的带宽，已实现了光纤到楼、到户，仅在最终接入时转换为有线电视常用的同轴电缆方式。

5. 电力网接入（PLC）

电力网接入方式基于电力线通信技术提供服务。电力线通信技术是利用电力线传输数据和媒体信号的一种特殊通信方式，也称电力线载波。电力通信网在电力网络内部广泛应用于监控、调度、远程抄表等业务。电力网也曾面向家庭用户提供电力宽带，将调制解调器插入家中的插座即可上网。但由于技术本身的限制，无法提供更加高速、稳定的网络服务，现在已较少使用。

三、URL、IP 地址和域名的概念

1. URL

统一资源定位符（URL，Uniform/Universal Resource Locator）也被称为网页地址，俗称“网址”，是 Internet 上标准的资源地址。Internet 上的每一个网页都具有一个唯一的名称标识，即 URL 地址，这个地址可以是本地磁盘，也可以是局域网上的某一台计算机，更多的是 Internet 上的站点。

URL 地址由协议类型、主机名、路径及文件名三部分组成，如图 6—1—1 所示。

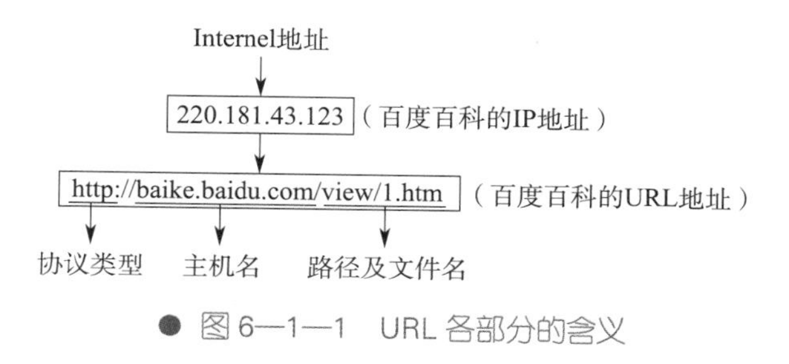

● 图 6—1—1 URL 各部分的含义

2. IP 地址

IP 地址是在网络上分配给每台计算机或网络设备的 32 位数字标识。为了便于阅读和记忆，用点号将 IP 地址分成四个 8 位二进制组，每个 8 位二进制组用十进制数 0 ~ 255 表示。在同一个网络中，每台计算机或网络设备的 IP 地址是唯一的。

这一 IP 地址的格式和分配规则基于现行版本 IP 协议，即 IPv4。IPv4 历史悠久，越来越难以适应当前飞速发展的网络需求，其最大的问题在于网络地址资源有限，难以满足数量急剧增长的互联网设备接入需求，严重制约着互联网的应用和发展。为解决这一问题，专家们提出了新一代 IP 协议，即 IPv6。IPv6 解决了网络地址资源数量的问题，同时解决了诸多 IPv4 中不能高效处理的互联网接入技术问题。目前各国都在大力推动 IPv6 的全面部署和大规模商用，但由于 IPv4 应用的广泛性，IPv6 难以立刻替代 IPv4，因此在相当一段时间内 IPv4 和 IPv6 会共存。

3. 域名

域名是由一串用点号分隔的字符组成的 Internet 上某一台计算机或计算机组的名称，用于在数据传输时标识计算机在网络中的位置。它是与网站主页 IP 地址相对应的一串容易记忆的字符，由英文字母、0 到 9 十个阿拉伯数字及“–”“.”符号构成，并按一定的层次和逻辑关系排列，如 www.sina.com.cn（新浪网）、www.cnnic.net.cn（中国互联网络信息中心）等。

四、TCP/IP 协议

构建 Internet 的一个重要基础是 TCP/IP 协议。TCP/IP 是“Transmission Control Protocol/Internet Protocol”的简写，即传输控制协议 / 因特网互联协议，是 Internet 最基本的协议，由网络层的 IP 协议和传输层的 TCP 协议组成。TCP/IP 定义了终端设备如何连入因特网，以及数据如何传输的标准。

任务实施

步骤一　连接上网设备

通过家庭宽带连接上网并组建家庭局域网，主要用到的上网设备是光调制解调器和路由器。光调制解调器俗称“光猫”，一般由宽带运营商提供，用于将光纤接入的网络信号转换为普通网线传输的信号。路由器则用于部署家庭局域网，计算机、手机等局域网内的设备都通过路由器连接至 Internet。目前家庭中广为使用的路由器都支持建立无线局域网，也称为无线路由器。

1. 将入户光纤连接至光调制解调器，如图 6—1—2 所示。
2. 使用网线连接光调制解调器的 LAN 口和路由器的 WAN 口。

小提示　路由器上的 WAN 口用于连接其上一级设备，LAN 口用于连接接入其所组建局域网的上网设备。一般家用路由器有一个 WAN 口和多个 LAN 口，两种接口在外观上、位置上都做了明显区隔，连接时注意查看，避免接错，如图 6—1—3 所示。

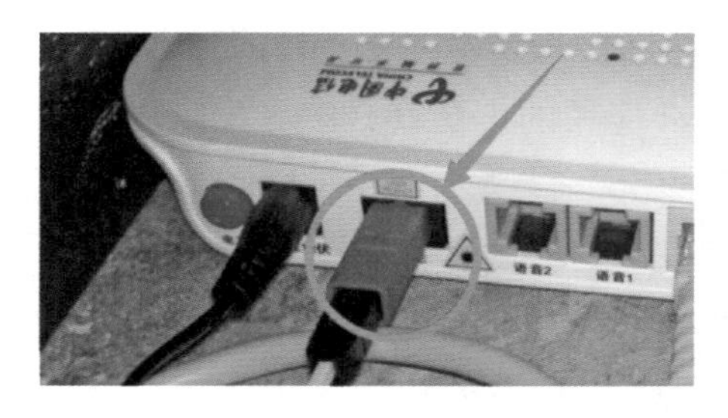

● 图 6—1—2　光纤与光调制解调器连接

● 图 6—1—3　路由器的接口

步骤二　配置路由器接入 Internet

1. 将计算机通过有线方式与路由器连接

将计算机通过有线方式与路由器连接，为下一步对路由器的相关参数进行配置做准备。

首先用双绞线将一台计算机的网卡与无线路由器相连，然后查看无线路由器背面的贴纸或使用说明书，设置计算机的 IP 地址和无线路由器在同一网段上。

设置计算机 IP 地址的操作步骤如下：

（1）在桌面上选择“网络”图标，单击右键选择“属性”，或者在控制面板中单击“网络和 Internet”，在展开的菜单中单击“网络和共享中心”打开如图 6—1—4 所示的窗口。

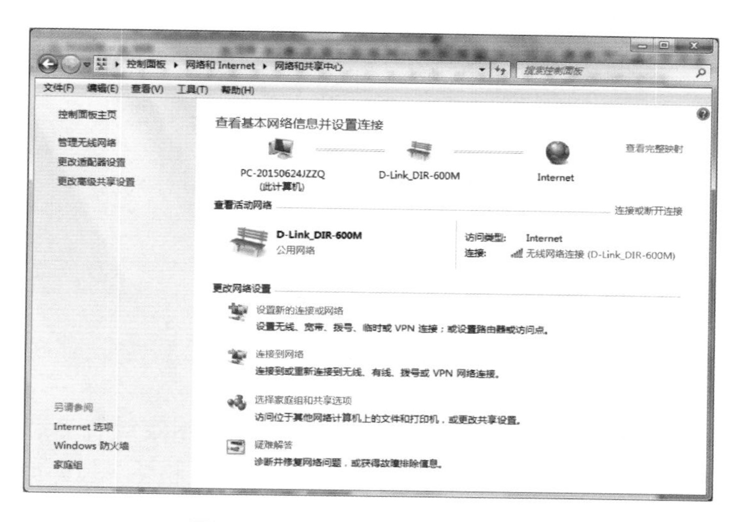

● 图 6—1—4 “网络和共享中心”窗口

（2）在打开的“网络和共享中心”窗口中单击“更改适配器设置”选项，在展开的窗口中右键单击“本地连接”，在弹出的快捷菜单中单击“属性”，打开“本地连接　属性”对话框，如图 6—1—5 所示。

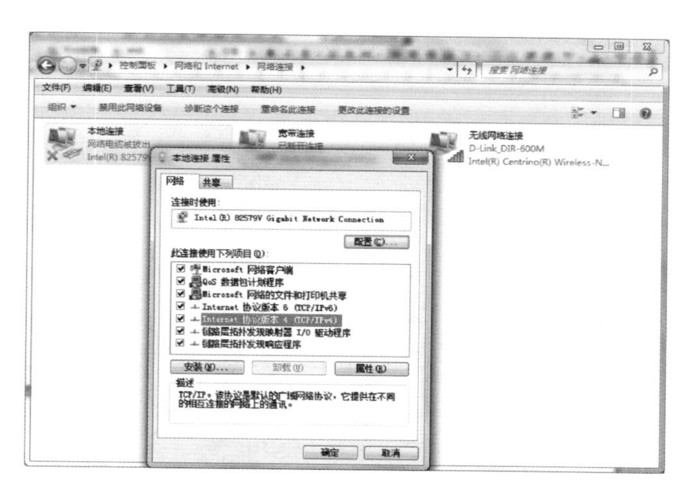

● 图 6—1—5 “本地连接　属性”对话框

（3）配置计算机 TCP/IP 协议。双击图 6—1—5 中的“Internet 协议版本 4（TCP/IPv4）”选项，打开图 6—1—6 所示的界面。通常路由器都默认开启了 DHCP 服务，可为接入设备自动分配 IP 地址，这时在图 6—1—6 所示的界面中选择“自动获得 IP 地址”和“自动获得 DNS 服务器地址”后单击“确定”按钮即可。

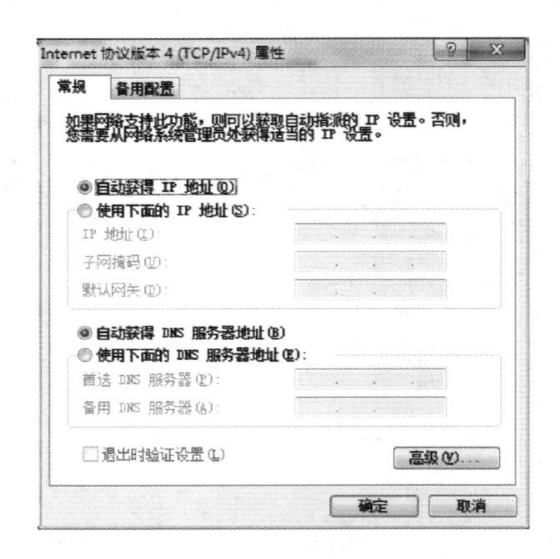

● 图 6—1—6 “Internet 协议版本 4（TCP/IPv4）属性”对话框

如路由器有限制或有特殊网络配置要求，可以自行指定设置静态 IP 地址。在图 6—1—6 所示界面中选中“使用下面的 IP 地址”，然后填入相关参数即可。

小提示 设置静态 IP 地址时，应注意所指定的 IP 地址属于路由器所在网段，如较为常见的配置方式是：若无线路由器的 IP 地址为 192.168.1.1（一般可在路由器背面的贴纸上查看），则计算机的 IP 地址一般在 192.168.1.2 ~ 192.168.1.254 范围内选择，子网掩码地址一般使用 255.255.255.0，网关即为路由器的 IP 地址 192.168.1.1。

需要说明的是，网段的概念较为复杂，以上配置方式也仅是日常使用较多的一种配置情况，并非必须如此，相关知识将在其他课程中进一步学习。

设置完成后即实现了计算机与路由器的连接，接下来，只需对路由器进行相关配置便可连接到 Internet。

小提示 目前主流的无线路由器启动后均会自动建立一个默认的无线局域网，也可以使用无线方式连接该无线局域网，进而对路由器进行配置，相关的操作方法可参阅路由器的说明书。

2. 进入路由器管理界面，配置上网参数

不同品牌路由器的管理界面各不相同，但配置方法大同小异，这里以 TP-LINK 品牌路由器为例进行介绍。

（1）在计算机上打开浏览器，在地址栏输入路由器 IP 地址，如“192.168.1.1”，如果是首次使用路由器，则将进入“路由器设置向导”，首先创建管理员密码，设置完成后单击“确定”按钮，如图 6—1—7 所示。

小提示 192.168.1.1 是最常见的路由器的默认 IP 地址，也有厂家默认使用其他地址，可通过路由器背面的贴纸或使用说明书进行查看。

（2）按照页面中的提示逐步操作，在上网方式中选择“宽带拨号上网”，输入从宽带服务商处获得的宽带帐号和密码，设置完成后单击“下一步”按钮，如图 6—1—8 所示。

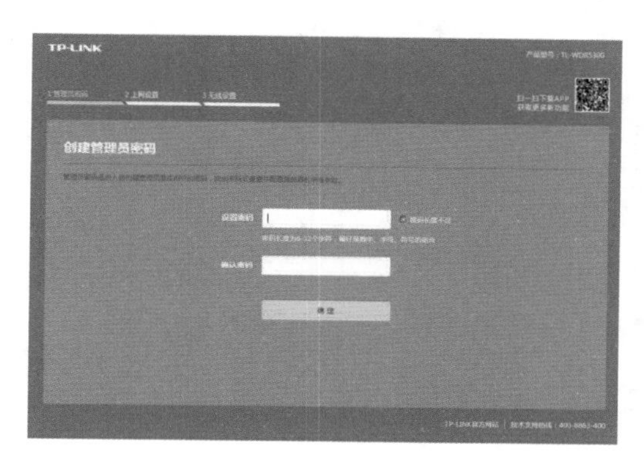

图 6—1—7 登录路由器管理界面

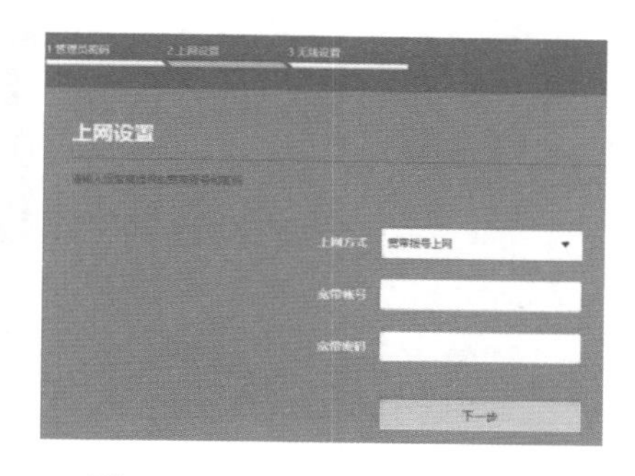

图 6—1—8 配置上网帐号和密码

小提示 部分宽带服务商将拨号环节内置在光调制解调器中，或不采用拨号方式进行身份识别，此时在路由器中应选择动态 IP 或自动获取 IP 选项。

步骤三 配置路由器，部署家庭局域网

1. 配置无线局域网参数，在图 6—1—9 所示界面中设置无线名称、无线密码，然后单击“确定”按钮保存配置。

小提示 在较新款的无线路由器中，一般都支持 2.4 G 和 5 G 两种模式，所谓 2.4 G 和 5 G 是指其工作频段，以往设备多使用 2.4 GHz 频段，随着无线路由器的广泛使用，工作在该频段的设备越来越多，常常造成相互干扰，严重影响上网速度。而最新一代的无线标准 IEEE 802.11ac 支持 5 GHz 频段，该频段具有传输速率快、干扰少等特点，但因频率较高，难以穿越障碍物，在覆盖范围上不如 2.4 GHz 频段。如终端设备支持且使用位置信号较好，建议优先接入 5 GHz 频段。一般在路由器中，两个频段的名称、密码需要分别设置，如图 6—1—9 所示。

2. 保存配置完成后，出现如图 6—1—10 所示的管理界面。

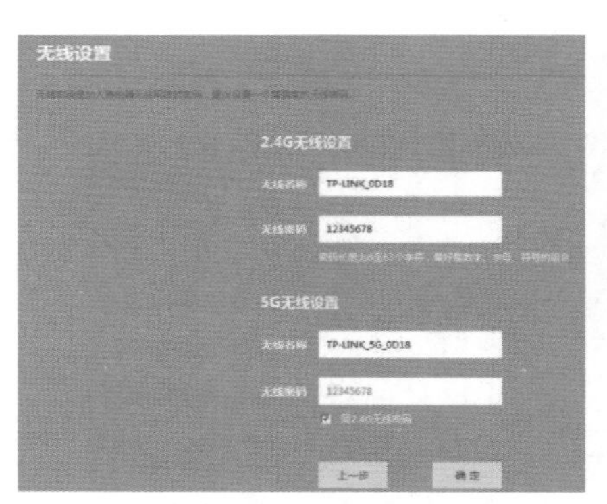

● 图 6—1—9　配置无线局域网参数

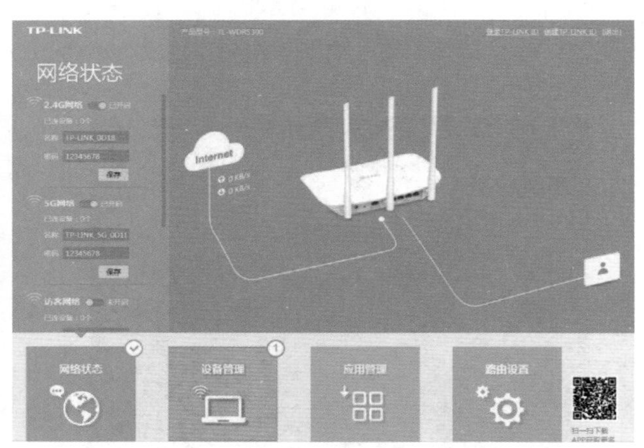

● 图 6—1—10　路由器管理界面

小提示 首次配置完成后，再次登录路由器，即可直接进入图 6—1—10 所示界面。单击图 6—1—10 页面下方右侧的“路由设置”按钮，打开如图 6—1—11 所示的路由设置页面，可对上述步骤的设置进行修改。

3. 路由器开启 DHCP 服务器后，可以为接入设备自动分配 IP 地址，一般情况下需开启该服务。路由器中该服务大多也是默认打开的。单击图 6—1—11 所示界面左侧的“DHCP 服务器”可进行关闭或开启 DHCP 服务、修改 IP 段等操作，如图 6—1—12 所示，设置后单击“保存”按钮。一般情况下，此项设置保持默认即可。

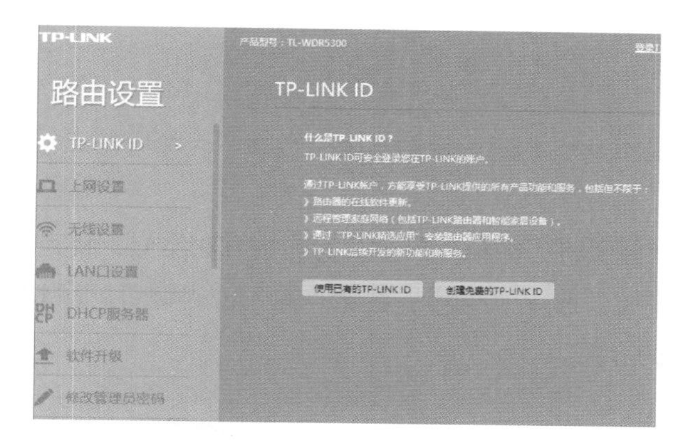

● 图 6—1—11 路由设置界面

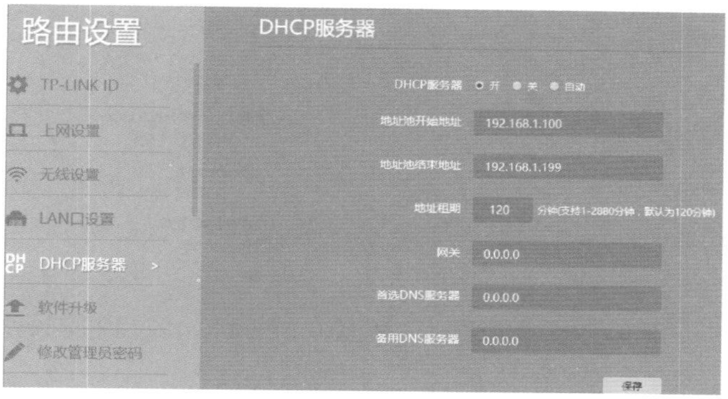

● 图 6—1—12 DHCP 服务器设置

步骤四 将设备以有线方式接入家庭局域网

用网线将需要以有线方式接入的设备的网络接口与路由器任意一个 LAN 口相连，然后参照步骤二中的方法配置 IP 地址，即可将该设备接入家庭局域网，并访问 Internet。

小提示 为多台设备设置静态 IP 地址时，注意不要将多台设备设置为同一 IP 地址，以免引起 IP 地址冲突，造成网络访问异常。

步骤五 将设备以无线方式接入家庭局域网

对于需要以无线方式接入家庭局域网的计算机，进入图 6—1—4 所示的“网络和共享中心”窗口，选择页面中的“连接到网络”选项，或直接单击系统状态栏中的网络图标，在桌面右下角弹出图 6—1—13 所示的界面，在其中选中需要连接的无线网络名称，然后按提示输入密码，通过验证后即可连接成功。

小提示 为无线连接的计算机设置静态 IP 地址的方法与有线连接类似，在图 6—1—5 所示的界面中选择“无线网络连接”即可。

其他设备（如智能手机、平板电脑等）的连接方法类似，找到该设备中配置 WLAN（或 WIFI）的设置页面，选中无线网络名称并输入密码即可。图 6—1—14 所示为华为手机中设置 WLAN 的界面。

● 图 6—1—13　选择无线网络

● 图 6—1—14　华为手机中设置 WLAN 的界面

小提示 Windows 7 操作系统还支持单台计算机直接连接光调制解调器接入 Internet。在图 6—1—4 所示的“网络和共享中心”窗口中，选择“设置新的连接或网络”选项，按照向导提示操作即可，其设置项目与配置路由器基本相同。

任务 2　设置文件夹和打印机共享——局域网的资源共享

学习目标

知识目标：了解计算机网络的功能和分类

技能目标：1. 能在局域网中设置文件夹共享

2. 能在局域网中设置打印机共享

3. 能访问局域网中的共享文件夹，并使用局域网中的共享打印机

任务描述

本任务在进一步学习网络的相关知识后，完成以下案例的操作：

学校计算机房新购进了两台计算机和一台打印机，计算机均已完成了操作系统和常用软件的安装，打印机计划与其中一台计算机连接使用，工位上的两个局域网端口也已备好。现需按照要求规范两台计算机的名称（分别为 PC-A 和 PC-B），通过网线将其接入校园局域网，在各自的 E 盘建立一个名为“共享”的共享文件夹用于传递文件，并将计算机 A 所连接的打印机共享给局域网内的其他用户使用。

相关知识

一、计算机网络的功能

计算机网络最重要的三个功能是数据通信、资源共享和分布处理。

1. 数据通信

数据通信是计算机网络最基本的功能。它是用来快速传送计算机与终端、计算机与计算机之间的各种信息，包括文字信息、新闻消息、资讯信息、图片资料、报纸版面等。利用这一特点可将分散在各个地区的单位或部门用计算机网络联系起来，进行统一的调配、控制和管理。

2. 资源共享

“资源”指网络中所有的数据资源。“共享”指网络中的用户都能够部分或全部地享受这些资源，例如，某些地区或单位的数据库信息（如飞机机票、饭店客房等）可供全网使用；某些单位设计的软件可供需要的地方有偿调用或办理一定手续后调用；一些外部设备（如打印机）可提供给不具有这些设备的用户使用。

3. 分布处理

当某台计算机负担过重时，或该计算机正在处理某项工作时，网络可将新任务转交给空闲的计算机来完成，这样处理能均衡各计算机的负载，提高处理问题的实时性。解决复杂问题时，可将多台计算机联合使用并构成高性能的计算机体系，这种协同工作要比单独购置高性能的大型计算机实用得多。

二、计算机网络的分类

计算机网络类型的划分标准有很多种，从地理范围划分是常用的划分标准之一，一

般可划分为局域网、城域网和广域网三种。

1. 局域网（LAN）

局域网是部署在局部地区范围内的网络，它所覆盖的地区范围较小。局域网在计算机数量配置上没有太多的限制，少的可以只有两台，多的可达几百台。局域网是目前最常见、应用最广的一种网络。局域网一般位于一个建筑物或一个园区内，特点是连接范围窄、用户数量少、配置容易、连接速率高。

2. 城域网（MAN）

城域网在地理范围上可以说是局域网网络技术的延伸。在一个大型城市或地区，一个城域网通常连接着多个局域网，如连接政府机构的局域网、医院的局域网、电信的局域网、公司企业的局域网等。由于光纤连接的引入，使城域网中实现了高速的局域网互联。

3. 广域网（WAN）

广域网也称远程网，所覆盖的范围比城域网（MAN）更广，它一般用于不同城市之间的局域网或者城域网互联，地理范围可从几百公里到几千公里。因为距离较远，信息衰减比较严重，所以这种网络一般要使用专线。

三、局域网的组成

上一任务中组建的家庭局域网规模较小，核心设备仅有一台无线路由器。而在企业或校园中使用的局域网规模较大，组成也较为复杂。这类局域网由网络硬件和网络软件两大部分组成，网络硬件主要有服务器、传输介质、网络连接器件和工作站等，网络软件包括网络操作系统、传输控制协议及网络软件等。

服务器可分为文件服务器、数据库服务器、通信服务器和打印服务器等。工作站也称客户机，有自己的操作系统，独立运行，通过运行工作站的网络软件可以访问服务器的共享资源。工作站与服务器之间靠传输介质和网络连接器件连接，网络连接器件主要包括网卡、中继器、集线器和交换机等。

任务实施

一、设置文件夹共享

步骤一　设置计算机名和工作组

首先设置计算机 A 的计算机名和工作组。在桌面上右键单击“计算机”，选择“属性”选项，在打开的窗口中单击左侧的“高级系统设置”选项，在打开的“系统属性”

窗口中单击“计算机名”选项卡，如图 6—2—1 所示。

在图 6—2—1 所示对话框中单击“更改”按钮，弹出图 6—2—2 所示窗口，在“计算机名”位置输入“PC-A”。

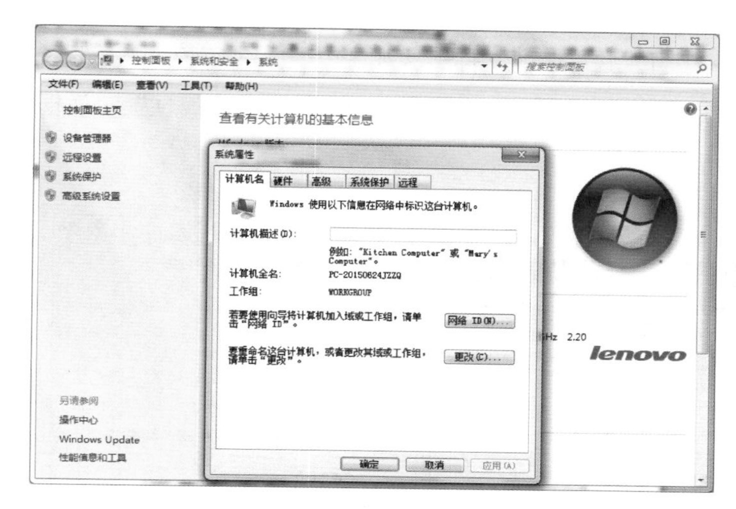

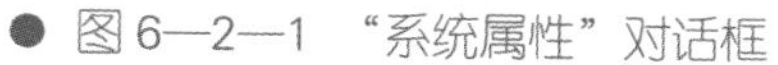
图 6—2—1 “系统属性”对话框

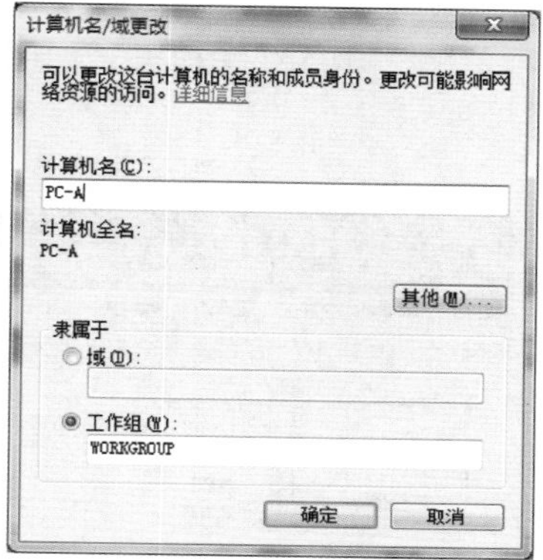

图 6—2—2 更改计算机 A 的计算机名

> **小提示** 这里的计算机工作组名没有改变，一般在同一局域网中计算机都在同一个工作组里就可以进行信息传递、资源共享，但是计算机名不能相同，否则会引起冲突而不能使用。

用同样方法将另一台计算机 B 的名称改为“PC-B”，如图 6—2—3 所示。

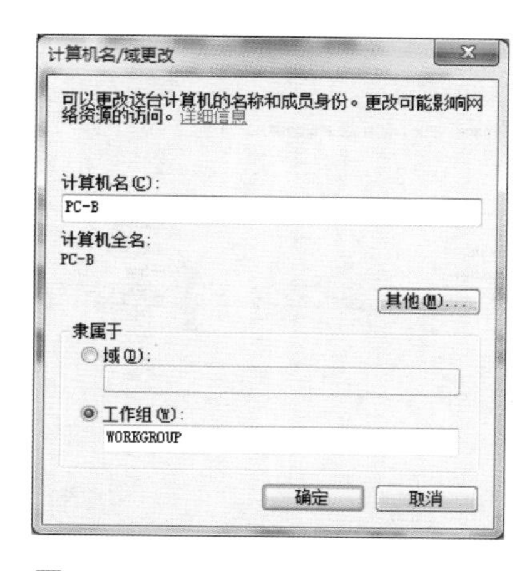

图 6—2—3 更改计算机 B 的计算机名

步骤二　连接网线，设置计算机的 IP 地址

用网线连接两台计算机和网络端口，参照上一任务所学的方法，按照学校局域网的要求配置 IP 地址的相关参数。

步骤三　在计算机 B 上建立共享文件夹

1. 在计算机 B 的 E 盘中建立名为“共享”的文件夹，如图 6—2—4 所示。

2. 在“共享”文件夹上单击右键选择“属性”选项，在弹出的“共享属性”对话框中单击“共享”选项卡，如图 6—2—5 所示。

● 图 6—2—4　建立“共享”文件夹窗口

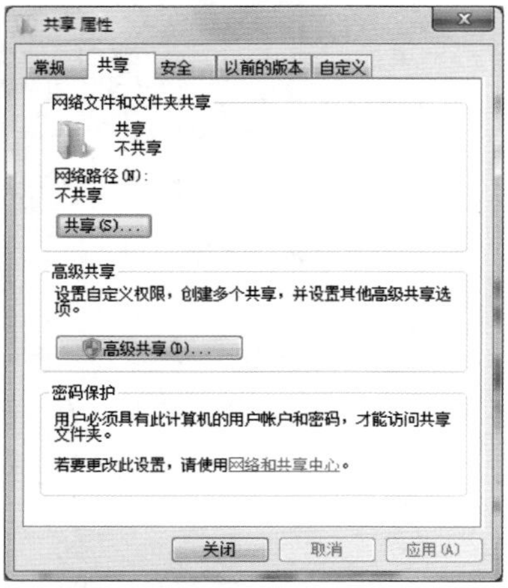

● 图 6—2—5　“共享 属性”对话框

3. 单击“共享”按钮，在打开的窗口中单击“Everyone”用户，单击“共享”按钮，即可完成文件夹共享，如图 6—2—6 所示。

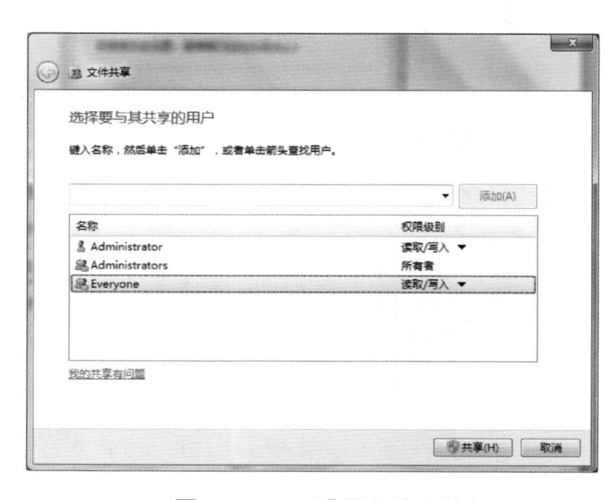

● 图 6—2—6　设置文件夹共享

步骤四 从计算机 A 中访问计算机 B 的共享文件夹

1. 在计算机 A 的控制面板中单击“网络和 Internet”按钮打开“网络和共享中心”窗口，单击所在局域网的名称，例如，图 6—2—7 中所示的“D-Link_DIR-600M”，打开如图 6—2—8 所示的局域网设备列表窗口。

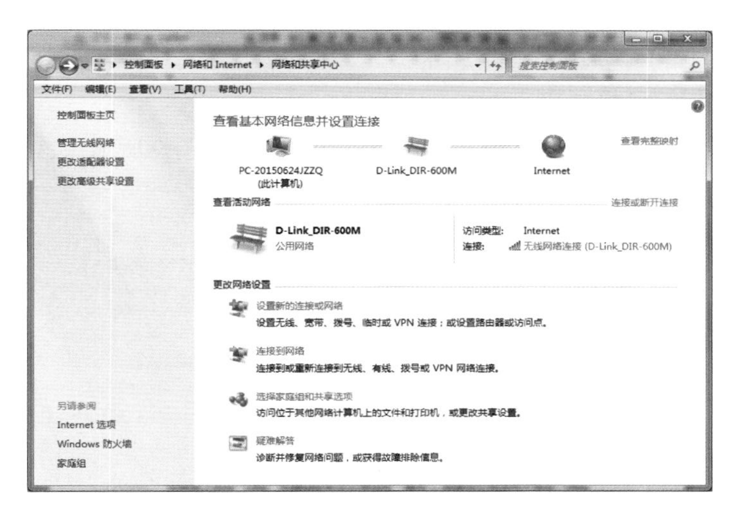

● 图 6—2—7 选择“D-Link_DIR-600M”公用网络

● 图 6—2—8 局域网设备列表窗口

2. 双击计算机名“PC-B”将其打开，即可访问计算机 B 中的共享内容，其操作方法与在本地使用资源管理器基本相同。从计算机 B 的“共享”文件夹中将资料复制到计算机 A 中，即可完成文件传递。

步骤五　在计算机 A 上建立共享文件夹并测试

按照同样的方法在计算机 A 上建立共享文件夹并进行资料复制，测试其效果。

二、设置打印机共享

步骤一　添加打印机

将打印机与计算机 A 用数据线连接好，按照项目二任务 3 所学方法进行打印机的添加。

步骤二　设置打印机共享

打印机安装完成后会提示是否共享打印机，如图 6—2—9 所示，这里选择“共享此打印机以便网络中的其他用户可以找到并使用它”选项。

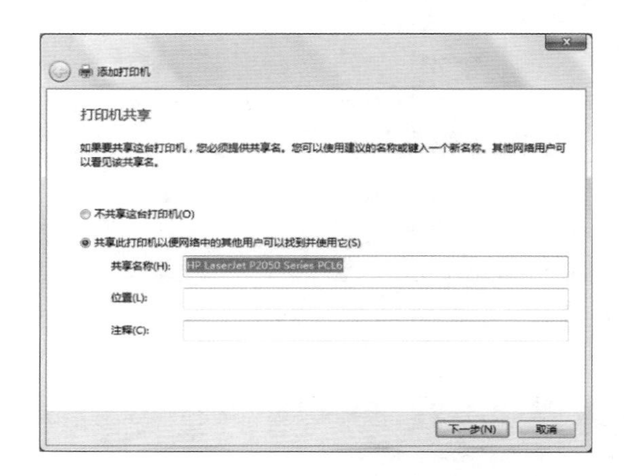

● 图 6—2—9　共享打印机窗口

在打开的窗口中单击“下一步”，再次单击“完成”即可完成打印机安装、共享设置，如图 6—2—10 所示。

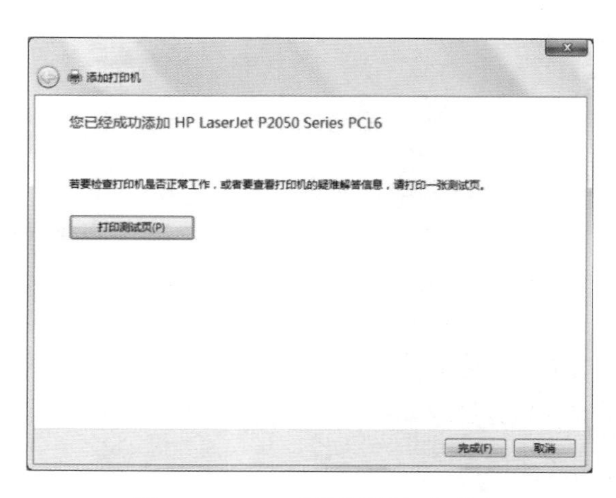

● 图 6—2—10　打印机添加完成窗口

添加完打印机后，在“打印和打印机”窗口中即可查看到新添加的共享打印机，如图 6—2—11 所示。

● 图 6—2—11 打印机共享窗口

步骤三 使用共享打印机

在计算机 B 上连接计算机 A 所共享的打印机进行测试。按照“设置文件夹共享”步骤四的方法访问计算机 A，即可看到其所共享的打印机图标，双击图标系统即可自动完成连接，并添加到本机的打印机列表中。打印文件时，在打印机列表中选择该打印机即可。

项目七
多媒体处理软件的使用

任务 1　制作宝宝相册——美图秀秀软件的使用

学习目标

知识目标：了解美图秀秀软件界面的组成及其主要功能

技能目标：1. 能使用美图秀秀软件处理照片

2. 能使用美图秀秀软件为照片添加饰品、场景、边框等

3. 能使用美图秀秀软件制作相册

任务描述

美图秀秀是一款简单实用的图片处理软件，拥有美化图片，人像美容，拼图，添加场景、边框、饰品、文字，制作图片特效等功能，可以轻松做出高质量的照片效果。本任务在学习其使用方法的基础上，完成以下案例的制作：

爱你宝贝幼儿园想要为园中优秀宝宝制作“宝宝相册”，记录活泼可爱、天真无邪的宝贝们在幼儿园中的精彩画面，要求将摄影照片进行艺术化处理，适当添加一些修饰元素，使相册生动活泼，形象逼真，效果如图 7—1—1 所示。

相关知识

一、美图秀秀软件的工作界面

美图秀秀软件的操作界面由“标题栏”“主功能导航栏”“快速功能栏”“功能

栏”“快速访问栏”“消息提示栏”等组件组成，如图 7—1—2 所示。

● 图 7—1—1 “宝宝相册”效果

● 图 7—1—2 “美图秀秀”软件的操作界面

1. 标题栏

标题栏左侧为软件的名称，右侧为快速登录、反馈意见、快捷菜单、最小化、最大化（还原）和关闭六个按钮，借助这些按钮可以快速地执行相应的功能。

2. 主功能导航栏

主功能导航栏左侧有若干选项卡，用于实现不同类别的功能。例如，单击“美化”选项卡将出现如图 7—1—3 所示的界面，界面左侧显示该选项卡的详细功能，右侧显示

一些特效功能或更细分的功能，界面中间显示已打开的图片。主功能导航栏右侧有打开、新建、保存三个基本操作按钮。

● 图 7—1—3 “美化”选项卡的操作界面

3. 快速功能栏

打开软件后，在首页中显示快捷功能栏，包括“美化图片”“人像美容”“拼图”“批量处理”四个常用功能按钮，可以快速切换至所选功能。例如，单击“拼图”按钮可以快速切换至“拼图”选项卡操作界面。

4. 功能栏

在功能栏中显示每个选项卡的特效功能，选项卡不同，对应的内容也不同。例如，“美化”选项卡界面右侧显示有“柔光”“经典”“复古”“粉红佳人”等特效功能；“场景”选项卡界面右侧显示有“热门”“新鲜”“会员独享”等不同类型的场景特效。

5. 快速访问栏

在快速访问栏中，用户可以快速应用图片批处理、图片下载管理、图片分享等功能。如用户制作好相册后，可以单击“QQ 空间”按钮，快速分享到 QQ 空间中。

6. 消息提示栏

消息提示栏显示最新消息链接，单击链接可以访问相关网页，了解详细信息。

二、文件格式

由于制作设备、用途等不同，实际使用中的图片有多种多样的格式，美图秀秀软件支持多种图片格式的编辑处理。较为常见的图片格式有以下几种。

1. raw 格式（数码相机常用格式）

所谓 raw 格式，其原意为未经加工的格式。数码相机生成的 raw 格式图片文件未经加工处理，也未经压缩，记录数码相机传感器所获取的原始信息数据。不同厂商的 raw 格式文件采用不同的扩展名，常见的扩展名如下：

mef——玛米亚数码相机的 raw 格式

cr2、sr2、arw——索尼数码相机的 raw 格式

orf——奥斯巴林数码相机的 raw 格式

3fr——哈苏数码相机的 raw 格式

mrw——柯尼卡美能达数码相机的 raw 格式

pef——宾得数码相机的 raw 格式

dcr——柯达数码相机的 raw 格式

erf——爱普生数码相机的 raw 格式

raf——富士数码相机的 raw 格式

2. jpeg 格式

jpeg 格式主要有 jpg、jpeg、jpe 三种扩展名，是一种有损压缩格式，也是最常用的一种图片格式。

3. bmp 格式

bmp 格式是 Windows 操作系统中的标准图像文件格式，文件较大且无压缩。

4. gif 格式

gif 格式是可以支持动画的图片格式，缺点是支持颜色较少。

5. png 格式

png 格式是一种无损压缩的位图图形格式，支持透明背景。

6. psd 格式

psd 格式是 Photoshop 软件专用格式，完整记录 Photoshop 软件的可编辑信息，便于进行进一步的加工处理。

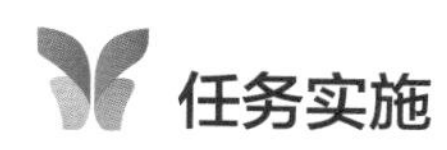

任务实施

步骤一　打开图片

1. 在桌面上双击“美图秀秀”快捷方式图标，在“快速功能栏”中单击“美化图片”按钮，进入如图 7—1—4 所示的界面，单击“打开一张图片”按钮。

● 图 7—1—4　打开图片操作提示

2. 在弹出的“打开图片”对话框中选择图片的存储路径，在预览框选取要进行美化的图片，单击“打开”按钮，如图 7—1—5 所示。也可以单击“主功能导航栏”中“打开”按钮来打开图片。

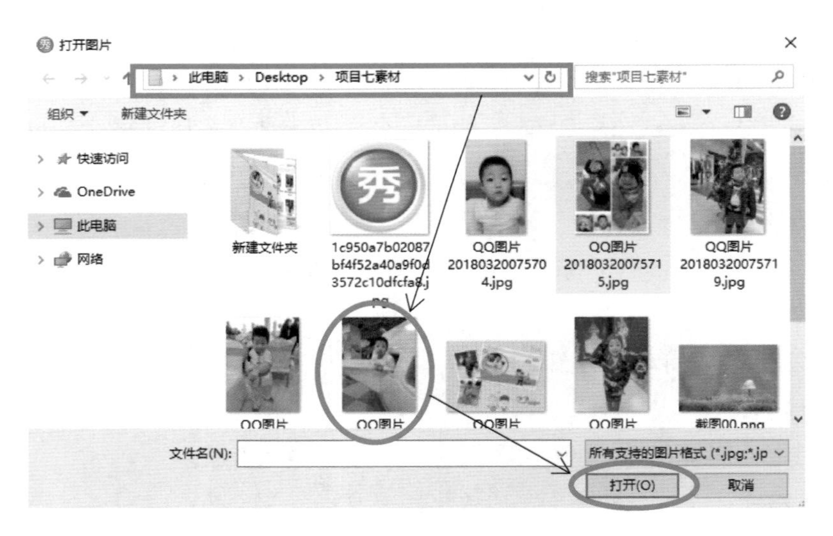

● 图 7—1—5　“打开图片”对话框

步骤二　美化图片

1. 打开图片后进入如图 7—1—6 所示的操作界面，在界面左侧的基础功能栏中，拖动色彩饱和度、清晰度等项目下面的滑块，可对图片色彩进行调整，也可以单击“一键美化”按钮，对图片进行自动调整。

2. 单击界面右侧“特效功能栏”中的“热门”选项卡，单击“柔光”，弹出“参数设置”对话框，设置图片柔化度为 100%，单击“确定”按钮。

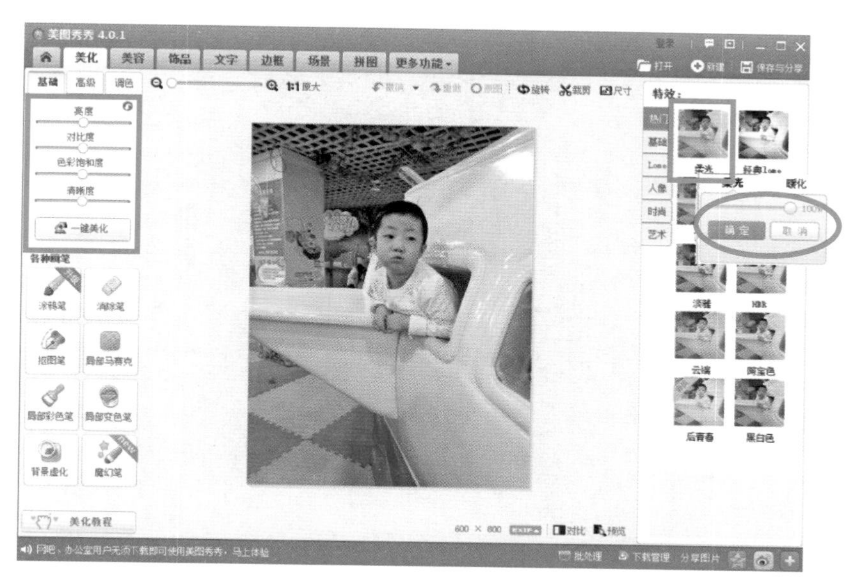

图 7—1—6　“美化”选项卡的操作界面

3. 单击“美容”选项卡，在“基础功能栏”中设有“美形”“美肤”“眼部”三组选项。单击“美肤”组中的“皮肤美白”按钮，弹出如图 7—1—7 所示的操作界面，在其中设置美白力度为 5，肤色为 20，单击“应用”按钮。

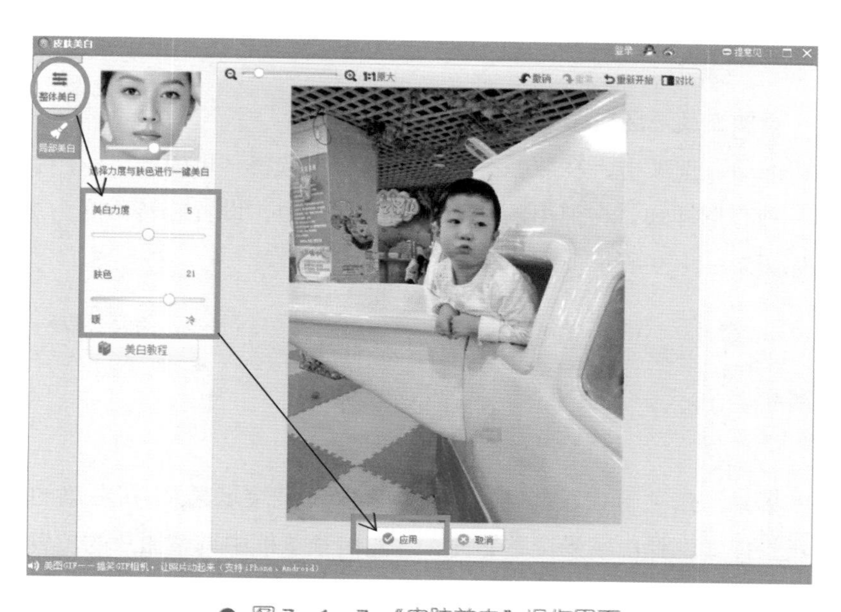

图 7—1—7　“皮肤美白”操作界面

4. 单击“磨皮”按钮，在弹出的操作界面中单击“整体磨皮”选项卡，选择“自然磨皮”，单击“应用”按钮，如图 7—1—8 所示。

● 图 7—1—8 “磨皮”操作界面

小提示 在对人物进行美容时，可根据个人需求进行眼部细节的调整，如放大眼睛、添加眼部饰品等，也可以通过美形选项对人物进行瘦身和瘦脸操作。

步骤三 添加饰品及场景

1. 单击“饰品”选项卡，在“静态饰品”选项中选择“可爱心”，在右侧的特效功能栏中选择一种心形样式，在弹出的“素材编辑框”中，设置旋转角度为 22°，素材大小为 55%，如图 7—1—9 所示。

小提示 在“饰品”选项卡中的“动态饰品”选项中，可以添加“动态文字”“炫彩水印”等动态素材。

2. 单击“场景”选项卡，在基础功能栏中选择“宝宝场景”，在右侧的特效功能栏中选择一种场景样式，弹出场景调整界面，在左侧预览框中调整图片的位置及大小，使图片更好地与场景结合，操作如图 7—1—10 所示，效果如图 7—1—11 所示。

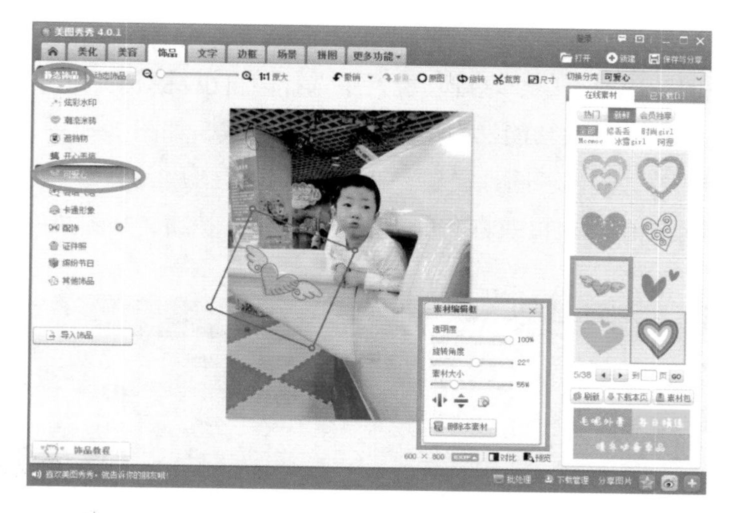

● 图 7—1—9 “饰品”选择卡的操作界面

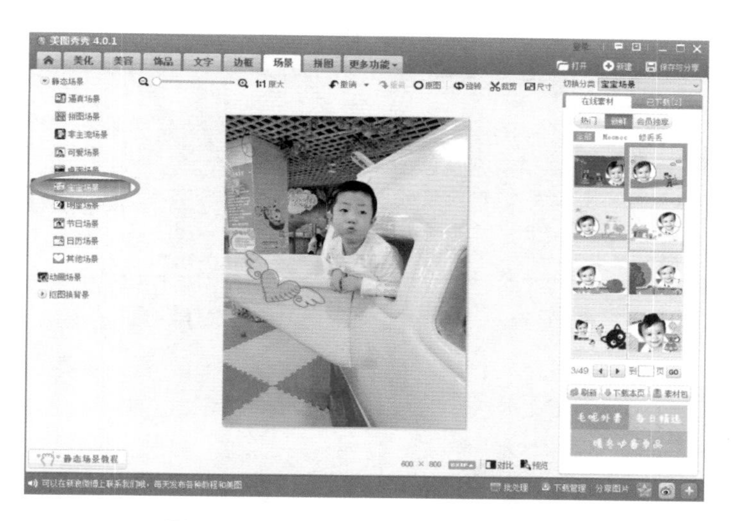

● 图 7—1—10 “场景”选项卡的操作界面

● 图 7—1—11 添加饰品及场景效果

步骤四　制作拼图效果

1. 单击“拼图”选项卡，在基础功能栏中选择“自由拼图”，弹出“拼图”选项卡的操作界面，在右侧的特效功能栏中选择一种拼图样式，如图 7—1—12 所示，然后选中编辑窗口中的图片，弹出“图片设置”对话框，设置图片大小为 121%，旋转角度为 15°，再将图片移动到编辑窗口的右上角，单击“确定”按钮，如图 7—1—13 所示。

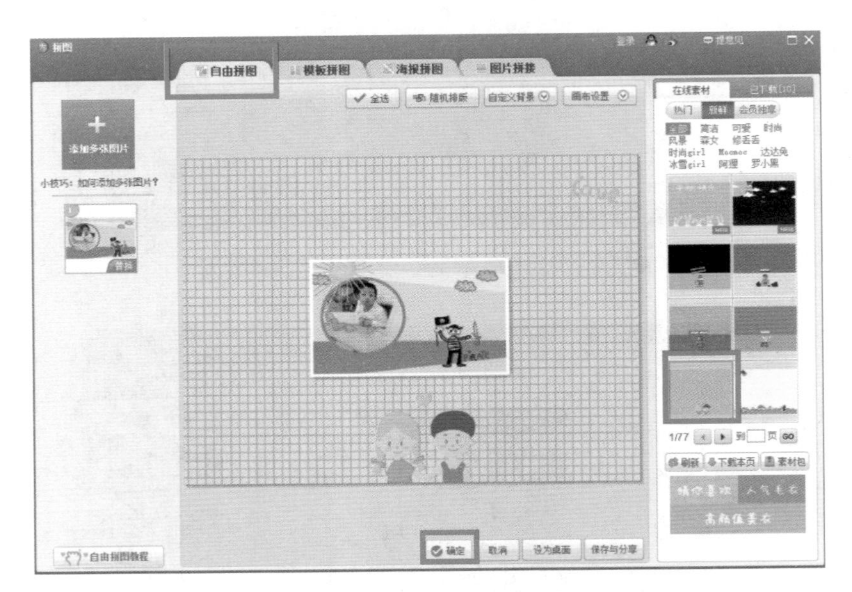

● 图 7—1—12　“拼图”选项卡的操作界面

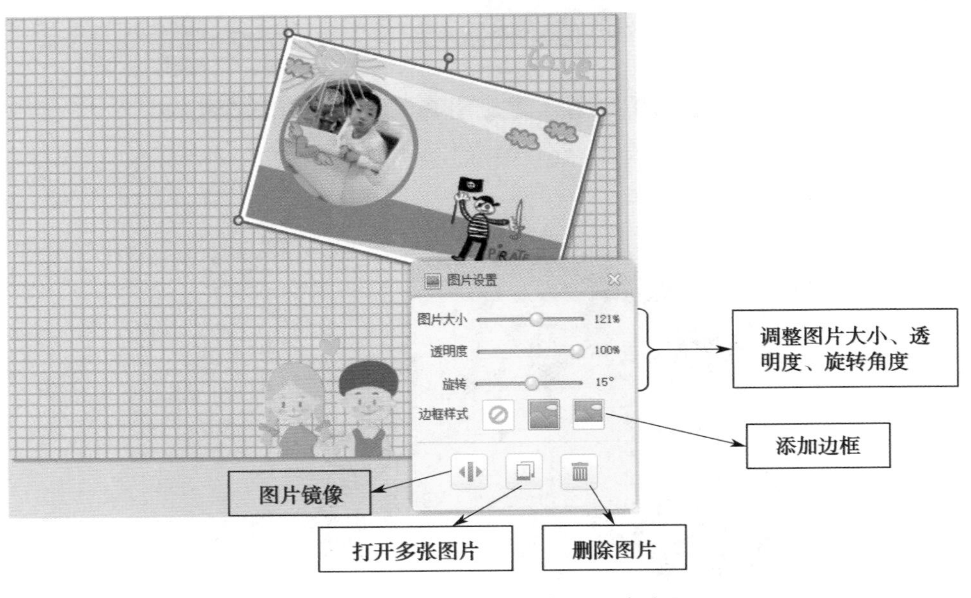

● 图 7—1—13　“图片设置”对话框

2. 在操作界面左侧单击“添加多张图片”按钮，弹出“打开多张图片”对话框，分别导入素材图片 2 及素材图片 3 两张图片，单击“打开”按钮。根据上一步图片设置的方法，将导入的两张图片分别调整成如图 7—1—14 所示的效果，单击“确定”按钮。

● 图 7—1—14　拼图效果

步骤五　添加文字

单击“文字”选项卡，在基础功能栏中选择“心情”，在右侧的特效功能栏中选择一种文字样式，在弹出的“素材编辑框”中设置素材大小，再将文字移动到编辑窗口的右下角，如图 7—1—15 所示。

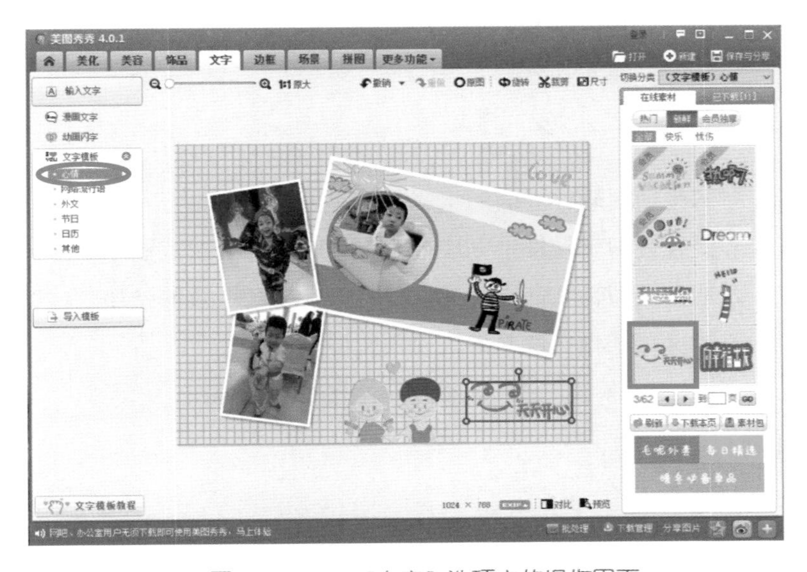

● 图 7—1—15　“文字”选项卡的操作界面

步骤六　保存文档

图片编辑结束后，单击标题栏右侧的“保存与分享”按钮，弹出“保存与分享”对话框，在对话框中设置图片保存的位置、文件名及文档类型，效果如图 7—1—16 所示，单击“保存”按钮。

● 图 7—1—16　“保存与分享”对话框

步骤七　关闭文档

图片编辑并保存后，如果不再进行其他操作，可以单击标题栏右侧的“关闭”按钮将当前文档关闭。

任务 2　制作影片剪辑——爱剪辑软件的使用

学习目标

知识目标：了解爱剪辑软件界面的组成及其主要功能

技能目标：1. 能在爱剪辑软件中完成视频、音频的导入及截取

2. 能在爱剪辑软件中完成字幕特效、转场特效的添加

3. 能保存工程文件并导出视频文件

任务描述

爱剪辑是一款易用、强大的视频剪辑软件，支持为视频添加字幕、调色、加边框等剪辑功能，用户可根据当前流行的使用需求与审美特点进行设计，支持诸多创新功能和

影院级特效。本任务在学习其使用方法的基础上，完成以下案例的制作：

某技师学院 2016 级计算机专业某班学生即将毕业，为记录美好的校园生活，他们录制了许多生活小片段，现需使用爱剪辑软件将其制作成“青春你好吗”微视频作品。

相关知识

爱剪辑软件的操作界面由标题栏、主功能导航栏、选项面板、预览窗口、编辑界面、制作信息等组件组成，如图 7—2—1 所示。

一、标题栏

标题栏用于显示当前所启动的软件名称及最小化、最大化（还原）和关闭按钮。

二、主功能导航栏

主功能导航栏设置有“视频”“音频”“字幕特效”“叠加素材”“转场特效”“画面风格”“MTV”“卡拉 OK”“升级与服务”9 个选项卡，每种选项卡可实现不同类别的功能。例如，“字幕特效”选项卡提供了较为完善的字幕编辑和设置功能，用户可以对文本或其他字幕对象进行编辑和美化操作。单击该选项卡，打开如图 7—2—2 所示的界面，左侧为特效功能栏，中间显示具体特效功能选项，单击界面最下方的“收起 / 展开”按钮，可以将特效功能折叠或展开显示。

三、选项面板

该面板中包括显示和控制等功能，可对素材文件进行编辑。选项面板的内容会随着正在执行的步骤变化而变化。

四、预览窗口

预览窗口用于对素材库或导入的素材文件、效果素材等内容的画面进行预览。

五、编辑界面

编辑界面显示已导入的视频及音频素材文件，可以实现分割与剪辑等功能。

六、制作信息

制作信息用于显示作品中的特效应用情况。

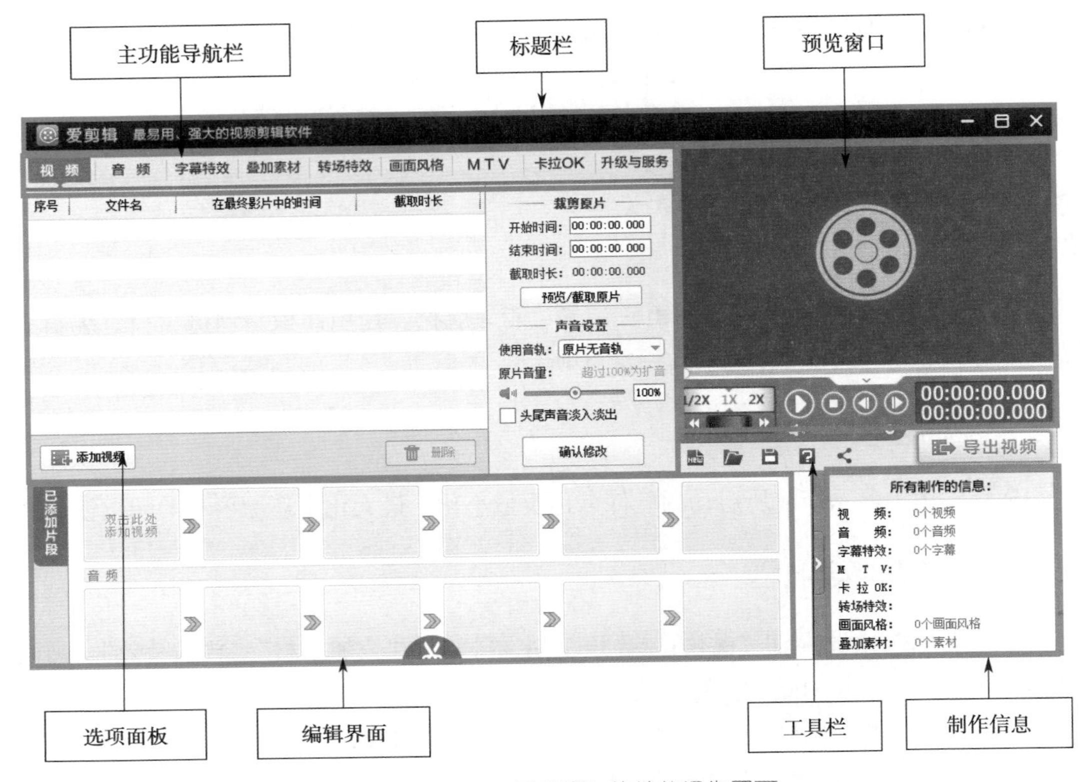

● 图7—2—1 “爱剪辑”软件的操作界面

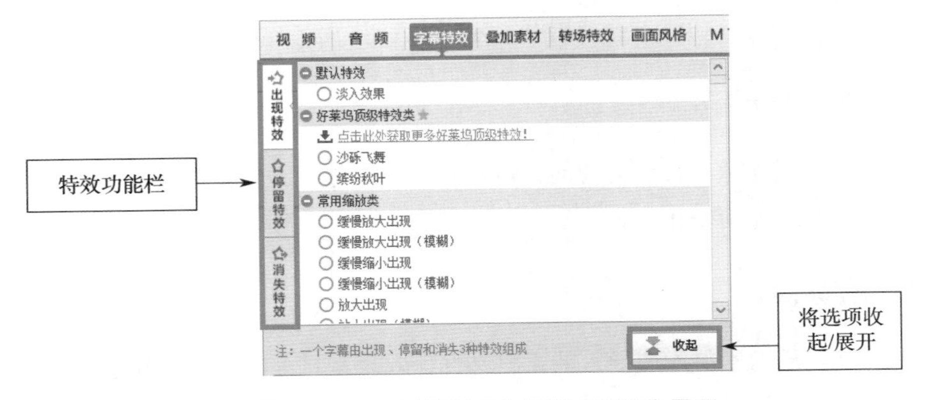

● 图7—2—2 “字幕特效”选项卡的操作界面

任务实施

步骤一 添加、截取视频片段

1. 单击“视频”选项卡，在视频列表下方单击“添加视频”按钮，弹出“请选择视频”对话框，选择要添加的视频，如图7—2—3所示。

● 图 7—2—3 “添加视频”操作

2. 在弹出的“预览 / 截取”对话框中，单击“视频截取”按钮，再单击“视频播放”按钮，即可开始视频片段的截取，视频播放至第 10 秒时，再次单击“视频截取”按钮，即截取掉视频开头不需的片段，如图 7—2—4 所示。如果导入的视频不需要截取，可以直接单击“确定”按钮，将视频导入到爱剪辑软件中。

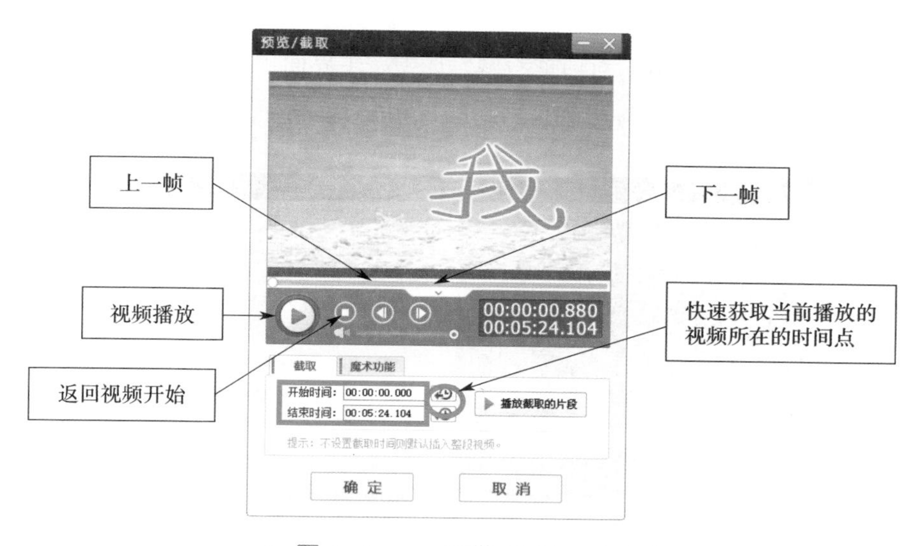

● 图 7—2—4 “预览 / 截取”对话框

小提示 如果已经将视频导入爱剪辑软件中，还可以在窗口右上角预览框中，将时间进度条定位到需要分段的时间点，然后单击窗口底部的“剪刀”图标（快捷键为 Ctrl+K 和 Ctrl+Q），即可将视频快速分段。

步骤二　添加音频

1. 将导入的视频调节到“00:00:53.960”帧，单击“音频”选项卡，在音频列表下方单击“添加音频”按钮，在弹出的下拉列表框中选择“添加背景音乐”，弹出“请选择一个背景音乐”对话框，选择“深情 .mp3”，单击“打开”按钮，操作如图 7—2—5 所示。

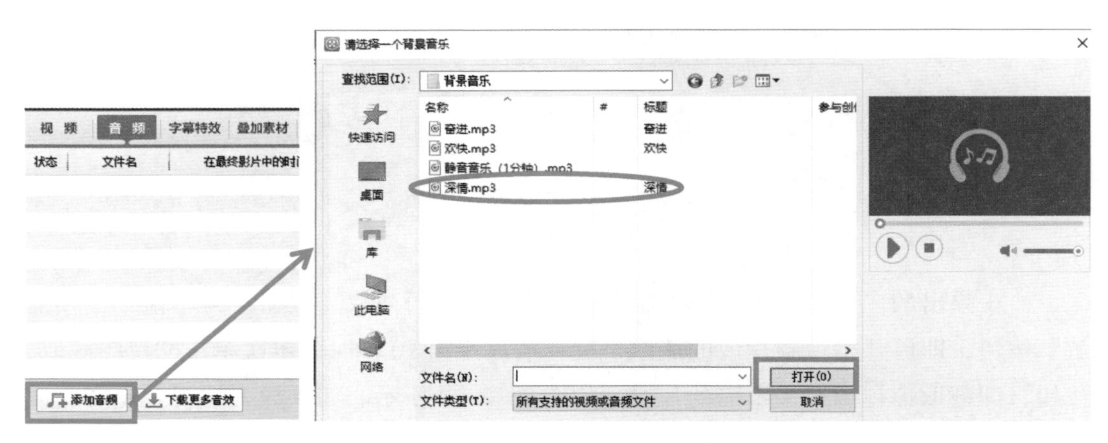

● 图 7—2—5　“添加音频”操作示意图

2. 在弹出的“预览 / 截取”对话框右侧，选中“主界面预览窗口中正暂停的时间点”单选框，单击“确定”按钮，即可为要剪辑的视频配上背景音乐，如图 7—2—6 所示。

● 图 7—2—6　“预览 / 截取”对话框

3. 返回窗口主界面后，在音频“选项面板”中，设置开始时间为“00:00:53.960”、结束时间为“00:01:38.820”、音频音量为 30%，单击“确认修改”按钮即可为要剪辑的视频配上背景音乐，操作如图 7—2—7 所示。

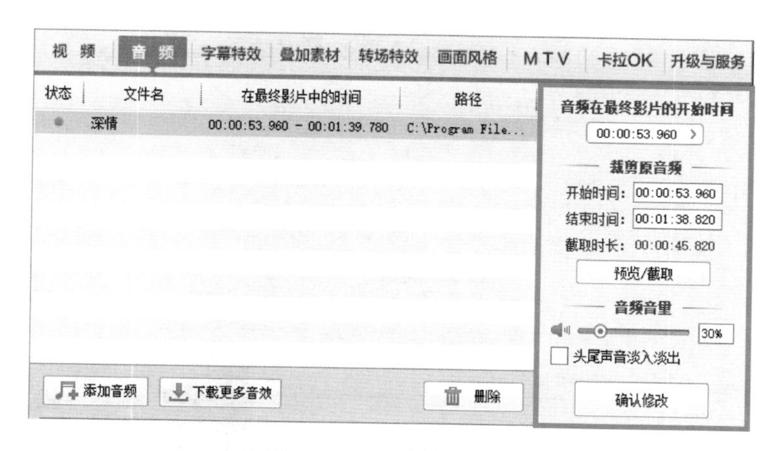

图 7—2—7 “音频”选项面板

步骤三　添加字幕

1. 添加片头字幕

将视频返回起始处，单击“视频”选项卡，在视频列表下方单击“添加视频”按钮，弹出“请选择视频”对话框，选择“黑幕视频（1 分钟）”视频片段，单击“打开”按钮，弹出“预览 / 截取”对话框中，单击“确定”按钮。在窗口下面的“已添加片段”列表中，选中“黑幕幕视频（1 分钟）视频片段”，按住鼠标左键移动到“青春你好吗？视频片段”前面，松开鼠标左键。单击“字幕特效”选项卡，在预览窗口中双击鼠标左键，弹出“输入文字”对话框，输入字符“青春你好吗？”，单击“确定”按钮。返回“字幕特效”选项卡，在“字体设置”界面中，设置“字体为隶书、大小为 35、加粗、横排、白色”。在“字幕特效”列表中选中“缤纷秋叶”单选框，如图 7—2—8 所示。

2. 添加片尾字幕

将视频播放时间调节到“00:04:07.840”帧，在预览窗口中双击鼠标左键弹出“输入文字”对话框，输入文字“我们的青春不散场！”，单击“确定”按钮。返回“字幕特效”选项卡，在“字体设置”界面中，设置文本格式为“字体：隶书，字号：40，字形：加粗，横排，颜色：绿色”。将文字移动到“预览窗口”的右下角，在“字幕特效”列表中选中“酷炫动感放大（反弹）”单选按钮，效果如图 7—2—9 所示。

3. 设置片尾字幕时长

在“字幕特效”选项卡中，单击“特效参数”按钮，在参数列表中设置出现时的字幕特效时长为 2 秒，并勾选“逐字出现”复选框；设置停留时的字幕特效时长为 9 秒，如图 7—2—10 所示。

步骤四　保存所有设置

1. 视频编辑结束后，在工具栏中单击“保存所有设置”按钮，弹出“提示”对话框，单击“确定”按钮，如图 7—2—11 所示。

● 图 7—2—8 “字幕特效”选项卡

● 图 7—2—9 片尾字幕效果

● 图 7—2—10 “特效参数”设置操作界面

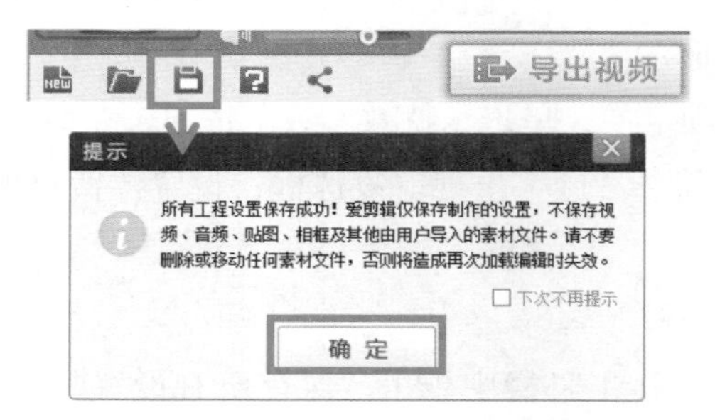

● 图 7—2—11 “保存所有设置”操作示意图

2. 在弹出的“请选择爱剪辑工程文件的保存路径”对话框中，设置工程文件的保存位置、文件名和文件类型，单击“保存”按钮，如图 7—2—12 所示。

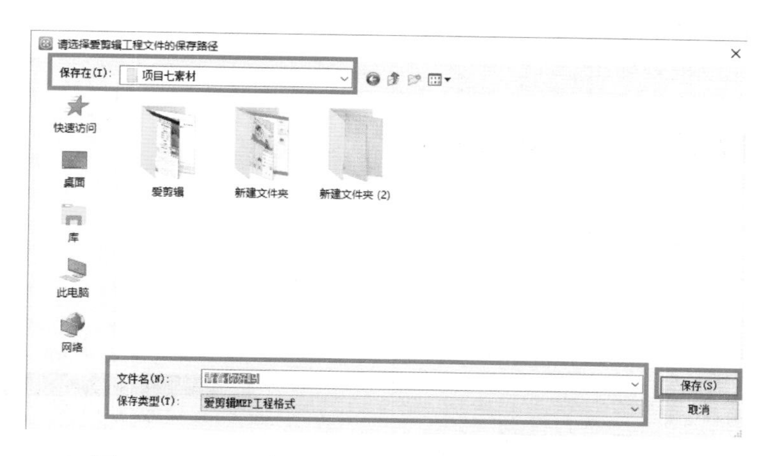

● 图 7—2—12 “请选择爱剪辑工程文件的保存路径”对话框

小提示 在保存工程文件时，单击“保存所有设置”按钮时，同时按住 Shift 键，可将当前所有设置另存为新的 .mep 工程文件。同时，以后再单击“保存所有设置”按钮，将会将设置保存到新的 .mep 工程文件中。

步骤五 导出剪辑好的视频

1. 视频保存为工程项目后，在工具栏中单击“导出视频”按钮，弹出“请选择视频的保存路径”对话框，设置视频保存位置、文件名和保存类型，如图 7—2—13 所示，单击“保存”按钮。

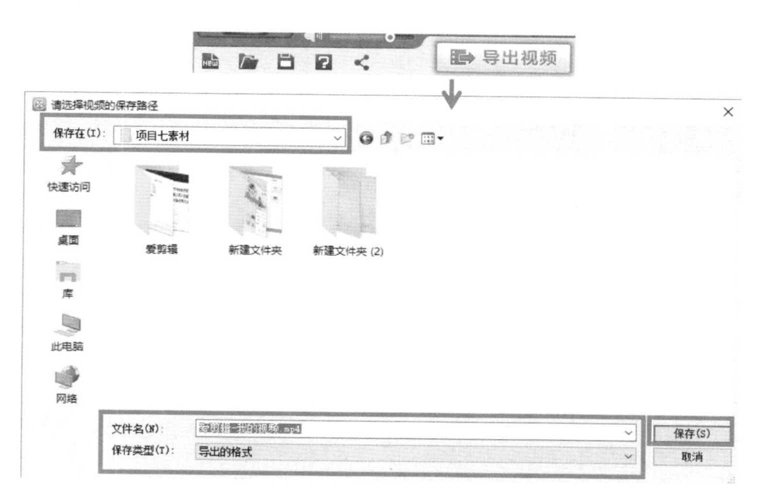

● 图 7—2—13 “请选择视频的保存路径”对话框

2. 在弹出的“导出设置”对话框中设置片名、制作者、导出格式、导出尺寸、导出路径，如图 7—2—14 所示，单击“导出”按钮弹出“进度”对话框，如图 7—2—15 所示，当导出进度为 100% 时，单击“确定”按钮弹出“导出成功”对话框，单击“关闭”按钮即可完成视频导出。

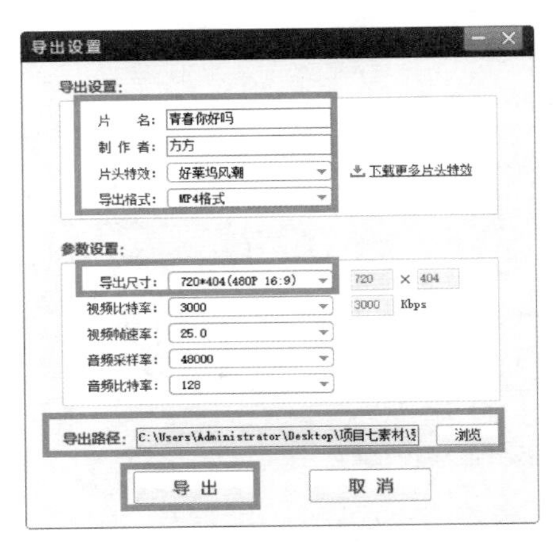

● 图 7—2—14 “导出设置”对话框

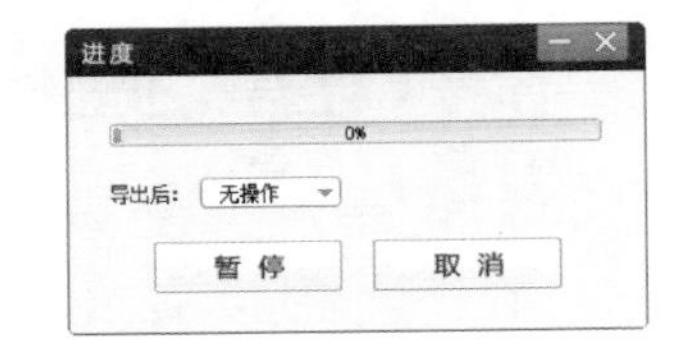

● 图 7—2—15 “进度”对话框

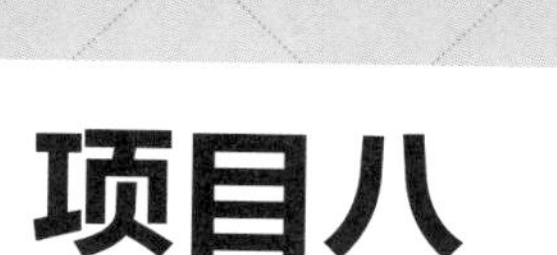

项目八 计算机安全与维护

任务1　优化计算机系统——磁盘清理、磁盘碎片整理和360安全卫士的使用

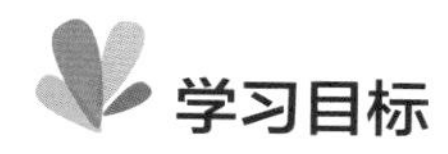

学习目标

知识目标：了解计算机系统的优化及日常维护方法

技能目标：1. 能使用系统自带工具进行磁盘清理

2. 能使用系统自带工具进行磁盘碎片整理

3. 能使用360安全卫士软件对系统进行常规的优化和维护

任务描述

做好计算机系统的优化和日常管理维护，对保证计算机的正常运行、提高计算机的日常运行速度等有很大帮助。本任务在学习相关知识的基础上，完成以下案例的操作：

某用户的计算机在使用中出现了运行缓慢等问题，委托“前程电脑公司”进行处理，经工程师检查后，确认无硬件或操作系统故障，对系统进行常规优化即可，主要操作内容包括磁盘清理和磁盘碎片整理，并使用360安全卫士软件进行全面检查，处理系统漏洞和垃圾文件。

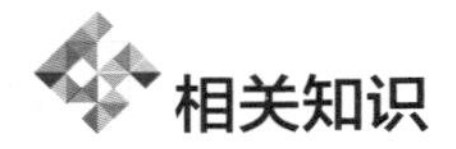

相关知识

一、计算机系统优化

通过计算机系统优化，可以清理 Windows 临时文件夹中无用的临时文件，释放硬盘空间；可以清理注册表中的垃圾文件，减少系统错误；可以加快开机速度，阻止不必要的程序开机自动执行；可以加快上网速度等。本任务主要涉及系统自带的磁盘清理工具、磁盘碎片整理工具和 360 安全卫士软件的使用。

1. 磁盘清理

通过释放磁盘空间，可以提高计算机运行的性能。磁盘清理工具是 Windows 操作系统附带的一个实用工具，可以帮助计算机释放磁盘空间。该工具先标识出可以安全删除的文件，然后由用户选择希望删除部分或是全部标识出的文件。

磁盘清理工具的功能主要有删除 Internet 临时文件、删除下载的程序文件、清空回收站、删除 Windows 临时文件、删除不使用的可选 Windows 组件、删除已安装但不再使用的程序等。

小提示 为了加快再次访问的速度，IE 浏览器会缓存用户访问过的每个页面，因此通常情况下，Internet 临时文件会占据较多的空间。

2. 磁盘碎片整理

磁盘里的文件都是按存储时间先后来排列的，理论上文件之间都是紧凑排列而没有空隙的。但是，随着对越来越多的文件进行修改、新建和删除等操作，为充分利用磁盘空间，操作系统会将文件拆分，存放在不连续的多个位置。一旦文件被删除，所占用的不连续空间就会留空，而且新保存的文件常常不会被放在这些位置，则这些留空就成为了磁盘碎片。磁盘碎片过多，则其他的不连续文件相应也会增多，系统在执行文件操作时就会因反复寻找联系文件，导致效率大大降低，直接的反映就是文件读取速度变慢。

为解决这一问题，Windows 操作系统提供了一个“磁盘碎片整理程序”，单击“开始”按钮，依次单击“所有程序”→“附件”→“系统工具”→“磁盘碎片整理”，运行该程序，即可对磁盘碎片进行整理，尽可能地将文件连续存储，从而提高文件读取速度。

3. 360 安全卫士

360 安全卫士是由奇虎 360 公司开发的一款计算机系统安全防护和系统优化软件，

其功能强大，可完成木马查杀、系统加速、系统清理、漏洞修复、软件管理等诸多功能。本任务主要使用其最为基础的“电脑体检”功能。

二、计算机软、硬件维护

在计算机的日常使用中，应注意以下几方面的维护常识：

1. 计算机在长时间待机时要做好电源计划管理选项设置，尽量避免频繁开关机。
2. 根据需要适当调整虚拟内存，不宜过小，也没必要设置得过大。
3. 定期做好磁盘碎片清理工作，提升文件读写速度。
4. 用第三方软件定期清理计算机垃圾，并做好外接存储设备的防毒工作。
5. 合理选择及使用软件，避免安装功能重复的软件。
6. 做好计算机安全防护工作，安装防毒、杀毒软件。
7. 做好整机防尘、防高温、防磁、防潮、防静电、防震等工作。
8. 定期为机箱进行清洁保养，对电源线和数据线进行合理捆扎，便于风扇正常散热。
9. 使用计算机时不吃东西，避免将液体或食物残渣落在键盘与鼠标上。

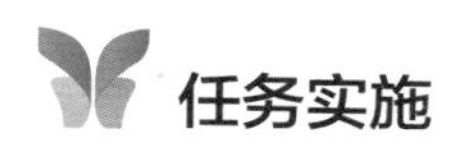

任务实施

一、磁盘清理

步骤一 打开“磁盘清理”窗口

单击“开始”按钮，选择“所有程序”→“附件”→“系统工具”，然后单击“磁盘清理”。在弹出的对话框中选择需清理的驱动器，如图 8—1—1 所示。

步骤二 查看需要清理的文件类型

“磁盘清理”工具会为磁盘分区计算可以释放的磁盘空间，如可在“(D:)的磁盘清理”对话框中查看“要删除的文件”列表内容，如图 8—1—2 所示。

步骤三 选择文件类型并完成清理

勾选需要清理的文件类型，注意将不希望删除的文件类型的复选框取消勾选，然后单击“确定”按钮完成清理。

二、磁盘碎片整理

步骤一 打开“磁盘碎片整理程序”窗口

单击“开始”按钮，选择“所有程序”→“附件”→“系统工具”，然后单击“磁盘碎片整理程序”，打开如图 8—1—3 所示的窗口。

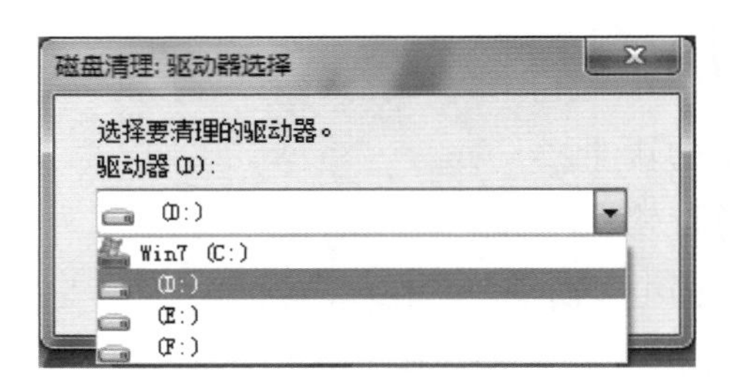

● 图 8—1—1　选择要清理的驱动器

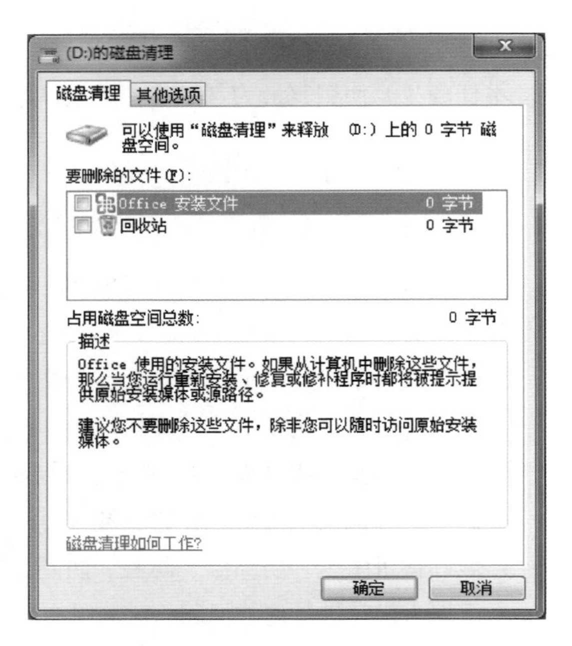

● 图 8—1—2　磁盘清理窗口

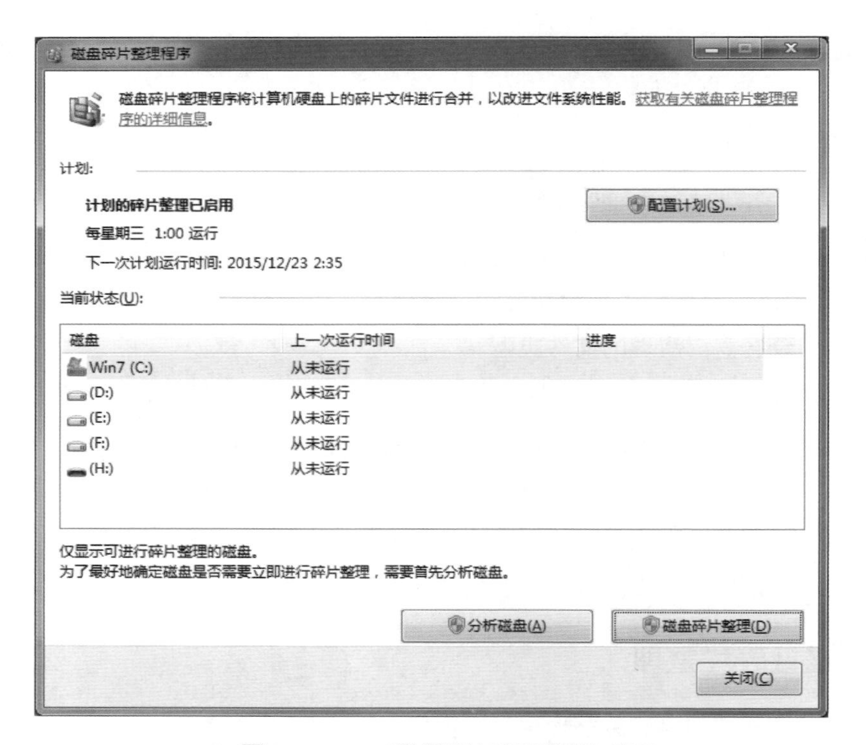

● 图 8—1—3　“磁盘碎片整理程序”窗口

小提示　在进行磁盘碎片整理时，不要运行任何程序，最好关闭一切自动运行的、驻留在内存中的程序，并关闭屏幕保护程序，以免碎片整理工作变慢甚至中断。

步骤二　分析磁盘

在“磁盘碎片整理程序”窗口中单击“分析磁盘”按钮，系统会自动对计算机磁盘进行碎片分析，如图 8—1—4 所示。

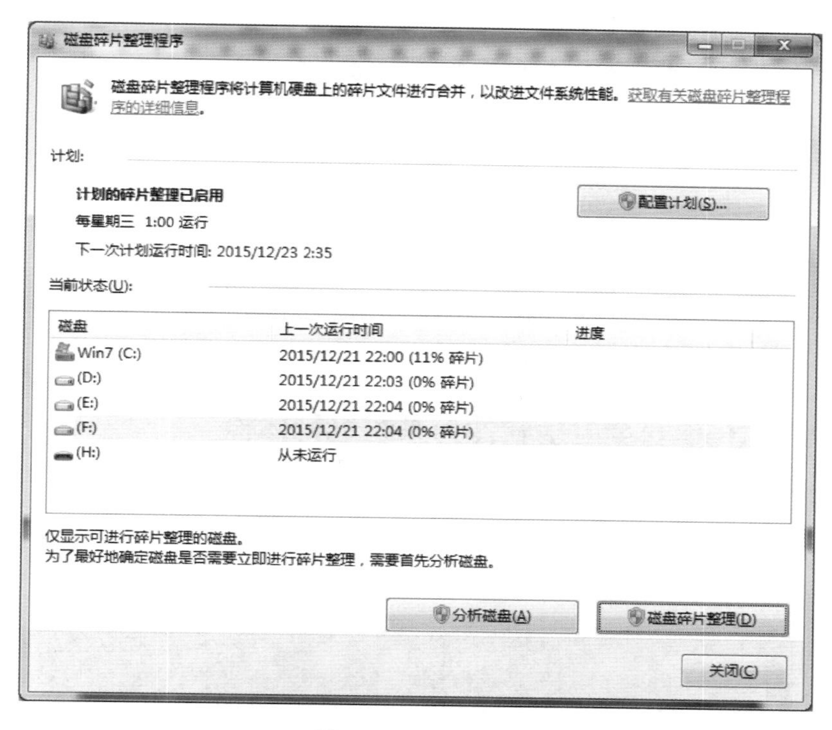

● 图 8—1—4　分析结果

步骤三　磁盘碎片整理

在打开的“磁盘碎片整理程序”窗口中，根据分析结果依次选择需要进行磁盘碎片整理的磁盘，单击“磁盘碎片整理”按钮，整理过程中电脑界面如图 8—1—5 所示。

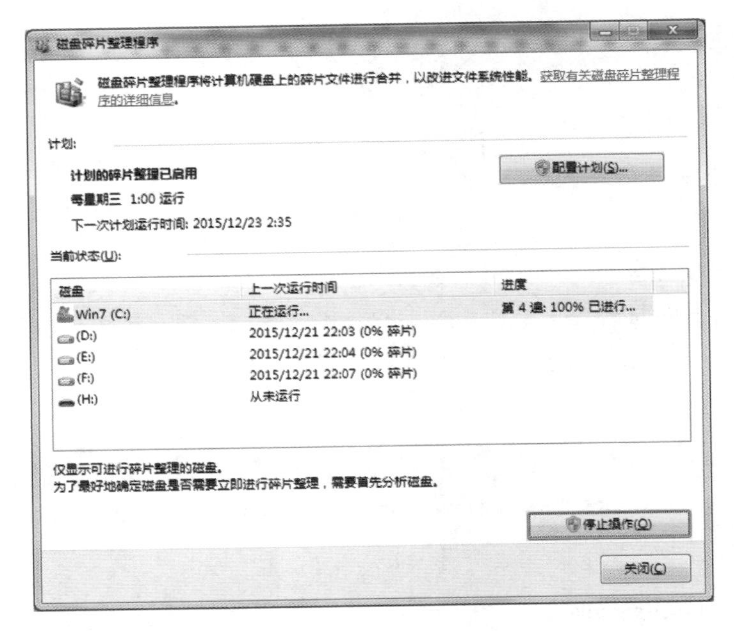

● 图 8—1—5　磁盘碎片整理过程

步骤四　关闭磁盘碎片整理程序

操作完成后，单击“关闭”按钮即可关闭“磁盘碎片整理程序”窗口。

三、使用 360 安全卫士软件为系统进行体检

步骤一　打开 360 安全卫士

打开 360 安全卫士软件，其主界面如图 8—1—6 所示。

● 图 8—1—6　360 安全卫士主界面

步骤二　运行“电脑体检”功能

在主界面单击“立即体检”按钮，软件即开始自动对操作系统进行扫描检测，如图8—1—7所示。

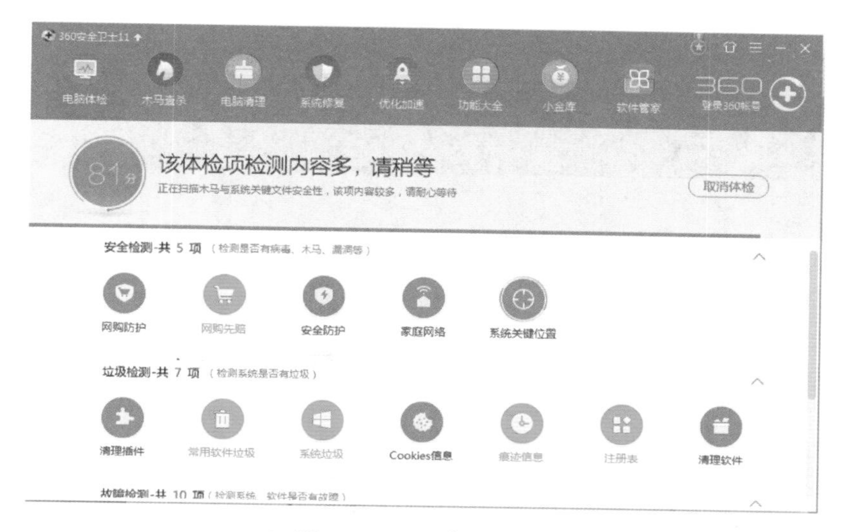

● 图8—1—7　检测过程界面

步骤三　修复、清理操作系统

在检测完成后的界面中，将列出计算机中存在安全隐患和垃圾信息，将鼠标指针指向所列选项时可查看问题详情，确认无误后，单击“一键修复”按钮即可，如图8—1—8所示。

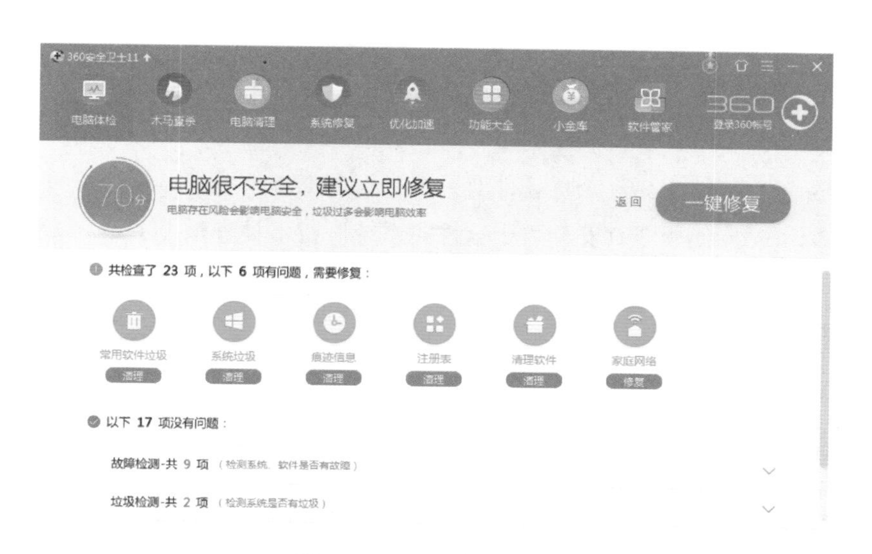

● 图8—1—8　修复、清理界面

步骤四　关闭 360 安全卫士

修复、清理完毕后，系统显示如图 8—1—9 所示的界面。操作完成单击右上角的关闭按钮即可关闭 360 安全卫士界面，此时软件转入后台运行，可单击状态栏中的软件图标将其再次打开。

图 8—1—9　修复、清理完毕后的界面

任务 2　查杀病毒和木马——计算机的安全防护

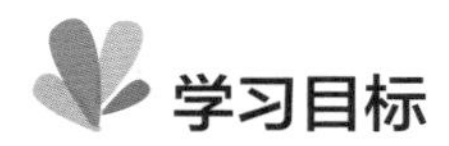

学习目标

知识目标：1. 了解计算机病毒的特性及危害

　　　　　2. 了解计算机病毒的日常防护方法

技能目标：1. 能使用 360 杀毒软件对系统进行病毒查杀

　　　　　2. 能使用 360 安全卫士软件对系统进行木马查杀

任务描述

本任务在学习计算机病毒的基本知识和相关安全软件的使用方法基础上，完成以下案例的操作：

“前程电脑公司”现需为一用户的计算机进行常规的计算机病毒和木马的检查，主要操作内容为使用 360 杀毒软件对系统进行病毒查杀、使用 360 安全卫士软件对系统进行木马查杀，并将 360 杀毒软件设置为每天 12：00 自动为计算机扫描病毒，以保障系统安全。

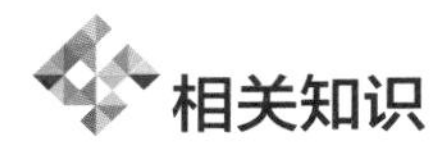

相关知识

计算机病毒（Computer Virus）是编制者在计算机程序中插入的、能自我复制的、用于破坏计算机功能的计算机指令或程序代码，因与医学上的“病毒”在特征上有相似之处而得名。计算机病毒除了能破坏单台计算机以外，还能够通过互联网等渠道传播并感染其他计算机，危害性很大。

所谓木马，实际上也是一种计算机病毒，但与一般病毒不同的是，它不会自我“繁殖”，也并不刻意感染其他文件，而是将自身伪装后吸引用户下载执行，利用系统漏洞为散布木马者打开进入中毒计算机的入口，从而使其可以任意毁坏、窃取受害者文件，甚至远程操控受害者计算机。因其具有这些特殊性，人们常将木马与普通计算机病毒区分开，作为一个单独的类别来称呼。

一、计算机病毒的特性

1. 传染性

病毒通过复制自身来感染正常文件，达到破坏电脑正常运行的目的，但是感染是有条件的，也就是病毒程序必须被执行后才具有传染性，才能感染其他文件。计算机病毒的传染途径主要是网络或 U 盘等移动存储介质。

2. 寄生性

计算机病毒寄生在其他程序之中，当执行这个程序时，病毒就起破坏作用，而在未启动这个程序之前则不易被人发觉。

3. 潜伏性

有些病毒就像定时炸弹一样，进入计算机后不会立即起作用，而是到达预设时间后才发作。

4. 隐蔽性

计算机病毒具有很强的隐蔽性，有的计算机病毒可以通过杀毒软件检查出来，有些新病毒刚出现时可能检查不出来，或通过常规检查难以发现。

5. 破坏性

任何病毒侵入计算机后，都会或多或少地对计算机的正常使用造成影响，轻者会降低计算机的性能，占用系统资源，重者会破坏数据导致文件损坏或系统崩溃，甚至会破坏硬件。

二、计算机病毒的危害

计算机病毒的危害主要有以下几方面：

1. 消耗计算机内存以及磁盘空间。
2. 破坏计算机磁盘及重要数据。
3. 抢占系统资源造成网络堵塞或瘫痪。
4. 窃取用户隐私、机密文件等重要信息。
5. 使文件无法正常读取、编辑或修改。
6. 更改系统文件属性，造成系统无法启动。
7. 使系统运行速度减慢或经常无故发生死机现象。
8. 在一定程度上造成计算机硬件损坏。
9. 通过控制计算机对受害用户进行经济勒索。

三、计算机病毒的日常防护

在计算机的日常使用中，应注意以下几方面的问题，避免中毒：

1. 不要浏览不健康网站，不要轻易下载小网站的软件与程序。
2. 不要单击网页中自动弹出的不明窗口，这些网站很有可能就是网络陷阱。
3. 不随便打开某些来路不明的 E-mail 及其中的附件程序。
4. 应安装正规渠道获得的杀毒软件和安全防护软件，并开启自动防护功能。
5. 避免在线启动、阅读不明文件，避免成为网络病毒的传播者。
6. 在使用 U 盘等移动存储介质时应先对其进行扫描杀毒。

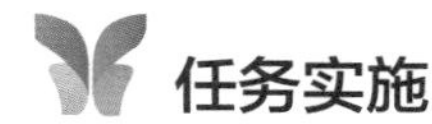

任务实施

一、使用 360 杀毒软件进行病毒查杀

步骤一　打开 360 杀毒软件

在桌面上双击“360 杀毒”快捷方式图标，或者单击“开始”按钮，选择“所有程序”，在弹出的菜单中执行“360 安全中心”→“360 杀毒”，单击“360 杀毒”图标。360 杀毒软件操作界面如图 8—2—1 所示，包括“全盘杀毒”“快速扫描”和“功能大全”等按钮。

● 图 8—2—1　360 杀毒软件操作界面

小提示　360 杀毒软件随着版本的不断更新，操作界面也在不断变化，功能也随着版本更新而不断增强。

步骤二　对系统进行快速扫描

在操作界面上单击“快速扫描”按钮，杀毒软件开始对系统关键位置进行快速扫描，如图 8—2—2 所示。

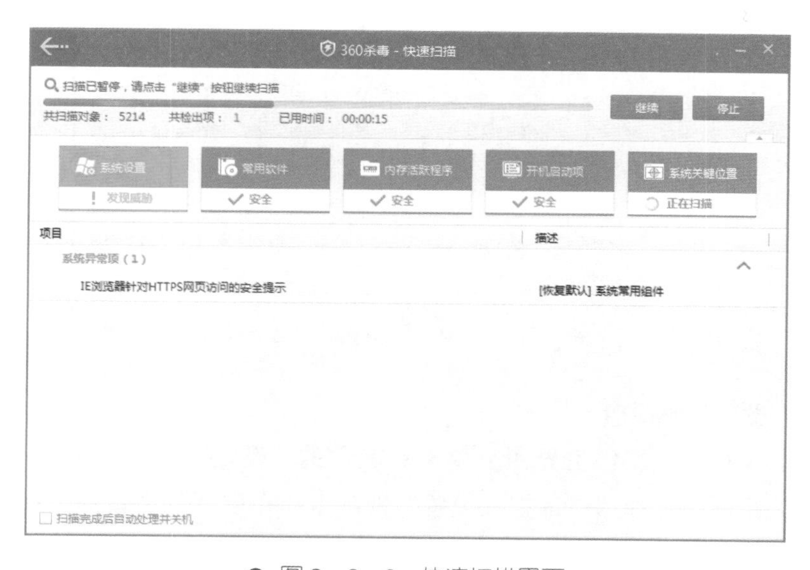

● 图 8—2—2　快速扫描界面

步骤三　扫描结果及威胁处理

扫描结束后弹出对话框，提示扫描完成，单击“确定”按钮关闭对话框即可。如果发现计算机中存在威胁，单击“立即处理”按钮，待威胁处理完成后单击“确认”按钮，如图 8—2—3 和图 8—2—4 所示。

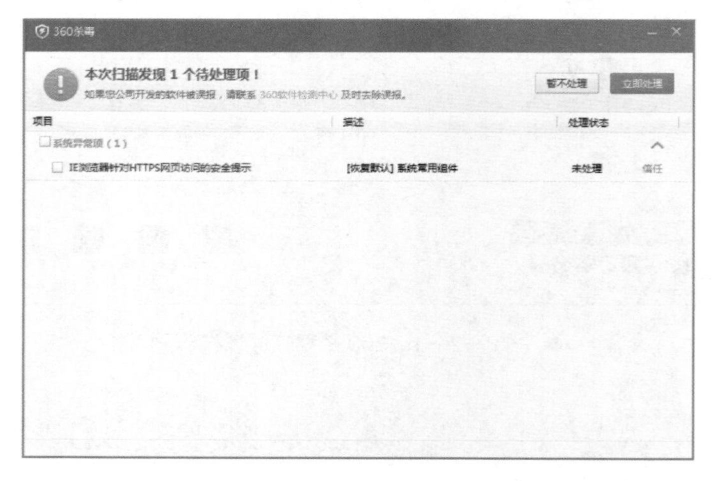

● 图 8—2—3　发现系统异常窗口

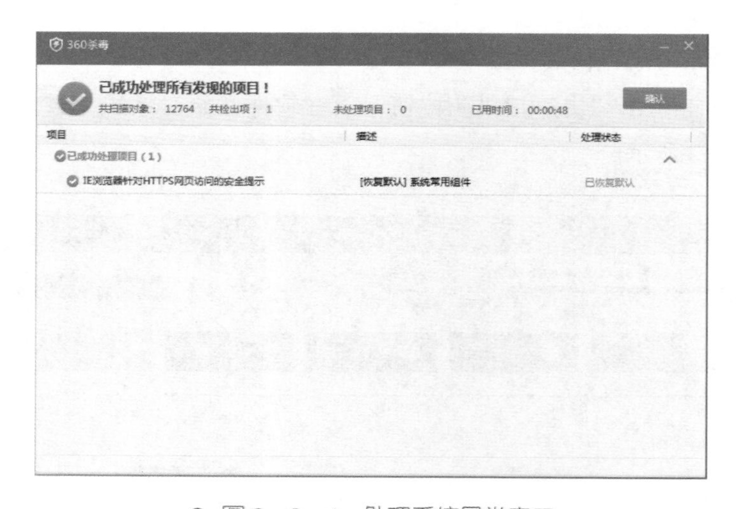

● 图 8—2—4　处理系统异常窗口

步骤四　设置定时扫描

在打开的 360 杀毒软件主界面上单击右上角的“设置”选项，在弹出的“360 杀毒 - 设置”对话框中选择“病毒扫描设置”选项卡，在展开的窗口中选择“启用定时查毒”选项，单击“每天”选项并设置时间为“12:00”，扫描类型设置为“快速扫描”，如图 8—2—5 所示。

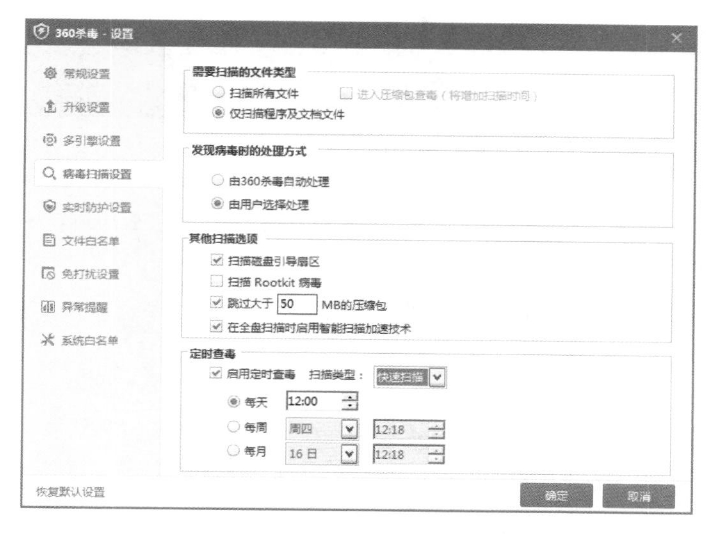

● 图 8—2—5 设置定时扫描

二、使用 360 安全卫士进行木马查杀

步骤一 打开 360 安全卫士软件

在桌面上双击“360 安全卫士”快捷方式图标，或者在任务栏中单击“360 安全卫士”图标即可打开 360 安全卫士主界面，如图 8—2—6 所示。

步骤二 为计算机查杀木马

在打开的 360 安全卫士主界面上单击“木马查杀”按钮，在打开的窗口中单击“快速查杀”按钮，360 安全卫士将为计算机进行木马查杀，如图 8—2—7 和图 8—2—8 所示。

● 图 8—2—6 360 安全卫士主界面

● 图 8—2—7　查杀修复界面

● 图 8—2—8　木马扫描界面

小提示　可根据实际操作需求选择“快速扫描”或“全盘扫描”，如果需要对 U 盘或指定位置进行扫描，可单击“自定义扫描”按钮。

步骤三　扫描结果及威胁处理

360 安全卫士将以列表方式显示威胁或木马名称及处理结果，扫描结束后会显示扫描结果，如图 8—2—9 所示。如果发现威胁，单击“立即处理”按钮并根据提示重启计算机即可。

360安全卫士11
电脑体检
木马查杀
电脑清理
系统修复
优化加速
功能大全
小金库
软件管家
360
登录360帐号
扫描完成，未发现木马病毒
完成
查杀报告
查杀类型 快速查杀
扫描用时 00:00:46
扫描项目 16425 个
处理项目 0 个
查看详情
功能推荐
弹窗拦截
立即拦截
主页修复
立即修复
人工服务
立即体验

● 图 8—2—9　扫描完成窗口